面向新工科的电工电子信息基础课程系列教材

教育部高等学校电工电子基础课程教学指导分委员会推荐教材

雷达和声呐原理

唐劲松　主编

吴浩然　钟何平　编著

清華大學出版社

北 京

内 容 简 介

本书从探测、测量和分辨三大功能的角度讲解雷达、声呐、电子对抗和通信声呐的基本原理,主要内容分成六大部分。第一部分(第1、2章)介绍信号与系统和波传播的基础知识;第二部分(第3~6章)讲解雷达和声呐系统距离、角度和速度的测量和分辨的基本原理;第三部分(第7章)讲解信号时间处理理论,包括雷达和声呐最优信号检测器与估计器、模糊函数、距离和频率分辨理论、距离和频率测量精度分析,分辨率在多源情形下对检测、测量和识别的影响;第四部分(第8、9章)讲解雷达与声呐方程以及雷达、声呐数据的录取、显示和处理;第五部分(第10、11章)介绍电子对抗的基本原理;第六部分(第12章)介绍通信声呐的基本原理。

本书可作为雷达、水声工程、电子工程、海洋科学与工程等专业的本科生和研究生的教材,也可作为相关领域工程技术人员的参考书。

图书在版编目(CIP)数据

雷达和声呐原理 / 唐劲松主编;吴浩然,钟何平编著. -- 北京:清华大学出版社,2024.12. --(面向新工科的电工电子信息基础课程系列教材). -- ISBN 978-7-302-67848-9

Ⅰ. TN95;U666.72

中国国家版本馆 CIP 数据核字第 20242AU617 号

责任编辑:文 怡 李 晔
封面设计:王昭红
责任校对:韩天竹
责任印制:丛怀宇

出版发行:清华大学出版社
  网 址:https://www.tup.com.cn,https://www.wqxuetang.com
  地 址:北京清华大学学研大厦 A 座 邮 编:100084
  社 总 机:010-83470000 邮 购:010-62786544
  投稿与读者服务:010-62776969,c-service@tup.tsinghua.edu.cn
  质量反馈:010-62772015,zhiliang@tup.tsinghua.edu.cn
  课件下载:https://www.tup.com.cn,010-83470236
印 装 者:三河市君旺印务有限公司
经 销:全国新华书店
开 本:185mm×260mm 印 张:27 字 数:624千字
版 次:2024 年 12 月第 1 版 印 次:2024 年 12 月第 1 次印刷
印 数:1~1500
定 价:99.00 元

产品编号:107504-01

前 言

　　雷达、声呐、电子对抗和通信声呐是水面战和水下战最重要的信息获取、对抗和传输装备。考虑到四者的相似性和关联性,本书将四者的原理合并讲解。这样教学的好处是在较短学时内,不仅可以加深学生对四种技术原理融会贯通的理解,而且有利于培养学生的思辨能力和创新意识。雷达、通信和对抗一体化(综合射频)的发展趋势及电子对抗相控阵应用和声呐综合化(警戒声呐、侦察声呐和通信声呐一体化)也是促成本书付梓的重要原因。

　　海洋仪器大都与雷达、声呐和水声通信相关,如地波雷达、导航雷达、声多普勒流速剖面仪、声相关流速剖面仪、图像声呐和通信声呐等,因此海洋物理专业的学生迫切需要了解雷达、声呐和水声通信等方面的知识,本书可以作为海洋物理专业本科或研究生教科书。

　　本书的新颖性体现在:从目标检测、目标参数(含距离、角度、速度)测量和目标分辨三大功能的角度讲解雷达、声呐、电子对抗和通信声呐的原理;试图改变传统雷达、声呐、电子对抗忽视分辨的倾向,把它放到与检测和测量同样重要的地位来讲解。其一因为分辨是电子信息系统三大基本功能之一。其二因为成像技术的发展,分辨重要性凸显。其三因为在多源情形下,分辨会严重影响探测、测量和识别的性能。此外,本书还首次提出波形是新的分辨维度;首次将分辨作为功能引入通信原理讲解。这些工作丰富和发展了分辨相关理论。

　　每章配有习题,有些章节给出了开放性习题,包括计算机仿真作业和论述题,虽然这些习题对本科生可能有一定的难度,但相信对掌握书的内容有很好的帮助。

　　本书参考学时数为 60 学时,可根据各专业特点进行删减。

　　本书由唐劲松研究员担任主编,吴浩然副研究员和钟何平副研究员分别编写第 2 章和第 3 章。汕头大学姚瑶副教授参与了教材的校对和修改工作,博士生张嘉峰编写了部分小节,并对全文进行了排版和编辑。

　　本书由国防科技大学张剑云教授担任主审,中国科学院声学研究所张春华研究员、中电十四所林幼权研究员、海军工程大学陈斌教授、刘涛教授和窦高奇教授审阅了纲目和书稿。对各位专家提出的宝贵意见,作者深表谢意!

　　参考文献难以列全,对所引用资料未标注的作者表示歉意和谢意!

　　由于编者水平有限,书中难免存在谬误之处,恳请同行批评指正。

编　者

2024 年 12 月

目录

目录

目录

目录

目录

目录

目录

目录

目录

目录

第 1 章 绪论

1.1 电子探测系统的功能

电子探测系统是战场上的重要信息来源,其中雷达和声呐在电子探测系统中占据了重要地位。雷达是英文"radar"的音译,英文 Radio Detection and Ranging 的缩写,原意是"无线电探测和测距",即用无线电方法检测目标并测定它们在空间的位置。声呐是英文"sonar"的音译,是英文 Sound Navigation Ranging 的缩写,原意是"声导航和定位"。

雷达工作依靠的物理场是电磁波。电磁波的传播环境只能是太空或大气。这是因为海水是电的良好导体,它使电磁能很快地以热能的方式耗散掉。在海水中,相同波长的电磁波比声波的衰减快得多。声呐工作依靠的物理场是声波。声波的传播环境只能是水和空气,它不能在太空中传播,因为声波是机械波,它必须借助介质传播。

电子探测设备的工作方式可以分成主动和被动两种。主动工作方式下,探测设备需要发射信号,利用目标的散射波或应答探测目标并测量目标参数。被动工作方式下,探测设备自身不发射信号,而是通过探测目标自身辐射或外辐射源(非探测设备发射)散射的信号工作。

雷达以主动工作方式为主。声呐主动和被动工作方式平分秋色。主动声呐多用于水面舰艇声呐和海洋仪器;潜艇主动声呐的使用是严格受限的,以避免暴露。被动声呐多用于潜艇和固定式水下声呐站;水面舰处于巡航状态一般采用被动工作方式。

雷达和声呐有四大功能:目标检测、目标参数测量和波形参数测量、目标分辨以及目标识别。

电子对抗和水声对抗装备的电子侦察原理与雷达和声呐相似,采用被动模式工作。目前国际上电子系统发展的趋势是雷达、通信和对抗一体化,声呐探测和通信一体化。

1.1.1 目标检测

目标检测是判断目标的有无,属于信号检测问题,其数学基础是数理统计的假设检验理论。通常它也是目标参数测量的前提,即先检测再测量。我们把雷达或声呐接收到的目标回波或辐射波称为目标信号。目标信号的幅度与目标特性、传播损失、主动探测设备的发射功率、天线或基阵孔径(尺寸)有关。

信号检测的背景是复杂的,包括雷达中的热噪声、电磁干扰和雷达杂波;声呐中的海洋背景噪声、流噪声和平台自噪声,以及主动声呐中的混响等。

雷达的杂波来自地面、云雨或海面的不希望的电磁散射。主动声呐混响来自水体、海底和海面的不希望的声散射。它们不同于噪声和干扰,其强度随发射功率的增大而增大。因此,雷达杂波和主动声呐混响具有相似的属性。

信号检测的性能取决于信噪比,它定义为信号功率与噪声功率之比,信噪比越高,检测性能越好。雷达检测性能取决于信噪比、信杂比和信干比,检测背景分别对应热噪声、杂波和电子干扰。声呐检测性能取决于信噪比、信混比和信干比,检测背景分别对应噪声背景、混响背景以及水声对抗器材的干扰。

1.1.2　目标参数测量和波形参数测量

雷达和声呐目标参数的测量提供目标位置、运动状态、极化特征数据。电子侦察（含水声侦察）系统还可以测量辐射源的信号波形参数、极化参数（水声无）和辐射源位置参数，其中波形参数包括波形的类型、载频和波形特征参数（脉冲宽度和带宽等）。测量的数学基础是数理统计中的参数估计理论。参数测量的性能与信噪比有关，信噪比越高，测量精度越高。

1. 位置参数

图 1.1 所示为采用极坐标表示目标在空间的位置。

（1）目标的斜距：雷达到目标的直线距离 OP。在雷达、声呐中，斜距简称距离。

（2）方位角 α：目标的斜距 R 在水平面上的投影 OB 与某一起始方向（正北、正南或其他参考方向）在水平面上的夹角。声呐方位一般用左右舷来区分。

（3）仰角 β：斜距 R 与它在水平面上的投影在铅垂面上的夹角，有时也称为倾角或高低角。

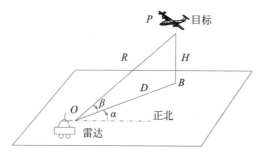

图 1.1　目标位置的极坐标表示

雷达参数测量可以是二维的，也可以是三维的，分别称为二坐标雷达和三坐标雷达。二坐标雷达测量的参数有目标的距离和方位；三坐标雷达测量的参数有目标的距离、方位和俯仰角。

声呐参数测量可以是一维、二维乃至三维的。被动声呐一般仅能测量目标的方位，即一维测量；被动测距声呐利用三点式被动测距，可测量出目标的距离和方位参数，即二维测量。主动声呐可以测量目标的距离和方位，但对于远距离目标来说，这个距离是声线路径，不是实际距离。匹配场声呐可以给出目标在圆柱坐标下的参数，即目标的方位、水平距离和深度，即三维测量，它是水声物理和水声工程结合的产物，工作原理与常规的声呐不同。由于声线在水中的传播路径是弯曲的，因此声呐测量俯仰角是没有意义的，无法反映目标的空间位置。但俯仰角作为分辨维度使用是有意义的，只不过远距离水声信号垂直相干性一般只有十来个波长，俯仰角分辨率不会太高。

2. 运动参数

雷达和声呐可以测量目标的径向速度和切向速度。

3. 极化特性参数

雷达或电子侦察设备还可以测量目标或杂波背景的极化特性。

4. 波形参数

波形参数包括波形的类型、载频、脉冲宽度和带宽等。波形参数估计通常由电磁战支援来完成。

5. 信号的幅度和相位

雷达和声呐还可以测量回波信号的幅度和相位。

1.1.3 目标分辨

分辨是指能分开两个目标的能力,通常用点目标响应幅度差 3dB 来衡量。

分辨最直观的应用就是成像。俗话说,"百闻不如一见",足见图像的重要性。成像雷达或声呐的特点是分辨率非常高。所谓分辨率,是指传感器能区分空间两个目标的能力。与人眼不同,雷达和声呐成像一般采用主动工作方式。对于二维成像来说,分辨率包括距离分辨率和横向分辨率。距离分辨率与发射信号的带宽有关,带宽越宽,分辨率越高。对于真实孔径成像来说,横向分辨率取决于波束宽度,波束越窄,分辨率越高;实孔径成像分辨率还与距离有关,距离越远,分辨率越低。人眼就是真实孔径成像,远处东西的细节看不清楚。真实孔径成像一般用于近距离、要求不高的水声成像。1950 年,Wiley 提出了一个划时代的思想,即距离-多普勒成像原理。这个原理利用多普勒频率来提高横向分辨率,是合成孔径雷达和合成孔径声呐的基石。在合成孔径成像中,方位分辨率为孔径的一半,即天线孔径越小,波束越宽,分辨率越高,正好与真实孔径相反。目前 SAR 的成像分辨率甚至超过同等距离上的光学图像,图 1.2 为美军"捕食者"无人机携带的 Mini SAR 的成像结果。

图 1.2 美军 Mini SAR 的成像结果

雷达和声呐不仅可以得到测绘场景的二维图像,还可以得到测绘场景的三维图像,如图 1.3 所示。三维图像的形成从机理上可以分成真实孔径和干涉成像两大类。真实孔径的方法是利用面阵或十字阵得到针状波束,获取二维空间高分辨率,再加上距离维分辨率,得到三维高分辨率。干涉成像不需要面阵,它与人双眼的立体视觉相似,只要有两个在待测量维空间分隔(即高度方向分隔)的天线或基阵即可。与针状波束成像不同,干涉成像只是高度的测量值,而没有三维分辨能力,因此是伪三维的,其测量基础是像素点在距离和角度上可分辨。

目标成像只是分辨的应用之一,很多情形下,分辨率不足以成像,但分辨对于警戒和搜索雷达、声呐仍然非常重要。其一,警戒系统回答有多少批目标是分辨问题。其二,当出现多源情形时,分辨是目标检测和参数测量的基础,会严重影响目标检测和参数测量性能。多源定义为在探测范围内存在多个辐射源或散射源。包括:①目标因素:包括多个目标、多个用户、扩展性目标、弥漫性目标等;②信道因素:包括多径、回音等;③干扰因素:包括杂波、混响和电子干扰等。

雷达分辨空间有 6 个维度:时延、频率、波形、方位、俯仰和极化;声呐没有极化这个

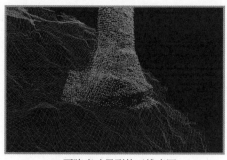

(a) 面阵声呐得到的三维声图　　　　　(b) 干涉合成孔径雷达得到的地形图

图 1.3　面阵声呐和干涉合成孔径雷达成像示例

维度,只有 5 个维度。

可以看出,分辨维度远低于测量的维度,分辨的维度是信息获取的宝贵资源。

1.1.4　目标识别

目标识别是利用目标辐射波和回波特性的差异,对目标的类型、敌我属性进行判断。回波的差异表现在回波时域、频域、空域、时频域、极化的差异上。敌我属性还可以采用应答信号来识别。目标成像是目标类型识别的有效技术手段。目标识别属于模式识别学科,其主要方法可分为统计和机器学习两大类。统计模式识别的基础与检测一样,也是假设检验。

本书主要讲解雷达和声呐的前三大功能:目标检测、目标参数测量和波形参数测量、目标分辨。

1.2　电子探测系统战术和技术指标

1.2.1　检测能力战术指标

检测能力战术指标通常用给定虚警概率条件下的发现概率最大距离衡量。人工检测发现目标并进入跟踪状态与跟踪保持状态发现概率是不同的,因此有发现距离(发现目标并跟踪的距离)和跟踪距离(目标从跟踪到丢失的距离)之分。

1. 最大作用距离与威力图

最大作用距离是指电子探测系统能可靠检测目标、测量参数、成像和识别的最大距离。

由于多途效应,雷达在不同的仰角上的最大探测距离不同,通常用垂直平面的威力图(见图 1.4)来描述。其横坐标是距离,纵坐标是高度。

声呐的作用距离与声呐、目标深度和海洋信道密切相关,通常可以采用声场预报仪进行预估。声场预报仪可以帮助声呐选择合适的工作深度,提高探测性能;还可以帮助艇长选择合适的航行深度,以躲避敌舰艇声呐探测。

2. 方位范围

方位非全向的探测装备还需要给出装备工作的方位角范围,如前视声呐、艏部声呐、

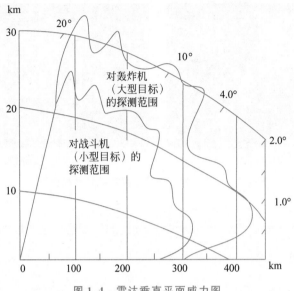

图 1.4　雷达垂直平面威力图

舷侧阵声呐等。

3. 最小作用距离

对于共站雷达或声呐来说,由于在发射信号期间接收机无法接收信号,因此有一个距离测量的盲区。这个盲区称为最小作用距离。

4. 数据率

数据率是指单位时间内雷达或声呐提供目标测量参数的次数。它不但反映了检测的性能,而且反映了探测系统的反应速度。这个指标对于雷达自动目标跟踪也具有重要意义,数据率越高,目标的不确定性越小。机械扫描雷达扫描速度远低于相控阵雷达。对于机械扫描雷达来说,雷达天线越大,扫描速度越慢。如大型米波警戒雷达为 30 秒,而 X 波段火控雷达可达秒级。现代声呐采用多波束方式工作,对于主动声呐来说,数据率受制于最大作用距离;对于被动声呐来说,数据率受限于积累时间(一般在秒级)。

1.2.2　测量战术指标

测量战术指标由估计精度指标来反映,估计精度指标反映了参数测量的准确性,一般采用均方根误差来度量,包括距离均方根误差、角度均方根误差和速度均方根误差等参数。但估计精度与信噪比有关,而信噪比与距离有关,应标明是全部探测范围内的精度还是给定距离上的精度。

1.2.3　分辨战术指标

分辨率是电子系统在没有噪声、杂波和干扰(信噪比无穷大)条件下能分辨出两个目标的能力。雷达和声呐都有的分辨率包括距离分辨率、角度分辨率、频率分辨率和波形分辨率;雷达还有极化分辨率,声呐没有极化分辨率,因为它是纵波。其中角度分辨率又分方位角分辨率和俯仰角分辨率。这样一来,声呐最多有五维分辨空间,雷达最多可以有六维分辨空间。通常波形和极化尤其是波形的分辨率被忽视,随着码分多址接入和MIMO技术的发展,波形分辨率的空间应该引起足够的重视。

测量与分辨、测量精度和分辨率是非常容易混淆的两对概念,分辨和检测有时也会混淆,一定要认真甄别。某个维度的测量精度 σ_x 与分辨率 ρ_x 的关系是

$$\sigma_x = \frac{\rho_x}{\sqrt{\mathrm{SNR}}} \tag{1.1}$$

对于时间和频率的测量,式(1.1)成立的条件是使用的波形没有调频斜率。同时强调,没有某个维度的分辨率并不意味着该维度不能测量。各物理量精度和分辨率计算公式如表1.1所示。其中极化隔离度公式复杂,不详列。该表格推导详见后面相关章节。

表 1.1 电子探测系统物理量的测量精度、分辨率、信噪比和增益

	距离(时延)	径向速度(频率)	波 形	角 度	极 化
测量物理基础	波匀速直线传播	多普勒效应	波形正交	1. 波匀速直线传播 2. 波束具有指向性(幅度测向) 3. 波束方向能够改变或全指向性	
测量方程	$R = \dfrac{C \cdot t_r}{2}$	$f_d = \dfrac{2v_r}{C} f_0$ $= \dfrac{2v_r}{\lambda}$	$\rho_w(\tau) = \int_{-\infty}^{\infty} s_1(t-\tau) \cdot s_2^*(t) \mathrm{d}t$	1. 比幅:束宽 2. 比相:$\phi = \dfrac{2\pi d \sin\theta}{\lambda}$	
分辨率	$\rho_t = \dfrac{1}{B}$ $\rho_r = \dfrac{C}{2B}$	$\rho_f = \dfrac{1}{T}$ $\rho_v = \dfrac{\lambda}{2T}$	$\rho_w \propto \dfrac{1}{\sqrt{T \cdot B}}$(正负 LFM 信号)	连续线阵 $\rho_\theta = 0.886\dfrac{\lambda}{D}$(rad) $= 51\dfrac{\lambda}{D}$(deg)	极化隔离度
测量精度(rms)	$\sigma_r \propto \dfrac{C}{\sqrt{\mathrm{SNR} \cdot B}}$	$\sigma_f \propto \dfrac{1}{\sqrt{\mathrm{SNR} \cdot T}}$	$\sigma_f \propto \dfrac{1}{\sqrt{\mathrm{SNR}} \cdot \sqrt{T \cdot B}}$(正负 LFM 信号)	$\sigma_f \propto \dfrac{\rho_\theta}{\sqrt{\mathrm{SNR}}}$	待研究
信噪比与增益	时间处理信噪比:$\mathrm{SNR} = \dfrac{2E}{N_0}$,时间处理增益(相参):$\begin{cases} 10\lg T \cdot B \\ 10\lg N \end{cases}$			空间增益:$\gamma = \dfrac{2D}{\lambda}$(线阵) $\gamma = \dfrac{4\pi A}{\lambda^2}$(面阵)	
物理量定义	C——波速,t_r——时延,v_r——径向速度,B——带宽,T——时宽,SNR——信噪比,$N_0/2$——功率谱密度,$s_i(t)$——第 i 个零均值能量归一信号,N——脉冲个数			λ——波长,D——孔径,θ——入射角,A——面积	

1.2.4 识别战术指标

识别战术指标主要有识别率、目标种类和种类数。识别率定义为正确识别的概率。目标种类分类方法有多种,从作战角度来看,雷达目标种类可以分成战略轰炸机、战略导弹、轰炸机、战斗机、导弹等;声呐目标种类可以分成水面舰或潜艇。按型号可以指定具体的机型、舰艇型号乃至舷号。种类数越多,识别率越低。通常是在给定目标种类的前提下,给出识别率。

1.2.5 电子探测系统主要技术参数

1. 波形参数

波形参数决定了主动声呐的工作性能和战术使用,应该提供使用者。波形参数包括中心频率或载频、脉冲重复间隔(PRI)或脉冲重复频率(PRF)、发射信号的波形(连续波、连续波长脉冲、连续波短脉冲、线性调频信号、相位编码信号等)、信号的带宽、信号的脉冲宽度。PRF是非常重要的技术指标,尤其在脉冲多普勒雷达中。PRI和脉冲宽度如图1.5所示。

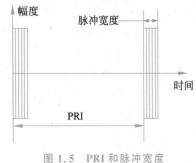

图 1.5　PRI 和脉冲宽度

波形是雷达和声呐的分辨空间之一,尤其在MIMO雷达和声呐中广为使用。

2. 发射机功率技术参数

雷达发射机功率的技术参数称为发射功率,一般以千瓦为单位。声呐发射机的功率的技术参数称为声源级,它表示参考距离(1m)上的声强,一般以dBμPa/m为单位。尽管它不是公制单位,但这种表示方法使得声呐方程看起来非常简单,便于工程应用。

3. 接收机技术参数

接收机的重要技术参数是噪声系数和频带特性。频带特性包括带宽、通带特性和止带特性。

4. 天线或阵的技术指标

天线和阵的主要技术指标有增益、主瓣宽度、主副瓣比。

5. 极化

雷达天线或阵还有一个重要的技术指标是极化。极化方式通常分成线极化和圆极化。线极化又分成水平极化、垂直极化和任意角度极化,圆极化按旋转方向又分成左旋圆极化和右旋圆极化。

6. 抗干扰能力

干扰可能来自自然和人工。自然干扰包括热噪声、雷达的杂波、声呐的海洋背景噪声、流噪声、平台自噪声和混响。但通常所指的抗干扰性能主要指对付敌方人工干扰的能力。

1.3 电子探测系统的组成与应用

1.3.1 被动探测系统的组成

1.3.1.1 被动声呐

被动声呐通过接收目标的辐射噪声来发现目标,并估计目标的方位参数。图1.6(a)是被动声呐的系统框图。它由接收基阵、接收机、A/D转换器、波束形成器、检波器和时间积累器等部分组成。

1. 接收基阵

接收基阵是一组水听器,水听器将声能转换成电信号。每个水听器需要各自的接收通道。

2. 接收机

接收机完成信号放大和调理。

3. A/D转换器

A/D转换器将模拟信号转换成数字信号,便于进行数字信号处理;A/D转换必须是同步采样。模拟信号处理系统没有A/D转换器,因此用虚框表示。

4. 波束形成器

波束形成器通过改变不同通道的相位(窄带信号)或时延(宽带信号)形成多个指向不同的波束,如图1.6(b)所示,这种波束称为多波束,它属于同时波束。

5. 检波器

检波器去掉信号的相位,便于下一步进行时间积累。常用的检波器有平方检波器和包络检波器。被动声呐一般采用平方检波器。

6. 时间积累器

时间积累器对检波后的信号进行累加,提高信噪比。

1.3.1.2 无源雷达

无源雷达利用目标自身电磁辐射或外辐射源的散射对目标进行定位。无源雷达具有隐蔽性好的优点,可以有效地对付反辐射导弹。

无源雷达利用的辐射源分成两类:飞机自身的电磁辐射和外辐射源(如调频广播、电视台和移动通信基站的信号)散射对目标进行探测和定位。前者典型的系统有捷克的维拉-E、俄罗斯的"铠甲",后者有美国的"寂静哨兵"和遥感用的辐射计等。它们对目标定位的方法与被动声呐不同,一般采用多普勒、角度测量和时差定位等技术。

采用被动探测最大的优点是隐蔽性好,所以潜艇尽管装备有被动和主动声呐,但一般只使用被动声呐,几乎不用主动声呐。无源雷达近年来受到重视,由于不发射电磁波,因而可以有效地对抗反辐射导弹和躲避雷达告警系统。由于它或接收目标辐射的电磁波,或接收目标反射的低频电磁波,故可有效地探测隐身飞机。雷达面临电子对抗、低空突防、反辐射导弹和隐身目标四大威胁,被动探测对付四大威胁有明显的优势。而声呐对付隐身目标的技术路线正好相反,从被动回到低频主动。

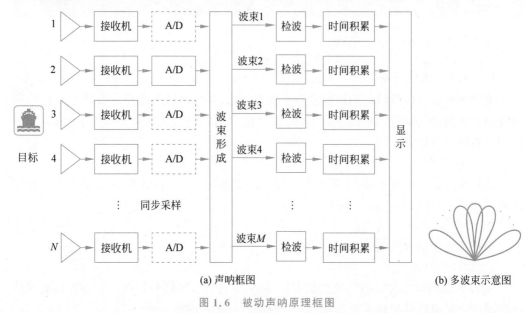

(a) 声呐框图　　　　　　　　　　　　(b) 多波束示意图

图 1.6　被动声呐原理框图

1.3.2　主动探测系统的组成

1.3.2.1　主动雷达

主动雷达发射电磁波,利用目标的回波对目标进行检测和定位。主动雷达还可以采用应答方式工作,称为二次雷达,它要求目标为合作目标,如航管雷达。

雷达绝大部分采用主动工作。我们以如图 1.7 所示收发天线共站的单基地雷达为例,说明主动探测设备的基本组成框架。

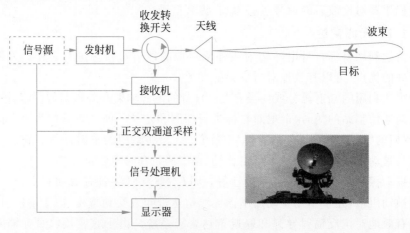

图 1.7　雷达组成框图及跟踪雷达图片

(1) 信号源。信号源产生待发射信号,并为整个系统提供时间基准。时间基准是至关重要的,测距、显示和时间增益控制都需要时间基准。对于相参雷达系统,混频、解调和数据采集(时延、转换时钟)都需要与发射系统相同的时间基准,即收发必须是相参的,也就是说,全系统只能有一个时钟,其他的时钟或频率基准都必须以这个时钟作为基准。

（2）发射机。发射机将发射信号放大。

（3）天线。天线将发射机的信号定向发射出去。所谓定向,就是像探照灯的光束一样,使能量在空间能形成电磁波束。波束可以是扇形或针状,扇形波束只能给出一维角度分辨和测量,针状波束可以给出二维角度分辨和测量。天线的功能是提供波束的指向性,并改变电磁波束的方向。雷达可以通过机械旋转来改变波束的方向,这些波束在时间上有先后,称为顺序波束。

（4）收发转换开关。收发转换开关的作用是保证在发射的时候,大功率电磁波不会进入接收机,防止接收机被烧坏,它使得雷达可以用一副天线既发射信号又接收信号。但天线在发射的时候不能接收,因为泄漏到接收机的发射信号会造成接收机阻塞,这是收发共用一副天线的一个小缺点。

（5）接收机。接收机将接收的微弱信号放大,并进行带通滤波。

（6）正交双通道采样。正交双通道采样将模拟信号转换成数字形式的复包络信号,现在一般采用中频直接采样技术,不仅可避免使用两个接收通道,还可以保证正交两个通道的一致性。

（7）信号处理机。信号处理机对信号进行处理,如匹配滤波、杂波对消和脉间积累等。

（8）显示器。显示器显示目标的回波和参数。

在一些简单的非相干雷达(如民用导航雷达)中,虚框部分可能没有。但现代雷达基于相干体制和数字信号处理,虚框部分是必需的。

主动声呐的原理框图与雷达相似,只是将天线换成了声基阵。声基阵是声电转换装置,发射时将电能转换成声能,接收时将声能转换成电能。主动声呐一般采用宽波束发射,角度测量一般与被动声呐相似,利用基阵形成多个波束测向,它在空间同时形成多个波束,然后判断目标在哪个波束。

在雷达中,最接近主动声呐工作方式的是地波雷达和天波雷达,它们一般也是发射宽波束,然后采用数字多波束接收。数字多波束一直是相控阵雷达努力的方向,目前已经梦想成真了。

1.3.2.2　主动声呐

主动声呐(尤其是潜艇主动声呐)有时采用收发阵不共用的结构,即发射阵和接收阵分开。发射阵一般比较小且简单。收发阵间隔很近,仍应视为单站声呐,可不用收发转换开关,但仍然有最小作用距离限制。应答方式工作的声呐属于主动声呐,主要用于定位和敌我识别。

1.3.3　雷达和声呐的分类

雷达和声呐的分类方法很多,表1.2给出了几种典型的分类方法。

表 1.2　雷达和声呐的分类

分 类 方 式	雷　　达	声　　呐
体制	非相干雷达、相干雷达、跟踪雷达、边跟边扫雷达、机械扫描雷达、相控阵雷达	艏部声呐、拖线阵声呐、岸站声呐、舷侧阵声呐、合成孔径声呐、干涉合成孔径声呐
发射有无	主动、被动	
发射信号形式	脉冲波、连续波	
工作空间	深空、对空、对海	空气、水
载体	星载、机载、陆基、舰载	航空声呐浮标、直升机吊放、舰载、艇载、岸站声呐
用途	航管雷达、气象雷达、导航雷达、警戒雷达、跟踪雷达、火控雷达、炮位侦察雷达、导弹制导雷达	警戒声呐、猎雷声呐、侦察声呐、通信声呐、鱼雷报警声呐、反蛙人声呐、鱼雷自导声呐
工作频段	L、P、S、X、Ku、Ka	低频、中频、高频
传播方式	直达波、地波、天波、大气波导	浅海、深海、声轴

现代雷达除了简单的、低成本应用(如舰船导航雷达)采用非相干体制外,一般都采用相干体制。相干技术是第二次世界大战后雷达的最大特点。相干体制雷达不仅在信噪比积累方面优于非相干雷达,而且是一切现代雷达的基础。相干体制包括脉内相干和脉间相干。脉内相干是指脉冲波形的使用和处理,如脉冲压缩、单个脉冲测频。脉间相干是指相干脉冲串信号的使用和处理,它不仅可以得到更好的检测性能(如 MTI、MTD 和 PD),提高距离和频率的分辨率,提高距离和频率的测量精度,而且可以利用合成孔径原理成像。但是由于脉冲重复间隔长和水声信道的不稳定,因此只有近距离工作的合成孔径声呐使用脉间相干,其他声呐普遍使用脉内相干技术(脉冲压缩和脉内测频)。

1.4　雷达与声呐工作频段划分

1.4.1　雷达的工作频段

最早用于搜索雷达的电磁波波长为 23cm,这一波段定义为 L 波段(英语 Long 的首字母),后来这一波段的中心波长变为 22cm。当波长为 10cm 的电磁波被使用后,其波段定义为 S 波段(英语 Short 的首字母,意为比原有波长短的电磁波)。

在主要使用 3cm 电磁波的火控雷达出现后,3cm 波长的电磁波称为 X 波段,因为 X 代表坐标上的某点。

为了结合 X 波段和 S 波段的优点,逐渐出现了使用中心波长为 5cm 的雷达,该波段称为 C 波段(C 即 Compromise,英语"结合"一词的首字母)。

在英国人之后,德国人也开始独立开发自己的雷达,他们选择 1.5cm 作为自己雷达的中心波长。这一波长的电磁波称为 K 波段(K 即 Kurtz,德语中"短"的首字母)。

最后,由于最早的雷达使用的是米波,这一波段称为 P 波段(P 即 Previous,英语中"以往"的首字母)。

最初的代码(如 P、L、S、X 和 K)是在第二次世界大战期间为保密而引入的。尽管后来不再需要保密,但这些代码仍沿用至今。由于雷达使用了新的频段,其他的字符是后来增加的,其中 UHF 代替了 P 波段,因此不再使用 P 波段的叫法。按国际电信联盟(ITU)关于频段的划分,P 波段作为一种标准已被电气和电子工程师协会(IEEE)正式接受,并被美国国防部认可。雷达工作频段的划分参见表 1.3。

表 1.3　雷达工作频段的划分

波 段 名 称	频 率 范 围	据国际电信联盟的规定第 II 区的雷达频段
HF	3～30MHz	
VHF	30～300MHz	138～144MHz 216～225MHz
UHF/P (A/B)	300～1000MHz	420～450MHz 890～942MHz
L(C/D)	1000～2000MHz	1215～1400MHz
S(E/F)	2000～4000MHz	2300～2500MHz 2700～3700MHz
C(G/H)	4000～8000MHz	5250～5925MHz
X(I/J)	8000～12000MHz	8500～10 680MHz
Ku	12.0～18GHz	13.4～14.0GHz 15.7～17.7GHz
K	18～27GHz	24.05～24.25GHz
Ka	27～40GHz	33.4～36.0GHz
V	40～75GHz	59～64GHz
W	75～110GHz	76～81GHz 92～100GHz
毫米波	110～300GHz	126～142GHz 144～149GHz 231～235GHz 238～248GHz

国际电信联盟(ITU)为无线电定位(雷达)指定了特定的频段。这些频段列于表 1.3 的第 3 列。它们适用于包括北美、南美在内的 ITU 第 II 区。其他两个区的划分略有不同。例如,尽管 L 波段的频率范围为 1000～2000MHz,实际上,L 波段雷达的工作频率均为国际电信联盟指定的 1215～1400MHz。

雷达的工作频率主要由天线的尺寸、传播的途径、目标回波的强弱、传播的衰减、多普勒频率和距离分辨率等因素决定。

雷达工作频率越低,天线尺寸越大。因此,米波雷达只能用作地面雷达。有限空间的雷达如机载雷达,一般只能采用厘米波或更短波长工作。电磁波的传播途径有沿地面传播(俗称地波)、电离层反射传播(俗称天波)直线传播和曲线传播(即大气波导)。我们身边的收音机短波就是依靠电离层传播。直线传播的电磁波就像光传播一样,这是绝大部分雷达使用的传播方式。对于一般的目标,其回波的强弱随波长的增大而减小,但对于隐身目标,米波波段的回波反而会增强。随着波长的缩短,电磁波的云雨衰减会迅速增大。多普勒频率与载频成正比,如果希望利用多普勒效应检测目标或测速,那么采用频率高的电磁波较为合适,采用米波检测动目标就非常困难了。如果要提高雷达的距离分辨率,就必须提高发射信号带宽。发射系统的 Q 值(中心频率与带宽之比)一般难以降低,如果希望提高带宽,那么提高工作频率是一个不错的选择。

米波雷达的特点是天线十分庞大,但由于它可以沿地面传播或电离层传播,探测距离不受地球曲率的影响,因此探测距离可达上万千米,适合用于远程警戒雷达。米波雷达具有可以探测隐身目标和难以被反辐射导弹攻击的优点,但缺点是天波和地波雷达的天线太庞大、造价高,容易被侦察和打击。UHF 波段的米波雷达可以用于战术预警。

分米波多用于警戒雷达,厘米波一般用于高精度火控雷达和机载火控雷达。毫米波大气衰减大,一般只能用于近程,但有数个衰减小的窗口可供挑选使用。毫米波器件体积小、重量轻,绝对带宽大,美国无人机使用的 Mini SAR 采用的就是毫米波,其成像分辨率高达厘米量级。

随着超视距雷达和激光雷达的出现,新波段的开辟,雷达采用的工作波段已扩展到从大于 166m 的短波至小于 10^{-7} m 的紫外线光谱。

1.4.2 声呐的工作频段

声呐的工作频段没有严格的定义和界限,但根据使用大致可以分成 $10\text{Hz}\sim1\text{kHz}$、$500\text{Hz}\sim10\text{kHz}$、$10\text{kHz}\sim100\text{kHz}$ 和 100kHz 以上 4 个频段。

选择声呐工作频段所考虑的因素与雷达相似,但更为复杂。首先,考虑的是声波传播的衰减。海洋声吸收主要原因是硫酸镁的离子弛豫吸收,浅海声波在海水中的衰减大约与频率的二分之三次方成正比;此外还受到海底底质和声速剖面(声速沿深度分布)的影响。其次,考虑的是目标特性。对于被动声呐,目标的线谱一般在 300Hz 以下,而线谱信噪比高,且线谱检测是相干处理,处理增益高;同时不同的目标有不同的线谱,可以用于目标识别。对于主动声呐,潜艇对主动声呐的隐身,主要依靠敷消声瓦(简称敷瓦)技术,但消声瓦在低频(1kHz 以下)吸声效果不佳。最后,还需要考虑海洋背景噪声。一般来说,低频段海洋噪声高,但到 500kHz 以后,又需要考虑海洋分子热运动噪声。

远距离水声探测和通信一般选择 $10\text{Hz}\sim1\text{kHz}$ 的工作频率,但为了保证足够的空间增益和方位的测量精度,声基阵就会很长,因此出现了舷侧阵声呐、拖曳线列阵(简称拖线阵)声呐和固定式线阵声呐,还出现了主动拖线阵声呐。水下短基线定位、鱼雷自导频率多选择在 30kHz 左右。高分辨率图像声呐一般选择在 100kHz 以上。医用超声成像设备多在 1MHz 以上。图 1.8 给出了各种声呐工作频率大致的范围。

尽管雷达和声呐载频差了多个数量级,但它们的工作波长是接近的,波长比频率更能反映波的散射特性。

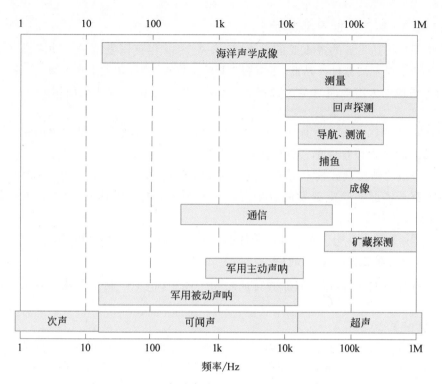

图 1.8　各种声呐工作频率大致的范围

1.5　雷达和声呐系统的发展史

1.5.1　雷达发展史

1.5.1.1　早期发展史

1864年,麦克斯韦提出了电磁理论,预见到了电磁波的存在。1886年,海因里奇·赫兹进行了电磁波产生和接收的实验,证明了电磁波的存在,验证了电磁波的产生、接收。

1903—1904年,德国人克里斯琴·赫尔斯迈耶研制出原始的船用防撞雷达,探测到了从船上反射回来的电磁波并获得专利。

1922年,马可尼提出采用短波无线电来探测物体。

20世纪30年代中期,很多国家都几乎同时且独立地开发出现代形式的脉冲雷达,但其精确的诞生日期难以确定。例如1934年12月,美国海军研究所(NRL)的H.泰勒、R.佩奇等,从0.6MHz的脉冲雷达测试中第一次收到了从飞机反射的回波。美国陆军在1938年装备了实用的SCR-268雷达系统。它在第二次世界大战期间是第一部用来对单个飞行目标进行探测且便于运输的精密跟踪雷达。这段时期雷达的典型特征是使用超高频或更低工作频率。

1.5.1.2 第二次世界大战期间

影响现代雷达发展的最重要的成就之一,是 1939 年英国发明的高功率微波谐振腔磁控管高功率厘米波器件。从此,可克服 VHF 波段的局限,开发出窄波束、大带宽、工作于 L 与 S 波段的大型地面对空监视雷达,以及体积更适用于战斗机使用的 X 波段火控雷达。

1940 年 11 月,美国麻省理工学院(MIT)成立了辐射实验室。早在美国知道英国人发明了微波波段磁控管以前,MIT 就决定致力于发展微波雷达。20 世纪 40 年代,MIT 辐射实验室成功地将微波技术用于空、陆、海方面的军用雷达,当时大约有 150 种不同的雷达系统都是辐射实验室开发的成果,例如,SCR-584 炮瞄雷达、SCR-720 飞机截击雷达、AN/APQ-7 轰炸雷达。

1942 年,美国人发明了单脉冲测角体制。同年出现了动目标显示(MTI)雷达。

1.5.1.3 第二次世界大战后

第二次世界大战后,雷达的显著特征是相干体制,相干体制是雷达发展史上最重要的技术进步。

1. 20 世纪 50 年代

20 世纪 40 年代发展起来的单脉冲测角原理,50 年代已成功应用于美国的 AN/FPS-16 跟踪雷达。AN/FPS-16 是一种供测量用的单脉冲精密跟踪雷达,非常具有代表性。AN/FPS-16 的角跟踪精度可以达到令人吃惊的 0.1mrad,这样的角跟踪精度即使以现在的标准来看也是相当高的。

脉冲压缩雷达原理也是在 20 世纪 40 年代提出的,但直到 50 年代才得以应用于雷达发射系统。

20 世纪 50 年代,大功率速调管放大器开始应用于雷达,其发射功率比磁控管大两个数量级。磁控管很难实现相干发射,速调管的出现为相干雷达的发展奠定了发射机方面的基础。

20 世纪 50 年代提出了合成孔径雷达理论——距离-多普勒成像原理,它利用运动的天线,可以得到高分辨雷达图像。

机载气象回避雷达和地面气象观测雷达也问世于这一时期。机载脉冲多普勒(Pulse Doppler,PD)雷达是 20 世纪 50 年代初提出的构想,50 年代末就成功地应用于"波马克"空-空导弹。

2. 20 世纪 60 年代

20 世纪 60 年代的雷达技术是以第一部电扫描相控阵天线和后期开始的数字处理技术为标志。天线波束的空间扫描可以采用机械扫描和电子控制扫描的办法,电扫描比机械扫描速度快、灵活性好。

第一部实用的电扫描雷达采用频率扫描天线,应用最广泛的是如图 1.9(a)所示的 AN/SPS-48 频率扫描三坐标雷达。它采用方位机械扫描与仰角电扫描相结合,仰角覆盖范围大约为 45°。相继投入使用的美国海军 AN/SPS-33 防空相控阵雷达工作于 S 波段,方位波束的电扫描用铁氧体移相器控制,俯仰波束用频率扫描实现。

1957 年,苏联成功地发射了人造地球卫星,这表明射程可达美国本土的洲际弹道导弹已进入实用阶段,人类进入了太空时代。美、苏相继开始研制外空监视和洲际弹道导弹预警用的超远程相控阵雷达。美国在 20 世纪 60 年代研制了 AN/FPS-85 相控阵雷达,如图 1.9(b)所示,它的天线波束可在方位和仰角方向上实现相控阵扫描,是正式用于探测和跟踪空间物体的第一部大型相控阵雷达。

(a) AN/SPS-48   (b) AN/ FPS-85

图 1.9　两种相控阵雷达

对动目标显示(MTI)技术加以改进后,机载动目标显示雷达就应用到了飞机上。第一次研制机载动目标显示(AMTI)雷达的尝试是在第二次世界大战期间,不过,AMTI 雷达可以可靠地探测在海面上空飞行的飞机,但无法应用于陆地上空飞行目标的探测,因为陆地杂波高出海面 20dB。1964 年,美国海军 E-2A 预警机采用了偏置相位中心天线和机载时间平均杂波相干雷达来实现运动补偿。

20 世纪 60 年代,美国海军研究实验室还研制了探测距离在 3700km 以上的"麦德雷"高频超视距(OTH)雷达,这个研制成果证明了超视距雷达探测飞机、弹道导弹和舰艇的能力。

3. 20 世纪 70 年代

合成孔径雷达、相控阵雷达和脉冲多普勒雷达等,在 20 世纪 70 年代又有了新的发展。合成孔径雷达已经扩展到民用领域,并进入空间飞行器。装在海洋卫星上的合成孔径雷达已经获得分辨率为 25m×25m 的雷达图像,用计算机处理后能提供地理、地质和海洋状态信息。在厘米波段上,机载合成孔径雷达的分辨率可达到 30cm×30cm。

机载飞机监视雷达的重要进步表现在采用了改进信号处理的方法,使美国海军的 E-2A 型预警机的机载动目标显示(AMTI)雷达升级为具有对陆地上空的飞机目标进行监视探测的能力,并成功开发了美国空军的 E-3A 空中警戒与控制系统(AWAES)脉冲多普勒雷达。E-3A 的成功主要是由于有了甚低副瓣天线(低于主瓣电平 40dB),使天线副瓣电平的大小降低了两个数量级以上。超低副瓣是机载脉冲多普勒(PD)的关键技术之一。

在空间应用方面,雷达被用来帮助"阿波罗"飞船在月球上着陆;在卫星方面,雷达被用作高度计,测量地球表面的平整度。

20 世纪 70 年代投入正常运转的 AN/FPS-108"丹麦眼镜蛇雷达"是一部有代表性的大型相控阵雷达,主要用于弹道导弹的预警。

"鱼叉"和"战斧"系统中使用的巡航导弹制导雷达也是这一时期出现的。

4. 20 世纪 80 年代

20 世纪 80 年代,相控阵雷达技术大量用于战术雷达,这期间研制成功的主要相控阵雷达包括美国陆军的"爱国者"系统中的 AN/MPQ-53、海军"宙斯盾"系统中的 AN/SPY-1 和空军的 B-1B。L 波段和 L 波段以下的固态发射机已用于 AN/TPS-59、AN/FPS-117 和 AN/SPS-40 等雷达中。在空间监视雷达方面,"铺路爪"(PAVE PAWS)全固态大型相控阵雷达(即 AN/FPS-115)是雷达的一个重大发展。

气象雷达应用了脉冲多普勒处理技术,在降雨测量中包括了风速成分的测量,出现了脉冲多普勒气象雷达。

5. 20 世纪 90 年代至今

有人驾驶飞机载、无人机(UAV)载、卫星载的合成孔径雷达(SAR)已成为对敌方纵深要地实施精准打击前的侦察、成像探测,以及打击后战果评估和确定下一轮打击的有效手段。

在 1991 年的第一次海湾战争中,美国首次应用了 E-8C 系统,这套系统的核心是空军/陆军联合监视目标攻击雷达系统(Joint STARS 或 JSTARS)。在代号为"沙漠风暴"的整个战争期间,此系统探测、定位和跟踪了对方地面上价值很高的固定与运动目标,如"飞毛腿"导弹发射架、行军中的部队、渡河位置、后勤部队位置、部队集结区以及退却路线等,给联军的战场空中指挥与控制中心提供了重要信息,对迅速进行战术决策和指挥攻击机实施打击产生了重要作用。

JSTARS 是一套远距离(不小于 250km)、空中对地面监视的系统,可用来全天候对地面目标定位、分类与跟踪。在己方空域内,可探测与跟踪对方领域内前线与后方纵深地区内的行动;且对直升机、旋转的天线和大型慢速飞机有一定的探测能力。

此系统中所用的雷达是具有合成孔径成像/地面动目标显示(GMTI)功能,工作于 X 频段(8~10GHz)的 AN/AYP-3 型相控阵雷达。7.62m×0.6m 的相控阵天线安装于飞机前部座舱下面狭长的天线罩内,可向飞机主轴左方或右方侧视。天线波束在方位上的电子扫描视场达 120°,可在俯仰方向机械扫描。当载机飞行于 9150~12 200m 高空时,雷达探测覆盖面积达 80 000km^2/min。雷达的主要工作方式有大面积监视、固定目标指示、合成孔径成像、活动目标指示、目标分类 5 种,在以合成孔径方式成像时,像素分辨率为 3.7m×3.7m。

JSTARS 系统包括一架装备 AN/APY-3 雷达的飞机和美国陆军的标准型机动式地面站。雷达获取的目标和战场数据既可提供给飞机上的空军操作人员,也可经数据链提供给地面站内的陆军操作人员。在 E-8C 系统中,飞机上处理数据的操作人员为 18~28 人。JSTARS 系统的概况如图 1.10 所示。

在 20 世纪末的高技术局部战争中,利用人造卫星在对方纵深地区执行侦察任务的一个重大技术进步是 1988 年 12 月由航天飞机发射的美国军事史上第一颗实用的军事测距系统合成孔径雷达成像卫星"长曲棍球Ⅰ"。在 1991 年的海湾战争中,"长曲棍球Ⅰ"卫星与 3 颗锁眼式 KH-11 光学与红外成像卫星组成的低轨(轨道低于 1000km)侦察成像卫星星座,成功地把对伊拉克观测的情报图像传给美军的各级军事长官。"长曲棍

(a) E-8C

(b) E-8C控制台操作员　　　　　(c) E-8C的侦察图像

图 1.10　JSTARS 系统的概况

球 Ⅰ"卫星 SAR 成像侦察不但是全天候的,还弥补了 KH-11 光学、红外成像卫星受气象条件影响的不足;它与 E-8C、无人机合成孔径雷达成像侦察相比,有星座规模小、对侦察区再访问率低、实时性差的缺点,但它不受距离限制,适用于广泛地域的成像侦察,具有对远洋海域中舰船(甚至潜艇)的探测与识别能力,平台的安全性相对较高。低轨卫星 SAR 侦察平台与机载、无人机载 SAR 侦察平台相结合的运用,可获得全空域、全天候、实时的全战区精确图像情报,是当代侦察技术与雷达技术的革命性和跨越性发展。

美国于 1991 年 3 月又用"大力神"火箭发射了"长曲棍球 Ⅱ"卫星。1999 年 3 月至 6 月,北约对南斯拉夫发动的代号为"联盟行动"的军事打击中,使用了 2 颗"长曲棍球"雷达成像卫星、3 颗 KH-11 光学与红外成像 L 星组成星座实施侦察。

鉴于合成孔径雷达(SAR)成像在 20 世纪末的军事、科研、民用等各领域中所做出的重要贡献,SAR 技术和应用已成为 20 世纪 90 年代至今蓬勃发展的雷达主流技术之一。

此外,多功能相控阵雷达已成为 21 世纪机载火控雷达发展的主要方向。近代空战中"先敌发现、先敌攻击、先敌杀伤"已成为空战中获胜的主要手段之一。要做到这点,除了己方战斗机的雷达截面积要设计、制造得足够小,还需要己方的机载火控雷达的威力足够大,能比敌机先发现对方。因此,20 世纪 90 年代以来,美、俄等军事大国都把多功能机载相控阵雷达作为新一代战斗火控雷达的首选类型。美国四代机——用来争夺空中优势的隐身战斗机 F-22 就采用了 X 频段(8~12GHz)的 AN/APG-77 型有源天线、多功能相控阵火控雷达,其天线阵如图 1.11(a)所示,对雷达截面积 $1m^2$ 目标的检测距离可达约 125mile(约 201km)。其有源相控阵天线与工作方式如图 1.11(b)所示。

1.5.2　声呐发展史

1.5.2.1　早期发展史

水声的第一次实际应用可以追溯到 20 世纪初的导航系统。早期导航系统是由灯光和雾号构成,灯光和雾号同步工作,通过测定两者到达时间差,即可确定船相对灯塔的距

(a) AN/APG-77有源相控阵天线

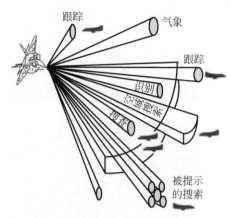

(b) 机载火控雷达工作方式

图 1.11　相控阵机载火控雷达天线与工作方式

离,但是在下雨、下雪、刮风或浓雾弥漫等恶劣气候条件下无法使用。因此,水下导航钟被引入进行改进。

巨型的水下导航钟连同雾号一起设置于沿海灯塔附近或灯标船上。钟内充有压缩空气,能驱动气锤击钟,从而在水中自动发出声信号。碳粒微音器安装在船头两侧下方紧贴船板内壁的水密罩内;它们把接收到的钟声信号变换成电信号,并且分别通过导线送到舱室里电话接收机的两个听筒中。听测者则可依据从两个听筒听到的钟声信号的强弱,大致判断船只相对于灯标的方位。如果与此同时同步测出从灯标处发出的雾号声与水下导航钟声到达的时间之差,那么船只与灯标距离就可以确定。这种导航系统的作用距离达 16km。

这种导航方法以及后来发明的无线电导航设备都只能测定船只在航道中的相对位置,回避一些已经查知的暗礁、险滩,而对于其他潜伏在水中的不发声的障碍物(比如冰山,它往往只有十分之一露出海面,绝大部分藏在水下),船舶都成了"睁眼瞎"。1912 年 4 月 14 日,著名的"泰坦尼克号"惨剧因此而生。怎样才能避免类似事故的发生呢? 惨剧发生 5 天之后,有个名叫理查森的英国人提出了用空气声进行回声定位的建议。一个月以后他又提出了相仿的水声回声定位方案,这便是世界上第一个主动声呐方案。所谓主动声呐,就是一种自己向水中发射声波并根据水中物体的回波来达到各种探测目的(如定位)的水声设备。可惜的是理查森并没有能实现他的方案,因为当时还不会制造能在水下朝着既定方向发射声波的设备。

1913 年,美国人费森登研制出了一种新式的动圈型振动器。这种振动器在水中既能定向发射声波,又能接收声波,其结构与现在常用的动圈型扬声器或微音器相似。此后不久,利用这种振动器就探测到了 2 海里(1 海里=1.852km)以外的冰山。费森登的振动器本来是为水下声通信研制的,接上电键后,即可按照摩尔斯电报码发讯和收讯。据称它被装在第一次世界大战期间的美国潜艇上,使潜艇在水下能够互相发信联系。它的改进型振动器一直使用到 1950 年。

1914 年 7 月,第一次世界大战爆发。在战争期间,德国展开了"无限制潜艇战",利用新发明的 U 型潜艇击沉了协约国的大量军舰和商船。据称有一艘 U 型潜艇在 76 分钟内就使用鱼雷击沉了 3 艘装甲巡洋舰。探测水下潜艇的任务迫在眉睫。协约国立即投入许多人力和物力,进行探测方法和设备的研究。磁学的、光学的、热学的方法都试验过,但效果都不理想。实践证明,最有效的是声学方法,于是各种声呐系统竞相问世。

当时,达·芬奇的空气听测器也得到了应用,不过,那时候在另一只耳朵与海水的另一点之间也设置了一根长管,以便根据声波到达两耳的时间差和强度差,测定水下噪声目标的方向。在工作时,该听测器是可以转动的。当听测器对准敌方舰艇时,舰艇发出的噪声必定同时到达两个大若网球的空心橡皮球(两橡皮球间距接近 1.5m),通过空气管和听筒传入耳朵。那么,敌方舰艇到底在前面还是后面呢?有经验的听测者只要将听测器向左或向右旋转 90°,就能迅速地找到答案了。另一种在达·芬奇空气听测器的基础上发展起来的听测设备是将 24 根空气听测器分成两组,每组 12 根,均排列成一个直线阵,分别安装在船底的左右侧,依靠特殊的补偿器进行转向。这种设备对于噪声目标的定向精度比较高。

法国著名物理学家郎之万和年轻的俄国电气工程师希洛夫斯基合作,利用静电型发射器和一个放在凹曲面焦点处的碳粒微音器,终于在 1916 年接收到了海底回波和放在 200m 以外的一块装甲板的回波。

其后,郎之万转向研究石英的压电效应,成功地研制出了石英-钢夹心型超声换能器。郎之万换能器的工作频率较高,具有较强的方向性。此外,郎之万在实验中还利用了刚刚问世的真空管放大器,这或许是电子技术在水声中的首次应用。这样在 1918 年第一次接收到了水下潜艇的回波,探测距离有时可达 1500m。

第一次世界大战结束后不久,用于船舶导航的新型设备——回声测深仪诞生了。实际上它是人们在研制探潜回声定位系统的过程中所得到的副产品。此后,由于电子技术的发展,水声换能器性能的改善,特别是对于声波在海水中传播规律的深入了解,声呐技术不断向前发展。

1.5.2.2　第二次世界大战期间

第二次世界大战的爆发开创了声呐发展的新时期。一系列新型的主动、被动声呐纷纷问世。参战各国的舰艇相继装备了能够适用于作战的声呐。苏联制造的"火星"型被动声呐和"塔米尔"型主动声呐,在伟大的反法西斯战争中发挥了巨大威力。

当时,在水面舰艇上装备的主动声呐常用耳机或扬声器来收听回波信号,并且配有距离指示器,能够同时测出目标的方位和距离。在潜艇上装备的被动声呐,多用耳机收听目标发出的噪声信号,只能测出目标的方位。声呐的换能器都是采用机械的方法使之旋转,从而实现水平方向上的搜索的。而声呐的电路部分则广泛采用了当时电子技术的新成果,形成了一套较完整的系统。并且在战争进入尾声时,出现了使用电子示波管显示目标信号的新型声呐。

1945 年,英国潜艇"冒险者"号首创纪录:它在水下完全依据声呐探测到的信息,对同样处于水下的德国潜艇发动了攻击。作为水下观测的重要耳目,声呐的地位日益巩固。

1.5.2.3 第二次世界大战后

第二次世界大战以后,声呐技术的发展十分迅速。其主要原因包括:一是由于 20 世纪 50 年代出现了载有导弹武器的核动力潜艇,对声呐的性能提出了更高的要求;二是对水声物理的研究逐步深入,对水下声音传播的认识促进了声呐技术的发展;三是战后电子技术的飞跃发展为声呐的发展在技术上准备了条件。

水声物理的研究发现:海水对于低频声波的吸收较小,低频声波能传播很远,甚至上千千米。因此,从第二次世界大战后至现在,低频化是声呐技术发展的最主要方向。降低声呐工作频率的好处不仅是传播距离远,更重要的是低频范围内目标舰艇的辐射噪声较大,线谱丰富,探测和识别要更容易。

潜艇声呐系统包括艇部声呐、噪声测距声呐、拖线阵声呐、舷侧阵声呐、侦察声呐、通信声呐、声线轨迹仪和本艇噪声监测仪。这些声呐基阵及无线通信天线在潜艇上的布置如图 1.12 所示。

水面舰声呐系统包括舰壳声呐、拖线阵声呐、主动拖线阵声呐、通信声呐、声线轨迹仪和鱼雷报警声呐。这些声呐可完成搜索、测向、测距、侦察、鱼雷报警、敌我识别、通信、本艇噪声监测、目标分类、声线轨迹描绘等功能。

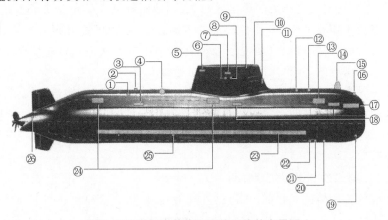

图 1.12 潜艇声基阵及通信天线的布置图

①、⑥、⑫、⑲、㉖—自噪声监测水听器;②—紧急电话换能器;③、⑱—分布式基阵;④—浮标;⑤、⑦—水下电话换能器;⑧—声速传感器;⑨—甚高频天线;⑩—甚低频天线;⑪—主动声呐换能器;⑬、㉑—回声测距换能器;⑭、㉔—被动测距基阵;⑮—侦察声呐基阵;⑯—避雷声呐基阵;⑰—圆柱阵;⑳—计程仪探头;㉒—多普勒计程仪;㉓—舷侧阵;㉕—深度传感器

为了应对核潜艇的威胁,第二次世界大战后声呐系统不断推新,典型代表为美国的 SOSUS(Sound Surveillance System)系统和 SURTASS(Surveillance Towed Array Sensor)系统。

SOSUS 系统是美国为了应对苏联核潜艇的巨大威胁,在大西洋和太平洋上布置的庞大的低频水下监听网。第一个全尺寸的 SOSUS 样机于 1952 年布置于 Eleuthera 水下 1440 英尺深处。基阵长 1000 英尺,含 40 个水听器,波束宽度约为 2 度。因为其探测性能突出,1954—1957 年,美国在大西洋一侧从巴巴多斯岛到加拿大的新斯科舍布置了一个巨大的半圆形基站群,这是美国第一批 SOSUS 基站。

SOSUS 具有非常优异的探测性能,1961 年,就跟踪了在北大西洋海域从美国开往英国的乔治-华盛顿号(SSBN-598)核动力潜艇;1962 年,第一次发现苏联的柴油机动力潜艇;在古巴核导弹危机中,SOSUS 发现苏联的 FOXTROT-class 核动力潜艇,后来由巡逻机对探测结果进行了确认。

SOSUS 系统主要包含 6 大探测网,分别位于美国西海岸、美国东海岸、关岛、夏威夷州到中途岛,白令海峡(阿留申群岛一线),以及格陵兰岛—冰岛—英国一线,形成了庞大的全球水下监控网。

在冷战末期,美国发展舰载的拖曳监视系统即 SURTASS。其拖曳的水声器阵列长达 1500m,由于其体积很大,无法装载在普通舰船上,主要装备在水声调查船上。SURTASS 共装备 10 艘,第一艘于 1984 年装备于"坚定"号。

在声呐技术发展的同时,潜艇的隐身技术也突飞猛进地发展,美国核潜艇噪声由 1957 年的 165dB 下降到 2000 年的约 98dB。被动探测技术受到了越来越大的制约,探测距离越来越小。

为了提高安静型潜艇的探测距离,现代声呐系统朝着低频主动化发展,普遍采用了大功率、低频率发射,以及各种信号处理技术,各种低频主动(Low Frequency Active,LFA)声呐相继装备各国部队。低频主动声呐又分为监视型和战术型两种。监视型 LFA 主要完成远程战略反潜,其典型代表为由 SURTASS 系统升级而成的 SURTASS LFA,由于其频率低、体积大,目前装备在"无暇"号和"胜利"号水声调查船上。战术型 LFA 主要完成编队区域反潜,可安装在水面作战舰艇上,典型代表有美国 L-3 公司和德国 ATLAS 公司研制的 LFA。其主要参数对比如表 1.4 所示。

表 1.4 典型低频主动声呐的主要参数

低频主动声呐	国　家	工 作 频 率	声　源　级
SURTASS	美国	100～500Hz	215dB
L-3 公司	美国	1.38kHz	219～222dB
ATLAS	德国	1.5～2.5kHz	—

声呐发展史上最重要的技术进步是波束形成技术。工作频率的降低和发射功率的增大导致了换能器尺寸的增加,此时再使用机械方法旋转换能器就很不方便了。利用现代电子技术和数字信号处理技术可使换能器所形成的波束在空间迅速扫描或形成多个波束同时覆盖整个搜索面,而换能器本身却固定不动,这就是波束形成技术。

此外,在现代声呐中大量采用数字电子计算机技术处理目标信号、检查故障等,使得声呐的性能、效率和可靠性都得到了空前提高。现代声呐的信号处理已经完全数字化。

不仅如此,一些国家还大力研制搭载在飞机上的声呐系统,如固定翼飞机携带的航空浮标、反潜直升机携带的吊放声呐,从而形成了海上、海底和空中"三位一体"的立体探潜系统。

　　声呐技术在民用方面十分广泛。在导航方面有单波束测深度仪、航行速度测量(多普勒计程仪、声相关计程仪)、海流速度测量(多普勒流速剖面仪和声相关流速剖面仪)、避碰声呐和靠岸声呐。在海洋地质方面有侧扫声呐、多波束测深仪、沉积层剖面仪、海洋地震仪。在物理海洋方面有海洋声层析等。在水下介入方面,有水声定位和水声数据传输系统。在渔业方面有探鱼仪、拖网监测仪。

思考题与习题

　　1.1　简述电子探测系统的四大功能及对应的战术和技术指标。

　　1.2　探测能力和测量精度与什么因素有关? 雷达和声呐工作的可能干扰背景有哪些?

　　1.3　画出被动声呐的组成框图,并说明其组成。

　　1.4　画出主动雷达的组成框图,并说明其组成。

　　1.5　简述收发转换开关的作用。

　　1.6　简述第二次世界大战后雷达最显著的技术特征。

第2章

信号与系统和波的传播

2.1 振动与波

2.1.1 频率和周期

有一定周期和时间规律的运动称为振动。波源每秒振动的次数称为频率,单位是赫兹(Hz)。频率高的声音听起来尖,频率低的声音听起来粗,女声频率比男声高。波振动一次的时间称为周期,计算公式为

$$T = \frac{1}{f} \tag{2.1}$$

其中,T 为周期,f 为频率。

2.1.2 波的幅度和相位

对于一个频率为 f_0 的给定正弦波,其形式可以完全由幅度 A 和相位 ϕ 确定:

$$s(t) = A\sin(2\pi f_0 t + \phi) \tag{2.2}$$

在电子系统中,幅度单位通常用分贝表示:

$$1\text{dB}(单位) = 20\lg A(单位) \tag{2.3}$$

-3dB 对应幅度为 0.707。由于功率或能量与幅度关系是平方关系,假定幅度为 A 的信号对应的功率为 P,为了保证二者分贝数一致,将功率的分贝定义为

$$1\text{dB}(单位) = 10\lg P(单位) \tag{2.4}$$

-3dB 对应的功率为 0.5,通常称为半功率点。

波的幅度和相位分别对应着力的大小和方向。两个同频的正弦波相加,应采用矢量叠加的原理进行运算(见习题 2.1)。

波在时间为零时的状态称为初相。从图 2.1 可以看出,虚线波达到相同值的时刻总是超前实线波。这就像两个人在赛跑,尽管他们速度一样,但有一个人先跑了一段路,所以他一直领先。

相位角定义与极坐标的角度定义一致,如图 2.1 所示。相位可以超过 $360°$(或 2π 弧度),但正弦或余弦具有 $360°$(或 2π 弧度)的周期性。

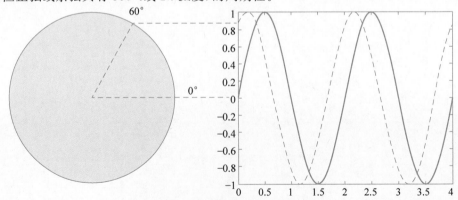

图 2.1　圆周运动与正弦波

　　与相位相关联的一个物理量是角频率,它定义为波在单位时间(每秒)内相位变化量,易知角频率 ω 与频率的关系为

$$\omega = 2\pi f \qquad (2.5)$$

频率与相位的关系为

$$f(t) = \frac{1}{2\pi} \frac{\mathrm{d}\phi(t)}{\mathrm{d}t} \qquad (2.6)$$

2.1.3　波的传播与波长

　　波之所以能携带能量,是因为它能在空间传播或辐射。波在自由均匀介质空间传播是球面扩展的,其波前(等相位面)是球面;当传播距离足够远时,可以认为其波前是平面波,即波前是平面,就像我们觉得地球是平面一样。平面波形式最简单,通常近似也很好。传播到距离 r 处的平面波可以表示为

$$s_r(t) = s(t - \tau) = s\left(t - \frac{r}{C}\right) \qquad (2.7)$$

其中,C 为波传播的速度,$\tau = \dfrac{r}{C}$ 称为时延。在一个周期内波传播的距离称为波长:

$$\lambda = T \times C = \frac{C}{f} \qquad (2.8)$$

　　在同一均匀介质中,波传播速度不变,因此频率越低,波长就越长,频率越高,波长就越短,波长与频率成反比。雷达和声呐的频率差很多个数量级,但它们工作的波长是大致相同的。波速的差异是导致雷达和声呐工作差异的主因。

　　对于频率为 f_0 的正弦波,延时 τ 带来的相位差为

$$\phi = -2\pi f_0 \tau \qquad (2.9)$$

2.1.4　声压与振速

　　声传播时,介质中压力有变化,这个交变的压力就是声压。水声中声压的单位是微帕(μPa),也就是一个大气压的十万分之一,反映在宏观上就是物体振动幅度的大小。

　　振速是质点运动的速度,它与静态声速不同,且远低于声速,通常是交变的,是时间和传播距离的函数。

2.1.5　线性声学与电学物理量之间的对应关系

　　线性声学与电学物理量存在如表 2.1 所示的对应关系。

表 2.1　线性声学与电学物理量的对应关系

分　　类	物　　理　　量		
声学	声压 p	振速 u	声阻抗 Z
电学	电压	电流	阻抗

与欧姆定律类似有

$$p = Z \cdot u = \rho \cdot C \cdot u \tag{2.10}$$

其中,ρ 和 C 分别为海水的密度和静态声速,$Z = \rho \cdot C$ 为声阻抗,单位是瑞利(rayl)。海水密度近似为 $1 \times 10^3 \mathrm{kg/m^3}$,声速为 $1500\mathrm{m/s}$,因此其声阻抗为 $1.5 \times 10^6 \mathrm{kg/(m^2 \cdot s)}$。水中 1Pa 的声压对应的水体振速约为 $7 \times 10^{-7}\mathrm{m/s}$,远小于声速。

2.1.6 声强和声级

声波的强弱是由它所携带的能量大小决定的,通常用声强表示,类似电学中的功率,定义为

$$I = p \cdot u = u^2 \cdot Z = \frac{p^2}{Z} \tag{2.11}$$

声强相当于每秒通过声波传播方向的垂直面上一个 $1\mathrm{m^2}$ 小格子的声波功率,其单位是 $\mathrm{W/m^2}$。人说话的声功率通常只有 $10^{-5}\mathrm{W}$。

声强的变化范围很大,由最小能听见的声音强度($10^{-12}\mathrm{W/m^2}$)到最大的声音强度($1\mathrm{W/m^2}$)可相差 10^{12} 倍,这样大的数字写起来和计算起来都非常不便,水声学中将声压为 $1\mu\mathrm{Pa}$ 的平面声波声压定义为零分贝声压。我们要测量的声压和这个参考声压比较,求出的分贝数称为声级,即 $20\lg(p/p_{\mathrm{ref}})$。事实上,只要将声压用微帕表示并计算 $20\lg p$ 即可。尽管它是美国国家标准,不是国际标准,但在水声学中广为采用,它的引入可以大大简化声呐方程(见 8.3 节)。根据式(2.11),海水中 $1\mu\mathrm{Pa}$ 声压对应声强(参考声强)为

$$I_{\mathrm{ref}} = \frac{p^2}{\rho \cdot C} = \frac{(10^{-6})^2}{1.5 \times 10^6} = 6.67 \times 10^{-19}\mathrm{W/m^2} \tag{2.12}$$

1W 功率的声源在 1m 处的声强为 $1/4\pi\ \mathrm{W/m^2}$,其声源级为

$$\mathrm{SL}_1 = 10\lg\left(\frac{I}{I_{\mathrm{ref}}}\right) = 10\lg\left[\frac{1}{4\pi}/(6.67 \times 10^{-9})\right] = 170.8\mathrm{dB}\mu\mathrm{Pa@1m} \tag{2.13}$$

1Hz 带宽的信号声级称为谱级,给定带宽范围内的信号声级称为带级。假定带内声压是恒定的,那么有

$$\mathrm{BL} = \mathrm{SPL} + 10\lg B \tag{2.14}$$

其中,BL、SPL、B 分别为带级、谱级和给定的带宽(单位 Hz)。

2.1.7 声源级

声源级是考查声源功率大小的一个指标。声源级谱级的定义为

$$\mathrm{SL} = 10\lg(\text{标准距离上的声源强度} / \text{参考声强}) \tag{2.15}$$

标准距离为 1m,参考声强为 $1\mu\mathrm{Pa}$ 声压对应的声强,因此声源级的单位为 $\mathrm{dB}\mu\mathrm{Pa@}$ 1m。由式(2.13),发射声功率为 1W 的无指向性声源对应的声源级为 170.8dB,当发射阵有指向性时,还需要考虑阵的指向性,因此声功率为 P 的声源对应的声源级为

$$\mathrm{SL} \approx 171 + 10\lg P + \mathrm{DI} \tag{2.16}$$

其中,DI 为聚集系数(dB)。这里的 P 为声功率,而不是电功率。电声功率转换效率取决于发射换能器材料、结构等因素,一般为 $20\% \sim 80\%$。定义品质因素:

$$Q = \frac{f_0}{B} \qquad (2.17)$$

其中，f_0 和 B 分别为换能器中心频率和 3dB 带宽。通常换能器带宽越宽即品质因素越低越好，但带来的问题是电声转换效率低。

2.1.8 横波和纵波

横波传播的方向与波振动的方向垂直。纵波传播的方向与振动方向一致。如图 2.2 所示，电磁波是横波，空气和水中的声波是纵波。

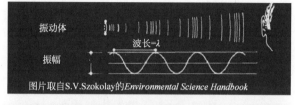

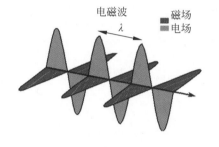

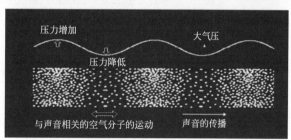

(a) 电磁波是横波　　　　　　　　　(b) 声波是纵波

图 2.2　电磁波和声波的传播

横波具有极化现象，即振动具有方向性。我们知道，光具有偏振性，我们看立体电影用的眼镜就是两块偏振方向垂直的镜片。只有光的振动方向与偏振片方向一致时，光才能通过。电波振动方向与波运动方向构成的面叫振动面。如果振动面只限于某一固定方向，那么称为线极化，按传播方向与水平面的夹角来区分，分成水平偏振（与水平面平行）和垂直偏振（与水平面垂直）。如果振动面在不停地改变方向，那么这种极化称为圆极化，圆极化分左旋和右旋。由于电磁波有电场和磁场，通常按电场强度的方向来定义电磁波的极化，如果电场强度方向垂直于地面，则是垂直极化。

极化是雷达与声呐的一个重要区别。

2.2　信号　

2.2.1　信号定义

信号是表示信息的物理量。古代烽火台用光信号传递消息，现代传递消息最常用的是电磁波，海洋中则用声波。电磁波和声波分别通过天线和换能器转换成电信号。由于波是时间的函数，因此信号也是时间的函数。电磁波和声波可以承载信息的物理量有频率、幅度和相位。电磁波的极化也可以携带信息。

　　信号分成连续信号、离散信号和数字信号。其特点如表 2.2 所示。连续信号及其对应的离散信号和数字信号(网格上的灰点)的波形如图 2.3 所示。

表 2.2　3 类信号的特点

物　理　量	连 续 信 号	离 散 信 号	数 字 信 号
时间	连续	离散	离散
幅度	连续	连续	离散

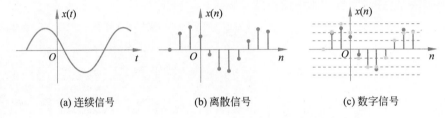

(a) 连续信号　　　　　(b) 离散信号　　　　　(c) 数字信号

图 2.3　连续信号、离散信号和数字信号

2.2.2　采样定理

　　连续信号频谱和采样后信号的频谱如图 2.4 所示,采样后信号的频谱是连续信号的频谱按采样频率进行周期性延拓。

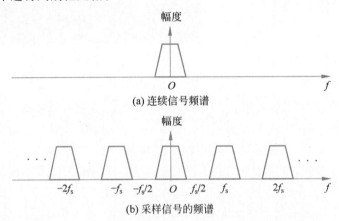

(a) 连续信号频谱

(b) 采样信号的频谱

图 2.4　连续信号频谱和采样后信号的频谱

　　电信号大都是连续型,连续信号经过离散时间采样得到离散信号。现在离散信号处理很少使用模拟器件,而普遍采用数字信号处理。A/D 转换器(高精度应用场合需要用采样保持器)可以将连续信号转换成数字信号。离散信号或数字信号相邻两个样本点的时间间隔称为采样间隔,其对应的频率称为采样频率。由图 2.4 可知,为了保证采样后的信号频谱不发生重叠,要求其采样频率大于或等于其最高频率的两倍。

$$f_s \geqslant 2f_H \tag{2.18}$$

　　从图 2.4 可以看出,满足式(2.18)的离散信号通过带宽大于信号最大带宽、小于采样频率的理想低通滤波器后就能恢复出对应的模拟信号。

2.2.3　内积与互相关函数

2.2.3.1　内积

内积运算是信号处理的一个重要运算,许多信号处理都可以看成内积运算,如傅里叶变换、相关等。假定两个 N 维矢量 $\langle f_1, f_2 \rangle$,其对应的分量分别为 a_n、b_n,则其内积定义为

$$\langle f_1, f_2 \rangle = \sum_{n=1}^{N} a_n \cdot b_n = |f_1| \cdot |f_2| \cos\theta \tag{2.19}$$

其中,θ 为两个矢量的夹角。度量两个矢量的相似性有距离和内积,而且内积运算是两个矢量相似性的更好的度量,因为其归一化的内积:

$$\frac{\langle f_1, f_2 \rangle}{|f_1| \cdot |f_2|} = \cos\theta \tag{2.20}$$

与两个矢量的长短无关。

由式(2.19)可以得到一个重要的不等式:

$$\langle f_1, f_2 \rangle \leqslant |f_1| \cdot |f_2| \tag{2.21}$$

称为施瓦茨不等式。

两个复函数的内积定义为

$$\langle f_1(t), f_2(t) \rangle = \int_{-\infty}^{\infty} f_1(t) f_2^*(t) \mathrm{d}t \tag{2.22}$$

内积也是两个函数相似性的一种重要的度量。对于函数的内积有类似式(2.21)的柯西-施瓦茨不等式:

$$\langle f(t), g(t) \rangle \leqslant \langle f(t), f(t) \rangle^{\frac{1}{2}} \cdot \langle g(t), g(t) \rangle^{\frac{1}{2}} \tag{2.23}$$

等号当且仅当 $f(t) = k \cdot g(t)$ 时成立,其中,k 为常数。不难看出,内积比距离更适合度量一个信号的相似性,因为信号幅度改变了,信号和其对应的离散化信号矢量距离会增大,但归一化的内积不会改变。

在通信中,内积也称为相关。通信完成同步后,最佳接收机就是相关器。

2.2.3.2　互相关函数

信号 $f_1(t)$ 和 $f_2(t)$ 互相关函数定义为

$$\mathrm{COR}(\tau) = \langle f_1(t), f_2(t-\tau) \rangle = \int_{-\infty}^{\infty} f_1(t) \cdot f_2^*(t-\tau) \mathrm{d}t \tag{2.24}$$

互相关函数是时延的函数,用于度量两个存在时延信号的相似性。比如说,两个信号完全相同,只是有相对时延,直接做内积运算,值可能很低,但我们不断改变时延做相关,当两个波形重合时,其相关函数会出现最大值。

例 2.1　两个离散信号分别为 $s_1(n) = [0,0,0,1,2,3]$,$s_2(n) = [1,2,3,0,0,0]$。

(1)求它们的内积和互相关函数。

(2)其峰值对应的时延是多少?

观察两个信号,说明其物理意义。

解:(1)两个信号内积为

$$\langle s_1(n), s_2(n) \rangle = \sum_{n-1}^{N} s_1(n) s_2(n) = 0$$

互相关函数分别用表格法和图解法求解如下,结果为 $COR(n) = [3, 8, 14, 8, 3]$,峰值位置对应的时延是 3,其物理意义是互相关函数的峰值对应的时延给出了信号 1 相对信号 2 的延时。

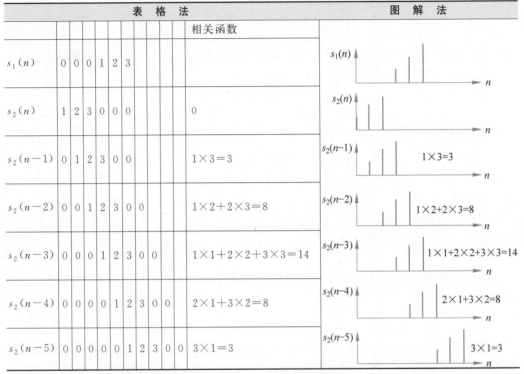

表 格 法										相关函数	图 解 法
$s_1(n)$	0	0	0	1	2	3					$s_1(n)$
$s_2(n)$	1	2	3	0	0	0				0	$s_2(n)$
$s_2(n-1)$	0	1	2	3	0	0				$1\times3=3$	$s_2(n-1)$ $1\times3=3$
$s_2(n-2)$	0	0	1	2	3	0	0			$1\times2+2\times3=8$	$s_2(n-2)$ $1\times2+2\times3=8$
$s_2(n-3)$	0	0	0	1	2	3	0	0		$1\times1+2\times2+3\times3=14$	$s_2(n-3)$ $1\times1+2\times2+3\times3=14$
$s_2(n-4)$	0	0	0	0	1	2	3	0	0	$2\times1+3\times2=8$	$s_2(n-4)$ $2\times1+3\times2=8$
$s_2(n-5)$	0	0	0	0	0	1	2	3	0	0	$3\times1=3$	$s_2(n-5)$ $3\times1=3$

以上定义的相关函数是线性相关函数,广泛用于雷达和声呐。在通信中经常会用到循环相关函数,见 12.4.4 节。

2.2.4 信号的频域分析

傅里叶变换可以度量一个信号有没有某一频率分量,是信号与复正弦信号的内积,由式(2.22),函数 $f(t)$ 的傅里叶变换定义为

$$F(j\omega) = \langle f(t), e^{j\omega t} \rangle = \int_{-\infty}^{\infty} f(t) e^{-j\omega t} dt \qquad (2.25)$$

傅里叶变换的结果是信号的频谱。傅里叶变换在信号分析、微分和偏微方程求解和线性系统求解等方面具有重要的应用。典型信号的傅里叶变换如表 2.3 所示,常用的傅里叶变换还给出了时域和频域的图像。

如图 2.5 所示,信号频谱所占宽度称为带宽,通常用 3dB 宽度来定义。

傅里叶逆变换定义为

$$f(t) = \langle F(j\omega), \exp(-j\omega t) \rangle = \int_{-\infty}^{\infty} F(j\omega) \exp(j\omega t) d\omega \qquad (2.26)$$

傅里叶逆变换的结果是对应的信号。

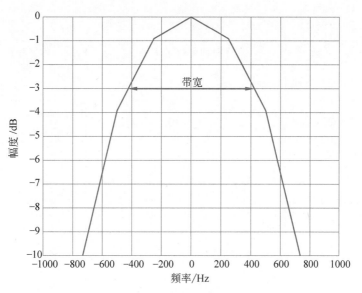

图 2.5　带宽定义示意图

表 2.3　典型信号的傅里叶变换

序　号	名　称	时间函数 $f(t)$	傅里叶变换 $F(j\omega)$
1	矩形脉冲（门函数）	$\begin{cases} 1, & \|t\| < \dfrac{\tau}{2} \\ 0, & \|t\| > \dfrac{\tau}{2} \end{cases}$	$\tau \mathrm{Sa}\left(\dfrac{\omega\tau}{2}\right) = \dfrac{2}{\omega}\sin\left(\dfrac{\omega\tau}{2}\right)$
2	三角脉冲	$\begin{cases} 1 - \dfrac{2\|t\|}{\tau}, & \|t\| < \dfrac{\tau}{2} \\ 0, & \|t\| > \dfrac{\tau}{2} \end{cases}$	$\dfrac{\tau}{2}\mathrm{Sa}^2\left(\dfrac{\omega\tau}{4}\right)$
3	锯齿脉冲	$\begin{cases} \dfrac{1}{\tau}\left(t + \dfrac{\tau}{2}\right), & \|t\| < \dfrac{\tau}{2} \\ 0, & \|t\| > \dfrac{\tau}{2} \end{cases}$	$\mathrm{j}\dfrac{1}{\omega}\left[\mathrm{e}^{-\mathrm{j}\frac{\omega\tau}{2}} - \mathrm{Sa}\left(\dfrac{\omega\tau}{2}\right)\right]$
4	梯形脉冲	$\begin{cases} 1, & \|t\| < \dfrac{\tau_1}{2} \\ \dfrac{\tau}{\tau - \tau_1}\left(1 - \dfrac{2\|t\|}{\tau}\right), & \dfrac{\tau_1}{2} < \|t\| < \dfrac{\tau}{2} \\ 0, & \|t\| > \dfrac{\tau}{2} \end{cases}$	$\dfrac{8}{\omega^2(\tau - \tau_1)}$ $\sin\left[\dfrac{\omega(\tau + \tau_1)}{4}\right]$ $\sin\left[\dfrac{\omega(\tau - \tau_1)}{4}\right]$
5	单边指数脉冲	$\mathrm{e}^{-\alpha t}\varepsilon(t), \alpha > 0$	$\dfrac{1}{\alpha + \mathrm{j}\omega}$

序　号	名　　称	时间函数 $f(t)$	傅里叶变换 $F(j\omega)$
6	偶双变指数脉冲	$e^{-\alpha\mid t\mid}\varepsilon(t),\alpha>0$	$\dfrac{2\alpha}{\alpha^2+\omega^2}$
7	奇双边指数脉冲	$\begin{cases}-e^{at}, & t<0 \\ e^{-at}, & t>0\end{cases},(\alpha>0)$	$-j\dfrac{2\omega}{\alpha^2+\omega^2}$
8	钟形脉冲	$e^{-\left(\frac{t}{\tau}\right)^2}$	$\sqrt{\pi}\tau\cdot e^{-\left(\frac{\omega\tau}{2}\right)^2}$
9	余弦脉冲	$\begin{cases}\cos\left(\dfrac{\pi}{\tau}t\right), & \mid t\mid<\dfrac{\tau}{2} \\ 0, & \mid t\mid>\dfrac{\tau}{2}\end{cases}$	$\dfrac{\pi\tau}{2}\dfrac{\cos\left(\frac{\omega\tau}{2}\right)}{\left(\frac{\pi}{2}\right)^2-\left(\frac{\omega\tau}{2}\right)^2}$
10	升余弦脉冲	$\begin{cases}\dfrac{1}{2}\left[1+\cos\left(\dfrac{2\pi}{\tau}t\right)\right], & \mid t\mid<\dfrac{\tau}{2} \\ 0, & \mid t\mid>\dfrac{\tau}{2}\end{cases}$	$\dfrac{\sin\left(\frac{\omega\tau}{2}\right)}{\omega\left[1-\left(\frac{\omega\tau}{2\pi}\right)^2\right]}$
11	冲激函数	$\delta(t)$	1
12	单位直流	1	$2\pi\delta(\omega)$
13	阶跃函数	$\varepsilon(t)$	$\pi\delta(\omega)+\dfrac{1}{j\omega}$
14	符号函数	$\mathrm{sgn}(t)$	$\dfrac{2}{j\omega}$
15	余弦函数	$\cos(\omega_0 t)$	$\pi[\delta(\omega+\omega_0)+\delta(\omega-\omega_0)]$
16	正弦函数	$\sin(\omega_0 t)$	$j\pi[\delta(\omega+\omega_0)-\delta(\omega-\omega_0)]$
17	复正弦函数	$e^{j\omega_0 t}$	$2\pi\delta(\omega-\omega_0)$
18	微分	$\delta'(t)$	$j\omega$

序　号	名　　称	时间函数 $f(t)$	傅里叶变换 $F(j\omega)$
19	频域微分	t	$j2\pi\delta'(\omega)$
20	n 阶微分	$\delta^{(n)}(t)$	$(j\omega)^n$
21	频域 n 阶微分	t^n	$2\pi(j)^n\delta^{(n)}(\omega)$
22	斜坡函数	$t\varepsilon(t)$	$j\pi\delta'(\omega)-\dfrac{1}{\omega^2}$
23	时间倒数	$\dfrac{1}{t}$	$-j\pi\mathrm{sgn}(\omega)$
24	双边斜坡	$|t|$	$-\dfrac{2}{\omega^2}$

注：其中 $\mathrm{Sa}(x)=\sin x/x$ 称为采样函数；$\mathrm{sgn}(x)=x/|x|$ 称为符号函数。

2.2.5　傅里叶变换的主要性质

傅里叶变换的主要性质如表 2.4 所示。

表 2.4　傅里叶变换的主要性质

名　　称	时域 $f(t)\leftrightarrow F(j\omega)$ 频域		
1. 线性	$a_1f_1(t)+a_2f_2(t)$		$a_1F_1(j\omega)+a_2F_2(j\omega)$
2. 奇偶性	$f(t)$ 为实函数	—	$\|F(j\omega)\|=\|F(-j\omega)\|,\varphi(\omega)=-\varphi(-\omega),$ $R(\omega)=R(-\omega),X(\omega)=-X(-\omega),$ $F(-j\omega)=F^*(j\omega)$
		$f(t)=f(-t)$ $f(t)=-f(-t)$	$F(j\omega)=R(\omega),X(\omega)=0,$ $F(j\omega)=jX(\omega),R(\omega)=0$
	$f(t)$ 为虚函数		$\|F(j\omega)\|=\|F(-j\omega)\|,\varphi(\omega)=-\varphi(-\omega),$ $R(\omega)=-R(-\omega),X(\omega)=X(-\omega),$ $F(-j\omega)=-F^*(j\omega)$
3. 反转	$f(-t)$		$F(-j\omega)$
4. 对称性	$F(jt)$		$2\pi f(-\omega)$
5. 尺度变换	$f(at),a\neq0$		$\dfrac{1}{\|a\|}F\left(j\dfrac{\omega}{a}\right)$

名　称	时域 $f(t) \leftrightarrow F(\mathrm{j}\omega)$ 频域
6. 时移特性	$f(t \pm t_0)$ / $\mathrm{e}^{\pm \mathrm{j}\omega t_0} F(\mathrm{j}\omega)$
7. 频移特性	$f(t)\mathrm{e}^{\pm \mathrm{j}\omega_0 t}$ / $F[\mathrm{j}(\omega \mp \omega_0)]$
8. 余弦移频特性	$f(t)\cos\omega_0 t$ / $\dfrac{1}{2}[F(\omega-\omega_0)-F(\omega+\omega_0)]$ （图）
9. 正弦移频特性	$f(t)\sin(\omega_0 t)$ / $\dfrac{1}{2\mathrm{j}}[F(\omega-\omega_0)-F(\omega+\omega_0)]$
10. 卷积定理　时域	$f_1(t) * f_2(t)$ / $F_1(\mathrm{j}\omega)F_2(\mathrm{j}\omega)$
10. 卷积定理　频域	$f_1(t)f_2(t)$ / $\dfrac{1}{2\pi}F_1(\mathrm{j}\omega) * F_2(\mathrm{j}\omega)$
11. 时域微分	$f^{(n)}(t)$ / $(\mathrm{j}\omega)^n F(\mathrm{j}\omega)$
12. 时域积分	$f^{(-1)}(t)$ / $\pi F(0)\delta(\omega)+\dfrac{1}{\mathrm{j}\omega}F(\mathrm{j}\omega)$
13. 频域微分	$(-\mathrm{j}t)^n f(t)$ / $F^{(n)}(\mathrm{j}\omega)$
14. 频域积分	$\pi f(0)\delta(t)+\dfrac{1}{-\mathrm{j}t}f(t)$ / $F^{(-1)}(\mathrm{j}\omega)$
15. 相关定理	$R_{12}(\tau)=\displaystyle\int_{-\infty}^{\infty}f_1(t)f_2^*(t-\tau)\mathrm{d}t$ / $F[R_{12}(\tau)]=F_1(\mathrm{j}\omega)F_2^*(\mathrm{j}\omega)$ $R_{12}(\tau)=\displaystyle\int_{-\infty}^{\infty}f_1(t)f_2^*(t+\tau)\mathrm{d}t$ / $F[R_{12}(\tau)]=F^*[f_1^*(t)]F[f_2^*(t)]$

2.2.6　离散傅里叶变换与离散傅里叶逆变换

数字信号频域分析通常用离散傅里叶变换（DFT）。将数字频率 $[0,1)$ 区间分成 N 等份，第 k 个频率为 k/N，对应的数字角频率为 $2\pi k/N$。类比式(2.22)，长度为 N 的数字序列 $s(n)$，$n=0,1,\cdots,N-1$ 的离散傅里叶变换定义为

$$S(k)=\sum_{n=0}^{N-1}s(n)\exp\left(-\mathrm{j}\frac{2\pi kn}{N}\right), \quad k=0,1,\cdots,N-1 \qquad (2.27)$$

离散傅里叶逆变换定义为

$$s(n) = \sum_{n=0}^{N-1} S(k) \exp\left(\mathrm{j}\frac{2\pi kn}{N}\right), \quad n = 0, 1, \cdots, N-1 \tag{2.28}$$

如图 2.4 所示，数字频率$[0,1]$对应模拟频率$[0, f_s)$，如果要表示成$[-f_s/2, f_s/2)$区间，需要做一次移位操作（因为 DFT 是 2π 的周期函数）。

2.2.7　信号能量与帕塞瓦尔定理

信号 $s(t)$ 的能量时域和频域计算公式为

$$E = \int_{-\infty}^{\infty} |s(t)|^2 \mathrm{d}t = \frac{1}{2\pi} \int_{-\infty}^{\infty} |S(\mathrm{j}\omega)|^2 \mathrm{d}\omega \tag{2.29}$$

式(2.29)又称为帕塞瓦尔定理。对于信号幅度和脉冲宽度分别为 A、T 的正弦矩形脉冲，有

$$E = \int_{-T/2}^{T/2} |A\sin(\omega_0 t)\mathrm{d}t|^2 \mathrm{d}t = \frac{1}{2}A^2 T \tag{2.30}$$

2.3　线性系统

2.3.1　线性系统定义

信号处理系统大部分是线性的，如放大、线性滤波等。如图 2.6 所示，一个系统包括输入、系统和输出 3 个要素。线性系统必须满足如下两条性质。

图 2.6　线性系统框图

1. 齐次性

如果给定激励为 $e(t)$，输出为 $r(t)$，那么齐次性表现为对于 $k \cdot e(t)$ 的激励，输出为 $k \cdot r(t)$。

2. 叠加性

如果激励为 $e_1(t)$、$e_2(t)$ 对应的输出分别为 $r_1(t)$、$r_2(t)$，那么对于 $e_1(t) + e_2(t)$ 输入，输出为 $r_1(t) + r_2(t)$。

信号处理很多运算是线性的，如微分、积分、滤波器和卷积运算等，线性运算可以交换顺序。

2.3.2　时不变系统

如图 2.7 所示，如果给定激励为 $e(t)$，输出为 $r(t)$，则对于时不变系统，激励 $e(t-\tau)$ 的输出为 $r(t-\tau)$。时不变系统意味着该系统的参数非时变。

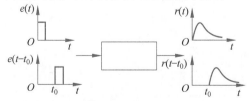

图 2.7　时不变系统说明图

2.3.3 因果系统

没有输入就没有输出的系统称为因果系统。因果系统的输入只与当前和过去有关，与将来无关，因此它是物理可实现系统。

2.3.4 线性时不变系统的时域解

我们后面考虑的线性系统均为线性时不变系统，它可以用线性常微分方程来描述，但其求解麻烦，通常采用冲激响应来求解零状态线性系统的输入。冲激响应是系统对于冲激信号 $\delta(t)$ 的响应，通常用 $h(t)$ 表示。$\delta(t)$ 信号定义为

$$\delta(t) = \begin{cases} \int_{-\infty}^{\infty} \delta(t)\mathrm{d}t = 1, & t = 0 \\ 0, & t \neq 0 \end{cases} \tag{2.31}$$

$\delta(t)$ 是一种理想信号，因为其功率无限大；现实中飞秒激光、爆炸声可以作为其近似；实际上只要脉冲足够窄，带宽远大于系统即可视为 $\delta(t)$ 信号。对于输入信号 $e(t)$，线性时不变系统的时域解（零状态）为激励信号与冲激响应的卷积：

$$r(t) = e(t) * h(t) = \int_{-\infty}^{\infty} e(\tau)h(t-\tau)\mathrm{d}\tau = \int_{-\infty}^{\infty} e(t-\tau)h(\tau)\mathrm{d}\tau \tag{2.32}$$

卷积又称为褶积，计算过程中信号或冲激响应之一必须镜像（即反褶），可以看成冲激响应镜像后与信号的相关。

例 2.2 离散线性系统的冲激响应为 $h(n) = [3, 2, 1]$，输入的信号为 $s(n) = [1, 2, 3]$，求系统零状态输出。

解：分别采用图示法和表格法。

图 示 解 法	表 格 法
$s(n)$	$s(n)$ 1 2 3
$h(n)$	$h(n)$ 3 2 1
$h(-n)$ $1 \times 3 = 3$	$h(-n)$ 1 2 3 $1 \times 3 = 3$
$h(1-n)$ $1 \times 2 + 2 \times 3 = 8$	$h(1-n)$ 1 2 3 $1 \times 2 + 2 \times 3 = 8$
$h(2-n)$ $1 \times 1 + 2 \times 2 + 3 \times 3 = 14$	$h(2-n)$ 1 2 3 $1 \times 1 + 2 \times 2 + 3 \times 3 = 14$
$h(3-n)$ $2 \times 1 + 3 \times 2 = 8$	$h(3-n)$ 1 2 3 $2 \times 1 + 3 \times 2 = 8$
$h(4-n)$ $3 \times 1 = 3$	$h(4-n)$ 1 2 3 $3 \times 1 = 3$
输出为 $y(n) = s(n) \otimes h(n) = [3, 8, 14, 8, 3]$	

2.3.5　线性时不变系统的频域解

对线性时不变系统的冲激响应做傅里叶变换得到系统传递函数 $H(j\omega)$。传递函数反映线性时不变系统对各频率分量的响应。传递函数可以表示成 $H(j\omega)=|H(j\omega)|e^{j\Phi(\omega)}$，其中传递函数的幅度 $|H(j\omega)|$ 与频率的关系称为幅频特性，相位 $\Phi(\omega)$ 与频率的关系称为相频特性。常用的滤波器有低通(LP)滤波器和带通(BP)滤波器，如图 2.8 所示。

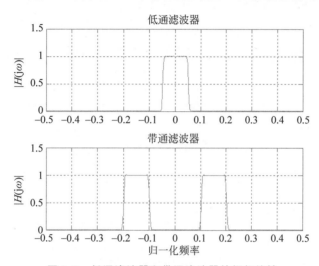

图 2.8　低通滤波器和带通滤波器的幅频特性

设激励信号频谱和系统传递分别为 $E(j\omega)$ 和 $H(j\omega)$，根据傅里叶变换性质输出的频谱为

$$R(j\omega)=E(j\omega)H(j\omega) \tag{2.33}$$

如果要得到时域解，只需要对 $R(j\omega)$ 做傅里叶逆变换即可。求解过程如图 2.9 所示。

$$r(t)=\frac{1}{2\pi}\int_{-\infty}^{\infty}R(j\omega)e^{j\omega t}\,d\omega \tag{2.34}$$

频域解看似很麻烦至少需要做傅里叶正、逆变换各一次，但它用乘积运算代替了烦琐的卷积运算，而且在数字信号处理中离散傅里叶变换(DFT)有快速算法(FFT)，因此线性系统分析频域解法更为常用。

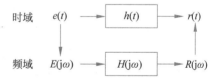

图 2.9　线性系统频域求解框图

2.3.6　线性系统不失真条件

如图 2.10 所示，线性系统不失真条件是：信号带宽范围内幅频特性是平坦的，相频特性是线性的，即

$$
\begin{cases}
\mid H(\mathrm{j}\omega)\mid = \begin{cases} A, & -\omega_c \leqslant \omega \leqslant \omega_c \\ 0, & \text{其他} \end{cases} \\
\phi(t) = -t_0\omega
\end{cases}
\tag{2.35}
$$

其中,A 是幅度,为常数;ω_c 为截止频率。信号通过这样的滤波器时只有时延和幅度的变化,波形不会改变。需要说明的是,这样的滤波器是非因果的,物理不可实现。但在实际应用中,应该尽量逼近理想滤波器的条件。

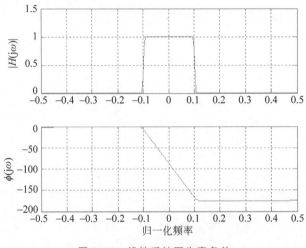

图 2.10　线性系统不失真条件

2.4　调制与解调

2.4.1　调制

携带信息的信号通常难以直接以波的形式发射出去。因为要让波辐射出去,在空间传播,天线尺寸与波长应该相当,最常用的就是半波天线。其天线长度为半个波长。语音的最高频率为 20kHz,如果不调制传输,那么其天线长度在万米量级。因此必须把信息附加到一个载波上。通过改变载波参数附着信息的过程称为调制。调制还可以增大信道带宽,增大信道容量,提高雷达声呐系统的距离分辨率,实现多路通信。

常用的调制方式是调幅(AM)或调相(PM),调相又分成调频(FM)和调相两类,AM 和 FM 波形如图 2.11 所示。调制信号通用表达式为

$$
s(t) = A(t)\cos[2\pi f_0 t + \theta(t)]
\tag{2.36}
$$

其中,$A(t)$ 是幅度调制,$\theta(t)$ 为相位调制。信息由幅度和相位表示,载频不含信息。

例 2.3　雷达和声呐 CW 脉冲或水声通信 ASK 是调幅波,载频和脉冲宽度分别为 f_0、T 的 CW 脉冲表示为

$$
s(t) = \mathrm{rect}\left(\frac{t}{T}\right)\cos(2\pi f_0 t)
\tag{2.37}
$$

例 2.4　雷达和声呐线性调频信号为调频波,载频、脉冲宽度和调频斜率分别为 f_0、

T、K 的线性调频信号表示为

$$s(t) = \text{rect}\left(\frac{t}{T}\right)\cos(2\pi f_0 t + K\pi t^2) \qquad (2.38)$$

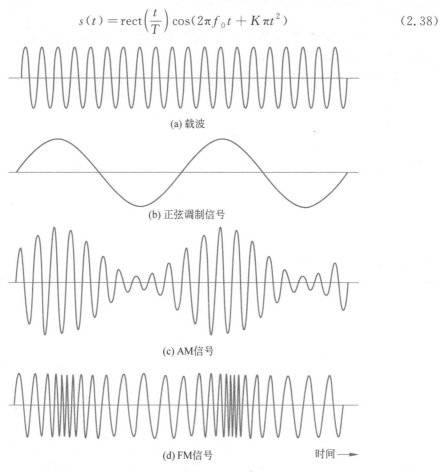

(a) 载波

(b) 正弦调制信号

(c) AM信号

(d) FM信号   时间⟶

图 2.11   AM 和 FM 波形

调制和解调包含非线性运算,通常采用乘法器和二极管等非线性器件实现。其显著特点是有新频率信号产生,频谱发生搬移。假设载频信号为 $s_c(t) = \cos(\omega_c t)$,信息信号为 $s_m(t) = \cos(\omega_m t)$,两者相乘 $s(t) = \cos(\omega_c t)\cos(\omega_m t) = \frac{1}{2}\left[\cos(\omega_c + \omega_m)t + \cos(\omega_c - \omega_m)t\right]$,可以看出,产生了两个新的频率成分:和频 $\omega_c + \omega_m$ 和差频 $\omega_c - \omega_m$。

调制和解调的结构就是乘法器级联线性滤波器。乘法器是非线性器件,它是调制和解调的核心器件,所有的调制和解调都会用到乘法器。

2.4.2   解调

到了接收端,用户需要的是信息,必须去掉载波。信息就像货物,载波就像货车,调制相当于把信息装上货车,解调相当于把货物卸下来,我们需要的是货物,而不是货车。去除载波的过程称为解调。解调的结果是发送端待发送的信息。普通的解调往往只能得到幅度、频率或相位三者之一。但正交解调可以同时得到幅度和相位信息。

2.4.3 窄带信号的正交解调及其复包络

实信号就是雷达、声呐和水声通信接收到的信号,是实际的物理信号,式(2.36)就是调制信号的实信号通用表达式。

能同时得到调制信号幅度和相位的解调方式称为正交解调。其原理如图 2.12 所示,它分别用余弦和正弦与接收的信号相乘,然后通过低通滤波器,分别得到同相分量和正交分量:

$$\begin{cases} I(t) = a(t)\cos[\theta(t)] \\ Q(t) = a(t)\sin[\theta(t)] \end{cases} \tag{2.39}$$

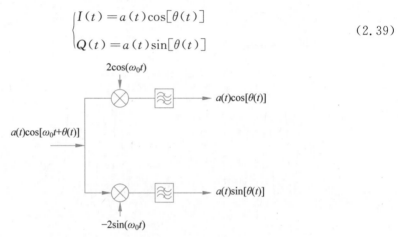

图 2.12　正交解调原理框图

由于同相分量和正交分量相差 $90°$,为了方便处理,引入复信号:

$$m(t) = I(t) + jQ(t) = a(t)\cos[\theta(t)] + ja(t)\sin[\theta(t)] = a(t)\exp[j\theta(t)] \quad (2.40)$$

这个复信号称为复包络。需要说明的是,实信号表示成复包络而不损失任何信息是有条件的,其条件是信号带宽远小于其载频或为带限信号(带宽范围之外信号为零)。有些信号带宽接近甚至超过中心频率就不能用复包络表示,而必须用实信号进行信号处理,如被动声呐信号。假定信号带宽为 B,复包络的采样定理为

$$f_s \geqslant B \tag{2.41}$$

采用复包络可以大大降低采样率,降低对 A/D 转换的要求,减少数字信号处理的运算量。对于窄带信号,信号处理都是基于复包络进行的,雷达、通信和主动声呐信号一般均采用复包络表示。式(2.36)信号对应的复包络如式(2.40)所示。

例 2.5 形如式(2.38)的线性调频信号对应的复包络为

$$\tilde{s}(t) = \text{rect}\left(\frac{t}{T}\right)\exp(jK\pi t^2)$$

实信号与复包络频谱和功率谱分别如图 2.13(a)和图 2.13(b)所示。由功率谱关系可知,复包络的功率是实信号的两倍。

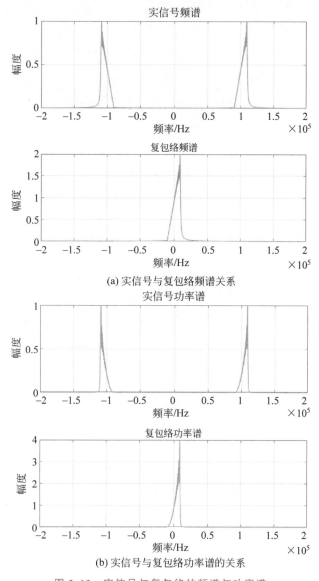

(a) 实信号与复包络频谱关系

(b) 实信号与复包络功率谱的关系

图 2.13 实信号与复包络的频谱与功率谱

2.5 随机过程与随机信号

2.5.1 随机变量

1. 概率密度函数和联合概率密度函数

随机变量出现的点概率称为概率密度函数。

两个随机变量在二维空间同时出现的点概率称为联合概率密度。

均值为 m、方差为 σ^2 的高斯变量的概率密度为

$$f_X(x) = \frac{1}{\sqrt{2\pi}\sigma} \exp\left(-\frac{(x-m)^2}{2\sigma^2}\right) \tag{2.42}$$

2. 随机变量的期望

一维随机变量的数学期望定义为

$$E[g(x)] = \int_{-\infty}^{\infty} g(x) f_X(x) \mathrm{d}x \tag{2.43}$$

其中，$f_X(x)$ 为随机变量 X 的概率密度函数。求期望是一个线性算符。

3. 常用的一阶和二阶期望

重要的一维随机变量期望有均值和方差，分别定义为

$$E[X] = \int_{-\infty}^{\infty} x f_X(x) \mathrm{d}x \tag{2.44}$$

$$D[X] = E[(X-m_x)^2] = \int_{-\infty}^{\infty} (x-m_x)^2 f_X(x) \mathrm{d}x \tag{2.45}$$

二维随机变量的数学期望定义为

$$E[g(x,y)] = \int_{-\infty}^{\infty}\int_{-\infty}^{\infty} g(x,y) f_{XY}(x,y) \mathrm{d}x \mathrm{d}y \tag{2.46}$$

其中，$f_{XY}(x,y)$ 为随机变量 X、Y 的联合概率密度函数。求期望跟微分和积分一样，是线性运算。

重要的二维随机变量有互相关、协方差和相关系数，分别定义为

$$R[XY] = E[XY] = \int_{-\infty}^{\infty}\int_{-\infty}^{\infty} xy f_{XY}(x,y) \mathrm{d}x \mathrm{d}y \tag{2.47}$$

$$C_{XY} = E[(X-m_x)(Y-m_y)] = \int_{-\infty}^{\infty}\int_{-\infty}^{\infty} (x-m_x)(y-m_y) f_{XY}(x,y) \mathrm{d}x \mathrm{d}y$$

$$= R[XY] - m_x m_y \tag{2.48}$$

$$\rho_{XY} = \frac{C_{XY}}{\sqrt{D(X)}\sqrt{D(Y)}} \tag{2.49}$$

互相关、协方差和相关系数都是随机变量及其函数的内积形式，互相关、协方差都部分地反映了两个随机变量的相关性，相关系数可以全面反映两个随机变量的线性相关性。

4. 期望的性质

期望具有如下性质。

（1）线性：

$$E[X+Y] = E[X] + E[Y]$$

（2）齐次性：

$$E[cX] = cE[X]$$

（3）和的方差：

$$D[X+Y] = D[X] + 2C[XY] + D[Y]$$

5. 独立与不相关

若两个随机变量的联合概率密度函数满足：

$$f_{XY}(x,y) = f_X(x)f_Y(y) \tag{2.50}$$

则称随机变量 X、Y 独立。

若两个随机变量的协方差满足：

$$C_{XY} = 0 \tag{2.51}$$

则称随机变量 X、Y 不相关。

二者的关系是：独立一定不相关，反之不成立。独立是用概率密度函数定义的，而不相关是由协方差定义的，因此独立要求更高。两个高斯变量的独立和不相关等价。

2.5.2　随机过程

过程是时间的函数。随机过程是时间和随机变量的函数，当时间给定时，它是一个随机变量。由于信号是时间的函数，所以当信号幅度随机变化、相位随机抖动时，信号就必须用随机过程来描述。例如，形如式(2.36)的 CW 脉冲信号，如果包含 $[0, 2\pi)$ 均匀分布的随机相位 θ，则其表达式为 $s(t) = \text{rect}\left(\dfrac{t}{T}\right)\cos(\omega_0 t + \theta)$。它既是时间 t 的函数，又是随机变量 θ 的函数；当时间 t 给定后，它就是随机变量 θ 的函数，也是一个随机变量。

2.5.3　平稳随机过程及其二阶矩

1. 宽平稳过程

一般来说，随机过程的矩是时间的函数。但一类常用的随机过程称为宽平稳随机过程（或称二阶平稳），其均值与时间无关；其自相关函数与时间无关，只与时间间隔有关。平稳随机过程 $X(t)$ 的均值为

$$m_x = E[X(t)]$$

自相关函数为

$$R_X(\tau) = E[X^*(t_1)X(t_2)]$$
$$\tau = t_2 - t_1 \tag{2.52}$$

2. 协方差与自相关系数

协方差函数也是经常使用的二阶矩，它是中心矩（去均值），对于平稳随机过程，它定义为

$$C_X(\tau) = E\{[X(t) - m_x]^*[X(t+\tau) - m_x]\} = R_X(\tau) - |m_x|^2 \tag{2.53}$$

自相关系数是归一化的协方差：

$$\rho_X(\tau) = \frac{C_X(\tau)}{C_X(0)} \tag{2.54}$$

3. 白噪声

自然界噪声常用一个理想模型来表述，这个模型就是白噪声，定义白噪声为

$$R_X(\tau) = \frac{N_0}{2}\delta(\tau)$$

或

$$G_X(\mathrm{j}\omega) = \frac{N_0}{2} \tag{2.55}$$

白噪声任意两个时刻都不相关。

2.5.4 各态历经性

如果一个平稳随机过程的统计平均在概率意义上趋于一个样本时间平均,则称该平稳随机过程是各态历经过程。分别定义时间均值和时间自相关函数:

$$\overline{x(t)} = \lim_{T \to \infty} \frac{1}{2T} \int_{-T}^{T} x(t) \mathrm{d}t \tag{2.56}$$

$$\overline{x(t)x(t+\tau)} = \lim_{T \to \infty} \frac{1}{2T} \int_{-T}^{T} x(t)x(t+\tau) \mathrm{d}t \tag{2.57}$$

如果平稳过程满足:

$$\overline{X(t)} = E[X(t)] \tag{2.58}$$

$$\overline{X(t)X(t+\tau)} = R_X(\tau) \tag{2.59}$$

则称为该过程为宽各态历经过程。

2.5.5 功率谱密度与功率

对于各态历经过程,由维纳-辛钦公式可知,自相关函数的傅里叶变换称为功率谱密度:

$$G_X(\omega) \int_{-\infty}^{\infty} R_X(\tau) \mathrm{e}^{-\mathrm{j}\omega\tau} \mathrm{d}\tau \tag{2.60}$$

随机信号功率为

$$P = \frac{1}{2\pi} \int_{-\infty}^{\infty} G_Y(\mathrm{j}\omega) \mathrm{d}\omega = R_X(0) \tag{2.61}$$

2.5.6 平稳高斯随机过程

高斯随机过程是最常用的随机过程,一方面,大数定理决定了自然界绝大多数随机变量服从高斯分布;另一方面,高斯过程有良好的解析性,其宽平稳与严平稳等价,独立与不相关等价。

1. 高斯过程的概率密度函数

高斯过程的联合概率密度函数由其一阶矩和二阶矩确定:

$$f_X(x_1, x_2, \cdots, x_n; t_1, t_2, \cdots, t_n) = \frac{1}{(2\pi)^{n/2} |\boldsymbol{C}_X|^{1/2}} \exp\left[-\frac{(\boldsymbol{X} - \boldsymbol{M}_X)^{\mathrm{T}} \boldsymbol{C}_X^{-1} (\boldsymbol{X} - \boldsymbol{M}_X)}{2}\right] \tag{2.62}$$

其中,

$$\boldsymbol{X} = (x_1, x_2, \cdots, x_n)^{\mathrm{T}}$$

$$\boldsymbol{M}_X = \begin{pmatrix} E[X(t_1)] \\ E[X(t_2)] \\ \vdots \\ E[X(t_n)] \end{pmatrix} = \begin{pmatrix} m_X(t_1) \\ m_X(t_2) \\ \vdots \\ m_X(t_n) \end{pmatrix}_{n \times 1} \tag{2.63}$$

$$\boldsymbol{C}_X = \begin{bmatrix} C_{11} & C_{12} & \cdots & C_{1n} \\ C_{21} & C_{22} & \cdots & C_{2n} \\ \vdots & \vdots & \ddots & \vdots \\ C_{n1} & C_{n2} & \cdots & C_{nn} \end{bmatrix}_{n \times n} \tag{2.64}$$

分别为均值矢量和协方差阵,其中,

$$C_{ij} = C(t_i, t_j) = C(t_j - t_i) = R(t_j - t_i) - m_x^2 \tag{2.65}$$

2. 高斯派生过程

与高斯信号相关的信号称为高斯派生过程。常用的高斯派生过程见表 2.5。

表 2.5 常用的高斯派生过程密度函数

信　　号	分　　布	概　率　密　度
1. 窄带高斯信号包络检波	瑞利分布	$f_A(a) = \dfrac{a}{\sigma^2} \exp\left\{-\dfrac{a^2}{2\sigma^2}\right\}, a \geqslant 0$
2. 窄带高斯信号相位	均匀分布	$f_\Phi(\varphi) = \begin{cases} \dfrac{1}{2\pi}, & 0 \leqslant \varphi \leqslant 2\pi \\ 0, & \text{其他} \end{cases}$
3. 窄带高斯信号平方检波	指数分布	$f_U(u) = \dfrac{1}{2\sigma^2} \exp\left[-\dfrac{u}{2\sigma^2}\right], u \geqslant 0$
4. 窄带高斯与正弦信号之和的包络检波	广义瑞利分布或莱斯分布	$f(a_t) = \dfrac{a_t}{\sigma^2} I_0\left(\dfrac{aa_t}{\sigma^2}\right) \exp\left\{-\dfrac{a_t^2 + a^2}{2\sigma^2}\right\}, a_t \geqslant 0$
5. 窄带高斯与正弦信号之和的相位分布	大信噪比:高斯 小信噪比:均匀	

注: $I_0(\,\cdot\,)$ 为第一类零阶修正贝塞尔函数。

2.5.7 平稳随机信号通过线性系统

1. 输出功率谱

平稳随机信号 $X(t)$ 通过传递函数为 $H(\mathrm{j}\omega)$ 的线性系统,其输出信号 $Y(t)$ 也平稳,且功率谱为

$$G_Y(\mathrm{j}\omega) = G_X(\mathrm{j}\omega) \mid H(\mathrm{j}\omega) \mid^2 \tag{2.66}$$

其中,$G_X(\mathrm{j}\omega)$ 和 $G_Y(\mathrm{j}\omega)$ 分别为输入 $X(t)$ 和输出 $Y(t)$ 的功率谱密度。

2. 高斯过程通过线性系统

高斯变量的线性变换服从高斯分布。这意味着高斯过程通过线性系统,仍为高斯过程。

例 2.6 功率谱密度为 $\dfrac{N_0}{2}$ 白噪声通过带宽为 B,$\mid H(\mathrm{j}\omega) \mid = 1$ 的理想低通滤波器,求其输出噪声的功率。

解:
$$G_Y(\mathrm{j}\omega) = G_X(\mathrm{j}\omega) \mid H(\mathrm{j}\omega) \mid^2 = \begin{cases} \dfrac{N_0}{2}, & -\pi B \leqslant \omega \leqslant \pi B \\ 0, & \text{其他} \end{cases}$$

$$P = \frac{1}{2\pi} \int_{-\infty}^{\infty} G_Y(j\omega)\,d\omega = \frac{1}{2\pi}\,\frac{N_0}{2}\,2\pi B = \frac{N_0 B}{2}$$

2.6 匹配滤波器

由第 1 章的介绍可知,雷达和声呐的目标检测和参数估计性能与信噪比有关。如何使得线性滤波器输出的信噪比最大呢? 早在 1943 年,诺斯(North)提出的匹配滤波器就回答了这个问题。

匹配滤波器不仅可以提高信噪比,提高信号的检测能力和参数估计精度;而且导致了在雷达和声呐技术中具有重要地位的脉冲压缩技术的诞生。因此匹配滤波器在雷达和声呐信号处理中占有非常重要的地位。同样匹配滤波器也广泛用于其他电子系统,如各类通信系统。通信中同步头搜索过程是匹配滤波或滑动相关,同步后是相关器。

匹配滤波器是一种最优的线性滤波器,其优化准则是输出瞬时信噪比最大。不仅如此,在白高斯噪声背景下,它也是统计意义上的最优检测器。下面推导匹配滤波器的形式及其输出的信噪比。

2.6.1 白噪声背景下的匹配滤波器

2.6.1.1 匹配滤波器及输出最大瞬态信噪比

设匹配滤波器的传递函数为 $H(j\omega)$。设噪声为白噪声,其功率谱为 $G(j\omega) = \dfrac{N_0}{2}$,那么匹配滤波器输出的噪声功率为

$$\sigma^2 = \frac{1}{2\pi}\int_{-\infty}^{\infty} G(j\omega)\mid H(j\omega)\mid^2 d\omega = \frac{N_0}{2}\,\frac{1}{2\pi}\int_{-\infty}^{\infty} \mid H(j\omega)\mid^2 d\omega \tag{2.67}$$

设雷达发射信号的复包络为 $s(t)$,其频谱为 $S(j\omega)$,那么匹配滤波器输出信号的频谱为

$$Y(j\omega) = S(j\omega)H(j\omega) \tag{2.68}$$

设在 $t = t_0$ 时刻匹配滤波器输出峰值:

$$s_o(t_0) = \frac{1}{2\pi}\int S(j\omega)H(j\omega)e^{-j\omega t_0}\,d\omega \tag{2.69}$$

此时输出信号的峰值功率为

$$E_o = \mid s_o(t_0)\mid^2 = \left| \frac{1}{2\pi}\int S(j\omega)H(j\omega)e^{-j\omega t_0}\,d\omega \right|^2 \tag{2.70}$$

那么 $t = t_0$ 时输出信噪比为

$$\left(\frac{S}{N}\right)_o = \frac{\text{输出的峰值功率}}{\text{输出噪声功率}} = \frac{E_o}{\sigma^2} = \frac{\left| \dfrac{1}{2\pi}\displaystyle\int_{-\infty}^{\infty} S(j\omega)H(j\omega)e^{-j\omega t_0}\,d\omega \right|^2}{\dfrac{N_0}{2}\,\dfrac{1}{2\pi}\displaystyle\int_{-\infty}^{\infty} \mid H(j\omega)\mid^2 d\omega} \tag{2.71}$$

由施瓦茨不等式有

$$\left(\frac{S}{N}\right)_{\mathrm{o}} \leqslant \frac{\dfrac{1}{2\pi}\displaystyle\int_{-\infty}^{\infty}\mid S(\mathrm{j}\omega)\,\mathrm{e}^{-\mathrm{j}\omega t_0}\mid^2\mathrm{d}\omega\displaystyle\int_{-\infty}^{\infty}\mid H(\mathrm{j}\omega)\mid^2\mathrm{d}\omega}{\dfrac{N_0}{2}\displaystyle\int_{-\infty}^{\infty}\mid H(\mathrm{j}\omega)\mid^2\mathrm{d}\omega} = \frac{2E}{N_0} \tag{2.72}$$

其中，$E=\dfrac{1}{2\pi}\displaystyle\int_{-\infty}^{\infty}\mid S(\mathrm{j}\omega)\mid^2\mathrm{d}\omega$ 为输入信号的能量。式(2.72)中的等号当且仅当

$$H(\mathrm{j}\omega)=\alpha[S(\mathrm{j}\omega)\exp(-\mathrm{j}\omega t_0)]^* = \alpha S^*(\mathrm{j}\omega)\exp(\mathrm{j}\omega t_0) \tag{2.73}$$

时成立，其中 α 为常数。由傅里叶变换的时延性质可知，最后一项 $\exp(\mathrm{j}\omega t_0)$ 只会改变峰值的位置。如果选择 $t_0=0$，那么峰值将出现在 $t=t_0=0$ 时刻。

式(2.72)给出了输出的最大峰值信噪比，可以看出，最大峰值信噪比与信号波形无关，仅与信号的能量有关。这说明要提高信号的检测性能和参数估计的性能，在噪声背景下，必须提高发射信号的能量。

对式(2.73)进行傅里叶逆变换，可以得到匹配滤波器的冲激响应：

$$h(t)=\alpha s^*(t_0-t) \tag{2.74}$$

匹配滤波器与信号的关系如图 2.14 所示，虚线表示共轭，可以看出，冲激响应与信号是时反共轭的关系。通常取 $t=t_0=0$，且忽略系数，由式(2.74)可得

$$h(t)=s^*(-t)\Leftrightarrow H(\mathrm{j}\omega)=S^*(\mathrm{j}\omega) \tag{2.75}$$

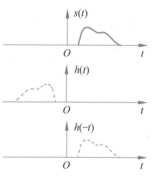

2.6.1.2 匹配滤波器原理的解释

可以分别从相干叠加和信号相关两个方面解释匹配滤波器的原理。

1. 相干叠加

式(2.51)给出了匹配滤波器的频率响应。它可以用相干叠加原理来解释。接收信号频谱与自身共轭相

图 2.14 匹配滤波器与信号的关系

乘，一方面频率分量的相位等于零，这样各频率信号相位完全相同，信号按幅度叠加，而噪声的相位与信号不相关，能量只能按功率叠加，从而可以提高输出的瞬态信噪比；另一方面频谱幅度大的频点上信号得到增强，从而可以抑制噪声，因为噪声的功率谱是均匀的。总的来说，匹配滤波器就是与信号相位匹配、幅度匹配。

2. 相关

相关运算是一种非常重要的信号处理方法。相关的数学表述是两个信号在时间轴上滑动的内积。相关是两个信号时不变相似性的度量，两者越相似，输出越大。

不失一般性，由式(2.75)可得匹配滤波器输出的时域形式为

$$s_{\mathrm{o}}(t)=s(t)*h(t)=\int_{-\infty}^{\infty}s(\tau)h(t-\tau)\mathrm{d}\tau$$

$$=\alpha\int_{-\infty}^{\infty}s(\tau)s^*(\tau-t)\mathrm{d}\tau \tag{2.76}$$

由式(2.76)可以看出，匹配滤波器是信号的时反共轭，卷积又要进行一次时反操作，

因此信号通过匹配滤波器实际上是信号与自身时延进行自相关,当 $t=0$ 时输出的峰值信噪比可以达到最大。

匹配滤波器与通信同步头捕获时使用的滑动相关器是等价的。

2.6.2 色噪声背景下的匹配滤波器

色噪声背景下的匹配滤波器又称为广义匹配滤波器。设噪声为色噪声,其功率谱为 $G(j\omega)$。利用施瓦茨不等式容易证明色噪声背景下匹配滤波器的形式为

$$H(j\omega) = \frac{\alpha[S(j\omega)\exp(j\omega t_0)]^*}{G(j\omega)} \tag{2.77}$$

广义匹配滤波器可以这样理解,相位上匹配滤波器仍然与信号相位共轭,因为功率谱是实数,相位等于零。信噪比大的频点,权值大;信噪比小的频点,权值小,这样可以抑制噪声和干扰。随后我们可以看到 MTI 的对消器就是广义匹配滤波器的一种近似实现。

2.6.3 匹配滤波器信噪比增益

下面讨论匹配滤波器的信噪比增益。定义输入信噪比:

$$\text{SNR}_{\text{in}} = \frac{P_{\text{S}}}{P_{\text{N}}} \tag{2.78}$$

其中,P_{S}、P_{N} 分别为输入信号功率和输入噪声功率。假设信号的能量、脉宽和带宽分别为 E、T、B,噪声的功率谱密度为 $\frac{N_0}{2}$,那么输入信号功率和输入噪声功率分别为

$$P_{\text{S}} = \frac{E}{T}, \quad P_{\text{N}} = \frac{N_0}{2}B$$

由式(2.78)可得输入信噪比为

$$\text{SNR}_{\text{in}} = \frac{E/T}{\dfrac{N_0}{2}B} = \frac{2E}{N_0 TB} \tag{2.79}$$

由式(2.72)和式(2.79)可得匹配滤波器的功率信噪比增益为

$$G = \frac{\text{SNR}_{\text{out}}}{\text{SNR}_{\text{in}}} = \frac{\dfrac{2E}{N_0}}{\dfrac{2E}{N_0 TB}} = TB = 10\lg(TB) \text{(dB)} \tag{2.80}$$

不难看出,匹配滤波器的增益仅与信号的时间带宽积 TB 有关。

需要说明的是,在噪声和雷达杂波或声呐混响背景下(在声呐中分别称为噪声限和混响限),增加带宽的效果是不同的。在噪声背景下,增大带宽,噪声功率也会增加,得不到信噪比增益;但在杂波或混响背景下,增大带宽,分辨单元的尺寸减小,分辨单元内的噪声功率下降,可以提高信混比。

2.7 信号检测

判断目标有无的过程就是信号检测,这是雷达和声呐最基本的任务。二元通信也是信号检测问题。现有的信号检测理论建立在统计学判决理论(假设检验)之上,检测器的基本结构是统计量和门限,如图 2.15 所示。其中统计量为似然比,它决定了检测器的结构形式。

2.7.1 信号检测模型和似然比

假定噪声为加性,那么有目标和无目标两种假设的信号模型为

$$x(t) = \begin{cases} s(t) + n(t), & \text{有目标} \\ n(t), & \text{无目标} \end{cases} \tag{2.81}$$

其中,$s(t)$、$n(t)$ 分别为信号和噪声。对信号进行采样,得到信号的观测矢量 $\boldsymbol{X} = (x_1, x_2, \cdots, x_N)^{\mathrm{T}}$,有目标和无目标的条件联合概率密度函数分别为 $p(\boldsymbol{X} \mid H_1)$ 和 $p(\boldsymbol{X} \mid H_0)$,似然比定义为

$$\Lambda(\boldsymbol{X}) = \frac{p(\boldsymbol{X} \mid H_1)}{p(\boldsymbol{X} \mid H_0)} \tag{2.82}$$

如图 2.15 所示,判决过程是:对于给定的门限,似然函数大于门限判为有目标,否则判为无目标。

图 2.15　检测器通用结构

判决有多种准则,但不同的准则仅影响门限,检测器的结构(即似然比)不会发生变化。对雷达、声呐来说,最常用的就是纽曼-皮尔逊准则。该准则是在虚警概率(无目标,判断成有目标的概率,属于误判)一定的条件下,使得发现概率(有目标,判断成有目标的概率,属于正确判决)最大。检测需要做两件事:一是得到最佳检测器的结构;二是分析检测器的性能。

2.7.2 已知二元信号最佳检测器及性能

已知二元信号最佳检测器是雷达、声呐和通信信号的理想化模型,它给出了最佳接收机结构及其性能预估。

2.7.2.1 已知二元信号的接收机结构

考虑如下二元信号检测问题:

$$H_0: z(t) = y_0(t) + n(t), \quad t_1 < t < t_2$$
$$H_1: z(t) = y_1(t) + n(t), \quad t_1 < t < t_2 \tag{2.83}$$

其中,$n(t)$是零均值、方差为 σ^2 的高斯白噪声,可以证明最优检测器结构为

$$H_0: z_k = y_{0k} + n_k, \quad 1 \le k \le N$$
$$H_1: z_k = y_{1k} + n_k, \quad 1 \le k \le N \tag{2.84}$$

由于高斯不相关等价于独立,因此两种假设下的似然函数分别为

$$f(\mathbf{Z} \mid H_1) = \prod_{k=1}^{N} \frac{1}{\sqrt{2\pi}\sigma_v} \exp\left[-\frac{(z_k - y_{1k})^2}{2\sigma_v^2} \right] \tag{2.85}$$

$$f(\mathbf{Z} \mid H_0) = \prod_{k=1}^{N} \frac{1}{\sqrt{2\pi}\sigma_v} \exp\left[-\frac{(z_k - y_{0k})^2}{2\sigma_v^2} \right] \tag{2.86}$$

由式(2.82)、式(2.85)和式(2.86)可得似然比为

$$\Lambda(Z) = \frac{f(Z \mid H_1)}{f(Z \mid H_0)} = \exp\left\{ -\frac{\sum_{k=1}^{N}(z_k - y_{1k})^2}{2\sigma_v^2} + \frac{\sum_{k=1}^{N}(z_k - y_{0k})^2}{2\sigma_v^2} \right\} \tag{2.87}$$

化简得

$$\sum_{k=1}^{N} \frac{z_k y_{1k}}{\sigma_v^2} - \sum_{k=1}^{N} \frac{z_k y_{0k}}{\sigma_v^2} - \frac{1}{2} \sum_{k=1}^{N} \frac{y_{1k}^2 - y_{0k}^2}{\sigma_v^2} \underset{H_0}{\overset{H_1}{\gtrless}} \ln\eta \tag{2.88}$$

进一步化简得

$$\sum_{k=1}^{N} z_k y_{1k} - \sum_{k=1}^{N} z_k y_{0k} \underset{H_0}{\overset{H_1}{\gtrless}} \sigma_v^2 \ln\eta + \frac{1}{2} \sum_{k=1}^{N} (y_{1k}^2 - y_{0k}^2) \tag{2.89}$$

当 $N \to \infty$ 时,由上式有

$$\int_0^T z(t) y_1(t) \mathrm{d}t - \int_0^T z(t) y_0(t) \mathrm{d}t \underset{H_0}{\overset{H_1}{\gtrless}} \sigma_v^2 \ln\eta + \frac{1}{2}(E_1 - E_0) = \gamma \tag{2.90}$$

式(2.90)给出的已知二元信号最佳接收机原理框图如图 2.16 所示,它由相关器、减法器和门限比较器构成,由此可见,信号检测离不开匹配滤波器或相关器。如果采用最小错误概率准则,那么在先验概率相等的情况下,$P(H_0) = P(H_1) = 0.5$,门限 $\eta = 1$。

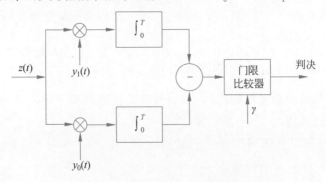

图 2.16 已知二元信号最佳接收机原理框图

2.7.2.2 已知二元信号的接收机性能

令：

$$\varepsilon_0 = \int_0^T y_0^2(t)\mathrm{d}t \tag{2.91}$$

$$\varepsilon_1 = \int_0^T y_1^2(t)\mathrm{d}t \tag{2.92}$$

定义信号平均能量：

$$\varepsilon = \frac{1}{2}(\varepsilon_1 + \varepsilon_0) \tag{2.93}$$

定义两个信号的相关系数：

$$\bar{\rho} = \int_0^T y_0(t)y_1(t)\mathrm{d}t / \varepsilon \tag{2.94}$$

总错误概率（0 判成 1 或 1 判成 0）为

$$P_e = Q\left(\sqrt{\frac{\varepsilon(1-\bar{\rho})}{N_0}}\right) = \int_{\sqrt{\frac{\varepsilon(1-\bar{\rho})}{N_0}}}^{+\infty} \frac{1}{\sqrt{2\pi}} e^{-\frac{u^2}{2}} \mathrm{d}u \tag{2.95}$$

对于主动雷达和声呐有 $\bar{\rho} = 0, \varepsilon = \frac{1}{2}\varepsilon_1$，不难看出，总的错误概率仅与信噪比有关，信噪比越大检测性能越好。对于通信来说，总错误概率不仅与信噪比有关，还与两个码元的相关系数有关。

2.8 最大似然估计

2.8.1 最大似然估计方法

雷达和声呐参数测量、通信同步和信道测量都是估计问题，它告诉我们在不同概率模型下最佳的估计器形式和性能。

最大似然估计是常用的一种估计方法。假定待估参数为 θ，那么条件密度函数 $p(r|\theta)$ 就称为似然函数，如图 2.17 所示，使似然函数取最大值时所对应的 θ 就作为其估值 $\hat{\theta}$，这种方法就被称为最大似然法，即

$$\left.\frac{\partial p(r|\theta)}{\partial \theta}\right|_{\theta=\hat{\theta}} = 0 \tag{2.96}$$

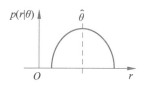

图 2.17 最大似然估计示意图

或采用对数似然函数：

$$\left.\frac{\partial \ln p(r|\theta)}{\partial \theta}\right|_{\theta=\hat{\theta}} = 0 \tag{2.97}$$

例如，假定学生考试成绩服从条件高斯分布，条件为学生的平均成绩 θ；条件高斯分布密度最大点对应的点就是学生的平均成绩估值 $\hat{\theta}$。

2.8.2 估计的性能

估计量有两个最重要的性质：

（1）无偏性。假定待估计量真值 θ_0，那么 $\hat{\theta}$ 的数学期望等于均值，即

$$E[\hat{\theta} - \theta_0] = 0 \tag{2.98}$$

则称统计量 $\hat{\theta}$ 无偏。

（2）有效性。估值均方误差最小，即

$$E[(\hat{\theta} - \theta_0)^2] \geqslant \min \tag{2.99}$$

对于无偏估计：

$$E[(\hat{\theta} - \theta_0)^2] \geqslant \frac{1}{E\left\{\left[\dfrac{\partial \ln p(x \mid \theta)}{\partial \theta}\right]^2\right\}} = \frac{-1}{E\left\{\left[\dfrac{\partial^2 \ln p(x \mid \theta)}{\partial \theta^2}\right]\right\}} \tag{2.100}$$

能够达到最小方差的估计量并不一定存在，但只要存在，它就必定是最大似然估计。这个最小值称为克拉默-劳限。

随后我们会看到距离（时延）和速度（频率）估计也离不开匹配滤波器。所以说对于工作波形已知的情形（主动雷达、声呐和通信等），匹配滤波器是电子系统不可或缺的组成部分。

例 2.7 对一根粉笔独立测量 N 次，得到测量值 z_i，$i = 1, 2, \cdots, N$，假定观测噪声服从均值为 0、方差为 σ^2 的独立同分布高斯变量，求最大似然估计，并讨论其估计性能。

解：（1）设粉笔实际长度为 l，由式（2.42），第 i 次测量的概率密度为

$$f_{z_i}(z_i \mid l) = \frac{1}{\sqrt{2\pi}\sigma} \exp\left(-\frac{(z_i - l)^2}{2\sigma^2}\right), \quad i = 1, 2, \cdots, N$$

因为独立，所以其联合概率密度为

$$f_Z(Z \mid l) = \prod_{i=1}^{N} \frac{1}{\sqrt{2\pi}\sigma} \exp\left(-\frac{(z_i - l)^2}{2\sigma^2}\right) = \left(\frac{1}{\sqrt{2\pi}\sigma}\right)^N \exp\left(-\sum_{i=1}^{N} \frac{(z_i - l)^2}{2\sigma^2}\right)$$

$$\ln f_Z(Z \mid l) = N \ln\left(\frac{1}{\sqrt{2\pi}\sigma}\right) - \sum_{i=1}^{N} \frac{(z_i - l)^2}{2\sigma^2}$$

$$\frac{\partial \ln f_Z(Z \mid l)}{\partial l} = \frac{1}{\sigma^2} \sum_{i=1}^{N} (z_i - l) = 0$$

其最大似然估计为

$$\hat{l} = \frac{1}{N} \sum_{i=1}^{N} z_i$$

（2）性能分析。

① 无偏性。

$$E(\hat{l} - l) = E\left(\frac{1}{N} \sum_{i=1}^{N} z_i - l\right) = \frac{1}{N} \sum_{i=1}^{N} E(z_i) - l = l - l = 0$$

② 有效性。

C-R 限为

$$\frac{\partial^2 \ln f_Z(Z \mid l)}{\partial l^2} = \frac{\partial}{\partial l} \frac{1}{\sigma^2} \sum_{i=1}^{N} (z_i - l) = -\frac{N}{\sigma^2}$$

$$\frac{-1}{E\left\{\left[\frac{\partial^2 \ln p(x \mid \theta)}{\partial \theta^2}\right]\right\}} = \frac{\sigma^2}{N}$$

$$E\left[(\hat{l} - l)^2\right] = E\left(\frac{1}{N}\sum_{i=1}^{N} z_i - l\right)^2 = \frac{1}{N^2} E\left(\sum_{i=1}^{N}(z_i - l)^2\right) = \frac{1}{N^2} N\sigma^2 = \frac{\sigma^2}{N}$$

因此是有效估计。可以看出,这样处理实验数据可以减小方差。

2.9　海洋中的声传播

声波在海水中传播方式的多样性是界面(海底和海面)反射和海水折射的共同产物,其中折射又与声速联系紧密。

2.9.1　声速与声速剖面

声速定义为单位时间内声音传输的距离。声在海水中的速度约为 1500m/s,大约是空气中的 4 倍。在海水中,声速是温度、盐度和静压力的函数,其中以温度的影响最为显著,尽管盐度影响也比较大,但在同一海域,深度对盐度的影响不大,通常在千分之二以内,由此带来的声速变化约为 3m/s。在深海,深度是声速变化的主因,尽管它的系数比较小。海水中声速的经验公式为

$$C = 1410 + 4.21t - 0.037t^2 + 1.1S + 0.018d \tag{2.101}$$

其中,C 为海水声速(m/s),t 为温度(℃),S 为与盐度(‰),d 为水深(m)。

声速与深度的关系称为声速剖面。由于声波的传播规律与速度关系非常密切,水声物理中的许多现象都与声速剖面有关,所以了解声速的变化规律是十分重要的。它与纬度、季节、昼夜有关。每一海区一年四季的声速剖面的数据是设计声呐和使用声呐必不可少的数据资料。图 2.18 是某浅海海域声速剖面随季节变化的情况。浅海声速剖面的特点是负梯度,即声速随深度增加而减小,这是因为水面温度比水下高。

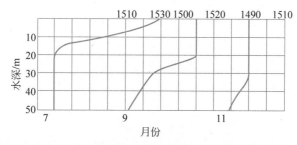

图 2.18　某浅海海域声速剖面随季节变化的情况

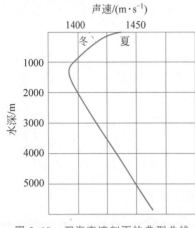

图 2.19 深海声速剖面的典型曲线

图 2.19 是深海声速剖面的典型曲线（注意冬天和夏天的差异）。深海中声速垂直等分布，一般可以分为表面层、季节跃层、固定跃层、深海等温层 4 层。最上面的一层称为表面层，也叫混合层，由于风浪的搅拌，这一层的温度一般来说是均匀的，在这一层中由于静压力随深度增加，声速随深度略有增加（尤其是冬季）。这一层下面是季节跃层，随季节不同，声速垂直分布会有很大的变化。第三层是固定跃层，随深度增加温度很快降低，在这一层中温度变化常常会达到 0.2℃/m，声速也随深度增加而减小。最下面是深海等温层，这一层中的温度随深度变化很小，静压力随深度增加，因此声速也随深度增加而增加。从海面到海底有一个声速最低的深度，称为声道轴。

2.9.2 声的折射和反射

20 世纪 20 年代末到 30 年代初，那时候人们发现船用主动声呐都有一种神秘的不可靠性，在早晨往往工作得很正常，可以接收到良好的目标回波，可是到了下午回波就变得很微弱，甚至根本接收不到了。令人百思不得其解。有人把这种莫名其妙的现象称为"下午效应"。后来人们才发现每到下午声呐所发射的声束就会向下弯曲——溜到海底去了。人们还发现这样的奇怪现象：有时在某个距离处收不到，在更远的距离处反而收得很好，这就和收听短波电台的"越距效应"一样。

这些现象都与声线的折射和反射有关。折射和反射是一切波都具有的一种传播现象，声波也不例外。

如图 2.20 所示，当声波从第一种介质（声速为 C_1）投射到第二种介质（声速为 C_2）时，在两种介质的交界面处就会发生反射和折射：一部分声能反射回到第一种介质中，反射角 θ_3 等于入射角 θ_1，这种情况与光波在镜面上的反射是相似的；另一部分声能透过交界面，沿着折射角 θ_2 所确定的方向，在第二种介质中继续前进。折射角的大小与两种介质中的声速比有关，如果声波从声速较小的介质传播到声速较大的介质，比如从空气传到水中，折射角将大于入射角；反之，折射角小于入射角。用公式可以表示为

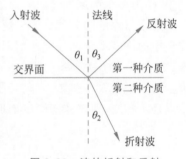

图 2.20 波的折射和反射

$$\frac{C_1}{\sin\theta_1} = \frac{C_2}{\sin\theta_2} \tag{2.102}$$

式中，$C_i (i=1,2)$ 和 θ_i 分别为第 i 层内的声速和折射角。这就是有名的斯奈尔定律或折射定理。根据这个定理，不难发现：声波传播总是向声速比较低的水层弯曲。

当声波从第一种介质进入第二种介质,定义反射波与入射波声压之比和折射波(透射波)与入射波声压之比分别为反射系数和透射系数,两者分别为

$$\begin{cases} r_{\mathrm{p}} = \dfrac{\rho_2 C_2 \cos\theta_1 - \rho_1 C_1 \cos\theta_2}{\rho_2 C_2 \cos\theta_1 + \rho_1 C_1 \cos\theta_2} \\ t_{\mathrm{p}} = \dfrac{2\rho_2 C_2 \cos\theta_1}{\rho_2 C_2 \cos\theta_1 + \rho_1 C_1 \cos\theta_2} \end{cases} \tag{2.103}$$

其中,ρ_1、ρ_2 为两种介质的密度。反射系数和透射系数与声阻抗密切相关。

例 2.8　求海水到空气介质声反射和折射系数。

解:由于海水密度远大于空气,且水中声速也大于空气,海水声阻抗远大于空气,因此有 $r_{\mathrm{p}} \approx -1$,$r_{\mathrm{t}} \approx 0$,即声波完全反射回第一种介质,且相位相反;并且几乎没有透射波。

在浅海中,声波总是在海面、海底之间来回反射。因此,海底的性质对声传播的影响很大。根据声学的原理,两种介质间的声速差越大、密度差越大,声反射就越强。海底一般由沉积物构成。海底底质从细到粗可以分为泥、沙质泥、泥质沙、细粉沙、粉沙、中沙、粗沙、砾石等。研究发现,海底底质的密度和声速,都和它的颗粒粗细有关。颗粒越细、密度越小,声速也越小;密度和声速都与水的密度及声速接近。颗粒越粗,密度越大,声速也越大,因此粗颗粒的底质比细颗粒的底质反射能力强。有些极松软的稀泥,其密度和海水差不多,声速比海水还小。这种海底反射能力是很差的。

2.9.3　声音的衰减和损失

常识告诉我们离声源越近声强越大。离声源越远,声音越轻。那么海洋中的声音是如何减小的呢?声音变小的原因主要有 3 个:声波波面的扩展、传声介质对于声波的散射和吸收。

2.9.3.1　声音的扩展衰减

(1) 球面扩展。假定球面声波在均匀的、没有边界、没有损失的介质中传播,那么声波将向各个方向传播,声音的能量将在球表面均匀分布。球越大,表面积越大,在球上一点接收到的声音能量越小。由于球的表面积为 $4\pi r^2$(r 为球的半径),因此声音的能量(声强)与距离平方呈反比衰减,这个规律称为声波的平方扩展规律。

(2) 柱面扩展。还有一种传播方式称为柱面扩展,在这种情形下,声波在两个无限大的界面(海面和海底)之间传播。柱面扩展的损失比球面扩展小,它与距离 r 呈反比衰减。

2.9.3.2　声音的散射衰减

除了波面扩展以外,声波的散射也会造成声能的分散。海水中有许多杂质或存在其他不均匀性,如气泡、泥沙以及密度或温度不同的水团等。声波遇到这些杂质或进入到密度或温度等不均匀的区域部分,声能便将偏离原来的传播路径而朝其他方向发散开去,这就称为声波的散射。声波一经发生散射,在它传播路径上所能接收到的声强就变小了。

2.9.3.3　声音的吸收损失

通过实验发现,在 5~50kHz 的频率范围内,海水的声吸收值比纯水(蒸馏水)大 30 倍。

是什么东西在大口大口地吞食声能呢?经过实验和理论分析发现:在海水中声音的吸收与其中所含的盐类,特别是硫酸镁有关,在声波通过海水时一部分声能转化为硫酸镁分子的化学能,最后变为热能。近年来又发现,低频吸收与硼酸盐有关。频率为 $f(\text{kHz})$ 的声波吸收系数的经验公式为

$$\alpha = 3.3 \times 10^{-3} + \frac{0.11 f^2}{1 + f^2} + \frac{44 f^2}{4100 + f^2} + 3.3 \times 10^{-4} f^2 (\text{dB/km}) \qquad (2.104)$$

式(2.104)适用于 4℃ 温度附近的声吸收系数 α 的计算,海水深度约为 1000m。

另外,吸收系数 α 的数值随压力增加而减小,海水深度 $H(\text{m})$ 处的吸收系数

$$\alpha = \alpha_0 (1 - 6.65 \times 10^{-5} H) \qquad (2.105)$$

即海水深度每增加 1000m,吸收系数减小 6.7%。

一般说来,海水中的声吸收大体上是随声波频率的平方倍而增大的。频率越高吸收越大,因此用于远距离探测或通信的声呐总是采用低频声波。

2.9.4　海洋噪声和混响

声呐的主要干扰是噪声和混响,后者仅存在于主动声呐。

2.9.4.1　海洋噪声

噪声就是没有用的或者不需要的声音,影响被动声呐工作的噪声主要是海洋噪声、舰艇的自噪声、流噪声。

海面波浪起伏是产生海洋噪声的一个主要因素。通常人们把海况分为 8 级,海况级别越高,水下噪声越强。此外刮风、下雨及分子热运动对海洋噪声也有贡献。当坐标系的横、纵轴都用对数表示时,它的频谱在图上近似于一条直线,大约每倍频程的谱值衰减 6～8dB。图 2.21 给出了一组典型的测量数据的平滑处理结果,可以发现,海况每增加一级,谱级大约往上移 4dB。

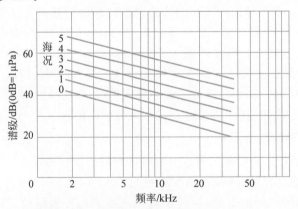

图 2.21　不同海况下海洋噪声与频率关系

海洋噪声还有生物噪声,是海洋里群居的鱼虾产生的。

对于海洋噪声有贡献的还有航运噪声、潮汐运动和海底火山爆发所产生的噪声等。在低海况时,浅海和近岸海洋噪声主要来源是远处的航船噪声。

舰船自噪声是指装有声呐的舰艇本身产生的噪声。舰船航行时,主辅机运转而产生的振动将通过船体传到水中,螺旋桨推进器的桨叶在水中高速旋转会产生湍流并引起空化噪声,舰船高速前进时船头和船尾的剪波破浪也是造成舰船噪声的一个因素。

流噪声是声呐基阵与海水之间相对运动时,在基阵上形成的噪声。该噪声与相对运动速度有关。对于某些声呐系统,如拖曳线阵声呐,流噪声是不可忽略的噪声源。

现将对海洋噪声有主要贡献的声源的频谱范围分述如下:

地震及海床活动　　　$1 \sim 10\text{Hz}$

船动力及海上施工　　$10 \sim 10\,000\text{Hz}$

生物噪声　　　　　　$10 \sim 1\,000\,000\text{Hz}$

分子热运动　　　　　$10\,000 \sim 1\,000\,000\text{Hz}$

2.9.4.2　海洋中的混响

混响是主动声呐中目标之外物体的回波,相当于雷达的杂波。混响可以分成体积混响和界面混响两大类。而界面混响又可分成海面混响和海底混响。

(1) 体积混响。体积混响是海水里面有气泡、鱼虾和悬浮体散射造成的混响。体积混响很快会消失,因此不是声呐混响的主要贡献者。但在深水层会有例外,那里有大量生物,会存在强烈的回波。黄昏时刻,深水散射层上浮到深 $50 \sim 150\text{m}$ 处,接近海面,而在黎明时,深水散射层又下降到深 $300 \sim 400\text{m}$ 处。体积混响距离很近,一般为十来米,通常可以忽略。

(2) 海面混响和海底混响。由于浪的破碎,海面附近总有一层气泡,这种不平整的表面和气泡层在受到声波的照射之后,也会向各个方向散射声波,其中有一部分回到发声的换能器,构成混响。这种混响称为海面混响。

尽管海面和海底混响都是界面混响,但两者是有差异的,由于受海流和海浪的影响,海面混响存在多普勒效应。

混响的特点是:一是无法通过增大发射功率来提高信混比。二是混响距离有限,约为 10km,近距离主动声呐检测背景为混响限。

抗混响的有效技术途径是提高分辨率和利用多普勒效应。

2.9.5　典型海洋信道

2.9.5.1　混合层声波传播

冬天浅海和深海海表都可能存在混合层信道。在高纬度地区,冬季海洋表层温度不变;在热带海区,由于风浪的搅拌,在海面下 $50 \sim 100\text{m}$ 温度不变。由于静压力随深度而增加,声速也随深度而增加,这种情形叫混合层声道。在这种条件下声波的传播总是弯曲向上,经过海面反射向下,受海水声速随深度变化的影响又弯曲向上,经过多次反射而向前传播(见图 2.22)。

海面是很好的声波反射体,因此虽经多次反射,声能损失仍然很小,能量聚集在一个不是很厚的层中传播。上述声速随深度增加而增加的条件,称为表面声道条件。在表面声道条件下声音可以传播得比较远。

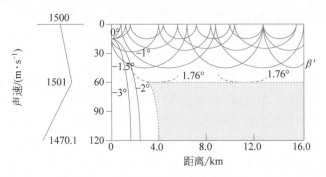

图 2.22　海洋混合层的表面声道

海面经常是波浪起伏的,声波射到不平滑的表面就会散射开来,由于波浪的影响,近海面的水层中总有一层气泡,会吸收和散射声波。海水中有不均匀的水团,也会使声波散射。一般来说,表面声道下面总是接着负跃层,声波会通过表面声道下的负跃层衍射出去。由于散射与衍射,声能会从波导中泄漏出去,这称为泄漏现象。波浪对高频的声波散射很厉害,所以很高频率的声波在表面声道中传播衰减很大。对于同样的声速分布和表面声道厚度,频率越低的声波衍射得越厉害,而在一定频率以下,声波就不能保持在声道之内,声道也就不起作用了,这个频率称为临界频率。声速梯度越大,表面声道厚度越大,临界频率就越低。所以混合层声道一般只在一定频率范围内才起作用。

2.9.5.2　浅海信道

大陆架海区一般深度在 200m 以内。我国沿海的广阔海域都属于这种浅海海区。在这种海区中使用水声设备的人都会发现,水声设备的工作情况与季节和海区的关系都很大。一套水声设备往往在冬天工作得很好,到夏天都表现欠佳。在冬季,水声设备似乎在各个海区工作都差不多,可一到夏季,海区的差别就很明显。影响浅海信道的主要因素为声速剖面,海底底质影响也很大。

1. 冬季浅海均匀层的声传播

如果在冬季,水层上下的温度都一样,只是由于静压力的作用声速随深度的增加而略有增加。声波在传播中经海底多次反射,正是由于有海底反射,所以传播条件比同样厚度的混合层声道要好一些。对于不同的掠射角(指入射方向与界面的夹角)来说,掠射角越小,反射性能越强。在这种情况下,在垂直面内向各角度发出的声波在传播中的能量损失不一样。传播一定的距离后,与界面角度大的声线,和海底碰撞的次数多,每次碰撞的反射损失也大,因此能量很快就损耗掉了。与界面角度小的声线,跨度(也就是每两次碰撞之间的距离)大,和海底碰撞的次数少,而且每次碰撞的损失也小,这样能量的损耗就小。因此,在传播中声场的能量就和剥葱皮一样,传得越远,剩下的声线角度越小。剥蚀的快慢,也就是声场总能量减小的快慢,由海底反射损失和角度的关系决定。常见的情况是在近距离,能量随距离 r 的增加按 r^{-2} 的规律衰减,中间距离上能量随距离 r 的增加按 r^{-1} 的规律衰减。在中远距离,能量随距离 r 的增加按 $r^{-\frac{3}{2}}$ 的规律衰减。在更远的距离 r 上按 $r^{-1}\mathrm{e}^{-\beta r}$ 的规律衰减。β 的大小与海底性质关系很大,海底越硬,β 就越小；海底越软，β 就越大。海底越硬，声波传得越远，声呐能观测潜艇的距离也就越远。不过，与其他水文条件相比，均匀层声传播受海底情况的影响还是比较小的。冬季浅海均匀层声传播如图 2.23 所示。

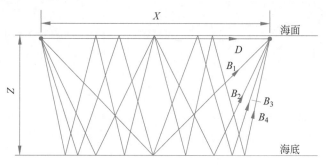

图 2.23　冬季浅海均匀层声传播

2. 夏季浅海反声道的声传播

在浅海的许多海区中，冬季采用声呐探测潜艇效果很好，而到夏天就探不到了，探测距离比冬天大大缩短。这是因为在夏季，由于太阳照晒，上层水的温度比下层高，导致上层水的声速也比下层水的声速高。声波到达海底，反射起来以后又可以照到一定的区域，每一次反射就损失不少能量，所以在这种情况下，探测潜艇就要困难得多了。夏季浅海反声道传播如图 2.24 所示。

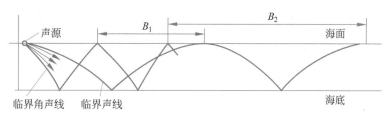

图 2.24　夏季浅海反声道传播

在这种水文条件下，负梯度的强度、海的深度和海底的性质对声的传播起着决定性的作用。所谓负梯度的强度，就是深度每增加一米声速变化的大小，它和海的深度决定最大跨度的大小。负梯度的强度越小，海深越大，最大跨度就越大；负梯度的强度越大，海深越小，最大跨度就越小。跨度大时声波碰撞海底的次数就少，传播衰减就小；跨度小时声波碰撞海底的次数就多，传播衰减就大。海底的反射损失是由海底底质的性质和入射角决定的，所以在同样的深度和水文条件下，海底的反射损失就是关键性因素了。海底越硬，也就是海底底质的颗粒度越大，反射能力越强，反射损失越小，声波传播得越远。海底越软，也就是海底底质的颗粒度越小，反射能力越弱，反射损失越大，声波传播得就越近。所以在夏季，海底对声传播的影响非常大。人们发现，海底反射损失与频率关系很大，频率越低，反射损失越小，传播距离越远；频率越高，反射损失越大，传播距离越近。在负梯度条件下，低频声波的优越性更为明显。

3. 影区——下午效应的解释

在夜间,气温比较低。使表层水温降低,出现表面声道,声传播条件很好,所以探测

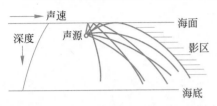

图 2.25 下午效应的奥秘——影区

潜艇的性能也很好。在白天,由于太阳照晒,表层水温升高,破坏了表面声道,使声速由海面向下越来越低,变成了所谓负梯度的情况(见图 2.25),从表面出发的声波总是弯曲向下,在离开声源不算很远的地方就会出现一个声传不到的区域。光照不到的地方称为影区,声传不到的区域也叫影区。不过不像光那样,通常光影区是由于在光传播路径上出现不透光的障碍物而造成的,这里说的声影区是由于声速垂直分布引起的折射造成的。

4. 温跃层对声传播的影响

温跃层对声传播影响很大。由于跃层上下声速差比较大,而且上层声速总是大于下层声速,根据上面说过的斯奈尔定律,则在跃层下声波的水平掠角是比较小的,在跃层处全部反射回到下层水中,不能透到上层。能透到上层的声波,水平掠角都比较大,但这些声波海底反射损失大,跨度较小,不能传播得很远。所以在跃层上面,很难收到跃层下远处传来的声波。反过来,跃层下面也很难收到跃层上面的声波。潜艇只要躲在跃层下面,水面舰艇的舰壳主动声呐就很难探到它,它的噪声也不容易传到上层水中去。可是,如果发射点和接收点都在跃层之下,传播条件就变得和均匀层浅海一样。所以只要把声呐的换能器放到跃层下面,潜艇的噪声就可以听得很清楚。用主动式声呐也就容易探到潜艇了。现在常用的可变深度声呐就是利用了这个原理。

2.9.5.3 深海信道

1. 深海声道——自然界的单模信道

在第二次世界大战期间,美国和苏联的科学家分别发现,声波在大洋深处可以传得很远,如图 2.26 所示。研究发现,这是因为大自然在大洋深处造成了一种对声传播很有利的水下声道。在深海中的声速随深度的分布就像在图 2.27 一样,先下降到最小位,然后慢慢增大。声速最小的深度称为声道轴。如果在声道轴上有一个声源,按照声折射的原理,声线总是向声速较低的方向偏转。所以凡是从声道轴向上发射的声线总是弯曲向下,回到声道轴;而从声道轴向下发射的声线总是弯曲向上,回到声道轴,这种特性类似于单模光纤。这样声能限制在声道轴上下一定的深度内传播,不接触海面和海底,因此也不受损失。一个超过 20kg 的炸弹在声道轴上爆炸,它的声音在 20 000km 以外还可以收得到。声音在水下传播这么远的距离要用三小时四十多分钟。

世界各个大洋中都有声道,不过在不同的洋区,声道轴的深度不一样。在太平洋中,声道轴一般在 1000m 左右的深度。与表面声道相比,这种深海声道厚度要大 100 倍以上,可以允许低到几赫的声波传播,而且在传播中声波不碰到海面,损失很小。纬度越高,声道轴就越浅,一旦到了极地,声道轴就在海面形成一个深度很大的表面声道。声波传播时总是弯曲向上,每次碰到的总是冰层的下部,冰层的下部界面是相当不平整的。在海水结冰时,海水中溶解的空气会释放出来形成气泡;在冰融化时,冰结晶之间的盐水

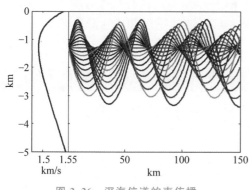

图 2.26　深海信道的声传播

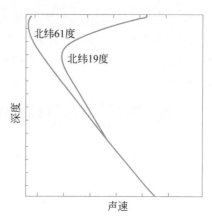

图 2.27　声道轴与纬度的关系

会漏出,留下淡水冰的格子。这些情况使冰成为声波的吸收和散射体,高频声波传播中的损失比低频时大得多。因此,在极地海区,声波传播有它的特点,与其他海区都不一样。

2. 会聚区——远处比近处听得更清楚

根据生活经验,人们总是认为,离开声源越远听到的声音就越小,远到一定距离以后,声音就听不到了。如果这时有人说,走到更远的地方,声音又会重新听到,人们一定不会相信的。可是,这在海洋中并不是罕见的现象。在大洋中,潜艇用声呐跟踪另一艘潜艇或水面舰艇时会遇到一种奇怪的现象。一开始,敌人的舰艇越来越远,声音越来越小,终于听不见了。过了一段长时间,突然又听见那艘舰的声音,而且很响。是它又回来了吗? 用主动声呐判断,那艘舰已经离开自己很远,它不是回来了,而是更远了。为什么能听得更清楚呢? 原因还是在声传播条件。从图 2.28 中可以看出,如果声源不在声道轴,而在较浅的地方,则在一定的距离上,声线会聚在一起,这个地方的声音就会特别强,这种聚焦的区域称为会聚区,会聚区的声强要比在声速均匀的海水中声音按球面扩散的情况大 100 倍以上。

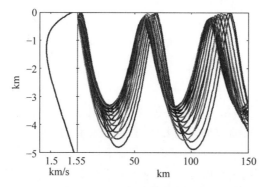

图 2.28　深海信道的会聚区

在太平洋中的一般水文条件下,第一个会聚区的距离约为 30 海里,第二个会聚区的距离约为 60 海里。所以装有灵敏度很高、作用距离很远的声呐的潜艇,从远处开来的舰船,离自己 30 海里的地方就可以听到。不过再近又听不见了,一直到很近(10 海里以内)才又能听见,这是一种很有趣的现象。这种会聚的现象,不但在有声道的海区中会出现,而且在没有出现声道的比较深的海区,由于海底对声波的反射和声速分布的聚焦效应,也会出现会聚区。

2.10 电磁波的传播

如图 2.29 所示,电磁波按传播途径可以分成直线传播、地波、天波和大气波导。

2.10.1 直线传播

如果大气介质是均匀的,微波电磁波像光波一样,是直线传播的,其视距受地球曲率的影响。其探测距离可以表示为(证见思考题与习题 2.18):

$$R = 4.1(\sqrt{h_a} + \sqrt{h_t}) \tag{2.106}$$

其中,h_a 和 h_t 分别为天线和目标的高度,单位为 m;R 的单位为 km。显然天线越高,探测距离可以越远。这就是为什么雷达要架在高山上以及采用气球雷达和预警机的原因。

除了采用气球雷达和预警机外,还可以利用电磁波传播途径的不同,达到超视距目的,这就是地波、天波和大气波导,如图 2.29 所示。

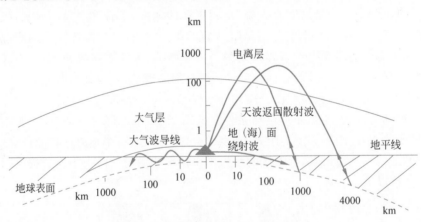

图 2.29 远程超视距雷达 3 种传播方式

2.10.2 地波

HF 波段电磁信号可以沿地球表面传播,这种电磁波称为地波。采用地波工作的雷达称为地波雷达。这种表面波的传播特性受地球表面的电气特性影响。采用这种传播方式的地波雷达可实现对 150km 内的地面上空和 400km 以内的海面及其上空的目标进行探测。但地波会受到地表高山的遮挡,地波雷达更适合海面传播。多用于海面目标探测和海流的测量。图 2.30 为德国汉堡大学研制的 WERA 地波雷达系统。

图 2.30　德国汉堡大学研制的 WERA 地波雷达系统

2.10.3　天波

HF 波段信号可以采用天波方式传播。天波传播的过程是：无线电波斜向投射到电离层，被折射到远方地（海）面，地（海）面的起伏不平及其电气特性的不均匀性使电波向四面八方散射，而有一部分电波将沿着原来的（或其他可能的）路径再次经电离层折射回到发射点，被那里的接收机接收。也可能出现两次以上如此经地（海）面散射和电离层的多次返回散射波的传播。天波经地（海）面散射时，电波亦可能偏离来时的大圆路径，发生非后向散射波的"侧向"传播，经电离层折射到达偏离发射点的地面站被接收到，这样的传播过程称为地侧后向散射波传播。天波返回散射波传播有"跳距"，即近距离可能有天波不能到达的区域。采用这种传播方式的天波雷达可实现对 800～3500km 的地（海）面特性、海面目标及地（海）面上空的目标进行探测。天波雷达多用于洲际导弹和飞机等运动目标的探测，由于工作波长大，且波束为俯视方式，因而适合用于对隐身飞机的探测。

但由于天波和地波雷达工作频段为 HF 频段，绝对带宽难以提高，距离分辨很低，一般为数千米的量级。而且两者占地面积很大，容易被发现和攻击，抗毁性差。

但两者工作方式非常相似。具体体现在：

（1）天波和地波雷达的空间处理方式。天波和地波雷达的相同点是均采用宽波束发射和多波束接收的方式，与主动声呐的空间处理方式相似。这是因为它们的探测距离远，距离扫描的时间很长。

（2）天波和地波雷达的工作波形。天波和地波雷达的工作波形有两类，这两类波形与收发天线布置有关。对于收发分置天线，通常采用线性调频连续波工作；对于收发共置天线，通常采用间断调频脉冲信号工作。

2.10.4　微波大气波导

通常情况下，由于受到地球曲率的限制，作为舰艇上主要传感器的微波雷达，只能探测到视距内的低空和海上目标。但在特定的气象条件下，利用大气的超折射效应，只要选择合适的工作频率和入射角，就可以使微波雷达信号在大气波导中以接近于由地球曲率形成的大圆路径进行传播，而且信号衰减很慢。因此，利用海上的大气波导现象，微波雷达可以实现对远距离海面目标和低空目标的超视距探测。实际的海上探测试验结果表明,通过对贴近海面的大气波导层的有效利用,工作在较高频段的微波雷达可以在$100\sim400\mathrm{km}$的范围内探测到各种类型的舰船目标。

在非均匀介质中,波会向传播速度低的方向偏折。如果波速剖面为负梯度,就有可能使得我们可以看到视距外的景物,如海市蜃楼。把这个原理用于微波雷达,就可以实现超视距探测。

微波大气波导超视距雷达超视距探测的主要应用范围在海上,因为海面蒸发波导出现概率高。由于贴近海面的空气中水蒸气趋于饱和,相对湿度接近100%,但海上蒸发波导限于海面上几十米高度以内。由于大多数舰载微波雷达的天线系统架设高度较低,一般为距海面$10\sim30\mathrm{m}$,正好位于蒸发波导的有效高度范围内,因此可有效利用蒸发波导传播条件进行远距离目标探测。

作为对目标指示的雷达,它具有微波视距雷达的分辨能力与定位精度,可用于舰载导弹超视距攻击的目标指示。舰载微波大气波导超视距雷达在现代战争中的独特功能,使其可以作为空中预警机的一种低成本替代系统。不足之处是大气波导受季节和天气影响较大,不是稳健的方式。

思考题与习题

2.1　两个正弦信号分别为 $s_1(t) = 4\cos\left(\omega_0 t + \dfrac{\pi}{4}\right)$，$s_2(t) = 3\cos\left(\omega_0 t + \dfrac{\pi}{3}\right)$，分别用复数和矢量作图的方式给出和信号 $s(t) = s_1(t) + s_2(t)$。

2.2　信号和系统的分析常用的两个域是什么? 它们的关系是什么?

2.3　假设线性系统的冲激响应是 $h(n) = [1,2,3]$，输入是 $s(n) = [1,2]$，求其输出。

2.4　线性系统无失真条件的条件是什么?

2.5　为什么要调制? 调制是线性运算还是非线性运算?

2.6　窄带实信号为 $s(t) = \mathrm{rect}\left(\dfrac{t}{T}\right)\cos[2\pi f_0 t + \phi(t)]$，写出其复包络、同相分量和正交分量。

2.7　说明随机过程与随机变量的关系。

2.8　高斯过程的自相关函数 $R_X(\tau) = 4\mathrm{e}^{-|\tau|}$，求 $\tau = 1$，$\tau = 2$ 两个时刻的概率密度。

2.9　已知

$$s(t) = \sum_{i=1}^{3} a_i \cdot \mathrm{rect}\left(\frac{t - i\tau + \dfrac{\tau}{2}}{\tau}\right)$$

式中,$i = 1,2$ 时 $a_i = 1$，$i = 3$ 时 $a_i = -1$。求它的匹配滤波器的脉冲响应 $h(t)$ 及输出波形 $y(t)$。

2.10　接收信号 $x(t) = s(t) + n(t)$，其中,$\{n(t)\}$ 是功率谱密度为 $N_0/2$ 的高斯白噪声。信号为

$$s(t) = \begin{cases} \mathrm{e}^{-t}, & t \geqslant 0 \\ 0, & t < 0 \end{cases}$$

试求：

(1) 匹配滤波器的传输函数以及脉冲响应。匹配滤波器是物理可实现的吗？有无可能将它变为物理可实现的？

(2) 若允许适当降低输出的最大信噪比，有无可能将匹配滤波器变为物理可实现的？

2.11　考虑白噪声背景下的匹配滤波器。信号是

$$s(t) = \begin{cases} a, & 0 \leqslant t \leqslant T \\ 0, & \text{其他} \end{cases}$$

(1) 求滤波器的冲激响应、传输函数、输出信号波形及输出峰值信噪比。

(2) 如果不用匹配滤波器，而用滤波器

$$h(t) = \begin{cases} \mathrm{e}^{\alpha \tau}, & 0 \leqslant t \leqslant T \\ 0, & \text{其他} \end{cases}$$

则输出峰值信噪比是多少？α 的最佳值应该是多少？

(3) 如果采用滤波器 $h(t) = \mathrm{e}^{\alpha \tau}(t \geqslant 0)$，则输出信噪比是多少？证明这种情况的信噪比总小于或等于(2)的结果。

2.12　在非均匀海水中，声线向声速高还是低的方向偏转？夏天浅海为什么不适合声传播？

2.13　会聚区出现在深海还是浅海？它有何特点？

2.14　绝对硬的海底、声阻抗接近水的软泥海底和海面反射系数分别为多少？

2.15　声在海洋中传播衰减和损失有哪几种？提高声远程传播的有效途径是什么？

2.16　被动和主动声呐的干扰背景有哪些？

2.17　混响有哪几种？各有何特点？

2.18　电磁波传播的途径有哪些？哪些可以实现超视距传播？

第

3

章

发射与接收系统

主动和被动电子探测系统均有接收系统,但主动电子探测系统有发射系统。发射和接收系统的性能直接影响电子探测系统的性能。本章介绍发射机和接收系统的基本组成、原理和技术指标。

3.1 发射系统的功能和技术指标

主动雷达和主动声呐利用目标散射电磁波和声波的特性来检测、发现目标,并测定目标的距离、方位和速度等参数。发射系统是雷达和声呐的重要组成部分。本节主要讨论雷达和声呐发射机的功能、技术指标和系统组成等问题。

3.1.1 功能

发射系统的功能是产生频率源、时基信号和发射波形;将发射波形放大,输出大功率电磁波或声波。频率源包括基准频率、载波频率、本振频率、相干解调频率,时基信号包括发射同步信号、数据采集触发信号和采集时钟信号。发射信号的功率直接影响信噪比,从而影响信号检测性能和测量精度,但不会改变雷达的信杂比和声呐信混比。而采用多普勒频率抑制杂波和混响,使得杂波或混响背景下的检测问题变成噪声背景下的检测问题,增大发射功率对提升信噪比仍然具有重要意义。

3.1.2 技术指标

电子探测系统发射机的技术指标主要有发射脉冲电功率、总效率、工作频率、脉冲重复频率、脉冲宽度、信号形式、信号的稳定度和频谱纯度等,这些技术指标直接影响电子探测系统的探测距离、分辨能力和测距精度等。

1. 工作频率

工作频率又称载频,是指发射机输出信号的中心频率,常记为 f_0。工作频率往往由电子探测系统的用途、战术性能等决定。

雷达、声呐工作频率的选择见 1.4 节的相关介绍。载频影响绝对带宽,进而影响距离测量精度和分辨率,影响角度分辨率、测量精度和空间信噪比增益。

2. 信号形式

在第 7 章,我们将会看到雷达和声呐的信号波形的选择对于主动雷达和声呐性能、信号处理方式都有重要的影响。电子探测系统常用的信号形式有单频连续波、脉冲连续波、线性调频信号、双曲调频信号、巴克码和伪随机相位编码信号等。

3. 脉冲重复频率和脉冲重复间隔

发射机每秒产生高频脉冲的个数称为脉冲重复频率(PRF)F_r,其倒数为脉冲重复周期或脉冲重复间隔(PRI)T_r,它等于相邻两个发射脉冲前沿的间隔时间,如图 3.1 所示。雷达脉冲重复频率可以从几十毫秒到几十秒。声呐脉冲重复频率从 0.1 秒量级到分钟量级;对于同一声呐站,一般作用距离分好几档,所以重复频率也有好几档可调。

对于相参脉冲串雷达,脉冲重复频率受限于作用距离(见第 4 章)和多普勒频率(见第 6 章)。脉冲重复频率的选择十分重要,它必须兼顾距离测量和频率测量之间的矛盾;

如果矛盾实在无法克服,就必须做出取舍,尤其是需要利用距离分辨率或频率分辨率抑制杂波或混响时。

提高脉冲重复频率可以增大信号的能量,但在脉冲宽度一定的情形下,占空比也将增加,这对发射机提出了更高的要求。

4. 脉冲宽度

如图 3.1 所示,发射脉冲的持续时间称为脉冲宽度 τ。

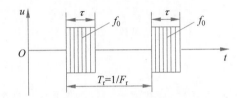

图 3.1　脉冲重复周期、脉冲宽度和频率示意图

对于干扰背景为噪声的情形,增大脉冲宽度,发射脉冲的能量增大,能够提高系统的信噪比;可以改善脉内测频(声呐常用)的频率分辨率和测量精度。

常规雷达的脉冲宽度 τ 为 $0.1 \sim 20\mu s$,而脉冲压缩雷达的发射脉冲宽度则可由几十微秒到数千微秒。主动声呐脉冲宽度取决于作用距离和具体应用,变化范围在 0.1ms 到秒级。

5. 带宽

发射信号所占的频带宽度是信号频域参数。带宽有多种定义,如频谱变化 3dB 带宽等,但各定义相互之间仅相差一个系数。发射信号的带宽直接影响距离测量精度和距离分辨率。根据发射波形的不同,发射信号的带宽可以是单个脉冲的带宽,也可以是多个脉冲合成的带宽(如步进频率信号)。

6. 输出功率

发射机的输出功率可用脉冲功率 P_t 和平均功率 P_{av} 来表示,其中,脉冲功率 P_t 是指脉冲持续期间输出的功率,平均功率 P_{av} 是指脉冲功率在一个重复周期内的平均值。若发射机的输出信号是单一频率的矩形脉冲,脉冲宽度为 τ,脉冲重复周期为 T_r,则 P_t 与 P_{av} 的关系为

$$P_{av} = (\tau/T_r)P_t \tag{3.1}$$

式中,$\tau/T_r = \tau F_r$ 称为占空比。

发射机的输出能量直接影响电子探测系统的探测性能和抗干扰能力,提高发射功率可以增大发射能量。但提高发射功率,就意味着升高电压、电流,考虑到耐压和高功率击穿问题,从发射机的角度来看,不能过分增大脉冲功率。

目前,雷达发射机的输出脉冲功率为几百千瓦至几兆瓦,若采用多部发射机进行功率合成,则雷达的输出脉冲功率可达数十兆瓦,例如,使用有源相控阵时。声呐发射机的输出脉冲功率可由几瓦到几百千瓦不等。

尽管发射功率越大越好,但是被敌方侦察设备侦察到的可能性也越大。在实际中应根据需求选择合适的发射功率,例如,潜艇通信声呐的发射功率就应严格限制。

7. 发射机效率

发射机效率是指发射功率与输入功率之比。在雷达发射系统中磁控管单级振荡式发射机、前向波管发射机效率较高,而速调管、行波管发射机效率较低。声呐发射机中最常用的甲乙类发射机的理论效率在 70% 以上,而 E 类发射机的理论效率在 90% 以上。

8. 信号稳定度

信号稳定度是指发射信号的振幅(或功率)、频率(或相位)、脉冲宽度和脉冲重复频率等参数随时间作相应变化的程度。发射信号参数的不稳定因素可以分为规律性的与随机性的两类,规律性的不稳定因素往往是由电源滤波不善、机械振动等原因所致;而随机性的不稳定因素则是由发射机的噪声和调制脉冲的随机起伏所致。对于相参雷达或声呐来说,相位(包括频率)稳定度至关重要。

9. 可靠性

可靠性又称可靠度,它是指设备执行规定任务的可靠程度,用 $R(t)$ 表示,也可以用平均无故障间隔时间(MTBF)来衡量。发射系统的故障率较高,因此发射系统往往决定了全系统的可靠性。在已知设备工作时间 t 的条件下,若设备的可靠度服从指数分布,则发射机的可靠度可以表示为

$$R(t) = e^{-\mu t} \tag{3.2}$$

式中,μ 为发射机的失效率,它等于机内各串联元件失效率之和,即 $\mu = \mu_1 + \mu_2 + \cdots + \mu_n$,且 $\mu = 1/\text{MTBF}$。

3.2 雷达发射系统

3.2.1 雷达发射机的形式

雷达发射机是用来产生高频大功率脉冲信号的装置,雷达发射机分为单级振荡式和主振放大式两大类。

3.2.1.1 单级振荡式发射机

单级振荡式发射机比较简单,如图 3.2 所示,它所提供的大功率射频信号直接由一级大功率振荡器产生,并受脉冲调制器的控制,因此振荡器输出的是调制后的大功率射频信号。例如,一般的常规脉冲雷达要求的是包络为矩形脉冲序列的大功率射频信号,因而控制振荡器工作的脉冲调制器的输出也就是一个矩形的射频脉冲序列。

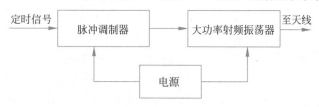

图 3.2 单级振荡式发射机

单级振荡式发射机又称为磁控管发射机,脉冲的射频相位是随机的,频率稳定性差,称为非相参发射机,一般用于非相参雷达,如船用导航雷达等简单应用。现代雷达一般

都属于相参雷达,相参雷达一般采用主振放大式发射机。

3.2.1.2　主振放大式发射机

图 3.3 所示为现代相参雷达的主振放大式发射机方框图,为了讲述方便,图中主要给出了主振放大式发射机和频率源(见图中虚线框)两部分。图 3.3 中,频率源主要由基准源及频标、频率合成器、波形产生器以及发射激励(上变频)组成。基准源利用石英晶体振荡器产生频率很稳定的连续波振荡,它是整个系统(包括接收系统)的频率基准。主振放大式发射机采用多级放大得到大功率发射信号。

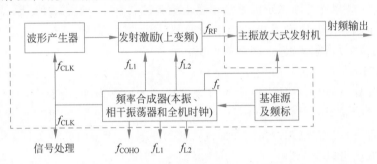

图 3.3　主振放大式发射机

主振放大式发射机采用多级射频放大链。主振放大式发射机又称为相参发射机,其的特点是:

(1) 具有很高的频率稳定度。在主振放大式发射机中,载频的精度和稳定度由低电平级决定,较易采取各种稳频措施,例如,恒温、防振、稳压,以及采用晶体滤波、注入稳频及锁相稳频等措施,所以能够得到很高的频率稳定度。

(2) 发射相位相参信号。在主振放大式发射机中,全系统必须共用一个时钟,包括发射和接收。发射的相参性体现在单个脉冲内或两个脉冲之间信号的相位之间存在着确定的关系,发射系统的所有信号,如定时器的触发脉冲和射频本振等都由一个时钟产生。接收系统包括中频本振信号、信号正交解调的参考频率、同步脉冲和数据采集的时钟均由同一基准信号提供。收发系统信号之间均保持相位相参性,通常把这种系统称为全相参系统。

(3) 适用于频率捷变雷达。频率捷变雷达具有良好的抗干扰能力,雷达每个射频脉冲的载频可以在一定的频带内快速跳变,要求接收机本振电压的频率 f_L 与发射信号的载频 f_0 同步跳变。采用频率合成技术的频率捷变系统的优点是控制灵活、频率跳变速度快、抗干扰性能好。

(4) 能产生复杂波形。单级振荡式发射机要实现复杂调制比较困难,甚至是不可能;而主振放大式发射机适用于要求复杂波形的雷达系统,各种复杂调制都可以在低电平的波形发生器中形成,而后接的大功率放大级只要有足够的增益和带宽即可。

3.2.2　固态发射机

雷达发射系统的放大器件一般采用电真空器件,具有体积重量大、效率低、寿命短的缺点。

近年来,微波半导体大功率器件获得了飞速发展,应用先进的微波单片集成电路 (MMIC)和优化设计的微波网络技术,可将多个微波功率器件、低噪声接收器件等组合成 固态发射模块或固态接收模块。固态发射机通常由几十个甚至几千个固态发射模块组 成,并且已经在机载雷达、相控阵雷达和其他雷达系统中逐步代替常规的微波电子管发 射机。

与微波电子管发射机相比,固态发射机具有如下优点:

(1) 不需要阴极加热、寿命长。发射机不消耗阴极加热功率,也没有预热延时。

(2) 具有很高的可靠性。一方面,固态发射模块本身具有很高的可靠性,目前模块的 平均无故障间隔时间(MTBF)已超过 100 000 小时;另一方面,固态发射模块已经制成标 准件,当组合应用时便于设置备份件,可随时替换损坏的模块。

(3) 体积小、重量轻。固态发射模块工作电压较低,一般低于 40V,不需要体积庞大 的高压电源和防护 X 射线的设备。

(4) 工作频带宽、效率高。目前固态发射模块的相对带宽能达到 50%,甚至更宽。 由于固态发射模块所用的大功率微波晶体管均采用 C 类放大器工作状态,而且可不用调 制器,所以效率较高。

(5) 系统设计和运用灵活。一种设计良好的固态发射模块可以满足多种雷达的使用 需求,发射机总的输出功率可用并联模块数目的多少来控制,而不同的输出波形(不同的 调制方式、不同的脉冲宽度和重复频率等)则可以通过波形发生器和定时器按一定的程 序来实现。

(6) 维护方便,成本较低。由于固态发射模块是批量生产的,因此不需要体积庞大的 风冷和水冷设备。

总的来说,高功率微波晶体管和固态发射模块在超高频波段至 L 波段的发展比 S 波 段以上的波段更快。目前固态发射模块和固态接收模块已越来越多地应用于超高频至 L 波段,尤其在超高频波段,固态发射机输出的平均功率已接近 10^6 W。

3.2.3 频率合成器

3.2.3.1 频率合成器的发展概况

频率源是雷达、通信、电子对抗等电子系统实现高性能技术指标的关键部件,不同的 系统需要不同的频率,如基准频率、载波频率、本振频率、相干解调频率、信号采样频率 等。因此,频率源被人们喻为众多电子系统的"心脏",当今高性能的频率源都是通过频 率合成技术实现的。

频率合成就是产生新频率的过程,而产生新的频率需要用到加(和频)、减(差频)、乘 (倍频)、除(分频)运算,以及它们的组合。

频率合成技术出现于 20 世纪 30 年代,最初产生并进入实际应用的是直接频率合成 技术,它具有频率转换时间短、近载频相位噪声性能好等优点,但是由于采用大量的倍 频、分频、混频和滤波环节,直接式频率合成器的结构复杂、体积大、成本高,而且容易产生过多的杂散分量,难以达到较高的频谱纯度。20 世纪 60 年代末 70 年代初,相位反馈理论和模拟锁相技术在频率合成领域中的应用,引发了频率合成技术发展史上的一次革命,相参锁相式合成技术就是这场革命的直接产物。随后数字化的锁相环路器件,如数字鉴相器、数字可编程分频器等器件的出现,以及其在锁相频率合成技术中的应用,标志着数字锁相频率合成技术的实现。由于不断吸收和利用吞脉冲计数器、小数分频器、多模分频器等数字技术发展的新成果,数字锁相频率合成技术日益成熟,锁相式频率合成器具有良好的窄带跟踪特性,可以很好地选择所需频率的信号,抑制杂散分量,并且可避免使用大量滤波器,非常有利于集成化和小型化。此外,数字锁相频率合成器还具有良好的长期频率稳定度和短期频率稳定度。但是,由于锁相环本身是一个惰性环节,使得频率锁定时间较长,故锁相式频率合成器的频率捷变时间较长。目前,锁相环频率合成器在各电子领域中获得了较为广泛的应用。直接数字频率合成器(Direct Digital Synthesizer,DDS)是近几十年发展起来的一种新型频率合成器。1971 年,J. Tierney 等撰写的 *A Digital Frequency Synthesizer* 一文,首次提出了 DDS 的概念。随着数字集成电路与微电子技术的迅速发展,这种频率合成方式体现了极高的性价比,具体体现在相对带宽、频率转换时间短、频率分辨力高、输出相位连续、可产生宽带正交信号和多种调制信号、可编程和全数字化、控制灵活方便等方面。

3.2.3.2 频率合成器的主要技术指标

频率合成器的指标主要包括:

(1) 工作频率。一般包括合成器输出信号的中心频率及带宽。

(2) 频率分辨力。频率分辨力是指每个离散频率之间的最小间隔,不同用途的频率合成器对频率分辨力有不同的要求,分辨力可从到赫兹级到兆赫兹级。

(3) 频率转换时间。频率合成器从一个频率转换到另外一个频率,并且达到稳定所需要的时间称为频率转换时间。在雷达、通信以及电子对抗等许多领域,对频率合成器的频率转换时间往往提出了严格甚至苛刻的要求,频率转换时间有时要达到微秒数量级。

在各种频率合成方法中,直接合成与直接数字频率合成的转换时间是极短的。对于锁相频率合成器而言,频率转换时间就是环路的锁定时间,其数值大约为参考时钟周期的 25 倍。

(4) 频率准确度与频率稳定度。频率准确度是指频率合成器的实际输出频率偏离标称工作频率的程度;频率稳定度是指在一定时间间隔内合成器输出频率变化的大小。

频率准确度与稳定度之间既有区别又有联系,只有稳定才能够保证准确。因此,常将工作频率相对于标称值的偏差也计入不稳定偏差之内,所以只考虑频率稳定度即可。

(5) 频谱纯度。频谱纯度是指合成器信号源输出频谱偏离纯正弦波谱的量度,影响信号源频谱纯度的因素较多,主要包括:

① 相位噪声。它表现为时域当中的零交叉随机起伏和频域中的频谱扩展。

② AM 噪声。它表现为时域上的包络起伏和频域上频谱扩展。

③ 非谐波相关杂散边带(杂散)。

④ 谐波相关带。它是由谐波失真产生的。

⑤ 有源器件产生的 f^{-1} 闪烁噪声,该噪声属于低频的噪声。

⑥ 分频器的噪声。

⑦ 倍频器的噪声。

在上述影响频谱纯度的 7 个因素中,起主要作用的是相位噪声和杂散,因此在以后讨论频率稳定度和频谱纯度时主要考虑这两个指标。

(6) 系列化、标准化和模块化的可实现性。任何单只频率合成器不可能包含所有频段,因此有系列化要求。另外,在实现不同频率的合成器时,还要考虑所有模块的通用性(在转换频段工作时,需要换模块的品种越少越好)和互换性。

(7) 成本、体积及质量。

3.2.4 常用频率合成技术及其特点

3.2.4.1 直接频率合成技术及其特点

直接频率合成(DS)方法是最早出现的频率合成方法,也是最为经典的混频窗口频率合成技术。该方法是指利用一个或多个高稳定的参考晶体振荡器,经过混频器、倍频器、分频器、带通滤波器实现对输入参考晶振频率的加、减、乘、除运算,以产生所需的各种频率。

在全相参雷达系统、通信相干接收系统等场合仅使用一个参考晶振,频率合成器输出的各种频率都由该参考晶振直接或间接产生,输出频率的稳定度和频率精度与参考源一致,同时也可以使输出频率与参考晶振保持严格固定的相位关系,因此这种合成方法得到了广泛应用。各种相干频率合成方案有很多变化形式,基本方式都包含在如图 3.4 所示的原理框图中。

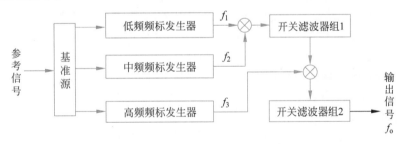

图 3.4 直接频率合成原理方框图

如图 3.4 所示,输出信号频率 $f_o = f_3 \pm f_2 \pm f_1$,其中,$f_3$ 决定了工作频段,f_2 决定了工作带宽,f_1 决定了频率分辨力。图 3.4 看起来易于实现,其实不然,因为每个频标发生器和开关滤波器组不仅成本高昂,而且由于混频窗口、滤波器可实现性和开关隔离度等因素的限制,实现起来非常复杂。

直接频率合成的技术特点如下:

(1) 可实现任意频率和带宽信号的合成,比较适用于频率点数较少的情形;当频率点数较多时,该方法比较复杂,体积较大,造价较高。

（2）小数或分数分频困难，很难实现较高的频率分辨力。

（3）跳频时间取决于电路中转换开关的速度，一般来说，频率合成器中选用的开关速度在几百纳秒到几个微秒的数量级之间，可见跳频的速度很快，故该合成方式常用在诸如通信、雷达、电子对抗领域要求频率捷变速度快的场合。

（4）可实现极低噪声的频率合成，通过良好的设计可以做到输出信号的相对频率稳定度同参考频率源相当。

（5）由于直接频率合成器中往往会使用很多混频器、分频器和倍频器，必然会产生杂散。这些杂散分布很广、数量较多，必然会影响信号的频谱纯度，如果参考频率设计不当和滤波器设计不理想，那么所产生的杂散可能会大到不能允许的程度，特别是方案复杂时更是如此。

（6）要想实现高杂波抑制度，需付出很大的代价。

（7）系列化、标准化及模块化实现困难。随着分辨力、相噪及输出频率指标的不同，合成器方案变化较大，系列化、标准化和模块化的难度也随之增加。

3.2.4.2　间接频率合成技术及其特点

间接频率合成（IS）技术又称锁相环频率合成技术。最基本的锁相环（PLL）包含 3 部分：鉴相器（PD）、环路滤波器（LF）、压控振荡器（VCO），其原理方框图如图 3.5 所示。

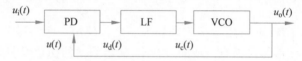

图 3.5　间接频率合成技术原理方框图

在锁相环频率合成器中，输入信号 $u_i(t)$ 通常是由晶振产生的参考信号。当压控振荡器的工作频率 f_0 由于某种原因发生变化时，其相位也要相应地发生变化，这种变化是在鉴相器中与输入参考信号的相位进行比较产生的，其结果使鉴相器输出一个与相位误差 θ_e 成正比的误差电压 $u_d(t)$，该电压经环路滤波器取出低频直流分量 $u_c(t)$，用来控制压控振荡器频率发生变化，使 VCO 的振荡频率 f_0 能够稳定在参考频率 f_r 上。

由上面的过程可知，锁相环实质上是一个相位负反馈控制系统。当系统稳定时，$f_r = f_0$（无频差跟踪）、$\theta_e = C$（相位差固定）。按照实现方式，锁相环又可以分成模拟式和数字式。作为频率源使用时，一般采用数字式。

相对于直接频率合成法来说，间接频率合成的应用更为广泛，其特性为

（1）可实现任意频率和带宽信号的合成。

（2）若降低对输出信号相位噪声指标的要求和考虑较复杂的方案（如小数分频锁相环等），可实现较高的频率分辨力。

（3）跳频速度取决于环路带宽和捕捉方法，在极窄跟踪、无鉴频和其他辅助频率捕捉电路中，频率切换和相位稳定需要较长时间，一般为毫秒级。通过精心设计，间接合成器的跳频时间可以控制在几十微秒以内。

（4）由于传统的混频分频环存在环路内分频，所以在输出端有较大的环路噪声。为了满足频率分辨力和带宽的要求，这种分频在传统方案中又是必不可少的，从而限制了

频率稳定度的提高。

（5）除鉴相频率泄漏外，一般混频分频环无其他的杂波输出（小数分频环除外）。

（6）简单的方案就可以实现较高的信号杂波比。

（7）系列化、标准化及模块化的可实现性较高。

（8）一般间接频率合成器方案简单、造价低，体积、质量适中。

3.2.4.3 直接数字频率合成技术及其特点

在输出带宽较窄时，直接数字频率合成（DDS）输出信号的杂散一般为－70～－90dB，而在输出带宽达到几百兆赫兹级时，杂散为－40～－50dB。因此，如何降低 DDS 的输出杂散是 DDS 研究的一个重点内容。

图 3.6 是 DDS 的基本原理方框图。它由标准晶体振荡器参考频率源、相位累加器、正弦波波形存储器（ROM、波形存储器）、数/模转换器和低通滤波器组成。

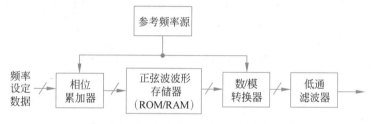

图 3.6　DDS 的基本原理方框图

直接数字频率合成的技术特点如下：

（1）时钟上限受电路工艺的固有限制，因此输出频率较低，相对带宽很宽但绝对带宽较窄。就单独的 DDS 芯片而言，不可能实现任意频率和任意带宽的输出。

（2）易实现极高的频率分辨力。

（3）跳频速度快，一般在几十纳秒数量级。

（4）可以实现低噪声的频率合成，残留相位噪声仅是电路的加性噪声。

（5）杂波分布比较复杂。

（6）信号杂波比由相位截断位数、D/A 转换器的有限分辨力和非线性等因素决定。一般情况下，远区信杂比大于 40dB，近区信杂比大于 80dB。

（7）单片 DDS 电路产生信号的频率很难高于 1GHz，所以，只有与其他合成技术相结合才能实现系列化、标准化和模块化。

（8）应用 DDS 技术的合成器简化了整个方案的复杂性，因此在可靠性、成本、质量和体积方面明显优于采用其他技术的频率合成器。

如果采用大时间带宽积信号，现代雷达和声呐的发射信号都是采用 DDS 来产生的。因此，DDS 在现代雷达和声呐中具有重要的地位，它和数字信号处理一起，加速了数字阵列雷达（DAR）技术的发展，即全数字相控阵技术的发展。在数字阵列技术中，已经没有传统意义上的移相器或延时线；它发射的移相或时延信号采用 DDS 来实现，其接收波束形成依靠数字信号处理来实现。

3.3 声呐发射系统

主动声呐发射系统产生给定波形的大功率电信号。该电信号经换能器转换成声波，是主动声呐不可缺少的主要组成部分之一。

3.3.1 声呐发射系统的组成及作用

图 3.7 是主动声呐发射系统的基本组成框图。

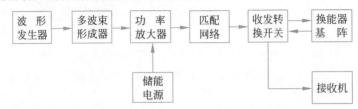

图 3.7 主动声呐发射系统的基本组成框图

主动声呐发射系统主要由 4 部分组成。

第一部分是波形发生器。它的作用是根据总体指标要求，产生具有一定形式的电信号，其信号形式、工作频率、带宽、脉冲长度和重复周期均可选择，信号可以是单频脉冲调制波，也可以是调频脉冲波或其他组合信号波形。此外，它还必须产生时间基准，用作距离测量时间基准、数据采集同步信号、数据采样时钟等。

第二部分是多波束形成器。它的作用是形成多个空间波束的发射驱动信号，向水下空间指定的扇面角度或全向辐射声能，波束的数量取决于声呐对目标搜索速度和定向精度的要求。

第三部分是功率放大器。由于波形发生器产生的电信号功率很小，而声呐发射机要求末级输出功率很大，往往要达到几十千瓦甚至兆瓦级的脉冲功率，所以必须将功率放大，并对换能器进行阻抗匹配，以便能够以足够高的效率向水中辐射足够的声能量。

第四部分是储能电源。因为声呐发射机处于脉冲工作状态，它在脉冲发射期间需要大功率电源供给，所以电源设备都以大电容贮能的办法减小电源设备的体积和重量，并提高电源效率。

当发射机和接收机共用一个换能器时，为了使发射机和接收机都能正常工作，必须采用收发转换开关。早期的收发转换开关使用的是转接变压器，随着大功率硅二极管的出现，近年来多数声呐站都采用无触点二极管作为收发转换开关，这种开关结构简单、重量轻、成本低。

3.3.2 匹配网络

3.3.2.1 发射换能器的等效电路

声呐发射机的负载是电声换能器（又称声呐换能器），一般是将磁致伸缩材料或压电陶瓷材料设计成一定的形状、结构的元件后，再组装成电声换能器。

作为声源用的电声换能器由机械系统和电路系统两部分构成。就其机械系统而言，分别有表示系统的惯性、弹性和内阻尼损耗特性的部分。惯性以其等效质量 m 表示，弹性以其等效力顺 C_m 表示（又称柔顺系数，它与理论力学中的刚性系数成倒数关系），内阻尼损耗用阻力系数 R_m 表示，如图 3.8(a)所示。

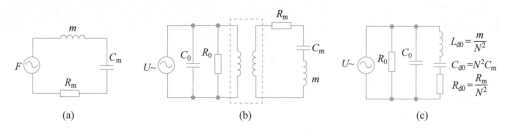

图 3.8 压电式电声换能器的等效电路

电声换能器中机电系统间的相互耦合作用可以用电路系统加上电量后在机械系统上产生的力学量描述。对压电式换能器，在其电端加电压 U，则在机械系统产生力 F，对于线性转换系统有

$$F = G_N U \quad 或 \quad U = F/G_N \tag{3.3}$$

式中，G_N 为电声系统机电转换系数，取决于系统本身的参数。

利用机电类比的概念，将系统中机电能量间的转换类比于电路中的变压器耦合电路，图 3.8(b)所示虚线框内的部分称为"机电变压器"。由此类比电路得到的机电系统的等效电路如图 3.8(c)所示。在图 3.8 中，R_0、C_0 为换能器机械部分嵌定不动时的电阻和电容，机电变压器的变比为 N，换能器的机械系统反映到电路中的等效电感、等效电阻和等效电容分别为 L_{d0}、R_{d0} 和 C_{d0}，统称阻抗，用 Z_d 表示。

3.3.2.2 声呐阻抗匹配电路及匹配网络

声呐发射机的负载是水声换能器，声呐设计工程师的具体任务是根据应用的要求，将一定量的电功率加到换能器的电路端子，且要保障高效率地将发射的电功率传到换能器上，即要保证声呐发射系统总的电声转换效率。这需要在发射机和换能器之间增加阻抗匹配电路。

阻抗匹配电路由变压器和匹配网络组成。变压器的任务是让纯阻性负载能获得最大的功率和效率。声呐用的功率放大器是非线性工作的，其输出功率与负载阻抗成反比，而换能器的阻抗通常在千欧量级，需要使用升压变压器降低等效负载阻抗。典型的乙类功率放大器效率与输入信号的幅度有关，所以应该尽量让输出电压振幅接近电源电压。阻抗匹配网络的任务是将电抗性负载（压电陶瓷换能器为电容性，磁致伸缩换能器则是电感性）变换为纯电阻性负载，使负载上的功率因数最大。

下面重点讨论匹配网络，并分两种情况进行说明，即窄带匹配和宽带匹配。

1. 窄带匹配

当声呐发射机的信号频谱集中到某一中心频率附近较窄的频带中时，可认为是单频匹配。如在发射单频连续信号或单频长脉冲信号的情况下，就可以用窄带匹配网络对声呐换能器进行窄带匹配，如图 3.9 所示。

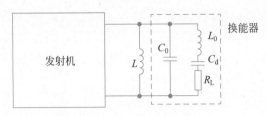

图 3.9　窄带匹配网络

在图 3.9 中，C_0 为换能器静态电容，即换能器的机械部分嵌定不动时的电容；R_L 为换能器在工作频率上的等效电阻。其机械谐振频率为

$$f_0 = \frac{1}{2\pi\sqrt{L_0 C_0}} \tag{3.4}$$

换能器的机械系统反映到电路中的等效电阻又称动态电阻。将图 3.9 和图 3.8(c)比较后可以看出，换能器的静态电容 C_0 和匹配网络的电感 L_0 相当于一个并联谐振回路，其工作带宽为

$$B_{-3dB} = \frac{\omega_0}{R_L} \tag{3.5}$$

2. 宽带匹配

当声呐信号的频谱分布在较宽的频带中，不能由窄带匹配网络的带宽 B_{-3dB} 覆盖时，就必须对电声换能器进行宽带匹配。

从经典的滤波器理论入手，以 π 型带通滤波器为例，其原理如图 3.10 所示，图中虚线框部分被视为待匹配换能器的等效电路，而电容 $C/2$ 又被视为 π 型带通滤波器的组成元件，其特性阻抗如图 3.11 所示。

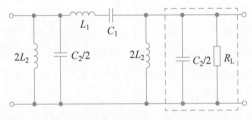

图 3.10　π 型带通滤波器原理图

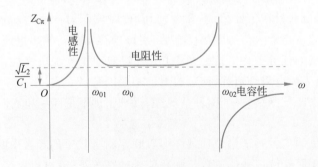

图 3.11　π 型带通滤波器的特性阻抗

由经典滤波器理论可知,其特性阻抗为

$$Z_{C\pi} = \sqrt{\frac{L_2}{C_1}} = \sqrt{\frac{L_1}{C_2}} \tag{3.6}$$

两个谐振频率分别为

$$\omega_{01} = \frac{1}{\sqrt{L_1 C_1}}, \quad \omega_{02} = \frac{1}{\sqrt{L_2 C_2}} \tag{3.7}$$

使用中一般取 $\omega_{01} = \omega_{02} = \omega_0$,从而有

$$n = L_1/L_2 = C_2/C_1 \tag{3.8}$$

带通滤波器的两个截止频率分别为

$$\omega_{C01} = \frac{\omega_0}{\sqrt{n}}(\sqrt{1+n} - 1), \quad \omega_{C02} = \frac{\omega_0}{\sqrt{n}}(\sqrt{1+n} + 1) \tag{3.9}$$

$$B = \Delta\omega = \omega_{C02} - \omega_{C01} = \frac{2\omega_0}{\sqrt{n}} \tag{3.10}$$

因此,有

$$\omega_0 = \sqrt{\omega_{C01}\omega_{C02}} \tag{3.11}$$

3.3.3　收发转换装置

当发射机和接收机共用一个换能器(基阵)时,必须采用收发转换装置。当发射机正在发射信号时,收发转换装置将换能器(基阵)与发射机接通,使得发射机输出的电功率绝大多数加到换能器(基阵)上,并以声能的形式辐射到水介质中。但是,在发射机发射大功率信号时,如该信号同时进入接收机的输入端,就会造成接收机器件的损坏。因此,在发射机发射信号时,收发转换装置要将接收机的输入端可靠地短路,一旦信号发射完毕,又要使接收机的输入端转为正常工作状态,让换能器接收到的回波信号进入接收机中。目前,多数收发转换装置采用无触点二极管开关进行收发转换,如图 3.12(a)所示。

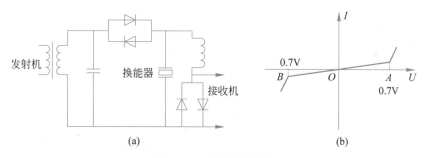

图 3.12　收发转换装置

图 3.12(a)中共有两对(组)反向并联的二极管,收发转换装置的任务是由它们来完成的。两个反向并联的二极管的伏安特性(U-I)曲线如图 3.12(b)所示,当它们两端所加的这些电压大于 A 点的电压值时,正向连接的二极管导通。而当它们两端所加的反向电

压大于 B 点的电压值时,反向连接的二极管导通。当所加的正向或反向电压介于 A 点和 B 点之间时,两对(组)二极管均不导通。对于只有两只反向并联的硅二极管组成的收发转换开关,A 点或 B 点的电压近似等于 $0.7\mathrm{V}$。

收发转换装置的另一个作用是防止发射信号造成接收机电路的阻塞现象。较高的发射信号电压通过接收机输入端的隔直流电容时对该电容充电,发射脉冲结束后,电容器存储的电能释放需要很长一段时间。在这段时间内,这个耦合电容的电位就会使模拟放大器的工作点发生偏移,严重时会使得模拟电路的工作点进入非线性区(饱和区或截止区),从而造成接收机电路在这段时间内出现不能正常将信号放大、滤波等的现象,这被形象地称为"阻塞"现象。当接收机的输入端接在如图 3.12(a)所示的位置时,输入端的大信号(发射信号的一部分)箝位在并联二极管的导通电压值,因此隔直电容上的能量被限制在有限值上,这样将其能量释放到正常值的时间就可以大大缩短,从而使由发射信号引起的阻塞时间减小到声呐盲区所允许的范围之内。

3.4　接收系统的组成及技术指标

接收系统在整个电子探测系统中,处于天线(换能器)和显示设备之间。从天线(换能器)送给接收机输入端的信号极其微弱,并且伴有噪声和干扰信号,而显示设备要求接收机送来的信号幅度要足够大。因此,电子探测系统接收机的主要功能是对雷达天线接收到的微弱信号进行预选、放大、变频、滤波、解调和数字化处理,同时抑制外部的干扰、杂波以及机内噪声。

3.4.1　雷达接收机的组成及技术指标

1. 雷达接收机的组成

雷达接收机一般采用超外差式接收机,其主要特点是利用混频器将雷达天线接收到的信号与本机信号进行混频,将高频信号变为固定的中频信号,然后将中频信号进行充分放大。超外差式接收机与其他类型的接收机相比,线路结构虽然复杂一些,但灵敏度高、选择性好、工作性能稳定,因而得到了广泛应用。

超外差式接收机一般包含高频设备(包括收发开关、高频放大器、混频器、本机振荡器)、中频放大器、正交解调、信号处理机等组成,如图 3.13 所示。

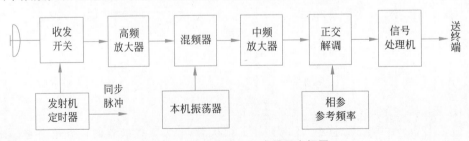

图 3.13　雷达接收机组成原理方框图

2. 雷达接收机的技术指标

（1）灵敏度。灵敏度表示接收机接收微弱信号的能力，能接收的信号越微弱，接收机的灵敏度越高，因而雷达的作用距离就越远。

雷达接收机的灵敏度通常用最小可检测信号功率 S_{imin} 来表示。当接收机的输入信号功率达到 S_{imin} 时，接收机就能正常接收并在输出端检测出这一信号。如果信号功率低于此值，信号将被淹没在噪声干扰之中，不能被可靠地检测出来。由于雷达接收机的灵敏度受噪声电平的限制，要想提高它的灵敏度，就必须尽力减小噪声电平，同时还应使接收机有足够的增益。

目前，超外差式雷达接收机的灵敏度一般为 $10^{-12} \sim 10^{-14}\mathrm{W}$，保证这个灵敏度所需的增益为 $10^6 \sim 10^8$（120～160dB），这一增益主要由中频放大器来完成。

（2）接收机的工作频带宽度。接收机的工作频带宽度表示接收机的瞬时工作频率范围。复杂的电子对抗和干扰环境要求雷达发射机和接收机具有较宽的工作带宽，例如，频率捷变雷达要求接收机的工作频带宽度为 10%～20%。接收机的工作频带宽度主要取决于高频部件（馈线系统、高频放大器和本机振荡器）的性能。需要指出的是，当接收机的工作频带较宽时，必须选择较高的中频，以减少混频器输出的寄生响应对接收机性能的影响。

（3）动态范围。动态范围表示接收机能够正常工作所容许的输入信号强度变化的范围。最小输入信号强度通常取为最小可检测信号功率 S_{imin}，最大输入信号强度则根据正常工作的要求而定。当输入信号太强时，接收机将发生饱和而失去放大作用，这种现象称为过载。接收机开始出现过载时的输入功率与最小可检测功率之比称为动态范围。为了保证对强弱信号均能正常接收，就需要采取一定措施，保证动态范围大，例如，采用时间灵敏度控制（STC）和自动增益控制（AGC）、各种增益控制电路等抗干扰措施，其中时间灵敏度控制仅适用于距离确定的情形。非线性放大器如对数放大器和限幅器等，对相参系统是有害的，应尽量避免使用。

（4）中频的选择和滤波特性。接收机中频的选择和滤波特性是接收机的重要质量指标之一。中频的选择与发射波形的特性、接收机的工作带宽以及所能提供的高频部件和中频部件的性能有关。在现代雷达接收机中，中频的选择范围为 30MHz～4GHz。对于宽频带工作的接收机，应选择较高的中频，以便使虚假的寄生响应减至最小。

减小接收机噪声的关键参数是中频的滤波特性，如果中频滤波特性的带宽大于回波信号带宽，则过多的噪声将进入接收机；反之，如果所选择的带宽比信号带宽窄，则信号能量将会损失，这两种情况都会使接收机输出的信噪比减小。在白噪声（即接收机热噪声）背景下，接收机的频率特性为匹配滤波器时，输出的信噪比最大。

（5）工作稳定性和频率稳定度。一般来说，工作稳定性是指当环境条件（如温度、湿度、机械振动等）和电源电压发生变化时，接收机的性能参数（如幅度响应、频率响应和相位响应等）受到影响的程度。影响的程度越小越好。

大多数现代雷达系统需要对一串回波进行相参处理，对本机振荡器的短期频率稳定度有极高的要求（高达 10^{-10} 或者更高），因此，必须采用频率稳定度和相位稳定度极高的本机振荡器，简称"稳定本振"。

（6）抗干扰能力。在现代电磁战和复杂的电磁干扰环境中,抗同频干扰(邻近的相同型号雷达之间的干扰)、有源干扰和无源干扰是雷达系统的重要任务之一。有源干扰为敌方施放的各种杂波干扰和邻近雷达的异步脉冲干扰,无源干扰主要是指从海浪、雨雪、地物等反射的杂波干扰和敌机施放的箔条干扰。这些干扰会严重影响雷达对目标的正常检测,甚至使整个雷达系统无法工作。现代雷达接收机必须具有各种抗干扰电路,当雷达系统用频率捷变方法抗干扰时,接收机的本振应与发射机频率同步跳变;同时接收机应有足够大的动态范围,以保证后面的信号处理器有较高的处理精度。

（7）微电子化和模块化结构。在现代有源相控阵雷达和数字波束形成(DBF)系统中,通常需要几十路甚至几千路接收机通道。如果采用常规的接收机工艺结构,无论在体积、重量、耗电、成本还是技术实现上都有很大困难。采用微电子化和模块化的接收机结构可以解决上述困难,优选方案是采用单片集成电路,包括微波单片集成电路、中频单片集成电路和专用集成电路,其主要优点是体积小、重量轻,另外采用批量生产工艺可使芯片电路电性能一致性好且成本低。用上述几种单片集成电路实现的模块化接收机,特别适用于要求接收通道数量多、幅相一致性严格的多路接收系统,如有源相控阵接收系统和数字多波束形成系统。

3.4.2　声呐接收机的组成

声呐接收机一般采用直接放大式,其框图如图3.14所示。这种直接放大式接收机电路简单,工作可靠。增益控制包括手动增益控制、自动增益控制和时变增益(TVG)控制。通信声呐和被动声呐采用自动增益控制,主动声呐在噪声限时采用时变增益控制,在混响限时采用混响增益(RCG)控制。TVG控制要考虑到海水吸收和扩展损失等因素。滤波包括带通滤波和低通滤波,一方面抑制噪声,另一方面用作A/D转换的抗混叠滤波。如果采用中频直接采样,则必须使用带通滤波器。单端转差分是为了隔离模拟和数字电路,降低数字电路对模拟电路的干扰。

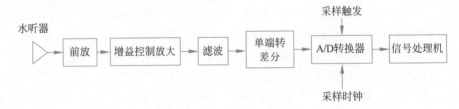

图3.14　声呐接收机框图

3.5　噪声系数和灵敏度

3.5.1　噪声系数

1. 噪声系数的定义
噪声系数是指接收机输入端信号噪声比与输出端信号噪声比的比值。
噪声系数的说明见图3.15。根据定义,噪声系数可表示为

$$F_n = \frac{S_i/N_i}{S_o/N_o} \qquad (3.12)$$

式中，S_i 为输入额定信号功率，N_i 为输入额定噪声功率（$N_i = kT_0 B_n$，k 为玻耳兹曼常数，$k = 1.38 \times 10^{-23}$J/K；T_0 为电阻温度，单位为 K，对于室温 17℃，$T_0 = 290$K；B_n 为等效噪声带宽，当滤波器级数较高时，近似为系统带宽）；S_o 为输出额定信号功率，N_o 为输出额定噪声功率。

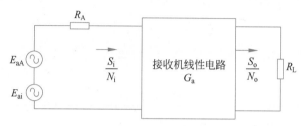

图 3.15　噪声系数的说明

噪声系数 F_n 有明确的物理意义，它表示由于接收机内部噪声的影响，使接收机输出端的信噪比相对其输入端的信噪比变差的倍数。

式（3.12）可以改写为

$$F_n = \frac{N_o}{N_i G_a} \qquad (3.13)$$

式中，G_a 为接收机的额定功率增益，$N_i G_a$ 是输入端噪声通过理想接收机后，在输出端呈现的额定噪声功率。

因此，噪声系数的另一定义为实际接收机输出的额定噪声功率 N_o 与理想接收机输出的额定噪声功率 $N_i G_a$ 之比。

实际接收机的输出额定噪声功率 N_o 由两部分组成，其中一部分是 $N_i G_a$，另一部分是接收机内部噪声在输出端所呈现的额定噪声功率 ΔN，即

$$N_o = N_i G_a + \Delta N \qquad (3.14)$$

将 N_o 代入式（3.13），可得

$$F_n = 1 + \frac{\Delta N}{N_i G_a} \qquad (3.15)$$

从式（3.15）可更明显地看出噪声系数与接收机内部噪声的关系，实际接收机总会有内部噪声（$\Delta N > 0$），因此，$F_n > 1$。只有当接收机是理想接收机时，才会有 $F_n = 1$。

由式（3.15）可得接收机内部噪声为

$$\Delta N = (F_n - 1) N_i G_a \qquad (3.16)$$

由式（3.13）可得输出噪声为

$$N_o = F_n G_a N_i \qquad (3.17)$$

2. 级联系统的噪声系数

为简单起见，假定级联系统各级带宽相等。由式（3.16）和式（3.17）可得图 3.16 和表 3.1。

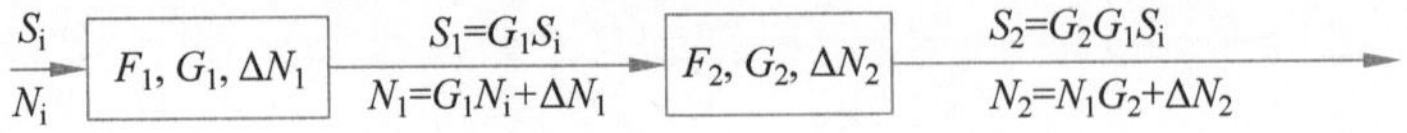

$$\frac{S_i}{N_i} \rightarrow \boxed{F_1, G_1, \Delta N_1} \xrightarrow[N_1=G_1N_i+\Delta N_1]{S_1=G_1S_i} \boxed{F_2, G_2, \Delta N_2} \xrightarrow[N_2=N_1G_2+\Delta N_2]{S_2=G_2G_1S_i}$$

图 3.16　级联系统噪声系数推导用图

表 3.1　级联系统噪声系数推导用表

	第　一　级	第　二　级
噪声系数	$F_1 \overset{\Delta}{=} \dfrac{S_i/N_i}{S_1/N_1} = 1 + \dfrac{\Delta N_1}{N_i G_1}$	$F_2 \overset{\Delta}{=} \dfrac{S_i/N_i}{S_2/N_2} = 1 + \dfrac{\Delta N_2}{N_i G_2}$
内部噪声	$\Delta N_1 = (F_1-1)G_1 N_i$	$\Delta N_2 = (F_2-1)G_2 N_i$
输出信号	$S_1 = G_1 S_i$	$S_2 = G_2 G_1 S_i$
输出噪声	$N_1 = F_1 G_1 N_i$	$N_2 = N_1 G_2 + \Delta N_2 = F_1 G_1 G_2 N_i + (F_2-1)G_2 N_i$

由图 3.16、表 3.1 和式(3.13)可得

$$F_0 = \frac{S_i/N_i}{S_2/N_2} = \frac{F_1 G_1 G_2 + (F_2-1)G_2}{G_2 G_1} = F_1 + \frac{(F_2-1)F_1}{G_1} \tag{3.18}$$

同理可证，n 级电路级联时接收机总噪声系数为

$$F_0 = F_1 + \frac{F_2-1}{G_1} + \frac{F_3-1}{G_1 G_2} + \cdots + \frac{F_n-1}{G_1 G_2 \cdots G_{n-1}} \tag{3.19}$$

式中，$F_1, F_2, \cdots, F_n$ 和 $G_1, G_2, \cdots, G_n$ 分别表示第一级、第二级……第 n 级电路的噪声系数和额定功率增益。

由式(3.19)可得出重要结论：为了使接收机的总噪声系数小，要求各级的噪声系数小，额定功率增益高。而各级内部噪声的影响并不相同，级数越靠前，对总噪声系数的影响越大。所以，总噪声系数主要取决于最前面几级，这就是接收机要采用高增益低噪声前置放大器的主要原因。

3.5.2　灵敏度

接收机的灵敏度表示接收机接收微弱信号的能力。噪声总是伴随着微弱信号同时出现，要能检测信号，微弱信号的功率应大于噪声功率或者接近噪声功率。因此，灵敏度用接收机输入端的最小可检测信号功率 S_{imin} 来表示。在噪声背景下检测目标，接收机输出端不仅要使信号放大到足够的数值，更重要的是使其输出信号噪声比 S_o/N_o 达到所需的数值。通常终端检测信号的质量取决于信噪比。

接收机噪声系数也可写成

$$\frac{S_i}{N_i} = F_n \frac{S_o}{N_o} \tag{3.20}$$

此时，输入信号额定功率为

$$S_i = N_i F_n \frac{S_o}{N_o} \tag{3.21}$$

式中，$N_i = kT_0 B_n$ 为接收机输入端的额定噪声功率，于是进一步得到

$$S_{imin} = k_0 T_0 B_n F_n \left(\frac{S_o}{N_o} \right)_{min} \tag{3.22}$$

3.5.3 数字化接收机

由于数字信号处理技术的发展和相干雷达及声呐信号处理技术的发展,现代雷达和声呐都已完全数字化。图 3.17(a)为复包络处理型数字化雷达和主动声呐的原理框图。由于雷达和主动声呐均满足窄带条件,信号处理可以采用复包络进行处理而不会损失任何信息,这样可以大幅度降低 A/D 转换频率和对信号处理器的要求。在之前的雷达或声呐接收系统,为了得到复包络,模拟部分需要采用正交双通道,其最大的缺点是设备复杂(需要两个模拟通道)且存在双通道不一致性。为了简化模拟接收通道和保证正交双通道的一致性,现多采用中频直接采样技术得到复包络。对于声呐来说,一般不需要混频,故以虚框表示。中频直接采样有两种实现方法:一是采用正交采样型的 A/D 转换器,输出直接得到同相分量和正交分量;二是经 A/D 采样后,将数字信号通过正交采样的方法得到正交分量。

如图 3.17(b)所示,由于被动声呐信号不满足窄带条件,因此不能解调成复包络形式,必须采用实信号进行处理。尽管被动声呐信号处理是一维的(仅有方位处理,时间处理为简单的积累或有限个波束作 LOFAR 处理),但其运算量并不小,因为其波束形成不能采用移相而必须采用时延来实现。

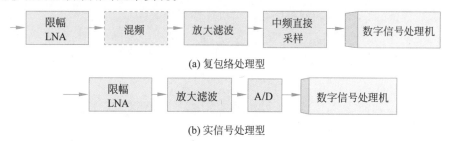

(a) 复包络处理型

(b) 实信号处理型

图 3.17　数字化接收机框图

3.6　增益控制

接收机的动态范围表示接收机能够正常工作所容许的输入信号强度范围。如果接收的信号太弱,就不能检测出来;如果接收信号太强,接收信号就会饱和过载。因此,动态范围是接收系统的一个重要质量指标。为了防止强信号引起过载,需要增大接收机的动态范围,这就要有增益控制电路。

一般雷达和声呐都有增益控制,如跟踪雷达需要得到归一化的角误差信号,以使天线正确地跟踪运动目标,就需要采用自动增益控制。另外,由海浪等地物反射的杂波干扰、敌方干扰机施放的噪声调制等干扰信号电平,往往远大于有用信号电平,更会使接收机过载而不能正常工作。为使雷达的抗干扰性能良好,通常要求接收机有专门的抗过载电路,如瞬时自动增益控制电路、灵敏度时间控制电路、对数放大器等;在声呐中也有自动增益控制、时间增益控制、混响增益控制、对数放大器等。

增益控制的方法很多,如雷达接收机中的自动增益控制(AGC)、瞬时自动增益控制(IAGC)、灵敏度时间控制(STC)等;声呐接收机中的自动增益控制(AGC)、时间增益控制(TVG)、混响增益控制(RCG)、限幅器、对数放大器等。

雷达的 STC 和声呐的 TVG 主要目的有两个:一是使得远近目标回波一致,因为同一目标远距离回波比近距离弱;二是减小杂波或混响的影响,降低虚警概率,因为近程的杂波或混响比远程大得多。其特点是:近处增益小,远处增益大;一般采用开环控制,较为简单。

本节重点介绍对于雷达和声呐接收机中都很重要的自动增益控制,它属于闭环控制,较为复杂。

3.6.1 自动增益控制工作原理

所谓自动增益控制系统,是指接收机的增益随着输入信号的强弱自动改变,使得输出基本保持恒定的系统。

图 3.18 给出了一种简单的 AGC 电路方框图,它由一级峰值检波器和低通滤波器组成。接收机输出的视频脉冲信号经过峰值检波器,再由低通滤波器除去高频成分之后,就得到自动增益控制电压 U_{AGC},将它加到被控的中频放大器中,就完成了增益的自动控制作用。当输入信号增大时,视频放大器输出 u_o 随之增大,引起控制电压 U_{AGC} 增加,从而使受控中频放大器的增益降低;当输入信号减小时,情况正好相反,即中频放大器的增益会增大。因此,自动增益控制电路是一个负反馈系统。

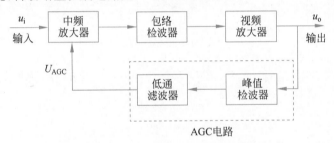

图 3.18 一种简单的 AGC 电路方框图

3.6.2 自动增益控制系统的特性

有 4 个量可用于表征 AGC 控制接收机的特性,即动态范围、平滑系数、线性度和最佳时间常数。

1. 动态范围

动态范围决定于信号随距离的变化、目标强度随方位角的变化、介质和目标类型的变化以及显示器极限动态范围。

2. 平滑系数

为了获得好的显示背景,要求 AGC 电路输出起伏要小,而起伏大小与带宽和积分时间的乘积成反比,且因背景不平稳,增益控制本身非线性而变大。因输出幅度起伏会使显示器对比度变坏,并产生虚警,故常用平滑系数来衡量接收机输出的起伏程度。所谓平滑系数,是指接收机动态范围(单位为 dB)与输出电平相对起伏(单位为 dB)之比,它决定了产生虚警的程度。平滑系数到底选择多少才合适,取决于 AGC 电路后接设备的形式和要求。

3. 线性度

线性度指接收机输出端不产生失真时,其输入端的动态范围,以便适应接收机输入的全部背景变化。AGC 接收机常备有手控增益控制,以便减少接收机增益,并防止强回波使显示器饱和。

4. 最佳时间常数

最佳 AGC 的积分时间常数要选得合适。积分时间常数选取的方法是利用杂波(声呐中为混响)幅度的变化率比回波幅度变化率小的规律,选择较长的 AGC 的时间常数,以使控制部件对杂波有响应而不对回波有响应。但 AGC 的时间常数不能过长。时间常数小,则电路恢复快,跟踪性能好,但短时间常数的输出起伏大,易产生虚警;时间常数缩小,提高了对杂波的响应,但使回波包络更加畸变(产生大的负斜率或跌落),降低了回波信号功率。然而加大时间常数,虽能抑制虚警,减少回波失真,但接收机的跟踪能力却也降低了。一般来说,时间常数与输出电压的瞬时值成反比,而放大器饱和效应却使恢复时间变长。因此,最佳时间常数的选择要兼顾跟踪能力、虚警率、回波失真程度以及输出方差等各种因素。

思考题与习题

3.1 电子探测系统发射机的功能是什么?有哪些技术指标?这些指标与哪些因素有关?

3.2 发射系统组成包括哪些部分?各自的功能是什么?

3.3 雷达主振放大式发射机的特点是什么?

3.4 雷达频率合成器的主要指标是什么?3 种基本频率合成技术的基本原理与特点有哪些异同?

3.5 声呐发射机匹配网络的主要任务是什么?

3.6 声呐收发转换开关的工作原理是什么?

3.7 雷达接收机和声呐接收机组成分别包括哪些部分?有哪些技术指标?这些指标与哪些因素有关?

3.8 噪声系数的物理意义是什么?它受哪些因素影响?

3.9 接收机灵敏度与噪声系数之间的关系?

3.10 已知在雷达接收机中,晶体混频器的额定功率传输系数 $G_e = 0.2$,噪声系数 $F_e = 10$,中频放大器的噪声系数 $F_I = 6.99 \text{dB}$。现用噪声系数为 3dB 的高频放大器来降低接收机的总噪声系数。如果要使总噪声系数降低为原来的 1/10,高频放大器的额定功率增益应为多少?

3.11 多级线性放大电路噪声系数主要取决于哪一级?为什么?

3.12 自动增益控制系统的工作原理及其特性是什么?

第 4 章

距离测量与分辨

距离测量的物理基础是波在均匀介质中匀速直线传播,通过测量传播时间即可得到距离。如图 4.1 所示,假定探测设备位于 A 点,目标位于 B 点,之间的距离为 R。如图 4.2 所示,测量回波脉冲相对于发射脉冲的时延 t_R,那么

$$R = \frac{Ct_R}{2} \tag{4.1}$$

其中,C 为波的传播速度。电磁波和光的传播速度约为 $3 \times 10^8 \mathrm{m/s}$,$1\mu s$ 时延大约对应 150m。声在海水中的传播速度约为 1500m/s,1ms 时延大约对应 0.75m。声在大气中的传播速度约为 340m/s,1ms 时延大约对应 0.17m。因此距离测量与分辨的本质是时延或时间的测量与分辨。

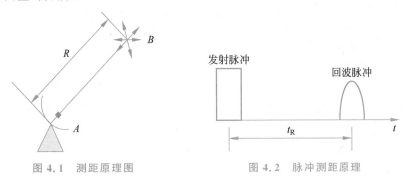

图 4.1　测距原理图　　　　　图 4.2　脉冲测距原理

按时延测量方法的不同,距离测量有 3 种方法:脉冲测距、调频测距和相位测距,其中脉冲测距最为常用。

4.1　脉冲测距

4.1.1　脉冲测距原理

1. 基本原理

采用脉冲测距方法时,发射机发射一个脉冲,然后测量回波与发射脉冲之间的时间差,如图 4.2 所示。根据式(4.1)即可得到目标相对探测设备的距离。

2. 最小脉冲重复间隔与测距模糊

脉冲测距存在的一个问题是测距模糊问题。如图 4.3 所示,当发射脉冲 1 的回波落在发射脉冲 2 的后面时,就无法判定回波是来自发射脉冲 1 还是发射脉冲 2。这就是测距模糊问题。为了保证测距不发生模糊,脉冲重复间隔(PRI)必须足够大或脉冲重复频率(PRF)足够小。假定要求最大不模糊距离为 $R_{\max}$,那么必须有

$$\mathrm{PRI} \geqslant \frac{2R_{\max}}{C} \tag{4.2}$$

电子探测系统一般要求不能出现测距模糊。但是在一些特殊应用中需要提高脉冲重复频率,如 PD 雷达和星载合成孔径雷达。但 PD 雷达距离模糊往往是未知的,必须通过特殊措施解模糊,而合成孔径雷达距离模糊的周期是可以人为设定的。

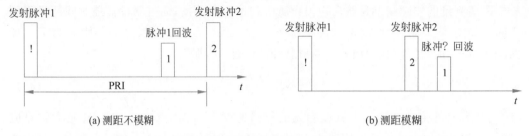

(a) 测距不模糊　　　　　　　　　　　　(b) 测距模糊

图 4.3　测距模糊和最大不模糊距离

当出现测距模糊时,不同距离的杂波和混响会混叠在一起,难以利用距离分辨抑制杂波或混响。

由于电磁波速度非常高,雷达的脉冲重复频率可以取得很高,通常在千赫兹量级;而水声速度慢,脉冲重复间隔很高,通常在分钟量级。脉冲重复频率的差异导致雷达和声呐的工作方式有很大差异。

3. 最小作用距离

脉冲测距还有一个好处就是收发装置可以共置。但是在脉冲发射期间,接收机处于消隐或饱和状态,无法接收信号,因此它有一个最小作用距离:

$$R_{\min} \geqslant \frac{C\tau}{2} \tag{4.3}$$

其中,τ 为脉冲宽度。最小作用距离以内称为盲区。

4.1.2　距离分辨率

距离分辨率是电子探测设备的一个非常重要的指标。距离分辨率是指两个目标可以被分辨开的距离,通常定义为两个等强度目标回波幅度差为 3dB 的距离。在图 4.4 中,A 目标和 B 目标的回波是可分,B 目标和 C 目标的回波临界可分,刚好差 3dB,D 目标和 E 目标的回波不可分。距离分辨率似乎与脉冲宽度有关;似乎脉冲越窄,距离分辨率越好。但雷达信号理论告诉我们它实际上与信号的带宽有关(见表 1.1)。详细的讨论见第 7 章。

如图 4.5 所示,在地形测绘中,我们更关注水平距离分辨率 ρ_g,这就需要将斜距分辨率 ρ_r 投影到地面,假定掠射角为 θ,那么水平距离分辨率与斜距分辨率的关系是

$$\rho_g = \frac{\rho_r}{\cos\theta} \tag{4.4}$$

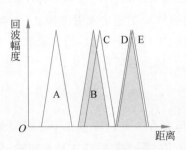

图 4.4　距离分辨率示意图

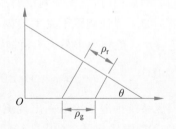

图 4.5　水平距离分辨率与斜距的关系图

4.1.3 距离测量精度

距离测量属于统计学中参数估计问题。

1. 测距误差分析

测量总是会存在误差的,下面分析产生距离误差的原因。对式(4.1)求全微分:

$$\mathrm{d}R = \frac{\partial R}{\partial C}\mathrm{d}C + \frac{\partial R}{\partial t_R}\mathrm{d}t_R = \frac{1}{2}\left[t_r\mathrm{d}C + C\mathrm{d}t_r\right]$$

用增量代替微分,可得到测距误差为

$$\Delta R = \frac{1}{2}\left[t_r\Delta C + C\Delta t_r\right] \tag{4.5}$$

其中,ΔC 和 Δt_r 分别为电波传播速度平均值的误差和测量目标回波延时的误差。

误差按其性质可分为系统误差和随机误差两类。系统误差是指在测距时,系统各部分对信号的固定延时所造成的误差,以多次测量的平均值与被测距离真实值之差来表示。从理论上讲,系统误差在雷达校准时可以补偿掉。

随机误差是指因某种偶然因素引起的测距误差,所以又称偶然误差。随机误差的主要产生原因是电路的噪声或随机干扰(如雷达杂波、声呐混响);次要原因包括设备本身不稳定性造成的随机误差,如接收时间滞后的不稳定性、各部分回路参数偶然变化、晶体振荡器频率不稳定等。

随机误差一般不能补偿掉,但增加测量次数可以减小随机误差。

2. 波速误差的修正

电磁波传播速度受温度和空气湿度的影响。水声速度受到温度、盐度和压力(水深)的影响。波传播速度的变化使得测距出现误差,这个误差属于系统误差,如果知道了波传播速度可以予以校正。

一旦介质非均匀,还会出现折射现象,使得波传播路径弯曲(向传播速度低的方向弯曲)。海市蜃楼就是由于光的折射形成的。当出现非直线传播时,可用场计算的方法进行距离修正。对于电磁波来说,波速误差及折射造成的测距误差与噪声造成的时延测量误差相比,可以忽略。

声速的非均匀性更强,对声波传播的影响会更大一些,它可能向海底或海面方向弯曲,并经过多次海底和海面的反射,必须用场计算予以修正。

3. 时延测量误差

时延测量误差可以分成系统误差和随机误差两大部分。对一个良好设计和校准的电子探测系统来说,系统误差可以忽略,随机性误差是主要的,它是导致测距出现误差最根本的原因。在分析测距误差时,式(4.5)没有考虑噪声造成的误差。一旦出现噪声,回波的中心就会出现偏差,这时会带来很大的测量误差。随机性测距误差与信噪比开方和发射信号带宽成反比。详细讨论见第 6 章。

4.2 调频测距

4.2.1 调频连续波测距基本工作原理

调频连续波测距原理如图 4.6(a)所示。连续波工作时,收发天线一般分置,且需要很好的隔离。天线隔离度越高，作用距离越远。发射机发射连续等幅调频波，部分发射波仍然会泄漏到接收天线，发射信号和接收信号混频后，得到差频信号。差频的大小反映了距离的远近。频率调制可以是锯齿波、三角波或正弦波。下面以频率调制为锯齿波和静止单目标为例予以说明。

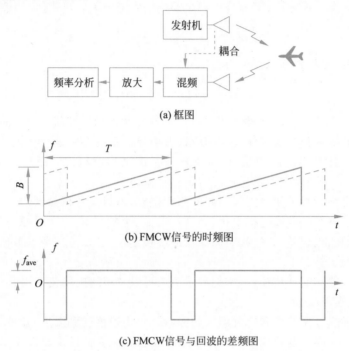

(a) 框图

(b) FMCW信号的时频图

(c) FMCW信号与回波的差频图

图 4.6　单静止目标锯齿连续调频波测距原理框图及时频图

如图 4.6(b)所示，考虑信号正斜率调频段，其频率表达式为

$$f(t) = f_0 + Kt, \quad t \in [0, T] \tag{4.6}$$

其中，T 和 K 分别为线性调频的周期和调频斜率。调频斜率与调频带宽 B 之间的关系是 $K = B/T$。

假定目标位于距离 R 处，且静止。其对应的时延为 $\tau = 2R/C$，那么该点回波的频率为

$$f_r(t; \tau) = f_0 + K(t - \tau) \tag{4.7}$$

如图 4.6(c)所示，与发射信号差频后，由式(4.6)和式(4.7)，可得其差频为

$$f_{ave}(\tau) = K\tau \tag{4.8}$$

可以看出，差频与距离之间的关系为线性关系。在实际应用中，应使得最大不模糊距离 $R_{max} \ll TC/2$，以减小图 4.6(c)中差频的缺口。因此在通常的应用中，调频法测距的最大不模糊距离小于脉冲法。

4.2.2　运动目标的调频连续波测距

当目标相对天线有径向运动时，目标回波存在多普勒频移。对于运动目标必须采用

三角波或正弦波调频。如图 4.7 所示，三角波最大频偏和载频分别为 Δf 和 f_0，周期为 T。对于运动单目标，容易证明，三角波连续调频波的正调频部分的差频 f_{b+} 和负调频部分的斜率差频 f_{b-} 分别为

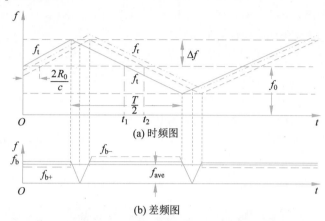

(a) 时频图

(b) 差频图

图 4.7　单运动目标三角连续调频波测距的时频图

$$f_{b+} = f_{ave}(\tau) - f_d \tag{4.9}$$

$$f_{b-} = f_{ave}(\tau) + f_d \tag{4.10}$$

两者的平均值正好等于目标静止时的 f_{ave}，由式(4.9)和式(4.10)可得

$$f_{ave} = \frac{f_{b+} + f_{b-}}{2} \tag{4.11a}$$

不仅如此，它们的差频还可以用于测速，由式(4.9)和式(4.10)可得多普勒频率：

$$f_d = \frac{f_{b-} - f_{b+}}{2} \tag{4.11b}$$

这种测速方法可用于超视距雷达和相控阵雷达测量目标速度，但仅限于单目标。对于锯齿形调频信号来说，由于它只有正调频斜率部分，所以不能采用这种方法，而需要进行多普勒补偿。

4.2.3　调频连续波雷达特点

调频连续波雷达的优点是：

(1) 因为收发分置，无距离盲区，能测量很近的距离，而且有较高的测量精度。

(2) 线路简单，且可做到体积小、重量轻。

(3) 多目标测量也很方便。

调频连续波测距可用于多目标情形。混频后，对混频信号进行离散傅里叶变换(DFT)即可完成，整个过程的运算量小于脉冲压缩。

当对目标局部测距时，混频后的信号带宽远小于工作信号的带宽，从而大大降低了对数据采集系统的要求，但并没有降低距离分辨率。例如，最大作用距离为 100km，采样率为 100MHz，时间单元为 1.5m；如果目标的范围为 1km，那么在这 1km 范围内采样率

为 1MHz,时间单元也为 1.5m。这一技术又称为 Dechirp 或 Stretch 技术。一个典型的应用就是一种美国无人机的毫米波合成孔径雷达 MiniSAR。它发射的波形为锯齿调频连续波。正是由于采用了连续波工作,所以该 SAR 体积小、重量轻,适合装备无人机。此外,该技术还用于高分辨率逆合成孔径雷达(ISAR),由于 ISAR 成像不要求绝对距离,因此不需要考虑多普勒频率对测距的影响。

(4) 采用收发分置的双基地工作方式,隔离度足够高,远距离应用是可能的。例如,它被广泛应用于收发分置的超视距雷达,作用距离可达数千千米。

调频连续波雷达的缺点是:

(1) 对于近距离应用,不模糊距离小(相对脉冲测距)。

(2) 需要收发两副天线或声阵,灵敏度受隔离度限制,收发间隔小时,不适合远距离。

尽管如此,10km 量级的应用如飞机的无线高度表,工作还是可靠的。它还用于潜水员的避碰声呐,如果差频信号频率很低,则表明潜水员离障碍或目标很近。

4.3 相位测距

相位测距采用连续波工作。如图 4.8 所示,发射天线发射单一频率的连续波。假定收发天线与目标之间相对静止,信号经目标反射后回到接收天线。两个信号之间存在相位差 ϕ。假定信号的角频率为 ω_0,那么两个信号之间的时差为

$$t_r = \frac{\phi}{\omega_0} \tag{4.12}$$

通过比相的方法测量相位差,就可以得到目标的距离。为了保证相位测距不模糊,有

$$t_r \leqslant \frac{2\pi}{\omega_0} = \frac{1}{f_0} \tag{4.13}$$

该不模糊时延对应的不模糊距离为

$$R_{max} = \frac{C t_r}{2} \leqslant \frac{\lambda}{2} \tag{4.14}$$

这表明相位测距法模糊距离小于半个波长,它的不模糊距离比调频测距小得多。这一点限制了它的应用,但是它的测量精度可以达到亚波长量级。为了解模糊也可以考虑采用两个或多个波长互质的波。

相位测距的主要优点是无测距盲区,且精度高达亚波长量级。其缺点是收发需要分置;对运动目标测距困难;不模糊测距距离小,测距范围难以提高;没有分辨率,无法进

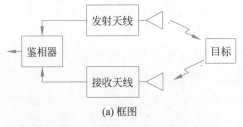

(a) 框图

图 4.8 相位测距原理框图及波形图

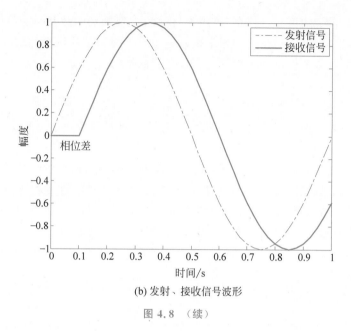

(b) 发射、接收信号波形

图 4.8 （续）

行多目标测距。相位测距的主要应用有：干涉型光纤水听器、被动三点式测距声呐相位测距、光弹性测量和干涉合成孔径测量。后两个应用相位通常是模糊的，需要通过相位解缠(phase unwrap)处理消除模糊。

4.4 测距的同步方式

由前面的介绍可知，主动测距必须有同步信号。测距的同步方式有自同步、应答方式、同步钟和其他介质传递同步信号 4 种方式。

4.4.1 自同步

如图 4.9 所示，自同步方式中同步信号由信号源在发射信号时同时产生。自同步是最常用的同步方式，绝大部分雷达和声呐都采用这种同步方式，一般适用于共站雷达和声呐。

4.4.2 应答方式

在 1.1 节曾介绍过主动声呐的应答工作方式。应答方式是主设备发出询问信号，从设备接收到信号后，发射应答信号。这种工作方式类似我们在菜场找人：喊一声，然后听被寻人应答。

应答方式应用也较普遍，广泛应用二次雷达、水声应答定位（如长基线、短基线和超短基线定位）。应答测距具有信噪比高；无杂波或混响；距离、角度测量估计精度高等优点；且目标应答时，

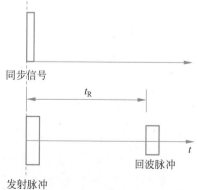

图 4.9 相位测距原理框图及波形图

可为主设备提供自身的番号等信息,可用于目标的类型判别和敌我目标识别,例如,二次雷达又称为敌我识别器。通信声呐通常也具备应答测距和敌我识别的功能。

应答测距工作方式仅适用于目标为合作目标的情形。

4.4.3 同步钟

同步钟是指多个设备具有相同的时钟。时钟需要对时和高稳定时钟基准。对时可以采用同步触发或利用相同的钟源(如卫星授时)实现。

同步钟实现同步有两种工作方式:约定定时发射和发射信息带时戳。约定定时发射是发射和接收双方约定在某个时间发射,接收方通过测量时延就可以知道距离。发射信息带时戳是发射方在发射信号时将发射时刻的时间随发射信号一同发射,接收方接收到信号后,将接收的时戳信息与本地时间相比较,时间差对应着延时。卫星导航则通过3个空间位置不同且已知的卫星发出的时戳信息得到时延差来确定接收设备的位置。

同步钟一般用卫星授时、原子钟、温补晶振等实现。

采用同步钟测距具有隐蔽性好和可以多址接入的优点。

4.4.4 其他介质传递同步信号

其他介质传递同步信号是采用传播速度差异较大的传输介质传递同步信号,根据时延和各种介质的速度差计算实际的时延。这种工作方式类似于发令枪,发令枪的烟雾起着同步信号的作用。早期航海用的导航钟就使用光、水声和空气声3种方式同时发声。水声用的超短基线在拖曳状态时,可以采用电缆或光缆传送同步信号,这样可以避免使用应答方式,保证水下系统的声同步,以降低声信号的相互干扰。对于多基地电子探测系统,也需要采用其他介质传递同步信号。

4.5 声呐被动测距

潜艇为了保证隐蔽性,一般不使用主动声呐。但是鱼雷武器系统在发射前需要知道目标的距离,一方面用于判断是否在攻击范围之内,另一方面用于设定鱼雷工作参数。声呐被动测距有两种方式:三点式测距和匹配场技术。匹配场技术可以给出目标的深度和水平距离,但由于涉及水声物理方面的知识,故在此不作讨论。本节仅介绍三点式被动测距方法。

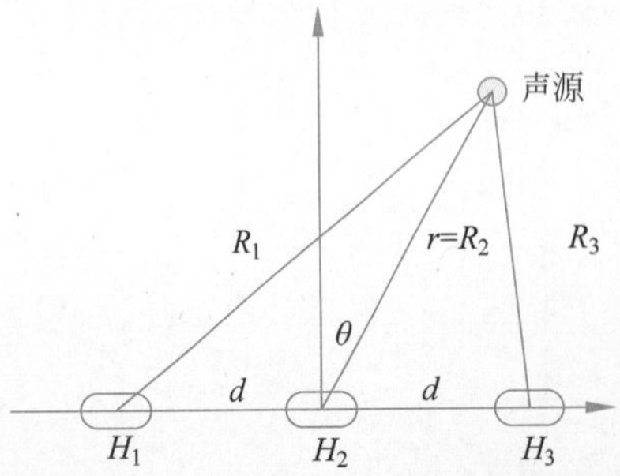

三点式被动测距原理图如图4.10所示。该方法沿艇体耐压壳体布放3个声基阵H_1、H_2、H_3:艏部一个,舯部一个,艉部一个。其使用的先决条件是,目标必须处在近场,即目标辐射噪声的波前不能为平面波。因此相邻两个水听器阵的间距应当大一些,一般约为30m。

三点式被动测距实质上是利用距离差来测距。因为距离差相等意味着是一组双曲线,两组双曲线

图4.10 三点式被动测距原理图

的交点即为目标的位置。距离差测量有两种途径：基于距离差和基于相位差,分别对应测距方式中的距离测距和相位测距。

4.5.1 基于距离差的被动测距

设 d 为相邻两个水听器阵的间隔,用 r 表示声源相对于水听器阵 H_2 的距离,采用互相关的方法可以得到 3 个声基阵的相对时延 τ_{12}、τ_{23}(即到达时间差),容易证明,目标的方位 θ 和距离 r 分别为

$$\theta = \arcsin\left[\frac{C(\tau_{12}+\tau_{23})}{2d}\right] \tag{4.15}$$

$$r = \frac{d^2}{C(\tau_{12}-\tau_{23})}\cos^2\theta \tag{4.16}$$

4.5.2 基于相位差的被动测距

假定声源到达水听器阵 H_1、H_2、H_3 的相位分别是 ϕ_1、ϕ_2、ϕ_3。定义 $\phi_{12}=\phi_1-\phi_2$,$\phi_{23}=\phi_2-\phi_3$ 分别为水听器 1、2 和 2、3 之间的相位差。如果相位差不模糊,那么相位差将给出距离差的估计。那么,在 $r\gg d$ 的条件下,目标的方位 θ 和距离 r 可以用下式计算:

$$\theta = \arcsin\left[\frac{\lambda(\phi_{12}+\phi_{23})}{4\pi d}\right] \tag{4.17}$$

$$r = \frac{2\pi d^2}{\lambda(\phi_{12}-\phi_{23})}\cos^2\theta \tag{4.18}$$

式中,λ 是声源产生的声波波长。

4.5.3 两种方法的对比及应用

基于距离差测量的方法适合宽带噪声、近程目标。目标辐射噪声带宽越大,距离测量精度越高。基于距离差的方法不存在相位模糊问题。

基于相位差的方法适合含有低频线谱的远程目标,因为低频、远程目标的程差小,所以不容易出现相位模糊问题。远程距离差很小,难以采用测距的方法精确测量距离差。而且相位法对噪声的带宽没有要求,因此可以利用低频谱线来测量距离差。

潜艇用的被动式测距声呐的探测距离是由目标声源的强度和本艇噪声的干扰程度决定的。测距精度不高。法国 DUUx-9 型潜艇用被动测距声呐的探测距离可达 16 海里,测向精度为 $\pm1.5°$,其测距精度约为测量距离的 10%。三点式被动测距也可用于拖线阵声呐。

需要注意的是,三点式被动测距没有距离分辨率,也没有方位分辨率,因此通常只适用于单目标距离测量。如果目标的谱线有差异,则可以结合频率分析,实现多目标测量。

4.6 雷达距离跟踪

距离跟踪的目的是连续给出目标的距离值。该技术用于跟踪雷达,仅能跟踪单个目标。典型的跟踪雷达有炮瞄雷达、导弹引导雷达、靶场测量雷达和卫星测控雷达等。下面讨论脉冲雷达距离跟踪。

距离跟踪的方法分成人工、半自动和自动 3 种。无论哪种方法,都必须产生一个时间位置可调的时标(称为移动刻度或波门),通过调整移动时标的位置,使之在时间上与回波信号重合,然后精确地读出时标的时间位置作为目标的距离数据送出。

4.6.1 数字式测距

数字式测距器是采用脉冲计数的方法测量目标距离的设备。下面以单目标数字式测距器为例,说明其测距原理。如图 4.11 所示,发射脉冲将 RS 触发器置位,与门打开,计数脉冲进入距离计数器,距离计数器从零开始计数。回波到来将 RS 触发器复位,与门关闭。假定计数脉冲的周期和计数值分别为 t_c 和 N,则距离的测量值为

$$R = \frac{C \cdot t_R}{2} \approx \frac{C}{2} N \cdot t_c \qquad (4.19)$$

数字式测距的一个重要的误差来源是量化误差,减小该误差的方法是提高计数脉冲的频率。

4.6.2 自动距离跟踪

以数字式测距为例讲解自动距离跟踪原理。自动距离跟踪最常用的结构是分裂波门(即前后波门)跟踪系统,它的优点是可以跟踪回波的中心。基本原理是利用前后两个波门测量目标回波的中心,然后以闭环方式控制前后波门和主波门的移动。

自动距离跟踪系统应包括对目标的搜索、捕获和自动跟踪 3 个互相联系的部分。下面介绍自动距离跟踪的原理。

4.6.2.1 自动距离跟踪

自动距离跟踪假定目标已经被可靠地检测,且距离初始值已经得到,这是目标搜索和捕获的任务。数字式自动跟踪可分为三大部分。

1. 时间鉴别器

时间鉴别器功能是得到目标当前脉冲回波的距离与上次跟踪距离的时间差。其核心思路是利用前后两个波门测量本次回波与上次相比距离是增大还是减少,距离偏差的量是多少。它使用 3 个波门:主波门和前后波门,统称为全波门。其波形图如图 4.12 所示,触发脉冲与前波门前沿重合,前波门后沿、主波门的中心和后波门的前沿重合。主波门又称跟踪波门,用于选定需要跟踪的目标,只有在此波门范围内的回波才能进入前后波门进行时间鉴别。主波门中心时间是这次回波中心的预测值。但预测可能存在偏差,时间鉴别器就是测量出这个偏差,并提供给距离产生器,产生下次系统所需的全波门。

数字式时间鉴别器工作原理框图如图 4.13 所示。图中带阴影部分为目标当前回

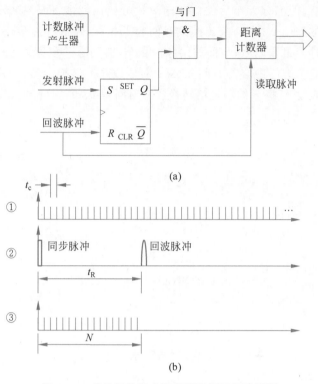

(a)

(b)

图 4.11　单目标数字式测距原理框图和波形图

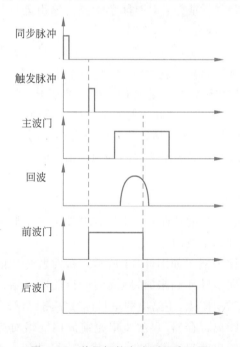

图 4.12　单目标数字式测距波形图

波,显然落入前波门的部分大于后波门。通过积分电路,将时间转换成电荷。恒流放电电路在同步脉冲的作用下,将电压转换成时间起点相同,但脉冲宽度不同的前后波门脉冲。将后波门脉冲经过非门后,与前波门脉冲相与,得到脉冲宽度为 τ 的脉冲,该脉冲反映了目标距离偏离主波门中心的时间差 Δt;滞后或超前转换成符号位。采用门控计数的方式测量脉冲宽度 τ,将 τ 的测量值转换成为时间差 Δt 的测量值。

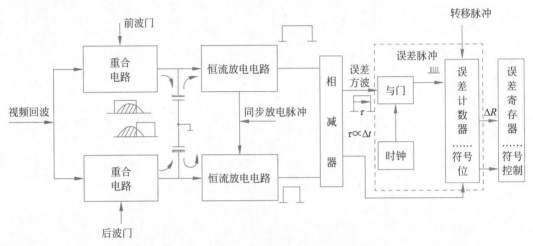

图 4.13　数字式时间鉴别器工作原理框图

2. 距离产生器

距离产生器(控制器)的功能是:对时间鉴别器的输出进行处理,形成新的距离估计值和预测值,并将预测值存放在距离寄存器。

一种距离估计的方法是将上次距离寄存器的数值(即上次距离估计值)与时间鉴别器测量的时间误差进行加减,得到当前脉冲的距离值估计值和和下一脉冲的预测值。这种方法简单,但仅适合脉冲频率高、目标径向速度低的情形。为了提高跟踪精度,对于远距离或高速目标跟踪,必须采用 α-β 滤波器或卡尔曼滤波(见 9.5 节)分别得到距离的估计值和预测值,分别作为目标距离的估计值和距离寄存器的值。估计值是当前回波的中心距离的估计;但预测值不是下次回波中心的预测值,而是下一个脉冲前波门的前沿对应的距离预测值。

3. 跟踪波门产生器

跟踪波门产生器(执行器)的功能是:根据控制器上一个脉冲设定距离寄存器的值,产生当前前波门触发脉冲和全波门。

自动距离跟踪系统原理框图如图 4.14 所示。在发射脉冲前,由预触发脉冲将距离计数器清零。雷达脉冲同步脉冲到来时,距离波门计数器开始计数,直至波门触发脉冲到来时关闭。这个过程类似图 4.11 给出的单目标数字测距,符合门为数字比较器,将距离波门计数器计数值与距离寄存器(再次重申是前波门前沿对应的距离值的预测值)进行比较,当两者相同时,输出波门触发脉冲。根据这个脉冲依次形成前波门、主波门和后波门,供当前脉冲时间鉴别器使用。

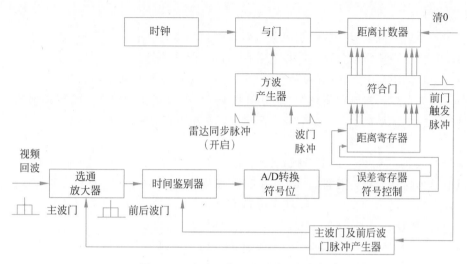

图 4.14　自动距离跟踪系统原理框图

4.6.2.2　目标的搜索和捕获

距离自动跟踪系统在进入跟踪工作状态前,必须搜索和捕获到目标,方可转入自动跟踪。其实质是确认目标(目标检测)并测量其距离(距离估计),将距离值或距离预测值写入距离寄存器。

目标搜索和捕获可以利用人工完成,也可以自动完成。当目标稀疏和干扰背景干净时,可采用自动搜索和捕获;反之,需要采用人工搜索和捕获,以提高跟踪性能。

其具体方法是采用人工或自动递增方法改变距离寄存器的数值。数值范围从最小作用距离到最大作用距离。

在改变距离寄存器的同时,形成相应的全波门(跟踪波门和前后波门),为了提高检测的可靠性,在每个距离值上需停留 N 个脉冲,该距离上有 M 个回波才可确认目标存在,这种检测器通常称为 M/N 检测器,或 M/N 检测逻辑。例如,在 6 个脉冲中,有 5 次检测到目标,则认为目标存在。一旦目标确认,就转入自动跟踪阶段,递增改变距离寄存器的值的逻辑被禁止,距离寄存器交给自动距离控制电路中的时间鉴别器和距离产生器控制。

思考题与习题

4.1　雷达 $1\mu s$ 时延对应距离是多远?300km 的时延是多少?主动声呐 1ms 时延对应的距离是多远?30km 的时延是多少?

4.2　什么是脉冲测距的最小工作距离?它由什么雷达波形参数决定?

4.3　什么是脉冲测距的距离模糊问题?它由什么雷达波形参数决定?

4.4　假定机载雷达的最大作用距离为 300km,要求测距不模糊,其最大的脉冲重复频率是多高?

4.5　假定主动声呐的最大作用距离为 45km,要求测距不模糊,其最小的脉冲重复间隔是多少?

 4.6 距离分辨率与哪些因素有关? 距离测量精度与哪些因素有关?

 4.7 自动距离跟踪分哪些阶段? 各阶段的主要任务是什么?

 4.8 自动距离跟踪包括哪些组成部分? 各部分的主要功能是什么?

 4.9 在连续调频测距雷达中,发射频率按周期的三角波形变化。已知调制频率 $F=100\mathrm{Hz}$,最大频偏为 $\Delta f_{\mathrm{m}}=100\mathrm{MHz}$。若两目标探测距离分别为 27km 和 30km。求接收机混频输出的差频信号频率。

 4.10 假定锯齿波连续调频信号带宽为 800MHz,脉冲重复频率为 1kHz,采用 Dechirp 技术对信号进行处理,假如目标的距离范围为 100m,差频的带宽是多少? 并利用分辨率知识(提示:参考表 1.1 频率分辨率公式)分析 Dechirp 技术距离分辨率。

 4.11 比较脉冲法、调频法和调相法测距的优缺点。

 4.12 在声呐三点式被动测距中,采用相位法和时延法各有何优缺点? 三点式被动测距可以用于多目标吗?

 4.13 数字信号 1 为 $s_1=(1,1,1,1,0,0)$,数字信号 2 为 $s_2=(0,0,1,1,1,1)$

 (1) 以信号 1 为参考,求两个信号的互相关函数。峰值位置在哪里?

 (2) 观察两个信号的关系,能得出什么结论?

 4.14 设发射信号复包络为 $\tilde{s}_t(t)$,写出距离 R_0 处静止点目标的回波信号复包络。

第

5

章

角度测量与分辨

为了确定目标的位置,不仅要测定目标的距离,而且要测定目标的方向,即测定目标的角坐标,包括目标的方位角和俯仰角。方位角和俯仰角的测量和分辨的原理是相同的。

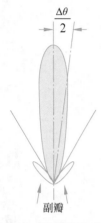

图 5.1　典型的基阵波束

雷达和声呐测角的物理基础之一是波在均匀介质中的匀速直线传播。

雷达和声呐测角的物理基础之二是天线或声基阵具有指向性,它对于幅度测向是必需的。指向性是指天线或基阵具有能量的聚集性,反映了发射能量或接收能量在角度上的分布。从发射的角度来看,其波束像探照灯的光束一样,如图 5.1 所示。从接收的角度来看,指向性是空间滤波器,它只让主瓣方向的信号和副瓣方向的信号进来。副瓣方向的信号实际上是干扰,因此需要尽量降低副瓣的电平。在设计天线或声阵列时更不能出现栅瓣,所谓栅瓣,是在角度测量范围内出现多个主瓣。如果出现栅瓣,则会出现角度模糊。角度的分辨率也是天线或声基阵的指向性提供的。

雷达和声呐测角的物理基础之三是波束方向必须能够改变。波束方向的改变包括角度改变(旋转或多波束)和平移(侧扫雷达或声呐),其目的是实现全方位探测和角度测量。对于天线或基阵有指向性的情形,这一点是必需的。角度改变又分成机械扫和电子扫描(简称电扫)。

本章主要讨论测角的基本方法、波束扫描方法、雷达自动测角、阵列波束扫描、相控阵雷达和三坐标雷达等。

5.1　角度测量与分辨的性能

5.1.1　指向性函数及参数

角度测量及分辨与天线或基阵的指向性密切相关。指向性可以用指向性函数完全描述,但在工程应用中,我们关心的往往是指向性的主要参数,有了这些参数,指向性就基本确定了。

1. 指向性函数

指向性函数是天线或基阵发射能量或接收信号响应在二维角度(方向角和俯仰角)上的分布,通常进行了归一化处理。如图 5.2 所示,对于面阵,其归一化指向性函数记为 $D(\alpha,\theta)$,α 和 θ 分别为俯仰角和方位角(与阵法线的夹角)。

2. 主瓣宽度与分辨率

如图 5.1 所示,天线或基阵由主瓣(阴影部分)和副瓣(箭头所示)构成。主瓣宽度通常定义为 3dB 对应的波束宽度,简称束宽。角度的分辨率就是主瓣宽度。

3. 副瓣高度

副瓣高度采用相对副瓣电平(假定主瓣电平为 0dB)和积分副瓣电平来定义。

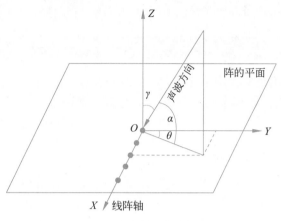

图 5.2 指向性函数坐标系

4. 聚集系数与指向性指数

聚集系数是衡量基阵抑制各向同性噪声的能力的一个量。对于任意波束形状,在如图 5.2 所示的坐标系中,它的定义为

$$\gamma = \frac{4\pi}{\int_0^{2\pi} d\alpha \int_{-\frac{\pi}{2}}^{\frac{\pi}{2}} |D(\alpha,\theta)|^2 \cos\theta d\theta} \tag{5.1}$$

其中,4π 为球面对应的空间角,分母为指向性函数模平方的积分,是波束对应的空间角度的度量。对于一个无指向性的小球换能器,式(5.1)分母积分的结果就是 4π。

通常噪声是各向同性的,因此聚集系数是阵处理获得的空间信噪比增益。DI = $10\lg\gamma$ 称为指向性指数,在声呐方程中会经常用到。

当波束为回转体(如线阵)时,式(5.1)简化为

$$\gamma = \frac{2}{\int_{-\pi/2}^{\pi/2} |D(\theta)|^2 \cos\theta d\theta} \tag{5.2}$$

其中,$D(\theta)$ 为线阵的指向性函数。

5.1.2 角度测量与分辨的性能指标

角度测量的测量性能可用测角的维度(方位、俯仰)、测角范围、测角速度(数据率,尤其对于三坐标雷达)、测角准确度或精度来衡量。

测量的准确度或精度用测角误差的大小来表示,它包括系统本身调整不良引起的系统误差及由噪声和各种起伏因素引起的随机误差。调整良好的系统测量精度主要由随机误差决定。

角分辨能力用角度分辨率或角度线分辨率来衡量。角度分辨率是指在多目标的情况下,雷达和声呐能在角度上把它们分辨开的能力,它等于主瓣宽度(方位束宽和俯仰束宽)。角度线分辨率是指通过角度能分辨的物体的尺寸。对于一个给定的天线或基阵,它的角度线分辨率通常与距离成正比。角度分辨率可能是一维的(方位或俯仰),其波束

是扇形的；也可能是二维的，具有方位和俯仰，其波束是针状的。

5.2 测角基本方法

如图 5.3 所示，测角的方法主要分为幅度法和波程差法两大类。幅度法测角分成最大信号法和等信号法。波程差法又分成相位法和时延法两种，这两类方法是完全不同

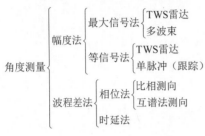

图 5.3 测角方法的分类图

的，分别对应于距离测量中的相位测距和脉冲测距。相位法又可以分成比相法和互谱法。相同的天线或基阵可以采用不同的方法；例如，边跟边扫雷达（TWS）既可以采用最大信号法，也可以采用等信号法；被动声呐既可以采用多波束法，也可以采用互谱法。相同的方法可以用于不同类型的天线或基阵，例如，最大信号法既可以用于 TWS 雷达，也可以用于多波束声呐或雷达。

5.2.1 幅度法测角

幅度法测角是用接收阵收到的回波信号幅度值进行角度测量，该幅度值的变化规律取决于基阵方向图以及扫描方式。幅度测角要求波束具有指向性。

幅度法测角可分为最大信号法和等信号法两大类。

5.2.1.1 最大信号法

最大信号法是雷达、声呐系统中测角常用且行之有效的方法之一。由于天线或声基阵输出电压随目标方位角的变化而变化，可以利用接收到的信号幅度达到最大时天线或换能器的指向来测量目标方位。

最大信号法可以用于单波束和多波束系统。

最大信号法的单波束典型应用是搜索雷达、图像声呐等。以搜索雷达为例，波束接触目标到离开目标的回波如图 5.4（a）所示。如果天线转动角速度为 ω_a（r/min），脉冲雷达重复间隔为 T_r，则两脉冲间的天线转角为

$$\Delta \theta_s = \omega_a \frac{360°}{60} T_r \tag{5.3}$$

这样，天线轴线（最大值）扫过目标方向时，不一定有回波脉冲，也就是说，将产生相应的"量化"测角误差 $\Delta \theta_s$。

对于采用人工录取的雷达，操纵员在显示器画面上看到回波最大值的同时读出目标的角度数据即可。

自动录取的雷达有两种检测峰值的方法，其中一种方法是将回波与天线的方向图做相关处理，相关峰值的位置即为目标的角度，它相当于空间匹配滤波，从而提高信噪比，可有效地克服漏报和虚警。这种方法会出现一个固定的滞后，如图 5.4（b）波形 2 实线所示（虚线为实际位置），但可以消除掉。

　　多波束系统在声呐中普遍使用,声呐在空间(不同方位)同时形成多个波束,属于同时波瓣,哪个波束信号强,就认为目标在该波束对应的方向上。利用人耳或视觉显示器均可判断最大信号幅度值,因而在分析其性能时,还与选择何种方式显示有关。

　　最大信号法测向的主要优点:一是测向过程简单;二是测向是在信号最大值时获得的,所以信噪比最大,这在粗略测向的远程搜索时显得特别重要;三是人耳不仅可判别目标的性质,且在小信噪比下仍可判别目标的方位。

　　最大信号法测向的主要缺点:一是测角精度不高,这是因为波束方向性图在最大值附近比较平坦,所以信号幅度随天线或换能器转动角度变化小,不够灵敏;二是信号的振幅总是正值,不能判断目标偏离轴线的方向,所以最大信号法不能用于精密跟踪和精密测角,只能用于目标搜索。

　　最大信号法测向的精度主要取决于天线或换能器方向性主瓣的宽度和信噪比。

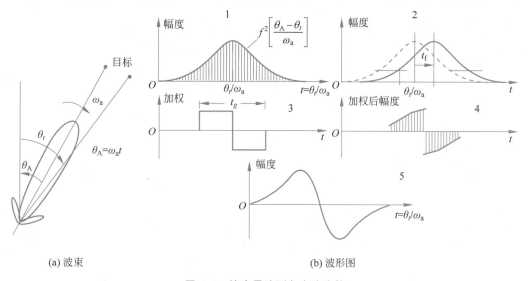

(a) 波束　　　　　　　　　　　　　(b) 波形图

图 5.4　搜索雷达测角方法比较

5.2.1.2　等信号法

等信号法分成两类:一类是搜索雷达用等信号法,另一类是单脉冲(跟踪)法。

1. 搜索雷达用等信号法

该方法适用于单波束搜索雷达。采用图 5.4(b)波形 3 所示角度波门的方法,当前后波门信号能量和相等时所在的位置即为目标位置,这种方法还可以实现角度跟踪。图 5.2(b)波形 5 是差波束图,而波形 3 的波门是其近似实现。

　　该方法的测量精度为

$$\sigma_\theta = \frac{\theta_B}{K_p\sqrt{2E/N_0}} = \frac{\theta_B\sqrt{L_p}}{K_p\sqrt{2(S/N_0)_m^n}} \tag{5.4}$$

式中,θ_B 为天线波束宽度;E/N_0 为脉冲串能量和噪声谱密度之比;K_p 为误差响应曲线的斜率,见图 5.2(b)波形 5;L_p 为波束形状损失;$(S/N_0)_m$ 是中心脉冲的信噪比;n

为单程半功率点波束宽度内的脉冲数。在最佳积分处理条件下，$K_p/\sqrt{L_p}=1.4$，则

$$\sigma_\theta = \frac{0.5\theta_B}{\sqrt{(S/N_0)_m^n}} \tag{5.5}$$

2. 单脉冲法

以方位测角为例，如图 5.5(a)所示，左、右两个天线可以分别得到左、右两个波束，两个波束相加得到和波束(如图 5.5(b)所示)，两个波束相减得到差波束(如图 5.5(c)所示)，请注意差波束的正负和分岔的现象(左正右负)。差波束是两个相同且彼此部分重叠的波束。和差波束的电压响应如图 5.5(d)所示。如图 5.6(a)所示，如果目标处在两波束的交叠轴 OA 方向，则两波束收到的信号强度相等，等信号轴所指方向即为目标方向；如果目标处在 OB 方向，则波束 2 的回波比波束 1 的回波强；如果目标处在 OC 方向，则波束 2 的回波较波束 1 的回波弱。因此，比较两个波束回波的强弱就可以确定目标偏离等信号轴的方向。

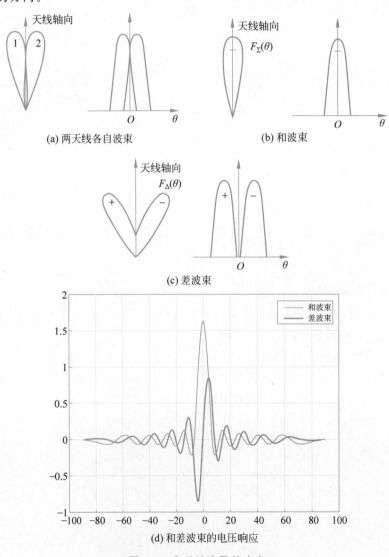

(a) 两天线各自波束　　　　　　(b) 和波束

(c) 差波束

(d) 和差波束的电压响应

图 5.5　和差波束及其响应

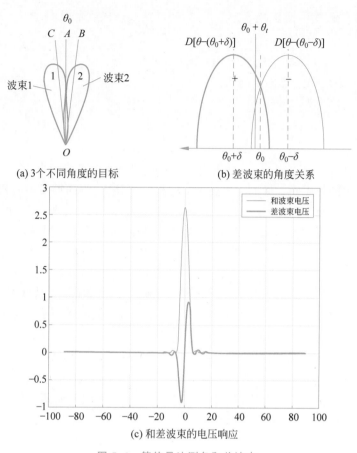

(a) 3个不同角度的目标　　　　(b) 差波束的角度关系

(c) 和差波束的电压响应

图 5.6　等信号法测角和差波束

在实际应用中通常使用比幅法,如图 5.6(b)所示,设差信号 $\Delta u = u_1 - u_2$,u_1 和 u_2 分别为波束 1 和波束 2 输出的电压,当 $\Delta u > 0$ 时,说明目标在 θ_0 方向的左边;当 $\Delta u < 0$ 时,说明目标在 θ_0 方向的右边。所以用 Δu 的大小和正负即可判定是否对准目标,并确定偏离方向。

假定左右波束指向性函数形状相同且左右对称,定义 δ 为两波束最大值方向偏离等信号轴 θ_0 的角度,左右波束的指向性函数分别为 $D[\theta - (\theta_0 + \delta)]$ 和 $D[\theta - (\theta_0 - \delta)]$。

发射或接收的和波束指向性函数为

$$D_\Sigma(\theta) = D[\theta - (\theta_0 + \delta)] + D[\theta - (\theta_0 - \delta)] \tag{5.6a}$$

接收的差波束定义为

$$\begin{aligned} D_\Delta(\theta) &= D[\theta - (\theta_0 + \delta)] - D[\theta - (\theta_0 - \delta)] \\ &= D[(\theta - \theta_0) - \delta] - D[-\delta - (\theta - \theta_0)] \end{aligned} \tag{5.6b}$$

第二个等号成立是因为波束 1、波束 2 具有轴对称性。对于偏离等信号轴角度为 θ_t 的目标,和波束接收信号的电压为

$$\sum u(\theta) \approx 2k D_\Sigma^2(\theta) \big|_{\theta = \theta_0} \tag{5.7}$$

其中,k 为收发增益和传播衰减等。由式(5.6b),差波束接收信号的电压为

$$\Delta u(\theta_t) = u_1(\theta_t) - u_2(\theta_t) = kD_\Sigma(\theta)\left[D(\theta_t - \delta) - D(-\delta - \theta_t)\right]$$

$$\approx 2kD_\Sigma(\theta)D'(\theta)\big|_{\theta = -\delta}\theta_t \tag{5.8}$$

式中,k 为常数,$D(\cdot)$ 为指向性函数。

归一化的差信号为

$$\frac{\Delta u(\theta)}{\sum u(\theta)} = \frac{D'(\theta)}{D_\Sigma(\theta)}\bigg|_{\theta = -\delta}\theta_t \tag{5.9}$$

从式(5.9)可以看出,由于 θ_0 是确定的,因此归一化的差信号大小与 θ 的大小成正比。振幅差值法的特点是:与下面将要介绍的相位法相比,测向精度不如相位法高,但抗各向同性干扰能力强,因为当干扰信号在方向、时间和频率上对两个接收天线或换能器都一样时,经相减后输出为零;与最大值法相比,测向精度更高;另外,由于等信号轴方向不在波束的最大方向上,因此在发射功率相同的情况下,用它来搜索目标,其作用距离不如最大信号法大。

由于在搜索、发现目标时,最大信号法优于振幅差值法,在定向精度上相位法又优于振幅差值法,所以一般不用振幅差值法发现目标,也不用该方法定向。当目标稍偏离 θ_0 方向时,可利用振幅差值法中两个天线或换能器输出信号振幅差 Δu 较大的特点,用振幅差值法进行角度自动跟踪。使用振幅差值法一个非常重要的前提是两波束等信号轴必须与目标方位接近。

和差信号法常用于跟踪状态的单脉冲雷达和压差式矢量水听器。由此可见,要充分发挥矢量水听器的性能,必须有跟踪系统。

5.2.2 波程差法测角

波程差法利用阵元之间的波程差进行角度测量。与三点式测距一样,波程差法分成相位法和时延法两大类,分别对应距离测量中的相位测距法和脉冲测距法;其特点与对应的测距方法类似,相位法精度高,但存在模糊问题;时延法精度低,但不存在模糊问题。相位法又分成比相法和互谱法。

5.2.2.1 比相法测角原理

相位法测角利用一对天线或阵元所接收回波信号之间的相位差进行测角。比相法测角并不要求天线或阵元具有指向性,且对于有指向性的天线或阵元也适用,但目标方向应该在主瓣范围内。如图 5.7 所示,设在 θ 方向(上为正,下为负)有一远处目标,则到达接收点处目标所反射的回波近似为平面波。两天线或阵元间距称为基线 d,它们所接收到的信号由于存在波程差 ΔS 而产生相位差 φ,且有

$$\varphi = \varphi_1 - \varphi_2 = \frac{2\pi}{\lambda}\Delta S = \frac{2\pi}{\lambda}d\sin\theta \tag{5.10}$$

式中,λ 为波长,φ_i 为第 i 个阵元的绝对相位。如用相位计进行比相,测出其相位差 φ,就可以确定目标方向 θ。

使用相位法的前提是接收天线或基阵无指向性,对于有指向性天线或基阵,指向性

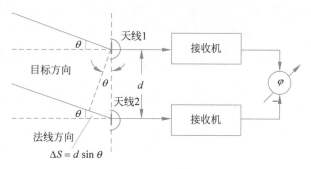

图 5.7　相位法测角示意图

必须与目标相接近,否则会降低信噪比,影响估计精度。

由于鉴相器角度范围为 $-\pi \sim \pi$,由式(5.10)可知,要保证测角不模糊,阵元间隔必须小于或等于半波长,即:

$$d \leqslant \frac{\lambda}{2} \tag{5.11}$$

对于有指向性的天线或基阵,这个条件可以放宽,因为指向性可以避免出现模糊。(见思考题与习题 5.2)

对式(5.10)微分,得

$$\mathrm{d}\theta = \frac{\lambda}{2\pi d \cos\theta}\mathrm{d}\varphi \tag{5.12}$$

由式(5.12)可知,偏离基线的法线方向,测角精度变低。可通过增大基线长度来提高测角精度,但为了避免模糊,又不能增加基线长度,采用多基线技术即可达到解模糊的目的。多基线常用于电子对抗中的角度侦察。比较有效的办法是利用三天线测角设备,间距大的 1、3 天线用来得到高精度测量,而间距小的 1、2 天线用来解决多值性,如图 5.8 所示。

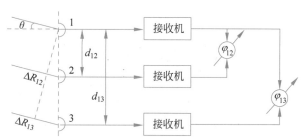

图 5.8　三天线解模糊框图

设目标方向为 θ,天线 1、2 之间的距离为 d_{12},天线 1、3 之间的距离为 d_{13},适当选择 d_{12},使天线 1、2 收到的信号间相位差在测角范围内均满足:

$$\varphi_{12} = \frac{2\pi}{\lambda}d_{12}\sin\theta \leqslant 2\pi \tag{5.13}$$

φ_{12} 由相位计 1 读出。根据要求,选择较大的 d_{13},则天线 1、3 收到的信号相位差为

$$\varphi_{13} = \frac{2\pi}{\lambda} d_{13} \sin\theta = 2\pi N + \psi \tag{5.14}$$

φ_{13} 由相位计 2 读出,但实际读数是小于 2π 的 ψ,ψ 是相位计 2 的读数。为了确定 N 值大小,可利用如下关系:

$$\varphi_{13} = \frac{d_{13}}{d_{12}} \varphi_{12} \tag{5.15}$$

只要 φ_{12} 的读数误差值不大,就可用于确定 N。

$$N = \mathrm{int}\left[\frac{d_{13}}{2\pi d_{12}} \varphi_{12}\right] \tag{5.16}$$

式中,int[·]表示取整。

比相法测向阵元通常是无指向性的,因此没有角度分辨率。以上仅讨论了 3 个阵元时的情形,对于多阵元系统,比相法测向采用阵列信号处理技术。它可以提供多个目标分辨能力,如果阵元数为 M,那么可以分辨 $M-1$ 个目标。由此,两个阵元比相的方法仅能分辨单个目标。

5.2.2.2 互谱法测角原理

互谱法用于宽带情形下的精确测向,通常用于被动声呐。互谱法本质上是在不同频率上进行比相测向。互谱法可以用于一对阵元,也可以用于阵列角度精确测量。

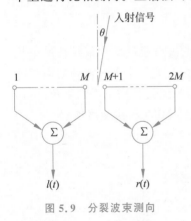

图 5.9 分裂波束测向

互谱法用于阵列角度精测称为分裂波束法。以分裂波束为例,说明互谱法原理。如图 5.9 所示,在目标的方向(由最大值信号法确定)上,将基阵分割成两个部分,分别形成等效相位中心不同、指向性函数重叠的两个波束,计算两个分裂波束信号的互功率谱来估计信号之间的时延 τ,进而计算出目标的精确方位 θ,称为互谱法精确定向,这是被动声呐中数字式声呐精确定向的一种新方法。

设一对分裂波束信号分别为 $l(t) = x(t)$ 和 $r(t) = x(t+\tau)$,其中,τ 为相对时延,可以通过计算 $l(t)$ 与 $r(t)$ 的互功率谱求出 τ。

若信号 $x(t)$ 的傅里叶变换为 $X(f)$,根据傅里叶变换时延不变性,$r(t)$ 的傅里叶变换为

$$R(f) = X(f)\mathrm{e}^{\mathrm{j}2\pi f\tau} \tag{5.17}$$

$l(t)$ 与 $r(t)$ 的互功率谱为

$$G_{LR}(f) = L^*(f)R(f) = |X(f)|^2 \mathrm{e}^{\mathrm{j}2\pi f\tau} Y(f) = |X(f)|^2 \mathrm{e}^{\mathrm{j}2\pi f\tau} \tag{5.18}$$

可知,τ 的信息包含于互谱 $Z(f)$ 的相位角 φ 之中:

$$\varphi(f) = 2\pi f\tau = \arctan\left\{\frac{\mathrm{Im}[G_{LR}(f)]}{\mathrm{Re}[G_{LR}(f)]}\right\} \tag{5.19}$$

5.2.2.3 时延法测角原理

比相法测角仅适合单频信号或窄带信号,对于宽带信号必须采用时延法代替相位

法。通常主动雷达和声呐信号属于窄带信号；被动声呐带宽范围很宽，一般为 $10\text{Hz}\sim$ 10kHz，属于宽带信号。

时延法测角通常利用一对天线或阵元所接收回波信号之间的时间差进行测角，如图 5. 7 所示，设在 θ 方向有一远处目标，则到达接收点处目标所反射的回波近似为平面波。两天线或阵元间距称为基线 d，它们所接收到的信号由于存在波程差：

$$\Delta S = d\sin\theta \tag{5.20}$$

导致两路信号存在时延：

$$\tau_{21} = \tau_2 - \tau_1 = \frac{\Delta S}{C} = d\sin\theta/C \tag{5.21}$$

其中，τ_i 为第 i 个阵元的绝对时延。以阵元 2 为基准求互相关函数：

$$R_{21}(\tau) = \int_{-T}^{T} s_1(t-\tau)s_2^*(t)\mathrm{d}t \tag{5.22}$$

其中，s_i 为第 i 个阵元的信号，互相关函数 $R_{21}(\tau)$ 峰值对应时延即为时延差的估计值 $\hat{\tau}_{21}$。可以证明，时延法测角的均方根误差为

$$\sigma_\theta = \frac{C}{d\cos\theta}\sigma_\tau = \frac{C}{d\cos\theta}\frac{1}{\pi\sqrt{2\text{SNR}\,B_e}} \tag{5.23}$$

其中，B_e 为二阶中心带宽。可以看出，时延法测角误差与带宽成反比，只有当信号带宽足够大时，时延法测角才有性能优势。

5.2.3　测角方法比较

表 5.1 将以上测角方法按测角精度、角度分辨率、阵增益、适用的信号类型和特点等方面进行了比较。其中测角精度、分辨率、阵增益决定了测角方法的性能，是首先考虑的要素。在比较测量精度时假定信噪比相同。实际应用时测量精度要考虑阵增益对信噪比的影响，以相位法为例，可以用于单脉冲雷达，也可以用于电子侦察。前者往往有很大的抛物面天线，有很高的天线增益和很好的角度分辨率；后者可以采用两个阵元，孔径小（半波长），测角精度并不高，且没有角度分辨率。

通常幅度方法的精度劣于相位法，因此声呐中多波束方法测角精度不如相位法中的互谱法。但这并不意味着在实际应用中比相法测向精度高，相反它如果利用双阵元或天线测角，由于孔径小，波束宽且阵增益低，故测量精度很低。

表 5.1　测角方法性能比较表

性能	幅 度 法		波程差法		
			相 位 法		时延法
	最大信号法	等信号法	比 相 法	互 谱 法	
指向性要求	要求指向性		不要求指向性		
测角精度	较高	略高	理论上高 实际不会高	高	与带宽有关， 通常很低

续表

性能	幅 度 法		波 程 差 法		
			相 位 法		时延法
	最大信号法	等信号法	比 相 法	互 谱 法	
角度分辨率	通常高		分辨率由阵孔径决定,除了分裂波束法,其他应用通常没有分辨率		
阵增益	基阵增益				
测量的角度范围	由天线或阵扫描角度决定		角度分辨率高时,由天线和阵扫描角度决定		
信号类型	无限制		窄带	宽带	
角度先验信息	不需要	TWS雷达不需要,单脉冲跟踪需要	无指向性基阵不需要,有指向性基阵需要,必须保证目标在主瓣范围内(如分裂波束法)		
特点	应用广泛	应用广泛	存在模糊		测角不模糊
典型应用	TWS雷达、多波束、侧扫声呐	TWS雷达、单脉冲雷达(跟踪)	无指向性应用:电子侦察;干涉合成孔径。有指向性应用:单脉冲雷达	被动声呐方位精测	干涉合成孔径声呐

5.3 阵列天线波束扫描

对于角度测量来说,天线和基阵除了应具有方向性外,还必须能够改变波束方向,以扩大搜索区域。小型雷达可以采用机械旋转的方式改变波束的方向,但如果雷达天线或声呐声基阵太大,机械旋转就不可能了,这时就要用到阵列天线技术。阵列天线或声基阵是指由多个小阵元构成的大的天线阵或声基阵,它的优点是:

(1)波束的改变不需要采用机械旋转,因为波束扫描速度很快,且天线孔径可以做得很大。

(2)可以同时形成多个波束,同时检测和跟踪多个目标。

阵列天线是我们熟知的声呐基阵和相控阵雷达的工作基础。

波束形成分成模拟波束形成和数字波束形成两类。声呐模拟波束形成通常采用无源网络(电感、电容和电阻)或有源网络(运放、电容和电阻)实现移相或延时,相控阵雷达采用各类移相器和延时线实现移相或延时。

采用数字处理的方式实现波束形成,称为数字波束形成(DBF)。对于现代声呐而言,几乎所有的大型声呐都采用声基阵,波束形成完全由电子控制扫描(发射)和数字波束形成(接收)完成。目前雷达数字形成技术也正在走向战场应用,这就是数字阵列雷达(DAR)。

本节主要讨论均匀线阵窄带波束形成方法和性能,以及阵元间隔应如何选取。在性能部分主要研究阵指向性参数,包括主瓣宽度、副瓣高度和增益。然后讨论均匀线阵宽带波束形成、非均匀线阵和圆柱阵波束形成及其指向性参数。最后讨论用于降低副瓣电平的加权方法和保证基阵单向辐射的加档方法。

5.3.1 远场条件

图 5.10 是推导远场条件的示意,其中线天线 AB 长度为 L,点源位于 O 点。

天线边缘与中心的程差为 CD:

$$CD = \sin\frac{\theta}{2}AD \approx \sin\frac{\theta}{2}\widehat{AD} = \sin\frac{\theta}{2}R\theta \approx \frac{\theta^2}{2}R \approx \frac{R}{2}(\sin\theta)^2 = \frac{R}{2}\left(\frac{L/2}{R}\right)^2 = \frac{L^2}{8R}$$

$$(5.24)$$

程差对应的相位差为

$$\varphi = k\frac{L^2}{8R} = \frac{2\pi}{\lambda}\frac{L^2}{8R} \leqslant \frac{\pi}{4} \qquad (5.25)$$

等效为

$$R \geqslant \frac{L^2}{\lambda} \qquad (5.26)$$

因此远场条件为

$$R \gg \frac{L^2}{\lambda} \qquad (5.27)$$

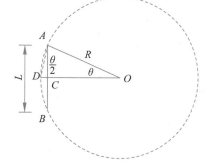

满足远场条件时,波前可以视为平面。因此远场假设就是平面波假设。

图 5.10 推导远场条件的示意

5.3.2 天线的乘积定理

如图 5.11 所示,若复合阵由 $N = N_1 N_2$ 个阵元组成,其中有 N_2 个相同结构的子阵,每个子阵又由 N_1 个相同阵元构成;复合阵可以是线阵组合(如图 5.11(a)所示),也可以是面阵组合(如图 5.11(b)所示);则复合阵的指向性函数为

$$D(\alpha,\theta) = D_1(\alpha,\theta)D_2(\alpha,\theta) \qquad (5.28)$$

其中,α 和 θ 分别为方位角和俯仰角,$D_1(\alpha,\theta)$ 和 $D_2(\alpha,\theta)$ 分别为子阵(N_1 个阵元)和 N_2 个子阵等效中心阵的指向性函数。

5.3.3 均匀离散线阵窄带波束形成与方向性

5.3.3.1 均匀离散线阵自然指向性函数

图 5.12 给出了一个基元间隔相等的线阵,接收器自左至右依次编为 $H_1,H_2,\cdots,$ H_N,假定基元的间隔为 d。为了计算方便,将时间的参考点选在 H_1。假定源处在远场,入射波为平面波。设入射信号为单频信号 $A\cos(2\pi ft)$,它与基阵法线方向的夹角 θ 称为到达方向(Direction Of Arrival,DOA)或到达角,那么第 i 个基元 H_i 所接收到的信号超前 H_1,它是由程差 H_iP_i 引起的:

$$H_iP_i = (i-1)d\sin\theta \qquad (5.29)$$

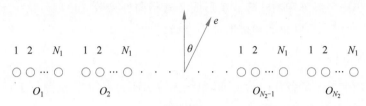

(a) 线阵组合

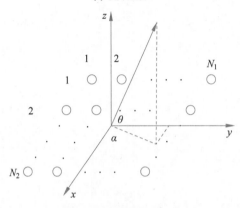

(b) 面阵组合

图 5.11 复合阵示意图

则第 i 个基元 H_i 所接收到的信号复包络为

$$\tilde{s}_i(t) = A\exp\{j2\pi(i-1)d\sin\theta/\lambda\} \quad (5.30)$$

式中，λ 为波长，A 为包络，j 为虚数单位。考虑信号是单频的，所以 H_i 和 H_1 输出信号的相位差为

$$\varphi_i = 2\pi(i-1)\frac{d}{\lambda}\sin\theta = (i-1)\varphi \quad (5.31)$$

记 $\varphi = (2\pi/\lambda)d\sin\theta$，对 $\tilde{s}_i(t)$ 求和，得

$$\tilde{s}(t) = \sum_{i=1}^{N}\tilde{s}_i(t) = A\sum_{i=1}^{N}\exp[j(i-1)\varphi] \quad (5.32)$$

使用等比级数求和以及尤拉公式，可得

$$\tilde{s}(t) = A\exp\left[j\frac{N-1}{2}\varphi\right]\frac{\sin\dfrac{N\varphi}{2}}{\sin\dfrac{\varphi}{2}} \quad (5.33)$$

图 5.12 基元间隔相等的线阵

指向性定义：

$$D(\theta) = \frac{|\tilde{s}(t)|}{|\tilde{s}(t)|_{\max}} = \left|\frac{1}{N}\frac{\sin\left(\dfrac{N\pi}{\lambda}d\sin\theta\right)}{\sin\left(\dfrac{\pi}{\lambda}d\sin\theta\right)}\right| \quad (5.34)$$

式中将 $\tilde{s}(t)$ 的均方根除以 N，目的是归一化，即使得 $D(0)=1$。

式(5.34)就是基元等间隔排列的线列阵的自然指向性公式，它以 N、d/λ 为参数，以

θ 为自变量,可以看出线阵自然波束是指向 0°的。

5.3.3.2 均匀离散线阵波束形成及指向性函数

类似地,如果要使线列阵定向在 θ_0 方向上(即让波束指向 θ_0 方向),那么第 i 个基元的信号相位改变量为

$$\varphi_i(\theta_0) = -2\pi(i-1)\frac{d\sin\theta_0}{\lambda} \tag{5.35}$$

窄带均匀离散线阵波束形成原理图如图 5.13 所示,波束形成是相移-求和的运算,其输出为

$$\tilde{s}_{BF}(t) = \sum_{i=1}^{N} \tilde{s}_i(t)\exp\left[-j2\pi(i-1)\frac{d\sin\theta_0}{\lambda}\right] \tag{5.36}$$

不难看出,式(5.36)相当于对阵元的接收信号进行了一次离散傅里叶变换,称 $d\sin\theta_0/\lambda$ 为空间频率,我们通常将波束形成后的域称为波束域或空间频域。

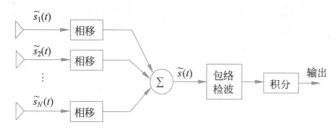

图 5.13 窄带均匀离散线阵波束形成原理图

为了得到其指向性函数,将式(5.30)代入式(5.36)得

$$\tilde{s}_{BF}(t) = A\sum_{i=1}^{N}\exp\left[j2\pi(i-1)\frac{d\sin\theta}{\lambda}\right]\exp\left[-j2\pi(i-1)\frac{d\sin\theta_0}{\lambda}\right] \tag{5.37}$$

容易证明,此时指向性函数为

$$D(\theta) = \left|\frac{1}{N}\frac{\sin\left[\frac{N\pi}{\lambda}d(\sin\theta-\sin\theta_0)\right]}{\sin\left[\frac{\pi}{\lambda}d(\sin\theta-\sin\theta_0)\right]}\right| \tag{5.38}$$

式中,当 $\theta_0=0$ 时,$D(\theta)$ 关于 $\theta_0=0$ 对称;当 $0<\theta_0<\pi/2$ 时,$D(\theta)$ 关于 θ_0 不对称。图 5.14 给出了 $N=10$,$d/\lambda=0.5$ 时,$\theta_0=0°$ 和 $\theta_0=15°$ 的指向性曲线。

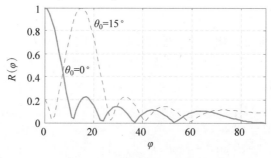

图 5.14 线列阵指向性曲线

由式(5.31)及式(5.35)可知,线列阵的指向性函数有着统一的形式:

$$R(\varphi) = \left| \frac{\sin\left(\dfrac{N\varphi}{2}\right)}{N\sin\left(\dfrac{\varphi}{2}\right)} \right| \tag{5.39}$$

式中,

$$\varphi = \frac{2\pi d}{\lambda}\left[\sin\theta - \sin\theta_0\right] \tag{5.40}$$

对于阵列而言,d/λ 的选择十分重要,太大会导致栅瓣,太小会导致主瓣变宽,两者都使得阵的指向性变差。由于 $R(\varphi)$ 是 φ 的周期函数,其周期为 2π,而当 $d/\lambda \geqslant 1$ 时,φ 的值有可能超出 $[-\pi, \pi]$,这时指向性曲线中可能会出现第二个甚至更多的最大值,如图 5.15 所示;多个最大值称为栅瓣,它的出现会破坏阵的指向性,在系统设计中必须保证没有栅瓣。如当 $\theta_0 = 0°$ 时,θ 的变化范围是完全确定的,即 θ 在 $0 \sim \pm\pi/2$ 间变化,所以 φ 就在 $[-2\pi d/\lambda, 2\pi d/\lambda]$ 上变化。由于 $R(\varphi)$ 与 θ 是非线性关系,并不直观,仅适合用作理论分析。工程设计中应计算出 $D(\theta)$,如图 5.16 所示,它可以更清楚地给出阵的指向性。如果考查 $D(\theta)$,可以清楚地看到,为了保证没有栅瓣出现,应使 $d/\lambda \leqslant 1/2$,工程中一般取 $d/\lambda = 1/2$。

在习惯上,把 $\theta_0 = 0°$ 时的指向性称为侧射指向性,把 $\theta_0 = 90°$ 时的指向性称为端射指向性。

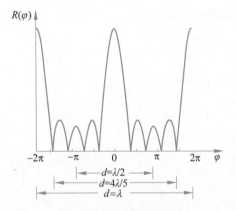

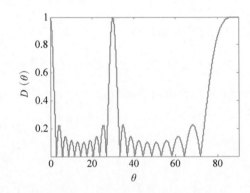

图 5.15　线列阵指向性的能见区($N=5$)　　图 5.16　出现多个极大的线列阵($N=10, d/\lambda=2, \theta_0=30°$)

5.3.3.3　连续直线阵指向性函数

如果线阵的阵元间隔 d 比入射信号的波长 λ 小很多,即 $d/\lambda \ll 1$,那么这时的线阵就趋于一个连续线阵。关于连续线阵的指向性函数,很容易从离散线阵的指向性表达式(5.38)推导出来,用 $L = Nd$ 表示基阵的长度,令 $N \to \infty$,$d \to 0$ 并保持 L 不变,这时有

$$\left| \frac{1}{N} \frac{\sin\left[\dfrac{N\pi}{\lambda}d(\sin\theta - \sin\theta_0)\right]}{\sin\left[\dfrac{\pi}{\lambda}d(\sin\theta - \sin\theta_0)\right]} \right| \rightarrow \left| \frac{\sin\left[\dfrac{L\pi}{\lambda}(\sin\theta - \sin\theta_0)\right]}{\dfrac{L\pi}{\lambda}(\sin\theta - \sin\theta_0)} \right| \tag{5.41}$$

由此得到,连续线阵的指向性函数为

$$D(\theta) = \left| \frac{\sin\left[\dfrac{L\pi}{\lambda}(\sin\theta - \sin\theta_0)\right]}{\dfrac{L\pi}{\lambda}(\sin\theta - \sin\theta_0)} \right| \tag{5.42}$$

它是 $\sin\varphi/\varphi$(辛格函数)形状的函数。在实际设计中,无论是离散线阵还是连续线阵,都可用式(5.42)来大致估计指向性的主要参数,因为在大多数情况下,式(5.38)与式(5.42)所造成的差异很小。图 5.17 给出了 $L/\lambda = 10$ 的连续线阵的指向性,同时还给出了长度 L 不变、$N = 20$ 的离散线阵的指向性。

5.3.3.4 均匀离散线阵指向性主要参数

由图 5.17 可知,当阵元数较多时,连续阵与离散阵指向性差异很小;为了讨论方便,我们用连续阵替代离散线阵讨论均匀离散线阵指向性的三大主要参数。

1. 角度分辨率——主瓣宽度

由式(5.42)得

$$\frac{\sin\left[\dfrac{L\pi}{\lambda}(\sin\theta - \sin\theta_0)\right]}{\dfrac{L\pi}{\lambda}(\sin\theta - \sin\theta_0)} = 0.707 \tag{5.43}$$

如图 5.18 所示,首先求出主瓣的半宽度。查 $\sin\varphi/\varphi$ 函数表可知,当 $\varphi = 1.39$ 时,$\sin\varphi/\varphi = 0.707$,所以有 $\dfrac{L\pi}{\lambda}(\sin\theta - \sin\theta_0) = 1.39$,因此有

$$\sin\theta - \sin\theta_0 = 0.443\frac{\lambda}{L} \tag{5.44}$$

随着定向方向 θ_0 由小到大变化,主瓣宽度也随之增加,侧射波束的主瓣最窄,定向方向越偏离法线方向,主瓣就越宽。由于这个原因,声呐在采用直线阵时,往往只利用法线方向附近的一个扇面进行定向。

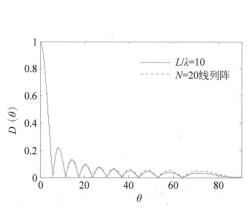

图 5.17　连续和离散线阵指向性的比较

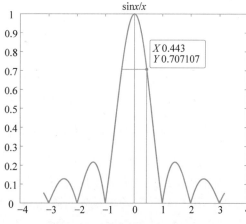

图 5.18　波束主瓣宽度

如果 $L/\lambda \gg 1$，波束很窄，则有 $\theta \approx \theta_0$，式(5.44)左边可以近似为

$$\sin\theta - \sin\theta_0 = 2\sin[(\theta-\theta_0)/2]\cos[(\theta+\theta_0)/2] \approx (\theta-\theta_0)\cos\theta_0 \qquad (5.45)$$

将式(5.45)代入式(5.44)得

$$\theta - \theta_0 \approx \frac{0.443\lambda}{L}\frac{1}{\cos\theta_0} \qquad (5.46)$$

式(5.46)可用于获得 θ_0 附近的主瓣半宽度。由式(5.46)可得主瓣宽度为

$$\theta_{3\mathrm{dB}} \approx \frac{0.886\lambda}{L}\frac{1}{\cos\theta_0}(弧度) = \frac{51\lambda}{L}\frac{1}{\cos\theta_0}(度)$$

假设一个线阵长 4m，工作频率为 1.2kHz，根据式(5.46)可以求出波束指向为 $0°$、$15°$、$30°$ 时的主瓣半宽度分别是 $7.8°$、$8.1°$、$9.0°$。

2. 副瓣高度

由于 $|\sin\varphi/\varphi|$ 的第一个次极大值是 0.22，且在 $\varphi = 4.5$ 时取得(采用图解法或数值计算得到)，所以连续线阵的副瓣高度是 22%。令 $L\pi/\lambda \sin\theta_1 = 4.5$ 得

$$\theta_1 = \arcsin\left(\frac{4.5}{\pi}\frac{\lambda}{L}\right) = \arcsin\left(1.43\frac{\lambda}{L}\right) \qquad (5.47)$$

当 $L/\lambda \gg 1$ 时，

$$\theta_1 \approx 1.43\frac{\lambda}{L} \qquad (5.48)$$

3. 空间信噪比增益——聚集系数

根据式(5.2)，连续线阵的侧射空间聚集系数为

$$\gamma = \left[\frac{1}{2}\int_{-\frac{\pi}{2}}^{\frac{\pi}{2}}\left|\frac{\sin\left[\frac{L\pi}{\lambda}(\sin\theta)\right]}{\frac{L\pi}{\lambda}(\sin\theta)}\right|^2\cos\theta\,\mathrm{d}\theta\right]^{-1}$$

$$= \left\{\frac{\lambda}{\pi L}\left[s_i\left(\frac{2\pi L}{\lambda}\right) - \frac{\lambda}{\pi L}\sin^2\left(\frac{\pi L}{\lambda}\right)\right]\right\}^{-1} \qquad (5.49)$$

式中，$s_i(x) = \int_0^x \frac{\sin u}{u}\mathrm{d}u$，且有 $\lim\limits_{x\to\infty} s_i(x) = \frac{\pi}{2}$。当 $L/\lambda \gg 1$ 时，

$$\gamma \approx \frac{2L}{\lambda} \qquad (5.50)$$

由式(5.50)可知，N 个间隔为半波长的均匀离散线阵，其阵增益为 N，指向性指数 $\mathrm{DI} = 10\lg N$。这个增益等于空间白噪声背景下 N 个阵元相干叠加获得的阵增益。

5.3.4 有限扫描角线阵最大阵元间隔

由上面的讨论可知，当 $d = \lambda/2$ 时，在 $\theta \in [-\pi/2, \pi/2]$ 范围内没有栅瓣。在实际应用中，由于线阵形成波束的宽度随到达方向增大而变宽，因此扫描角范围是有限的。在扫描角有限的情形下，均匀线阵的阵元间隔可以大于半个波长，使得在相同的孔径下可以节省单元个数，这对于面阵而言可降低不少成本。

由式(5.39)可知，天线波束扫描至最大值 $\theta_{\max}$ 出现栅瓣的条件为

$$\frac{2\pi}{\lambda}d\sin\theta_m - \frac{2\pi}{\lambda}d\sin\theta_{\max} = m2\pi \tag{5.51}$$

式中,θ_m 为可能出现波瓣最大值的位置,$m = 0, \pm1, \pm2, \cdots$ 表示栅瓣位置序号。

考虑 $|\sin\theta_m| \leqslant 1$,由式(4.54)可知,出现栅瓣的条件是

$$d \geqslant \frac{m\lambda}{1 + |\sin\theta_{\max}|} \tag{5.52}$$

因此,波束扫描到 $\theta_{\max}$ 时仍不出现栅瓣的条件为

$$d < \frac{\lambda}{1 + |\sin\theta_{\max}|} \tag{5.53}$$

假定四面相控阵,每个面扫描角度为 $\theta_{\max} = 45°$ 即可,选择 $d < 0.585\lambda$,可以节省 17% 的阵元。

5.3.5 均匀离散线阵宽带波束形成

5.3.5.1 相位扫描的带宽约束

宽带波束形成带宽有两个约束条件。

其一是波束指向性误差的约束。采用改变相位来改变波束的形状称为相位扫描。假定波束的指向为 θ_0,那么对于均匀线阵来说,相邻阵元的程差为 $d\sin\theta_0$。如果采用延时的方法补偿这个程差,则当雷达工作频率改变时,就不会带来误差。但仅靠改变相邻阵元相位 $(2\pi/\lambda)d\sin\theta_0$ 的方式进行补偿,波束指向就会发生改变。

当工作频率为 f,波束指向为 θ_0 时,第 n 个阵元的相移量为

$$\varphi = (2\pi/\lambda)(n-1)d\sin\theta_0 \tag{5.54}$$

如果工作频率的改变量为 δf,而相移量 φ 不改变,则波束指向将变化 $\delta\theta$:

$$\delta\theta = -\frac{\delta f}{f}\tan\theta_0 \tag{5.55}$$

式(5.55)表明,角度误差与相对带宽成正比,即 θ_0 增大,误差也增大;当频率增大时,角度向法线偏移。

其二是距离徙动补偿的约束。延时后的求和要求信号在同一个距离分辨单元,但随着信号带宽增大,信号可能不在同一个距离分辨单元,如图 5.19 所示。

理论上最大时延造成的距离徙动必须远小于距离分辨单元,才能使用移相-求和的方法进行波束形成,根据表 1.1 有

$$\tau_{\max}C \ll \frac{C}{2B} \tag{5.56}$$

通常最大时延造成的距离徙动小于半个距离分辨单元可以接受,将均匀线阵最大时延 $\tau_{\max} = (N-1)d/C \approx Nd/C$ 代入式(5.56)有

$$N \cdot d \leqslant \frac{C}{B} \tag{5.57}$$

5.3.3 节讨论的是单频正弦波的波束形成问题,正弦波只有一根谱线,因此波长也是单一的,仅适合相对带宽在 10% 以下的情形。但是被动声呐频率工作范围为 10Hz～

10kHz,不能视为窄带。随着技术的进步,雷达的相对带宽也往往超过 40% 的载频。在宽带条件下,波束形成就不能采用移相的方法。宽带波束形成的原理框图如图 5.20 所示,其中 $s_i(t)$,$i=1,2,\cdots,N$ 为 N 个阵元的接收信号。根据波束形成的原理,为了保持不同频率信号同相叠加,实现信噪比积累,只有采用时延的方法,以后到者为基准,将先到的那些阵元信号进行延时,使得各路信号的时延完全相同,然后求和:

$$s_{\mathrm{BF}}(t) = \sum_{i=1}^{N} s_i(t - \tau_i) \tag{5.58}$$

由式(5.29)可知,对于均匀线阵,$\tau_i = (i-1)d\sin\theta/C$。

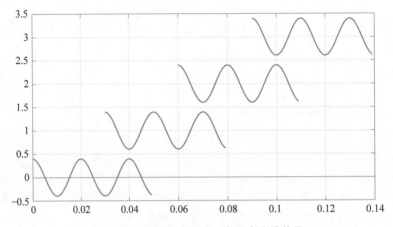

图 5.19 距离徙动超过一个距离分辨单元

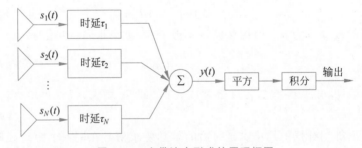

图 5.20 宽带波束形成的原理框图

5.3.5.2 实信号宽带波束形成方法

由上可知,宽带波束形成实质上要实现延时-求和运算的过程。在相控阵雷达中,延时需要采用昂贵的延时线来实现。在旧的声呐装备中,一般采用电感、电容和电阻来实现延时,尽管线路简单,但是调试困难、易受温度影响。这些方法均属于模拟处理。

现代声呐一般采用数字式波束形成(DBF),主要的方法有延时求和法、频域方法。下面主要介绍被动声呐广泛采用的实信号延时求和法和均匀线阵的频域波束形成方法。

1. 采用存储器寻址方式实现时延

采用时延实现波束形成,需要用到桶形存储器来实现。桶形存储器相当于一组先进先出(FIFO)存储器,但是其地址首尾相接,周期性变化。为了理解如何采用存储器寻址实现时延,首先对采用线性存储器寻址进行讲解。

如图 5.21 所示,对于一维线阵,数据存储可以采用二维数据,行号为阵元号,列号为时间采样序列的序号。

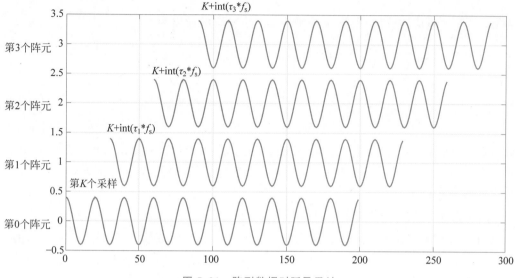

图 5.21 阵列数据时延及寻址

设每个阵元对应接收通道的采样率为 f_s,第 0 个阵元当前的采样点号为 K,假定第 i 个阵元相对阵元 1 的时延为 τ_i,对应的地址(虚线表示选择的存储器)为

$$K_i = K + \mathrm{int}(\tau_i f_s) \tag{5.59}$$

如果 $\tau_i f_s$ 正好为整数,则不会带来误差;如果 $\tau_i f_s$ 不为整数,则存在误差,但只要采样率足够高,使得信号最高频率分量相位误差小于 $\pi/8$,那么带来的误差可以忽略。这意味着采样率至少应为信号最高频率的 16 倍,如果采样率不能满足这一要求,必须做插值。通常使用 8 点 sinc(•)内插即可满足要求,采样率高时,采用线性内插亦可。

桶形存储器寻址,采用先进先出(FIFO)结构,使得数据不断刷新,那么这个 FIFO 尺寸为多大呢?假定系统最大的延时量为 $\tau_{\max}$,考虑到角度的正负,延时也有正负,那么每个阵元对应的 FIFO 最小尺寸应为

$$M = 2\mathrm{ceil}(\mid \tau_{\max} \cdot f_s \mid) \tag{5.60}$$

式中,ceil(•)表示取最大整数,且要求阵元 0 的数据指针指向中间序号。

具体实现采用桶形存储器,寻址(包括数据写入寻址和波束形成寻址)时,地址需要做模 M 运算。

2. 均匀线阵频域波束形成

任意阵形的波束形成均可以采用频域实现,但对均匀线阵来说更为方便,具体方法描述如下:

设 $x_i(k)$ 为第 i 个阵元($i=0,1,\cdots,N-1$)实信号的第 k 个采样($k=0,1,\cdots,K$),对每个阵元的时间序列进行离散傅里叶变换,得

$$X_i(l) = \sum_{k=0}^{K-1} x_i(k) \mathrm{e}^{-\mathrm{j}2\pi kl/K}, \quad l = 0, 1, \cdots, K-1 \tag{5.61}$$

将 $X_i(l)$ 乘上复相位 $\exp\left[-\mathrm{j}2\pi(i-1)\dfrac{d\sin\theta_m}{\lambda_l}\right]$,其中,$\theta_m$ 为第 m 个波束对应的角度,λ_l 为第 l 个频率对应的波长,则第 m 个波束第 l 个频率的输出为

$$s_m(l) = \sum_{i=1}^{N} X_i(l) \exp\left[-\mathrm{j}2\pi(i-1)\frac{d\sin\theta_m}{\lambda_l}\right]$$

$$= \sum_{i=1}^{N} \sum_{k=0}^{K-1} x_i(k) \mathrm{e}^{-\mathrm{j}2\pi kl/K} \exp\left[-\mathrm{j}2\pi(i-1)\frac{d\sin\theta_m}{\lambda_l}\right] \tag{5.62}$$

从式(5.61)可以看出,对于均匀线阵,其频率宽带波束形成相当于二维傅里叶变换,而窄带波束形成是一维傅里叶变换,足见两者运算量的差异。频域宽带波束形成是批处理过程,即对一段时间的数据形成波束,这样可能会出现数据遗漏。为了减少遗漏,可以采用数据重叠的方法。

5.3.5.3　复包络信号宽带波束形成方法

当主动声呐绝对带宽大时,波束形成需考虑距离徙动校正或补偿时延。由于主动声呐相对带宽一般不大,信号一般用复包络表示,因此需要讨论复包络信号宽带波束形成。主动声呐信号处理是基于一个脉冲处理的,采用频域波束形成方法很合适。

波束形成的方法和公式与实信号相同。所不同的是,由于 DFT 定义在 $[0, 2\pi)$ 区间,因此在完成 DFT 后,需要进行谱移位,使得其对应的数字角频率为 $[-\pi, \pi)$。移位后的第 l 根谱线对应的模拟频率为

$$f_l = f_s \left[-\frac{K}{2} + (l-1)\right] \Big/ K + f_0 \tag{5.63}$$

其中,f_0 和 f_s 分别为信号的载频和带通采样率。式(5.62)中的波长 λ_l 为式(5.63)频率 f_l 对应的波长,$\lambda_l = C/f_l$。

5.3.6　非等间隔离散线阵

在正确设计的情况下,基元间隔相等的线阵其副瓣高度约为 22%。如果为了满足某种特殊的需求,希望降低副瓣高度或使主瓣窄一点,同时又不增加基元的个数,那么可以用不等间隔排列基元的线阵。这种基阵最初是在雷达天线的研究中引入,其基本设计思想是用改变各基元之间距离的方法来调节它们的相位差,从而达到束控的目的。

当接收基阵是不等间隔排列的线阵时,基阵的指向性已不能由简单的求和公式得到如式(5.34)那样的分析表达式。

如图 5.22 所示,自左至右将基元依次编为 $H_1, H_2, \cdots, H_N$,时间的参考点选在 H_1。设源在远场,入射信号为

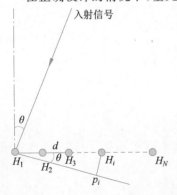

图 5.22　非等间隔基元的线阵

单频信号，在 H_1 所接收到的信号为 $A\cos(2\pi ft)$，那么第 i 个基元 H_i 所接收到的信号为 $A\cos(2\pi ft+\varphi_i)$，$i=1,2,\cdots,N$。其中，φ_i 表示由声程差 H_iP_i 所引起的相位差：

$$\varphi_i=2\pi f\frac{H_iP_i}{c}=2\pi f\frac{H_1H_i\sin\theta}{c} \tag{5.64}$$

式中，H_1H_i 表示两换能器之间的距离，对各水听器信号求和之后，得到

$$s(t)=\sum_{i=1}^{N}A\cos(2\pi ft+\varphi_i)=A\cos(2\pi ft)\left(\sum_{i=1}^{N}\cos\varphi_i\right)-A\sin(2\pi ft)\left(\sum_{i=1}^{N}\sin\varphi_i\right) \tag{5.65}$$

将 $s(t)$ 平方之后求平均，即得到 $E[s^2(t)]$，再将它归一化，则有

$$D(\theta)=\frac{1}{N}\left[\left(\sum_{i=1}^{N}\cos\varphi_i\right)^2+\left(\sum_{i=1}^{N}\sin\varphi_i\right)^2\right]^{\frac{1}{2}} \tag{5.66}$$

利用式(5.66)来计算指向性是十分方便的，φ_i 与 θ 的关系已由式(5.64)给出，但是由于阵元间隔未知，因此不像均匀线阵那样有解析解。

与等间隔线阵相比，在基元个数相同的情况下，当基元排列中间比较密、两边比较稀时，指向性曲线的主瓣就要比等间隔排列时的宽，但副瓣却要低一些。相反地，当基元排列是中间稀、两边密时，它的主瓣就要比等间隔时窄一些，但副瓣要高一些。

图 5.23 给出了一个不等间隔线阵的例子，12 基元的线阵，基元间隔已标在图上，副瓣低于 $-19\mathrm{dB}$。

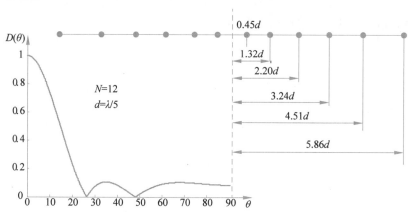

图 5.23 不等间隔线阵的指向性

5.3.7 圆阵与圆弧阵的波束形成

5.3.7.1 均匀分布的圆阵

图 5.24 给出了一个平面离散均匀间隔的圆阵，设它的半径为 r，将基元按顺时针方向编号为 $H_1,H_2,\cdots,H_N$，把圆心 O 通过 H_1 的方向选作 $0°$ 的方向，基元个数为 N，相邻两个基元的夹角为 $\alpha=2\pi/N$。在计算指向性时，将时间的参考点选在圆心 O，设入射信号来自 θ 方向，那么到达 O 点的信号假定为 $A\cos(2\pi ft)$，则第 i 个基元 H_i 所接收到的信号是 $s_i(t)=A\cos\{2\pi f[t+\tau_i(\theta)]\}$，其中，$\tau_i(\theta)$ 为 H_i 相对于 O 点的延时，假设入

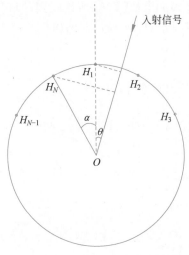

图 5.24 平面离散均匀间隔圆阵

射波为平面波,有

$$\tau_i(\theta) = \frac{r\cos[\theta - (i-1)\alpha]}{C} \quad i = 1, 2, \cdots, N$$

$$(5.67)$$

式中,C 为水中的声速。C/f 用波长 λ 来表示,则有

$$s_i(t) = A\cos(2\pi ft + \varphi_i) \tag{5.68}$$

$$\varphi_i = \frac{2\pi r}{\lambda}\cos[\theta - (i-1)\alpha] \tag{5.69}$$

为了在 θ_0 方向形成波束,应将 H_i 信号延时 $\tau_i(\theta_0)$,经过延时的信号为

$$s_i[t - \tau_i(\theta_0)] = A\cos\{2\pi f[t + \tau_i(\theta) - \tau_i(\theta_0)]\}$$
$$= A\cos\{2\pi f[t + \Delta_i(\theta)]\} \tag{5.70}$$

式中,$\Delta_i(\theta) = \tau_i(\theta) - \tau_i(\theta_0)$,$N$ 个基元输出信号求和之后得到

$$s(t) = \sum_{i=1}^{N} s_i[t - \tau_i(\theta_0)] = \sum_{i=1}^{N} A\cos\{2\pi f[t + \Delta_i(\theta)]\} \tag{5.71}$$

为了求出指向性函数需计算 $E[s^2(t)]$,为此把 $s(t)$ 中的每一项 $\cos\{2\pi f[t + \Delta_i(\theta)]\}$ 展开,合并同类项,并将公因子 $\cos(2\pi ft)$ 和 $\sin(2\pi ft)$ 提到求和号的外边去,然后再求平均值,就得到归一化的指向性函数:

$$D(\theta) = \frac{1}{N}\{E[s^2(t)]\}^{1/2}$$

$$= \frac{1}{N}\left\{\left[\sum_{i=1}^{N}\cos\{2\pi f[\Delta_i(\theta)]\}\right]^2 + \left[\sum_{i=1}^{N}\sin\{2\pi f[\Delta_i(\theta)]\}\right]^2\right\}^{1/2} \tag{5.72}$$

这就是圆阵指向性函数的表达式。在一般情况下,由于 $D(\theta)$ 的计算与 $\Delta_i(\theta)$ 有关,而 $\Delta_i(\theta)$ 的表达式又比较复杂,所以式(5.72)只有通过数值计算方能获得结果。

在满足下述条件时,$D(\theta)$ 可以近似地表示为贝塞尔函数,用 s_0 表示相邻两基元之间的弧长,即 $s_0 = r2\pi/N$。如果

$$N \geqslant \frac{4\pi r}{\lambda} + 2 \quad \text{或} \quad \frac{s_0}{\lambda} < \frac{1}{2} - \frac{1}{N} \tag{5.73}$$

这意味着相邻两基元的弧长小于半波长
那么

$$D(\theta) \approx \left| J_0\left(\frac{4\pi r}{\lambda}\sin\frac{\theta - \theta_0}{2}\right) \right| \tag{5.74}$$

式中,$J_0(x)$ 为零阶贝塞尔函数

$$J_0(x) = \sum_{k=0}^{\infty} (-1)^k\left[\left(\frac{x}{2}\right)^{2k}/(k!)^2\right] \tag{5.75}$$

对于声呐所使用的圆阵来说,如果是工作在窄带情况下,那么式(5.73)不难满足,但

是如果声呐工作在很宽的频带内,式(5.73)往往在低频段可以满足,在高频段却不能满足。

为使用方便,可以把式(5.73)转换为对频率 f 的约束条件:

$$f \leqslant 0.24 \frac{C}{r}\left(\frac{N}{2}-1\right) \tag{5.76}$$

式中,r 的单位为 m,f 的单位为 kHz。

一般来说,圆阵的波束是非常均匀的,尤其是当式(5.73)得到满足时,各个方向的指向性都是一样的,因为式(5.74)仅仅是 $(\theta-\theta_0)$ 的函数,这也是圆阵比线阵优越的地方。

图 5.25 给出了一个 $N=60$,$\lambda/r=0.4$ 的圆阵的指向性图。

当圆阵的半径 r 一定时,指向性函数随频率而变化。图 5.26 给出了 $N=100$ 的圆阵,在几种不同 λ/r 下的指向性。由图 5.26 可知,当频率升高时,主瓣变窄,副瓣个数也随之增多,但副瓣的高度基本不变。

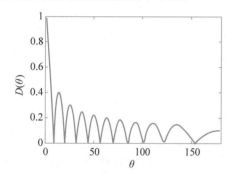

图 5.25　均匀离散圆阵的指向性

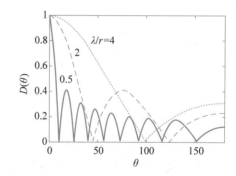

图 5.26　圆阵指向性随频率变化的关系

假设一个均匀分布的圆阵能满足式(5.73),在此条件下分析 $D(\theta)$ 的主要参数。

(1) 主瓣宽度。根据式(5.73),令

$$J_0\left(\frac{4\pi r}{\lambda}\sin\frac{\theta-\theta_0}{2}\right)=0.7073 \tag{5.77}$$

当 $x=1.126$ 时,$J_0(x)=0.7073$,可得

$$\frac{4\pi r}{\lambda}\sin\frac{\theta-\theta_0}{2}=1.126 \tag{5.78}$$

当 $r/\lambda \gg 1$ 时,

$$\theta-\theta_0 \approx 0.36\lambda/D \tag{5.79}$$

式中,$\theta-\theta_0$ 的单位是弧度,D 为圆阵的直径,相当于线阵的长度 L。

因此圆阵主瓣宽度为

$$\theta_{3\mathrm{dB}} \approx 0.72\lambda/D(\text{弧度})=\frac{41\lambda}{D}(\text{度}) \tag{5.80}$$

(2) 副瓣高度。$J_0(x)$ 的次极大为 0.40,所以指向性曲线的副瓣高度为 40%。

(3) 聚集系数。圆阵的空间聚集系数与平面聚集系数的计算都是相当复杂的,只能通过数值计算得到,下面以平面聚集系数为例加以说明:

$$\gamma = \left\{\frac{1}{\pi}\int_0^\pi \left[J_0\left(\frac{4\pi r}{\lambda}\sin\frac{\theta}{2}\right)\right]^2 d\theta\right\}^{-1} \tag{5.81}$$

图 5.27 是对 $N=100$，$r=0.5$ 圆阵的实际计算结果。注意，当频率较高时，式(5.73)的条件不能满足，必须直接应用式(5.72)进行计算。

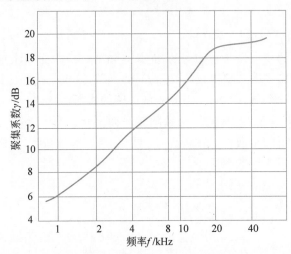

图 5.27 圆阵增益与频率的关系

从图 5.27 中可以看出，增益值在开始时随频率的增加而迅速增加，但达到一定程度之后，基本上不再随频率增加而变化。所以在实际设计声呐基阵时，往往对增益开始接近最大值时的频率感兴趣。当其他条件允许时，该频率附近值可以作为主动声呐的工作频率。

5.3.7.2　圆弧阵

前面给出的计算圆阵的指向性公式(见式(5.72))，只要稍加改变就可以用到圆弧阵上去。若在给基元编号时选取比较合理的顺序，可以使得计算简单一些。图 5.28 给出了计算两种波束圆弧阵的例子，一种是波束指向在某一基元与圆心的连线上，这时参加定向的基元个数为 $2M+1$ 个，这种情况下的工作扇面为 $2\pi\cdot 2M/N$；另一种波束指向两个基元的中间，这时参加定向的基元数为 $2M$ 个，其工作扇面是 $2\pi\cdot(2M-1)/N$。

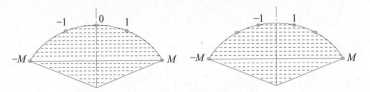

图 5.28 两种波束圆弧阵的示例

这两种情况下的指向性函数分别为

$$D(\theta) = \frac{1}{2M+1}\left\{\left[\sum_{i=-m}^{M} 2\pi f\cos[\Delta_i(\theta)]\right]^2 + \left[\sum_{i=-m}^{M} 2\pi f\sin[\Delta_i(\theta)]\right]^2\right\}^{1/2} \tag{5.82}$$

式中，

$$\Delta_i(\theta) = \tau_i(\theta) - \tau_i(\theta_0) \tag{5.83}$$

$$\tau_i(\theta) = r\cos(\theta - i\alpha)/c \quad i = -M, \cdots, -1, 0, 1\cdots, M \tag{5.84}$$

以及

$$D(\theta) = \frac{1}{2M}\Big\{ \Big[\sum_{i=1}^{M}(\cos[2\pi f\Delta_i(\theta)] + \cos[2\pi f\Delta_i'(\theta)])\Big]^2 +$$

$$\Big[\sum_{i=1}^{M}(\sin(2\pi f\Delta_i(\theta)) + \sin(2\pi f\Delta_i'(\theta)))\Big]^2\Big\}^{1/2} \tag{5.85}$$

式中,

$$\Delta_i(\theta) = \tau_i(\theta) - \tau_i(\theta_0) \tag{5.86}$$

$$\Delta_i'(\theta) = \tau_i'(\theta) - \tau_i'(\theta_0) \tag{5.87}$$

$$\tau_i(\theta) = \frac{r\cos[\theta - (i - 0.5)\alpha]}{c} \tag{5.88}$$

$$\tau_i'(\theta) = \frac{r\cos[\theta + (i - 0.5)\alpha]}{c} \quad i = 1, 2, \cdots, M \tag{5.89}$$

5.3.8 加权

加权是就是对每一基元的输出信号在幅度上乘以一个实数或复数,从而起到压低副瓣或抑制特定方向干扰的作用。过高的副瓣会导致虚警和大目标掩盖小目标的情形发生;以下仅讨论如何通过加权降低副瓣,用于这种目的的权系数是实数,且具有两边小、中间大且对称的特点,才能保证降低副瓣;否则称为反加权,副瓣会增大。圆柱阵相对于均匀线阵来说,相当于反加权,因此圆柱阵的副瓣高于均匀线阵。

图 5.29 是一个加权的波束形成系统的方框图。设共有 N 个基元,第 i 个基元所接收到的信号是 $x_i(t)$,未加权时的系统输出为 $y(t) = \sum_{i=1}^{N} x_i(t - \tau_i)$;如果第 i 路信号的加权系数是 w_i,那么加权之后的输出为

$$y(t) = \sum_{i=1}^{N} w_i x_i(t - \tau_i) \tag{5.90}$$

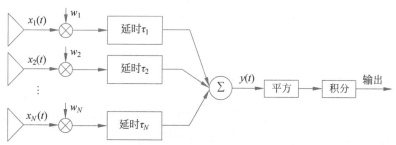

图 5.29　加权的波束形成系统的方框图

尽管加权可以降低副瓣,但会导致主瓣展宽,即以牺牲角度分辨率为代价,工程中应选择合理的主副瓣比和合适的加权方法。本节仅介绍适用于均匀线阵的 Dolph-Chebyshev 加权,因为它是一种最优的加权。由逼近理论可知,当阵元间隔 d 与波长 λ

的关系满足 $d \geqslant \lambda/2$ 时，Dolph-Chebyshev 加权在给定主副瓣比时，主瓣宽度增加最小；或者说，在给定主瓣展宽的条件下，Dolph-Chebyshev 加权副瓣最低。

Dolph-Chebyshev 加权将参考点选为阵列的中点，如图 5.30 所示。

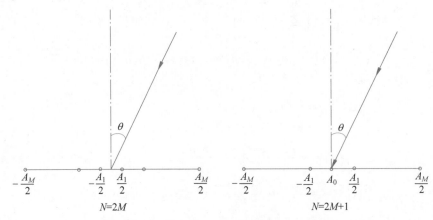

图 5.30　阵元数为奇、偶数时参考点的选取

假定阵元个数 $N=2M$ 为偶数，M 为正整数。假定入射信号为单频信号，其波长为 λ，它与基阵法线方向的夹角为 θ，各阵元相对参考点的相位差为 $\dfrac{2\pi(2m-1)d\sin\theta}{2\lambda}$，$m=-M,-M+1,\cdots,-1,1,\cdots,M-1,M$。且假定权值具有对称性，即 $a_m=a_{-m}$。第 m 个阵元接收信号的复包络为 $\tilde{s}_m(t)=\exp\{\mathrm{j}\pi(2m-1)d\sin\theta/2\lambda\}$；$\theta_0$ 为阵列主波束指向的方向。以阵列中心为参考点，由图 5.30 和式(5.36)可得阵列总输出复包络为

$$\tilde{y}(t)=\sum_{m=-M}^{-1}\frac{A_m}{2}\exp\left[-\mathrm{j}(2m-1)\frac{2\pi d(\sin\theta-\sin\theta_0)}{2\lambda}\right]+$$

$$\sum_{m=1}^{M}\frac{A_m}{2}\exp\left[-\mathrm{j}(2m-1)\frac{2\pi d(\sin\theta-\sin\theta_0)}{2\lambda}\right]$$

$$=\sum_{m=1}^{M}A_m\cos\left[-(2m-1)\frac{\pi d(\sin\theta-\sin\theta_0)}{\lambda}\right]=\sum_{m=1}^{M}A_m\cos[(2m-1)\phi]$$

$$(5.91)$$

式中，A_m 为第 m 个阵元的幅度权，$\phi=\pi d(\sin\theta-\sin\theta_0)/\lambda$。其归一化方向性函数可以写成

$$D(\theta)=\frac{1}{r}\sum_{m=1}^{M}A_m\cos[(2m-1)\phi]\tag{5.92}$$

其中，r 为归一化常数，同理可以得到阵元数为奇数时的方向性函数(见思考题和习题 5.13)。不难发现，无论阵元数 N 为偶数或奇数，方向性函数的统一表达式为

$$D(\theta)=\begin{cases}\dfrac{1}{r}\displaystyle\sum_{m=1}^{M}A_k\cos[(2m-1)\phi], & M=N/2, \quad N\ \text{为偶数}\\[3mm]\dfrac{1}{r}\displaystyle\sum_{m=0}^{M}A_k\cos(2m\phi), & M=(N-1)/2, \quad N\ \text{为奇数}\end{cases}\tag{5.93}$$

May all your wishes come true

清华大学出版社
TSINGHUA UNIVERSITY PRESS

如果知识是通向未来的大门，
我们愿意为你打造一把打开这扇门的钥匙！

https://www.shuimushuhui.com/

图书详情 | 配套资源 | 课程视频 | 会议资讯 | 图书出版

下笔如有神

May all your wishes
come true

读书破万卷

为了推导 Dolph-Chebyshev 加权,首先介绍第一类 Chebyshev 多项式。

1. 第一类 Chebyshev 多项式

第一类 Chebyshev 多项式定义为

$$T_m(x) = \begin{cases} \cos(m\arccos x), & |x| \leqslant 1 \\ \cosh(m\operatorname{arcosh} x), & |x| > 1 \end{cases} \tag{5.94}$$

令

$$\begin{cases} x = \cos\phi, & |x| \leqslant 1 \\ x = \cosh\phi, & |x| > 1 \end{cases}$$

有

$$T_m(x) = \begin{cases} \cos(m\phi), & |x| \leqslant 1 \\ \cosh(m\phi), & |x| > 1 \end{cases} \tag{5.95}$$

当 $-1 < x < 1$ 时,有

$$T_m(x) = (-1)^m \frac{\sqrt{1-x^2}}{(2n-1)!!} \frac{\mathrm{d}^m}{\mathrm{d}x^m}\{(1-x^2)^{m-\frac{1}{2}}\} = \frac{m}{2}\sum_{k=0}^{\left[\frac{m}{2}\right]} (-1)^k \frac{(m-k-1)!}{k!(m-2k)!}(2x)^{m-2k} \tag{5.96}$$

式中,$[\cdot]$ 表示取实数的整数部分。可以看出,当 $|x| \leqslant 1$ 时,$|T_m(x)| \leqslant 1$,有 $T_n(\pm 1) = (\pm 1)^n$,$T_{2n}(0) = (-1)^n$,$T_{2n+1}(0) = 0$,因此第一类 Chebyshev 多项式具有等波纹特性。当 $M = 7$ 时,第一类 Chebyshev 多项式如图 5.31 所示。当 $m \geqslant 2$ 时,第一类 Chebyshev 多项式的递推关系式为 $T_m(x) = 2xT_{m-1}(x) - T_{m-2}(x)$。

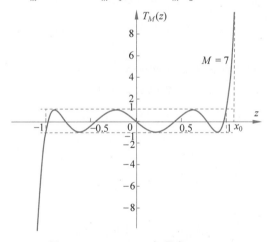

图 5.31 Chebyshev 多项式($M = 7$)

令 $x = \cos\theta$,当 $|x| \leqslant 1$ 时,由第一类 Chebyshev 多项式或其递推关系,可得余弦倍角公式的通式

$$\cos(m\theta) = T_m(\cos\theta) = \frac{m}{2}\sum_{k=0}^{\left[\frac{m}{2}\right]} (-1)^k \frac{(m-k-1)!}{k!(m-2k)!}(2\cos\theta)^{m-2k} \tag{5.97}$$

具体地,有

$$T_0(x)=1, \quad T_0(\cos\theta)=1$$

$$T_1(x)=x, \quad T_1(\cos\theta)=\cos\theta$$

$$T_2(x)=2x^2-1, \quad T_2(\cos\theta)=\cos2\theta$$

$$T_3(x)=4x^3-3x, \quad T_3(\cos\theta)=\cos3\theta$$

$$T_4(x)=8x^4-8x^2+1, \quad T_4(\cos\theta)=\cos4\theta$$

$$T_5(x)=16x^5-20x^3+5x, \quad T_5(\cos\theta)=\cos5\theta$$

2. Dolph-Chebyshev 加权

由式(5.94)可以看出,利用第一类 Chebyshev 多项式,$D(\theta)$ 可以表示为余弦函数 $\cos\theta$ 的多项式,其最高次数为 $N-1$。同时 Dolph 进一步巧妙地利用了第一类 Chebyshev 多项式来设计等间隔均匀线列阵阵元的权值,或者说用第一类 Chebyshev 多项式逼近指向性函数。在 Dolph-Chebyshev 加权中,使 $D(\theta)$ 的主极大方向的值对应 $T_m(x)$ 在 $|x|>1$ 的值,而副瓣的值对应 $T_m(x)$ 在 $|x| \leqslant 1$ 的值,使得副瓣电平在 ±1 之间。下面以一个 6 个基元的均匀线阵为例说明 Dolph-Chebyshev 加权系数的求解过程。

例 5.1 设计一个 6 个基元的均匀线阵,要求副瓣电平为 -30dB,也就是要求主瓣与副瓣的比 $r=31.62$,即 $20\lg r=30$。

解:

(1) 将非归一的指向性函数用 Chebyshev 多项式展开成 $x=\cos\phi$ 的形式

$$F(\phi)=A_1\cos\phi+A_2\cos3\phi+A_3\cos5\phi$$

$$=16A_3x^5+(4A_2-20A_3)x^3+(A_1-3A_2+5A_3)x \stackrel{\triangle}{=} G(x)$$

式中,$x=\cos\phi$。

(2) 用 Chebyshev 多项式逼近指向性函数。

根据 Dolph-Chebyshev 的加权原则,需要找出一个 $N-1$ 阶 Chebyshev 多项式,使它与 $G(x)$ 相等,即令 $T_5(z_0 x)=G(x)$。同时选择 z_0,使得 $T_5(z_0)=r$,则有

$$16(z_0x)^5-20(z_0x)^3+5(z_0x)=16A_3x^5+(4A_2-20A_3)x^3+(A_1-3A_2+5A_3)x$$

两个多项式相等,其对应的系数必须相等,有

$$16A_3=16z_0^5$$

$$4A_2-20A_3=-20z_0^3$$

$$A_1-3A_2+5A_3=5z_0$$

(3) 由 r 求出 z_0。

当 $\phi=0$ 时,$x=1$,$T_5(z_0)=31.62$,$z_0=\cosh\dfrac{\text{arcosh}(r)}{5}=1.36$。

(4) 解线性方程组求出权值。

解方程组就得到 $A_1=15.98$,$A_2=10.92$,$A_3=4.72$。

(5) 归一化指向性函数。

$$D(x = \cos\phi) = \frac{T_5(z_0 x)}{T_5(z_0)} = \frac{1}{r} T_5(z_0 x) = \frac{16(z_0 x)^5 - 20(z_0 x)^3 + 5(z_0 x)}{r}$$

以上 Dolph-Chebyshev 加权系数的推导颇为烦琐，可以根据以下公式方便地计算 Dolph-Chebyshev 权值。对于 $N = 2M$ 的情形，权值排列为 $A_M/2, \cdots, A_1/2, A_1/2, \cdots, A_M/2$；对于 $N = 2M + 1$ 的情形，权值排列为 $A_M/2, \cdots, A_1/2, A_0, A_1/2, \cdots, A_M/2$，且有

$$T_M(z_0) = \frac{主瓣电平}{副瓣电平}, \quad A_M = z_0^{2M-1}$$

$$A_{M-m} = \sum_{p=0}^{m-1} \frac{(N-1)(m-1)!(N-p-2)!}{(m-p)!p!(N-m-1)!} \cdot z_0^{N-(2m+1)}(z_0^2 - 1)^{m-p},$$

$$m = 1, 2, \cdots, M \tag{5.98}$$

需要说明的是，这样计算出来的权系数将使副瓣具有 $|G(x)| \leqslant 1$ 的等波纹特性，指向性函数不是归一，其最大值为 r。如有必要，令 $A_i' = A_i/r$ 即可得到如式(5.85)所示的归一化指向性函数。

图 5.32 给出了一个 12 基元线阵($d = 0.4\lambda$)经 Dolph-Chebyshev 加权之后的指向性图，它是按副瓣电平 -30.5dB 而设计的，加权系数分别为 $A_1 = 0.327$，$A_2 = 0.478$，$A_3 = 0.733$，$A_4 = 0.983$，$A_5 = 1.184$，$A_6 = 1.295$。需要说明的是，由于阵元间隔不满足 $d \geqslant \lambda/2$，它不是最优加权。

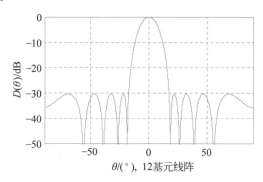

图 5.32　12 基元线阵的 Dolph-Chebyshev 加权指向性图

5.3.9　加挡

所谓加挡，就是对基阵加一定结构的挡板，使基阵具有单方向的指向性，从而也起到改善指向性的作用。如果阵元本身具有单方向指向性，则无须加挡，如复合棒换能器。加挡主要用于声阵列，因为雷达一般工作在微波波段，抛物面天线本身具有单方向指向性，无须加挡；地波或天波雷达天线的发射天线反射振子和地网都相当于加挡。

为了提高系统的抗干扰性能，实际使用的声呐基阵一般都是加了挡板的，后挡的形式可以是吸声型的，也可以是反声型的，这主要根据所使用的频率及客观条件允许采用何种结构而定。在这里并不研究如何加挡以及挡板的吸声、反声机理，而是从信号处理的角度去研究加挡后基阵所具有的特点。

一个由无方向性的水听器所组成的基阵,在加了后挡之后,每个水听器在阵上测试时不再是无指向性的。因此,由这些基元所合成的基阵的指向性就不能按前面所讨论的方法进行计算了。

首先研究挡板对单个水听器指向性的影响,在图 5.33 中,AB 为一块挡板,H 为水听器,它与挡板之间的距离假定是 a,设挡板的长度比入射声波的波长大很多。

如果在 H 处接收到的直达波为 $A\cos(2\pi ft)$,挡板的反射系数是 β,那么反射声波是 $A\beta\cos(2\pi ft-\delta)$,这里 δ 为由反射而引起的相位差,它由两部分组成:第一部分是由声程差 PQ+QH 引起的,第二部分是由挡板材料的声学反射特性决定的(见式(2.103))。第一部分很容易计算

$$\delta_1 = 2\pi f \frac{a}{C_s\cos\theta}[1+\cos(2\theta)] \tag{5.99}$$

第二部分记作 δ_2,一般来说,δ_2 与声波入射角 θ 有一定关系,但在一定的频率范围内,可以认为 δ_2 是一个与 θ 无关的量,即

$$\delta = 2\pi f \frac{a}{C_s\cos\theta}[1+\cos(2\theta)]+\delta_2 \tag{5.100}$$

由此,得到反射波为

$$A\beta\cos\left\{2\pi ft - \delta_2 - 2\pi f \frac{a}{C_s\cos\theta}[1+\cos(2\theta)]\right\} \tag{5.101}$$

水听器 H 所接收到的合成波为

$$u(t) = A\cos(2\pi ft) + A\beta\cos(2\pi ft - \delta) \stackrel{\Delta}{=} p\cos(2\pi ft - \gamma) \tag{5.102}$$

其中,

$$p = A(1+2\beta\cos\delta+\beta^2)^{1/2} \tag{5.103}$$

$$\gamma = \arctan\left(\frac{\beta\sin\delta}{1+\beta\cos\delta}\right) \tag{5.104}$$

当入射角 θ 改变时,$u(t)$ 的幅度 p 就随之而变化,从而使单个水听器形成指向性。

水听器与挡板的距离 a 是一个可以调节的参数。从式 (5.102)、式(5.103)及式(5.104)可以看出,在硬反射的情况下 $\delta_2=0$,如果 $a=0$,那么此时反射波就和入射波同相,也就是说,在这种情况下,将水听器紧贴挡板可以提高灵敏度;如果是软反射,$\delta_2=\pi$,此时水听器紧贴挡板就不好了。

仔细分析式(5.101)可以发现,单水听器在挡板上的指向性和灵敏度之间具有某种互相转换的关系。事实上,当 $\theta=0$ 时,改变 f 可以得到单水听器的频率响应;当固定 f、θ 改变时,就可以得到指向性。而 f 与 θ 的改变,都只是使得 $fa(1+\cos2\theta)/c\cos\theta$ 变化。这个结论虽然十分简单,却是实际设计的重要参考原则。根据这一原则,只要看一下频响曲线就可以大致地估计出指向性来,反之亦然。

很显然,$[1+\cos(2\theta)]/\cos\theta$ 是 θ 的单调下降函数,所以当 θ 由小变大时,$[1+\cos(2\theta)]/\cos\theta$ 由大变小,相当于 f 由大变小。所以为了得到一个心形的指向性,就应当设计平的或沿频率方向稍有正梯度的频响曲线(见图 5.34),但在实际情况下难以得到理想的特性,因为在加了后挡后,频响曲线具有正弦波那样的振荡形式,所以只能用其中的一个频段。

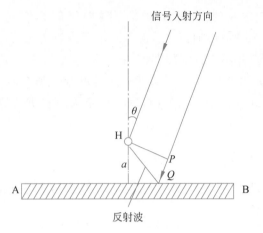

图 5.33 挡板的作用

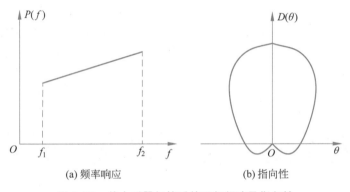

图 5.34 单水听器加挡后的理想频响及指向性

基阵加挡之后,指向性的计算变得复杂起来。但对线阵来说,却可以应用下面的布里奇(Bridge)乘积定理,该定理表明加挡线阵的指向性等于不加挡线阵的指向性和加挡后单水听器指向性的乘积。

设单水听器在加挡之后的指向性函数为 $d(\theta)$,那么第 i 个水听器所接收到的信号为 $d(\theta)\cos(2\pi ft+\varphi_i)$,基阵总的响应为

$$D(\theta) = \left\{ E \left[\sum_{i=1}^{N} d(\theta)\cos(2\pi ft+\varphi_i) \right]^2 \right\}^{1/2}$$

$$= d(\theta) \left\{ E \left[\sum_{i=1}^{N} \cos(2\pi ft+\varphi_i) \right]^2 \right\}^{1/2} = d(\theta)D(\theta) \tag{5.105}$$

式中,$D(\theta)$ 正是未加挡时的指向性函数。

由式(5.105)可以看出,如果想通过加挡来改善基阵的指向性,就必须对 $d(\theta)$ 提出相应的要求。第一,要求 $d(\theta)$ 在基阵的工作扇面内响应比较一致;第二,要求 $d(\theta)$ 在基阵的工作扇面之外迅速下降为零。

图 5.35 给出了一个 8 基元线阵加挡前后指向性的对比(挡板是一个空气腔)。由图 5.35 可知,加挡之后基阵的指向性有所改善。

对于圆弧阵,加挡之后的指向性函数的计算要复杂得多,这是因为乘积定理在这里无法应用。如图 5.36 所示,加挡之后的每一基元在基阵上都有指向性,这些指向性的极大值(即声轴方向)并不像直线阵那样相互平行,而是交于圆心的。相邻两个基元指向性的声轴方向的夹角是 $\alpha = 2\pi/N$,设声波入射角为 θ,那么第 i 个基元 H_i 的响应就是 $A\xi[\theta-(i-1)\alpha]\cos(2\pi ft + \varphi_i)$,其中,$\xi(\theta)$ 假定为单水听器的指向性。记 $a_i(\theta) = A\xi[\theta-(i-1)\alpha]$,有

$$D(\theta) = \left\{ \left[\sum_{i=1}^{M} a_i \cos[\Delta_i(\theta)] \right]^2 + \left[\sum_{i=1}^{M} a_i \sin[\Delta_i(\theta)] \right]^2 \right\}^{1/2} \tag{5.106}$$

式中,M 为参加定向的水听器的个数,且给出的 $D(\theta)$ 表达式是未经归一化的。如果要归一化就必须将它除以 $\sum_{i=1}^{M} a_i(\theta_0)$,其中 θ_0 为定向方位角。

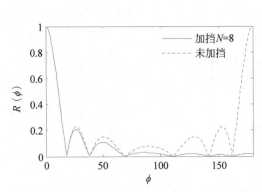

图 5.35　线阵加挡与不加挡指向性的比较

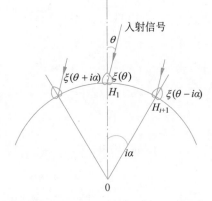

图 5.36　加挡圆阵指向性的计算

图 5.37 给出了一个 $N = 60$ 的圆阵在加挡之后指向性的变化,加挡前 60 个基元都参加定向,加挡后用 $M = 28$ 个基元参加定向。由图 5.37 可知,加挡以后的指向性有所改善。

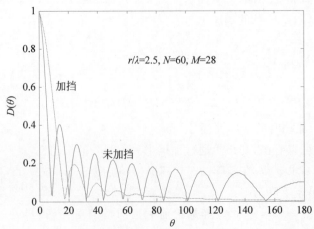

图 5.37　圆阵加挡与不加挡指向性的比较

一个圆阵在加挡之后，参加定向的基元数就减少了，那么空间增益会不会下降呢？一般情况下是不会的。一个声学结构设计得比较好的基阵，可以使每个基元都具有较强的抑制干扰的能力。举例来说，一个基阵在不加挡时由 N 个基元构成，它的空间增益就是 $10\lg N$。加了后挡之后，参加定向的基元数减少为 $M < N$，这时空间增益似乎下降了，但是实际上每个基元在加挡之后都具有抑制噪声的能力，它的平面聚集系数为

$$\gamma = \left[\frac{1}{2\pi} \int_0^{2\pi} \xi^2(\theta) \, d\theta \right]^{-1} \tag{5.107}$$

一般情况下，$10\lg\gamma$ 在 3dB 以上，它足以抵消由于基元个数减少而引起的系统空间增益的下降。

最后需要说明的是，即使设计制作得很好的后挡，也会使各基元之间有相移，这种相移不仅与信号频率有关，而且还与信号入射方向有关，这样就会使基阵的指向性受到一定的影响。所以，在设计整个声呐系统时，后挡引起的相移应当要考虑到。

在一般情况下，可同时采用加权与加挡这两种办法。

5.4　波束扫描方式

5.4.1　波束形状

基本波束形状通常有无指向性（或低指向性）、扇形波束、针状波束等，其指向性分别如图 5.38 中的(a)、(b)和(c)所示。其中扇形波束可以是方位窄波束或俯仰窄波束，扇形波束的扇形可以赋形，以满足探测的需要，例如，雷达垂直波束通常采用余割平方天线，使同一高度不同距离目标的回波强度基本相同。

按照波束宽度，扇形波束可以是宽扇形波束或窄扇形波束，针状波束可以是粗或细针状波束。对于阵列声呐或雷达，还可能有多个波束，多个扇形波束（如图 5.39(a)所示）或多个针状波束（如图 5.39(b)所示）。为了保证在被搜索的空间内不漏掉目标，波束旋转的角度要保证波束之间在 3dB 处重叠。多波束形成一般采用数字形成技术，广泛应用于被动声呐、主动声呐，也用于超视距天波或地波雷达。相控阵雷达数字波束形成是一个全新的发展方向——数字阵列雷达（Digital Array Radar，DAR）。

无指向性（或半空间指向性）天线或基阵的特点是尺寸较小、外形为圆柱形或球形；没有分辨率，仅能进行比相测向。扇形指向性天线或基阵的孔径的特点是水平和垂直孔径差异较大，外形为条阵；波束有一维分辨率。针状波束天线或基阵的孔径的特点是外形为面天线或面阵，波束具有二维分辨率。根据乘积定理，收发组合可能提升分辨维度，两个交叉的扇形波束也可以形成针状波束，多波束测深仪就是这样获得二维角分辨率的。

除了比相法或时延法测角外，通常发射天线或基阵、接收天线或基阵，必须有一个具有指向性或两者都具有指向性。

5.4.2　波束扫描

要实现全方位（或俯仰）或有限方位（或俯仰）探测，波束必须扫描。本节按扇形波束

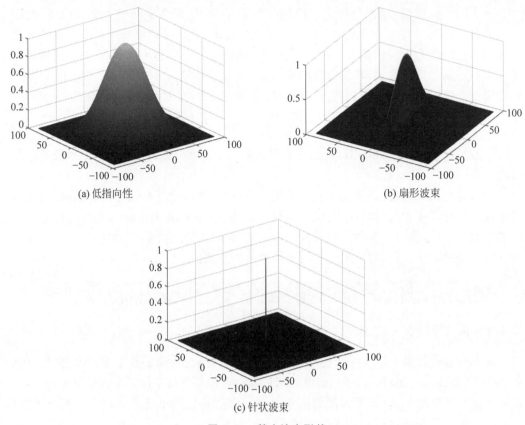

(a) 低指向性   (b) 扇形波束

(c) 针状波束

图 5.38 基本波束形状

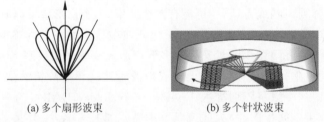

(a) 多个扇形波束   (b) 多个针状波束

图 5.39 多波束示意图

和针状波束分开讨论。

5.4.2.1 扇形波束扫描

扇形波束扫描相对简单,分为波束转动和波束平移两大类,其中波束转动又分成 3 种:单波束旋转扫描、单波束扇区扫描和多波束旋转扫描。

1. 波束转动

1) 单波束旋转扫描

如图 5.40(a) 所示,波束为方位方向扇形波束,水平面窄,垂直面宽。水平面窄有利于测定目标方位,俯仰面宽可有较大的垂直探测范围。波束保持一定的俯仰角,在 360° 方位角范围内转动。可以对整个空间进行全面搜索,大多数二坐标雷达采取这种扫描方式。测量的角度参数是方位,具有方位分辨率。主动声呐一般采用发射波束旋转的宽扇形波束。

2) 单波束扇区扫描

扇区扫描分成方位扫描和俯仰扫描两类。

方位扇区扫描如图 5.40(b)所示,波束与圆周扫描相同,但波束仅在一定的方位角范围内往复转动,用于对某一方位区的目标进行搜索和监视。测量的角度参数是方位。

俯仰扇区扫描如图 5.40(c)所示,其与方位扇区扫描相似,只是波束为俯仰方向的窄扇形波束,在一定的俯仰角范围内转动。波束在水平面上较宽,在垂直面上较窄。俯仰面窄有利于测高,方位垂直面宽可有较大的垂直探测范围,适用于发现某一方位区内不同高度的空中目标。这种扫描方式的雷达(如测高雷达)天线波束在以此保证获得很高的测高精度。测量的角度参数是俯仰,这种雷达通常称为点头测高雷达。

3) 多波束旋转扫描

如图 5.40(d)所示,球鼻艏主动声呐的三重旋转发射波束发射 3 个相隔 120°的宽扇形波束以提高数据率。

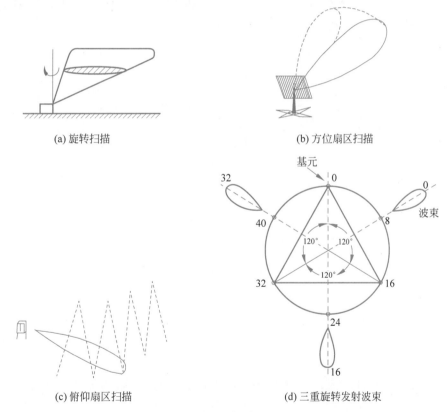

(a) 旋转扫描　　　　　　　　　　　　　　(b) 方位扇区扫描

(c) 俯仰扇区扫描　　　　　　　　　　　　(d) 三重旋转发射波束

图 5.40　扇形波束扫描形式

2. 波束平移

如图 5.41 所示,该扫描方式的波束为方位方向窄扇形波束,水平面窄,垂直面宽。波束保持一定的俯仰角,沿直线平移,可以对测绘范围的空间进行全面搜索。侧扫成像

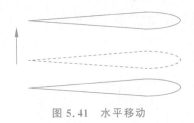

图 5.41　水平移动

雷达、声呐和合成孔径雷达和声呐均采取这种扫描方式。若波束方向与阵法向一致,则称为侧扫;如果波束方向向前,则称为斜前视。

5.4.2.2　针状波束扫描

针状波束可以测量的角度参数有方位和仰角,其方位和仰角两者的分辨力和测角精度都高。其波束扫描分成单波束扫描和多波束扫描两种。

1. 单波束扫描

根据雷达的不同用途,针状波束的扫描方也分很多种,如图 5.42 所示。图 5.42(a)为螺旋扫描,在方位上做圆周快扫描,同时仰角上缓慢上升,到顶点后迅速降到起点并重新开始扫描。图 5.42(b)为分行扫描,方位上快扫,仰角上慢扫。图 5.42(c)为锯齿扫描,仰角上快扫,方位上缓慢移动。

单针状波束因波束窄,扫完给定的空域所需的时间较长,搜索能力较差,通常需要引导雷达辅助搜索。

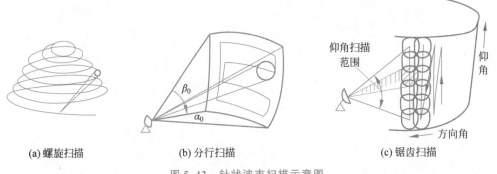

(a) 螺旋扫描　　　　　(b) 分行扫描　　　　　(c) 锯齿扫描

图 5.42　针状波束扫描示意图

2. 多波束扫描

该扫描方式的同时形成多个针状波束,优点是数据率高,但需要二维面阵作为硬件基础,成本高。

5.4.2.3　收发波束的组合扫描

由阵的乘积定理可知,主动探测系统波束指向性由发射波束和接收波束的乘积决定。

发射波束和接收波束的组合会衍生出多种多样的扫描组合方式。组合后扫描波束的性能由组合指向性和组合扫描范围这两个指标决定。根据乘积定理可以预判这两个指标,其一般性规律如下。

组合指向性主要取决于高指向性的发射或接收,一般都是接收具有高指向性或发射和接收同时具有高指向性。通常情形下,高指向性发射的收发指向性的维度(方位或俯仰)相同;但多波束测深仪的两个分辨维度是垂直的,根据乘积定理,它合成的指向性是多个针状波束,再加上波束的沿航迹方向的水平移动。组合扫描范围取决于低指向性发射阵的指向性。常用的收发组合扫描方式按照发射指向性从低到高、接收指向性从低到高的顺序,指向性相同则按系统组成从简单到复杂,具体组合情况列于表 5.2。

表 5.2　常用的发射波束和接收波束组合扫描

序号	发射指向性	接收指向性	合成指向性和范围	适用情形	天线或阵的形式	扫描方式
1	无指向性阵元或低指向性	无指向性阵元或低指向性	无指向性阵元或低指向性	窄带信号:比相测向 宽带信号:时延测向和互谱测向	一对阵元	不需要扫描
2	方位无指向性	方位窄扇形多波束	方位窄扇形多波束	警戒声呐、DAR	圆柱阵、球阵和线阵	接收电扫
3	方位宽扇形	方位窄扇形多波束	方位窄扇形多波束	天波或地波雷达、DAR、前视声呐、反蛙人声呐	发射为单阵,接收阵为阵列	接收电扫
4	方位旋转宽扇形或三重旋转宽扇形	方位窄扇形多波束	方位旋转窄扇形多波束或三重旋转窄扇形多波束	圆柱阵声呐、DAR	发射和接收均为圆形阵列	发射、接收电扫
5	方位宽扇形波束	方位宽扇形波束	方位线分辨率为常数,极高方位分辨率	合成孔径雷达或声呐	单天线或多子阵	水平移动
6	方位或俯仰窄扇形波束	方位或俯仰窄扇形波束	方位或俯仰窄扇形波束	两坐标雷达、点头测高雷达、DAR	天线水平和垂直方向孔径差异大、阵列天线	机械扫或电扫,波束360°或局部旋转
7	方位窄扇形波束	方位窄扇形波束	方位窄扇形波束	侧扫雷达或声呐	单天线	水平移动
8	沿航迹向窄扇形波束	垂直航迹向窄扇形多波束	针状波束	多波束测深仪	船移动,阵型为十字阵或T形阵	水平移动
9	粗针状波束	细针状多波束	细针状多波束	三维成像声呐	发射单个面换能器,接收为面阵	电扫
10	细针状波束	细针状波束	空间单针状波束	三坐标雷达多阵相控阵雷达	收发均为面阵	全电扫
11	垂直多针状波束	垂直多针状波束	空间多针状波束	旋转三坐标雷达	面天线,垂直线阵	方位旋转扫描机械或电扫描、垂直电扫

5.5 雷达自动测角和角度跟踪

在火控系统中使用的雷达,必须快速连续地提供单个目标(飞机、导弹等)坐标的精确数值,此外,在靶场测量、卫星跟踪、宇宙航行等方面应用时,雷达也是观测一个目标,而且必须精确地提供目标坐标的测量数据。

为了快速地提供目标的精确坐标值,需要采用自动测角的方法。自动测角时天线能自动跟踪目标,同时将目标的坐标数据经数据传递系统送到计算机数据处理系统。

与自动测距需要有一个时间鉴别器一样,自动测角也必须要有一个角误差鉴别器。当目标方向偏离天线轴线(即出现了误差角)时,就能产生一个误差电压,误差电压的大小正比于误差角,其极性随偏离方向的不同而改变。此误差电压经跟踪系统变换、放大、处理后,控制天线向减小误差角的方向运动,使天线轴线对准目标。

下面分别介绍雷达单脉冲自动测角的原理和方法,单脉冲是指在一个脉冲内即可测量目标的角度。

单脉冲法只要发射一个脉冲,就可以形成误差信号,而不需要像圆锥扫描测角(一种老的角跟踪方法,因容易受到欺骗干扰,已淘汰)那样发射一串脉冲才能得到误差信号,所以称为单脉冲法。

如图 5.43 所示,在单脉冲雷达中,天线有 4 个照射器,它们上、下、左、右对称地排列在抛物面的焦点附近,但不在焦点上。当照射器偏离抛物面轴线的角度为($+\Delta\theta$)时,它的辐射波瓣的指向约为($-\Delta\theta$),所以 4 个照射器在焦点附近对称地排列,将得到两对天线波瓣:一对在水平面上,另一对在垂直面上,每对波瓣是固定的,不是旋转的。水平的一对可以测出水平方向的角误差,垂直的一对可以测出垂直方向的角误差。所以发射一个脉冲,它的回波就可以给出误差信号,故称单脉冲法。

角误差信号可以通过比较振幅,也可以通过比较相位得到。图 5.43 是采用和差方法取得误差信号的单脉冲雷达的组成框图。天线的 4 个辐射器和定向耦合接头相连接,在发射时,功率先送到接头 3,被分成相等的两路,分别送到接头 1 和 2,再被一分为二,使 4 个照射器得到功率相同的同相激励。在接收时,通过这些接头,可以得到适当的和、差信号,最后形成 3 路输出,分别是:

第一路信号为(1+2+3+4),是 4 个照射器接收功率的总和,加到距离接收机上,作为发现目标和测量距离之用。

第二路信号为(1−2)+(3−4)=(1+3)−(2+4),这一输出代表方位角的误差,送给方位接收机。

第三路信号为(1+2)−(3+4),这一路输出代表仰角的误差,送给仰角接收机。

后两路信号经过放大和相位检波,归一的差信号正比于误差角的大小,将该电压控制天线的驱动设备,纠正天线的指向误差,完成跟踪目标的任务。

用比相取得角误差信号的单脉冲角跟踪雷达至少需要两个接收天线,图 5.44 是采

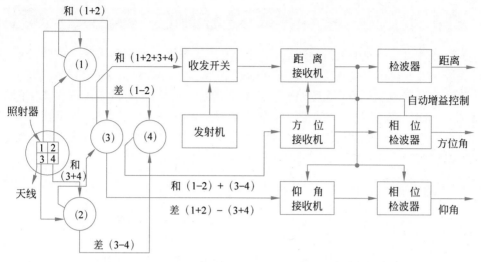

图 5.43 采用和差方法取得误差信号的单脉冲雷达的组成框图

用两个接收天线的单脉冲跟踪雷达的组成框图。两个天线的中心距离是 d,目标的方向与法线的夹角为 θ,离天线中点的距离是 R,离天线 1 和 2 的距离分别是 R_1 和 R_2。由图 5.44 可知

$$R_1 = R + (d/2)\sin\theta$$
$$R_2 = R - (d/2)\sin\theta \tag{5.108}$$

所以,两个天线接收到的回波有一个相位差

$$\Delta\varphi = \frac{2\pi}{\lambda} d \sin\theta \tag{5.109}$$

当偏角 θ 很小时,$\sin\theta \approx \theta$,相位差 $\Delta\varphi$ 与 θ 成正比。因此,比较两个天线的接收信号,得出它们的相位差 $\Delta\varphi$,经过放大以后,就可以用来驱动天线,修正角度的偏差。

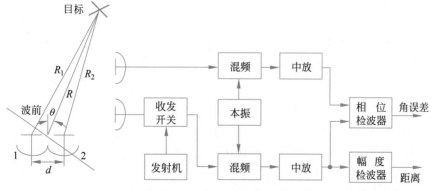

图 5.44 比相单脉冲跟踪雷达的组成框图

5.6　相控阵雷达

相控阵雷达是一种电子扫描雷达,用电子方法实现天线波束指向空间的转动或扫描的天线称为电子扫描天线或电子扫描阵列(ESA)天线。相控阵分无源相控阵、有源相控阵和数字阵列雷达三大类。无源相控阵全系统只有一个发射机,依靠传输线或空间给各阵元馈电,采用全模拟方式实现相控发射和接收。无源相控阵成本低,但灵活性差。有源相控阵每个阵元有各自的波形产生和发射机,实现了发射数字化,但接收相控阵仍然采用模拟移相器或延时线。数字阵列发射和接收均实现了数字化。

5.6.1　相控阵天线和相控阵雷达的特点

1. 天线波束快速扫描,实现多目标搜索、跟踪与多种雷达功能

相控阵波束扫描速度远高于机械扫描。相控阵雷达具有的多目标跟踪与多种雷达功能的工作能力是基于相控阵天线波束快速扫描的技术特点,利用波束快速扫描能力,合理安排雷达搜索工作方式与跟踪方式之间的时间交替及其信号能量的分配与转换,可以合理解决搜索、目标确认、跟踪起始、目标跟踪、跟踪丢失等不同工作状态遇到的特殊问题;可以在维持对多目标跟踪的前提下,继续维持对一定空域的搜索能力,可以有效地解决对多批、高速、高机动目标的跟踪问题;能按照雷达工作环境的变化,自适应地调整工作方式,按目标反射面积(RCS)大小、目标远近及目标重要性或目标威胁程度等改变雷达的工作方式,并进行雷达信号的能量分配。

相控阵雷达能够实现的主要功能有 4 种,即边搜索边跟踪(TMS)、跟踪加搜索(TAS)、分区搜索和集中能量。

2. 具有多波束形成能力,实现高搜索数据率和跟踪数据率

相控阵天线的快速扫描和多波束形成能力,可以实现高搜索数据率和跟踪数据率,而数据率是反映雷达系统性能的一个非常重要的指标。

3. 多阵元结构为阵列处理提供了物理基础

声呐在阵列处理方面走在雷达前面,其原因是声呐很早就采用了声基阵的结构。阵列处理的内容有数字波束形成、空间谱估计或到达角(DOA)估计、空间滤波、自适应空间、空时自适应处理等,这些阵列处理的物理基础是多阵元结构,而非单个天线。

4. 天线孔径与雷达平台共形能力的实现

(1) 共形相控阵天线可以获得更大的天线孔径并提高雷达的实孔径分辨率。

(2) 有利于实现全空域覆盖,提高数据率,具有更强的工作灵活性。

(3) 可以将雷达、电磁战、通信、导航等电子系统进行综合设计,构成综合电子集成系统。

(4) 舰载相控阵雷达采用共形相控阵天线,有利于降低雷达自身引入的电磁特征,实现隐身舰船的设计。

(5) 采用与地形共形的相控阵天线有利于雷达的伪装,有利于抵抗敌方的侦察。

(6) 不会影响飞机的气动特性。

5. 抗干扰能力好

相控阵雷达天线波束的快速扫描、天线波束形状捷变、自适应空间滤波、自适应空时处理能力以及多种信号波形的工作方式(如在一定范围内工作频率和调制方式的改变、脉冲重复频率和脉冲宽度的改变等),使得相控阵雷达成为目前最具抗干扰潜在性能的一种雷达体制。相控阵雷达大多运用了单脉冲角跟踪、脉冲压缩、频率分集、频率捷变和自适应副瓣抑制等技术,既提高了测定目标参数的精度,又提高了抗干扰性能。

6. 高可靠性

在相控阵雷达,特别是有源相控阵雷达中,有成百上成千甚至上万个辐射单元,每个辐射单元都有一个通用的收发(T/R)组件,这些 T/R 组件具有很好的重复性、一致性和可靠性,即使天线阵列中的部分 T/R 组件损坏,对雷达性能的影响也不大,而且可以方便地实现在线维修更换。

5.6.2 相控阵波束扫描三种基本方式

5.6.2.1 相位扫描

天线波束指向与相位波前相垂直的方向。在相控阵中,通过分别控制每个辐射元激励的相位来调整这个相位波前,从而控制波束,相邻单元的相移增量为 $\psi=(2\pi/\lambda)s\sin\theta_0$,如图 5.45(a)所示。如前所述,相位扫描仅适用于窄带相控阵雷达。

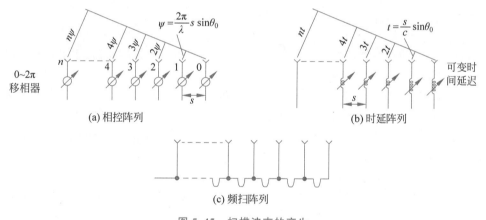

图 5.45 扫描波束的产生

5.6.2.2 时延扫描

相位扫描对频率很敏感,宽带信号必须用时延扫描代替相位扫描。如图 5.45(b)所示,可采用延时线在单元之间提供一个延时增量 $t=(s/c)\sin\theta_0$ 来代替移相器。给每个天线配一个单独的时延电路通常太昂贵,往往是给一组各自带有移相器的单元加上一个时延网络,就能合理地兼顾性能和经济性的要求,如图 5.46 所示。

5.6.2.3 频率扫描

可以利用相位扫描的频率敏感特性,使频率成为更有效的参数。图 5.45(c)显示了这种排列方式,连接两阵元的为蛇形馈线,假定两个阵元之间馈线长度为 l,馈线内电磁

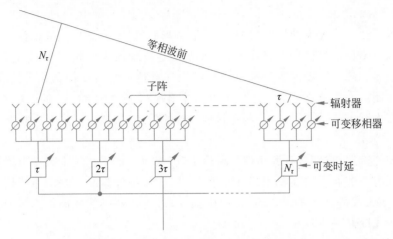

图 5.46　组间延时组内子阵移相的简化方案

波的波长为 λ_g,则相邻阵元间的相位差为 $\Psi=2\pi l/\lambda_g$,即频率改变意味着相位的改变,这样通过改变频率而使波束扫描。频扫系统相对要更简单和便宜,且频扫系统已经得到发展和应用,过去采取与机械水平旋转的雷达相结合为三坐标雷达提供高度角扫描,常用于舰船三坐标雷达;但由于频率是雷达重要的资源,不能只把它用于扫描,因此频扫应用受到限制。

5.6.3　相控阵移相器件

目前,有 3 种基本类型的移相器常用于相控阵中,即二极管移相器、不可逆铁氧体移相器和可逆(双模)铁氧体移相器。

可逆移相器发射和接收的相移相同;而不可逆移相器发射和接收相位不同,在发射和接收之间必须有移相器的切换(即改变相位状态)。通常切换非可逆铁氧体移相器要花几微秒的时间,在此期间,雷达无法检测目标。对于低脉冲重复频率(PRF)的雷达,每秒发射 $200\sim500$ 个脉冲,这不会带来问题。举例来说,如果 PRF 为 2000pps(或 Hz),则脉冲间隔时间为 $500\mu s$,如果移相器切换时间为 $10\mu s$,那么仅浪费时间的 2%,且只损失小于 1.0n mile 的最小距离;如果 PRF 为 50kHz,脉冲间隔时间为 $20\mu s$,则不可能允许有 $10\mu s$ 的静寂时间用于移相器的切换。

5.6.3.1　二极管移相器

二极管(PIN)移相器的特点是相移量按二进制增量(如 $180°$、$90°$、$45°$)改变。它是互易式器件。所谓互易式,是指发射和接收时,相位状态无须切换,不需要额外的切换时间。二极管移相器适合在 3GHz 以下频段工作,在 L 波段和更低的频段,显然应选择二极管移相器。

其优点是体积小、重量轻、热稳定性好,它适合带状线、微带线和单片结构,通常被限制用在小于 1kW 的功率电平上。T/R 组件通常使用 PIN 管移相器。

其缺点有二:一是当需要低副瓣天线时,位数便要增加,对于超低副瓣天线,可能需要 5 位、6 位或 7 位,当位数增加时,二极管移相器的成本和损耗也会增大;二是对于大功率应用会非常复杂。

5.6.3.2　铁氧体移相器

铁氧体移相器的特点是相移量可以任意小,可以不按二进制增量(如 180°、90°、45°)改变,其损耗随频率增加而减小,一般用于 3GHz 以上;其缺点是比二极管移相器器件重且庞大,热稳定性差。

铁氧体移相器分成非互易式和互易式两种。其中非互易式铁氧体应用更普遍,它在发射和接收状态需要进行移相器切换(相位状态需要改变),切换时间通常需要数十微秒。其优点是低损耗、高功率,能处理高达 100 kW 峰值功率的器件,它适合波导结构。

互易式铁氧体移相器兼备了非互易式铁氧体移相器移向精度高和 PIN 管互易性的优点,但功率介于不可逆铁氧体移相器和二极管移相器之间。

总之,二极管移相器和非互易式铁氧体、互易式铁氧体移相器在相控阵中都有应用。随着二极管性能的提高,二极管移相器将比铁氧体器件更快地得到改进。在 L 波段和更低的频段,显然应选择二极管移相器。在 S 波段和更高频段,当在较高功率系统和在系统需要附加位以实现低副瓣天线所需的低相位误差时,应选择铁氧体移相器。铁氧体移相器比二极管移相器对温度更敏感,相位将随温度的变化而改变,这可以通过保持整个阵列温度基本不变(温度变化控制在几度以内)来控制,常用的技术是在阵列的几个位置检测温度,然后进行修正并送到移相器的相位指令。

5.6.4　平面相控阵雷达波束形成

在 5.3 节介绍了线阵波束形成的方法,本节将介绍平面阵波束形成方法,其基本原理一致,即调整各阵元的相位(窄带)和时延(宽带),使各阵元的信号在给定的波束方向相位一致。

平面阵列能在二维空间控制波束。在球坐标系中,单位半球面上的点由两个坐标 θ 和 ϕ 来确定,如图 5.47 所示,θ 是从法线量起的扫描角,ϕ 是从 x 轴量起的扫描平面,将半球面上的点向一个平面上投影(如图 5.48 所示),平面的轴是方向余弦 $\cos\alpha_x$,$\cos\alpha_y$。对于半球面上的任意方向,方向余弦为

$$\cos\alpha_x = \sin\theta\cos\phi$$
$$\cos\alpha_y = \sin\theta\sin\phi \tag{5.110}$$

扫描方向由方向余弦 $\cos\alpha_{xs}$、$\cos\alpha_{ys}$ 来表示,扫描面由从 $\cos\alpha_x$ 轴反时针旋转测量的角度 ϕ 来确定

$$\phi = \arctan\frac{\cos\alpha_{ys}}{\cos\alpha_{xs}} \tag{5.111}$$

扫描角 θ 由原点到点$(\cos\alpha_{xs},\cos\alpha_{ys})$的距离确定,这一距离等于 $\sin\theta$。为此,把这种类型表示称为 $\sin\theta$ 空间。$\sin\theta$ 空间的特征是扫描方向不影响天线波瓣图形。随着波束扫描,图形中的每一个点和波束最大值一样,在同一方向并以同样距离移动。

在单位圆以内的范围,

$$\cos^2\alpha_x + \cos^2\alpha_y \leqslant 1 \tag{5.112}$$

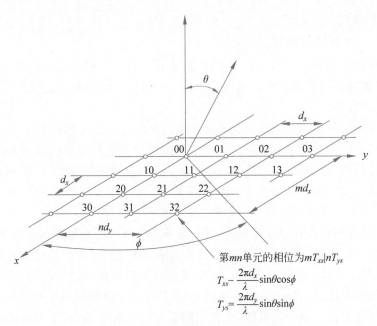

第 mn 单元的相位为 $mT_{xs}|nT_{ys}$

$$T_{xs} = \frac{2\pi d_x}{\lambda}\sin\theta\cos\phi$$

$$T_{ys} = \frac{2\pi d_y}{\lambda}\sin\theta\sin\phi$$

图 5.47 平面阵列单元的位置和相位

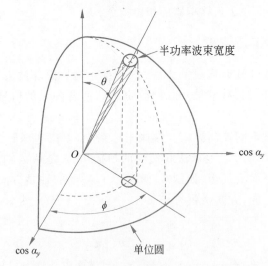

图 5.48 半球面上的点在阵列平面上的投影

称为实空间,能量向这个半球内辐射;在单位圆以外的无穷大区域,称为虚空间。虽然没有功率辐射到虚空间,但在阵列扫描时,为观测栅瓣运动,这个概念还是有用的。

最普通的单元点阵不是矩形格子就是三角形格子,如图 5.47 所示,第 m n 单元位于 (md_x, nd_y),三角形格子可以想象为每隔一个单元省去一个单元的矩形格子。在这种情况下,通过要求 $(m+n)$ 为偶数值的方法,可以确定单元的位置。

由于采用方向余弦的坐标系统,单元控制相位的计算大大简化。在这一系统中,由波束控制方向 $(\cos\alpha_{xs}, \cos\alpha_{ys})$ 所定义的线性相位的渐变可以在每个单元上加起来。因

此,第 mn 单元上的相位为

$$\psi_{mn} = mT_{xs} + nT_{ys} \tag{5.113}$$

式中,$T_{xs} = (2\pi/\lambda)d_x \cos\alpha_{xs}$ 为在 x 方向上单元之间的相移,$T_{ys} = (2\pi/\lambda)d_y \cos\alpha_{ys}$ 为在 y 方向上单元之间的相移。

二维阵列的阵因子可以由阵列中各个单元在空间每一点贡献的矢量和来计算,对于向着 $\cos\alpha_{xs}$ 和 $\cos\alpha_{ys}$ 给出的方向扫描的阵列,$M \times N$ 个辐射元的矩形阵列的阵因子可以表示为

$$E_a(\cos\alpha_{xs}, \cos\alpha_{ys}) = \sum_{m=0}^{M-1} \sum_{n=0}^{N-1} |A_{mn}| e^{j[m(T_x - T_{xs}) + n(T_y - T_{ys})]} \tag{5.114}$$

式中,$T_x = (2\pi/\lambda)d_x \cos\alpha_x$,$T_y = (2\pi/\lambda)d_y \cos\alpha_y$,$A_{mn}$ 为第 mn 单元的幅度。

阵列可看成具有无限多个栅瓣,但只希望在实空间内仅有一个瓣(即主瓣)。当控制了相位后,使主瓣指向法线方向时就很容易绘出栅瓣位置,并在主瓣扫描时观察它们的运动。

图 5.49 给出在矩形和三角形排列时栅瓣的位置。对矩形阵列,栅瓣位于:

$$\begin{cases} \cos\alpha_{xs} - \cos\alpha_x = \pm \dfrac{\lambda}{d_x} p \\ \cos\alpha_{ys} - \cos\alpha_y = \pm \dfrac{\lambda}{d_y} q \end{cases}, \quad p, q = 0, 1, 2, \cdots \tag{5.115}$$

当 $p = q = 0$ 时,所对应的就是主瓣。用三角形格子抑制栅瓣比用矩形格子更为有效,对于给定的孔径尺寸,它需要的单元较少。如果三角形格子在 (md_x, nd_y) 上包含单元,且 $m+n$ 是偶数,那么栅瓣位于

$$\begin{cases} \cos\alpha_{xs} - \cos\alpha_x = \pm \dfrac{\lambda}{2d_x} p \\ \cos\alpha_{ys} - \cos\alpha_y = \pm \dfrac{\lambda}{2d_y} q \end{cases} \tag{5.116}$$

式中,$p+q$ 为偶数。

由于通常希望在实空间内只有一个主瓣,因此合理的设计应是对所有的扫描角而言,除了一个最大值外,其余均在虚空间内。如果单元间距大于 $\lambda/2$,那么由于扫描的缘故,原来在虚空间内的波瓣可能移向实空间。当阵列扫描从法线离开时,每个栅瓣(在 $\sin\theta$ 空间)在扫描面所决定的方向上将移动一段等于扫描角正弦的距离。为了保证没有栅瓣进入实空间,单元间距必须这样选择,即对于最大的扫描角 θ_m,栅瓣移动 $\sin\theta_m$ 时不会把自身带进实空间。如果对每个扫描面都要有从法线算起 60° 的扫描角,那么在 $1 + \sin\theta_m = 1.866$ 为半径的圆内,就不能存在栅瓣。满足这一要求的方形格子有

$$\lambda/d_x = \lambda/d_y = 1.866 \quad \text{或} \quad d_x = d_y = 0.536\lambda \tag{5.117}$$

式中,每个单元的面积为

$$d_x d_y = (0.536\lambda)^2 = 0.287\lambda^2 \tag{5.118}$$

对于等边三角形阵列,需满足

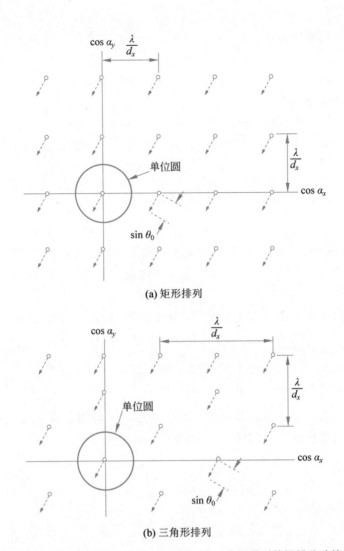

(a) 矩形排列

(b) 三角形排列

图 5.49　当波束扫描到 θ_0 时,矩形排列和三角形排列的栅瓣移动情况

$$\lambda/d_y = \lambda/(\sqrt{3}d_x) = 1.866 \quad 或 \quad d_y = 0.536\lambda, \quad d_x = 0.309\lambda \tag{5.119}$$

因为每隔一个 mn 值放置一个单元,则每个单元面积为

$$2d_x d_y = 2(0.536\lambda)(0.309\lambda) = 0.332\lambda^2 \tag{5.120}$$

对于同样的栅瓣抑制,方形格子则大约多出 16% 的单元数。

5.6.5　无源相控阵雷达的馈电和馈相方式

相控阵雷达分成有源和无源两种方式。无源相控阵雷达所有阵元共用一台大功率发射机。有源相控阵每个阵元都有自己的发射机。无源相控阵发射信号的馈送方式可以分成串联馈电和并联馈电两种方式。

5.6.5.1　串联馈电

图 5.50 给出了几种串联馈电系统。在除了图 5.50(d)以外的所有情况下,当调整移

相器时,辐射源到每个辐射单元的电路径长度必须作为频率函数来计算和加以考虑;图 5.50(a)是一个端馈阵,它对频率敏感,这就导致它比大多数其他馈电系统有更严格的带宽限制;图 5.50(b)是中心馈电,它具有与并馈网络基本相同的带宽,和波瓣与差波瓣输出都有,但它们对最佳幅度分布的要求有矛盾,两者不能同时满足,要同时给出好的和波瓣与差波瓣几乎是不可能的,需以增加复杂性为代价;用如图 5.50(c)所示的方法就可以克服这一困难,其中用了两根分开的中心馈线,它们在一个网络内混合,并给出和差波瓣的输出,对于这两种幅度分布进行独立的控制是可能的。为了能有效地工作,两根馈线所要求的分布是正交的,即它们产生的波瓣图中一个波瓣图的峰值对应于另一个的零点,孔径分布则分别为偶数和奇数;如图 5.50(d)所示为一种具有等路径长度、频带非常宽的串馈系统,如果带宽已由相位扫描限制,那么以尺寸和重量明显增加作为代价并没有换得多大的好处;对于如图 5.50(e)所示的方案,每个移相器只需做同样的调整,编程相对简单,但由于串联插入损耗随辐射器的序列增加,同时调整相位所需要的容差也高,因此这种类型不常使用。

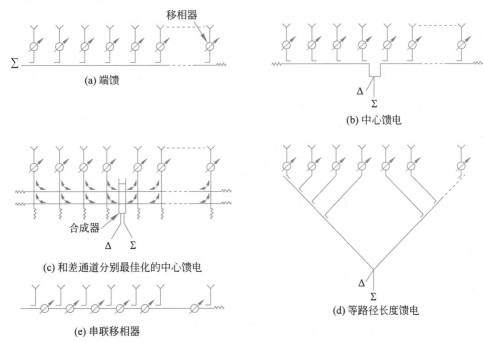

图 5.50 串联馈电网络

5.6.5.2 并联馈电

图 5.51 给出了许多并联馈电系统,它们常常把若干辐射器组合成子阵,然后把子阵串接或并接组合起来以形成和差波瓣。

图 5.51(a)给出了一种匹配组合馈电网络,它由一些匹配的混合接头组合起来,孔径的不匹配反射和其他不平衡反射引起的不同相位分量被终端负载吸收,同相分量和平衡分量回到输入端。为了破坏周期性并降低最大量化副瓣,在个别馈线中可引入少量附加

的固定相移,并可通过对移相器进行相应的调整来补偿。

　　如图 5.51(b)所示的电抗性馈电网络比匹配结构简单,它的缺点是不能吸收不平衡的反射,这种不平衡的反射至少可能引起部分重新辐射,产生副瓣。图 5.51(c)给出了带状线功率分配器。图 5.51(d)给出了一种用电磁透镜的强制光学功率分配器,透镜可以省去,但要在移相器上进行修正,对于用非可逆移相器的情况,一部分从孔径反射的功率将再辐射(作为副瓣),而不回到输入端,喇叭口上的幅度分布是由波导模式给定的,对图示的 E 面喇叭,其幅度是相等的。

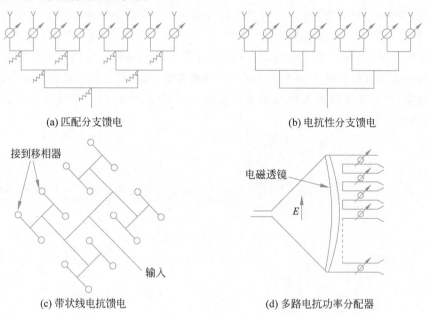

(a) 匹配分支馈电　　　　　　　　　　　(b) 电抗性分支馈电

(c) 带状线电抗馈电　　　　　　　　　　(d) 多路电抗功率分配器

图 5.51　并联馈电网络

5.6.6　有源相控阵

　　有源相控阵雷达是现代雷达发展的一个重要方向。有源相控阵是指天线的每个子阵都有接收机和发射机的相控阵系统,其适用范围从用于监视的超高频(UHF)到用于机载系统的 X 波段,甚至更高的频段,其接收机和发射机又称为 T/R 组件。有源相控阵的技术基础是固态发射机技术,因此 T/R 组件又称为固态模块。T/R 组件的性能在很大程度上决定了有源相控阵雷达的性能,且 T/R 组件的生产成本决定了有源相控阵雷达的推广应用前景。

　　采用有源相控阵雷达天线的雷达称为有源相控阵雷达(APAR),有源相控阵雷达已成为当今相控阵雷达发展的一个重要方向,很多战略、战术雷达都是有源相控阵雷达。随着数字与模拟集成电路技术及功率放大器件的快速发展,有源相控阵技术正由雷达向通信、电磁战、定位导航等领域发展。

5.6.6.1　T/R 组件基本结构

　　典型组件如图 5.52 所示,它由发射放大链、接收前置放大器、带激励器的共同移相器,以及分隔发射和接收路径的环流器与/或开关组成。

用于单元级发射的功率放大器通常有 30dB 或更大的增益,以补偿在波束形成器上功率分配的损耗。晶体管能产生较高的平均功率,但只能产生相对较低的峰值功率。因此,需要高占空比的波形(10%～20%)以有效地发射足够的能量。峰值功率不足是相控阵雷达中固态模块的主要缺点,这一点可通过在接收机中使用脉冲压缩以及使用对抗干扰的极宽的带宽来补偿,但要以增加信号处理为代价。晶体管的主要优点在于具有宽带宽的潜力。

接收机通常需要 10～20dB 的增益以便给出低噪声系数,允许移相和波束形成的损耗,模块在单元波瓣(不仅是天线波瓣)范围内也接收来自各个方向上、带宽内所有频率上的干扰信号。因此,低接收机增益有利于保证动态范围。为了在频带内为低副瓣性能提供幅度和相位跟踪,模块之间的一致性要求非常严格。可编程增益调整对于校正模块间的变化有帮助,可放松对模块性能规格的要求。由于噪声系数已确定,所以可以把馈电网络分开,以便为和差通道的发射和接收提供独立的最佳孔径幅度分布。在另一种结构中,馈电网络设计成提供等幅孔径分布形式,以便在目标上提供最高的发射功率,接收器增益控制用来提供和通道的幅度渐变,也可以为差通道加上第二个馈电系统。

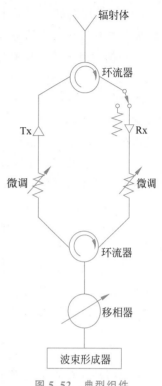

图 5.52　典型组件

模块移相器在低的信号功率电平上工作,因为在发射放大之前,在接收放大之后,其插入损耗可以很高。因此,甚至在许多位(如为实现低副瓣选择 5 位、6 位或 7 位)的情况下,也完全允许使用二极管移相器,插入损耗的变化可用增益调整来动态补偿。

高功率一侧的环流器可为功率放大器提供阻抗匹配,并足以保护接收机。由图 5.53 可见,添加的开关可使因天线失配而反射的功率被吸收,并能在发射期间为接收机提供额外的保护。如果要重点考虑重量,如当它处于空基系统中的情况,那么环流器可以用需要附加逻辑和激励电路的二极管开关来代替。

5.6.6.2　有源相控阵天线的特点

与无源相控阵天线相比,有源相控阵天线具有如下特点:

(1)由于功率源直接连在阵元后面,故馈源和移相器的损耗不影响雷达性能,接收机的噪声系数由 T/R 组件中的低噪声放大器决定,不受移相器和相加网络影响,信噪比容易提高。

(2)降低馈线系统承受高功率的要求,降低相控阵天线中馈线网络即信号功率相加网络(接收时)的损耗。

(3)每个阵元通道上均有一个 T/R 组件,重复性、可靠性、一致性好,即使有少量 T/R 组件损坏,也不会明显影响性能指标,而且能很方便地更换组件。

（4）易于实现共形相控阵天线。

（5）可实现变极化。可在天线处正交放置一对偶极子天线，它们分别辐射或接收水平线极化与垂直线极化信号。天线单元用作圆极化天线单元，因此用一个 3dB 电桥和一个 $0/\pi$ 倒相的极化转换开关，即可实现发射左旋或右旋圆极化信号和接收右旋或左旋圆极化信号。

圆极化发射和接收雷达信号有利于消除电离层对电磁波产生的极化偏转效应（法拉第效应），这对探测空间目标、卫星与中远程弹道导弹的大型相控阵雷达是十分必要的。变极化还可以用于雷达抗干扰。

（6）有利于采用单片微波集成电路（MMIC）和混合微波集成电路（HMIC），可提高相控阵天线的宽带性能，有利于实现频谱共享的多功能天线阵列，为实现综合化电子信息系统（包括雷达、ESM 和通信等）提供可能的条件。

（7）采用有源相控阵天线后，有利于与光纤及光电子技术相结合，实现光控相控阵天线和集成度更高的相控阵天线系统。

有源相控阵天线虽然具有许多优点，但价格昂贵，是否采用有源相控阵雷达应从实际需求出发，既要看雷达应完成的任务，也要分析实际条件和采用有源相控阵天线的代价，考虑技术风险及对雷达研制周期和生产成本的影响。

5.6.7　数字阵列雷达

对于有源相控阵雷达来说，借助 DDS 技术，即可具备不用移相器或延时线实现相控发射的能力；如果其接收像声呐那样采用数字波束形成，则可以完全抛弃移相器或延时线，这就是发展中的数字阵列雷达（DAR）技术。

数字阵列雷达的基本结构框图如图 5.53 所示，主要由数字 T/R 组件、数字波束形成（DBF）、信号处理器、控制处理器和基准时钟等部分组成。它的 T/R 组件（如图 5.54 所示）不再含有移相器，发射波形的移相或延时依靠 DDS 来完成，同时可以看出，它已经完成了正交解调和模/数转换，得到了接收信号复包络的数字形式，为数字波束形成奠定了基础。

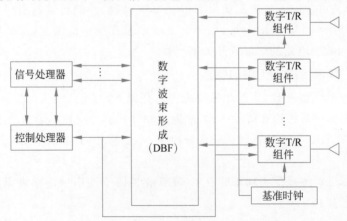

图 5.53　数字阵列雷达的基本结构框图

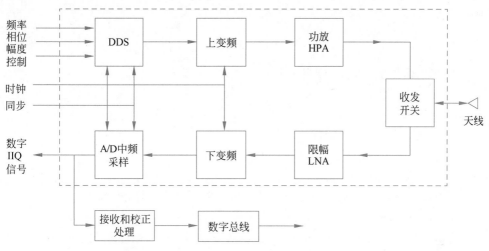

图 5.54 基于 DDS 的数字 T/R 组件组成方框图

5.7 三坐标雷达

通常的监视雷达只能测量距离和方位角这两个坐标,称为两坐标雷达。能测量目标在空间的 3 个坐标值(即距离、方位角和仰角)的雷达称为三坐标雷达。曾经有多种方法来测量仰角和高度,如工作频率低的早期雷达,地(海)面反射使垂直面方向图分裂成波瓣形,这时可以利用波瓣形状的规律进行目标仰角估测;V 形波束测高是在搜索波束之外再增加一个倾斜 45°的倾斜波束,前者用来测量目标的距离和方位,增加的倾斜波束用来测定目标的高度。用一部"点头"式测高雷达配合两坐标的空中监视雷达协同工作,监视雷达发现目标并测得其距离和方位角,同时将目标坐标数据送给测高雷达,该雷达具有窄的仰角波束,并在仰角方向"点头"扫描,可以比较准确地测定目标的仰角和高度。这些测量方法的主要缺点是测量过程比较复杂、缓慢,可以同时容纳的目标数目较少,测量精度较差,不能满足出现高速度、高密度的空中目标时对雷达测量的要求。

对三坐标雷达的主要要求是能快速提供大空域、多批量目标的三坐标测量数据,同时要有较高的测量精度和分辨力。通常用数据率作为衡量三坐标雷达获得信息速度的一个重要指标,数据率这个指标也反映了雷达各主要参数之间的关系。在三坐标雷达中,为了提高测量方位角和仰角的精度和分辨力,通常都采用针状波束。

5.7.1 三坐标雷达的数据率

三坐标雷达的数据率 D 定义为单位时间内雷达对指定探测空域内任一目标所能提供数据的次数,可以看出,数据率也等于雷达对指定空域探测一次所需时间(称为扫描周期 T_S)的倒数,因为波束每扫描一次,对待测空域内的每一目标能够提供一次测量数据。

令雷达待测空域立体角为 V,波束宽度立体角为 θ,雷达脉冲重复周期为 T_r,重复频率为 f_r,雷达检测时所必需的回波脉冲数为 N。为此,必须保证波束对任一目标照射时间不小于 NT_r(即波束在某一位置停留的时间不应小于 NT_r),则雷达波束的扫描周

期为

$$T_S = \frac{V}{\theta} N T_r \tag{5.121}$$

设雷达作用距离为 R_{max}，则目标回波的最大时延为

$$t_{rmax} = \frac{2R_{max}}{C} \tag{5.122}$$

式中，C 为光速。若取 $T_r = 1.2 T_{rmax}$，则

$$T_S = \frac{V}{\theta} N \frac{2.4 R_{max}}{C} \tag{5.123}$$

待测空域立体角 V 和波束宽度立体角 θ 可按以下方法计算：

球面上的某一块面积除以半径的平方定义为这块面积相对球心所张的立体角。

假定雷达波束在两个平面内的宽度相同，设 $\theta_\alpha = \theta_\beta = \theta_b$，则波束在以距离 R 为半径的球面上切出一个圆，如图 5.55 所示，把该圆的内接正方形作为波束扫描中的一个基本单元，以保证波束扫描时能覆盖整个空域。由图 5.55 可知，正方形的面积为 $(R\theta_b/\sqrt{2})^2$，故波束立体角为 $B = (R\theta_b/\sqrt{2})^2/R^2$。

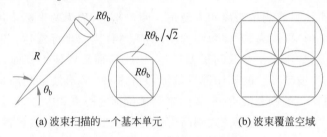

(a) 波束扫描的一个基本单元　　　　　　(b) 波束覆盖空域

图 5.55　波束立体角计算图

波束宽度立体角 B 由测角精度和分辨力决定，不能任意加宽，同时 B 增大后将使天线增益下降，使得探测距离减小，回波脉冲数 N 会影响探测能力以及多普勒分辨能力等，因此提高数据率是雷达系统综合设计研究的问题。

三坐标雷达大体上可分为单波束和多波束两大类。

5.7.2　单波束三坐标雷达

与炮瞄雷达一样，三坐标雷达通常采用针状波束，但是炮瞄雷达一般有引导雷达，自身无法搜索目标，但三坐标雷达一般用作对空搜索。为了提高数据率，三坐标雷达有一维电扫，新型的对空搜索雷达大多采用二维电扫。在有一维电扫的三坐标雷达中，方位用机械旋转扫描，转速较慢；俯仰方向用电子扫描，扫描速度很快。电子扫描的方式可以采用频扫和相扫，但即使采用二维电扫，扫描速度还是无法提高，因为当距离给定后，脉冲重复频率就定了。

5.7.3　多波束三坐标雷达

单波束三坐标雷达，在高度方向需要扫描，扫描速度较慢。为了提高测高的速度，可

以在高度上形成多个波束,这样就可以大大提高测高雷达的数据率,如果有 M 个波束,那么测高速度就可以提高 M 倍。

必须指出,用增加波束的数目来提高数据率时,要相应地增加发射功率,以保证每个波束所探测的空域均有足够的距离覆盖能力。若假定 M 个波束均分发射功率,而总发射功率仍和单波束雷达一样,则每个波束的回波功率减小至原来的 $1/M$,为了达到同样的检测概率,必须增加脉冲积累数;否则与单波束雷达相比,数据率不仅不会提高,反而会降低。

5.7.3.1 偏焦多波束三坐标雷达

如图 5.56 所示为偏焦多波束三坐标雷达,天线的馈源为多个喇叭,在抛物面反射体的焦平面上垂直排列,由于各喇叭相继偏离焦点,故在仰角平面上可以形成彼此部分重叠的多个波束。这种三坐标雷达的好处是避免了采用相控阵,大大降低了系统的成本。

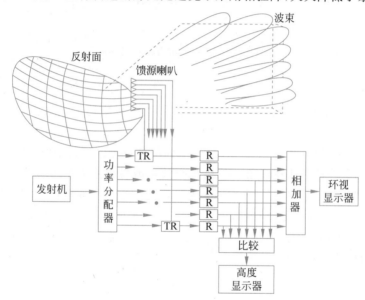

图 5.56 偏焦多波束三坐标雷达原理方框图

5.7.3.2 相控阵多波束形成三坐标雷达

采用相控阵的方法可以在方位上实现多个收发波束,以提高三坐标雷达的数据率。图 5.57 给出了一种用波导作为延迟线获得两个多波束的方案,由于各条相加波导放置的倾斜角 β 不同,Δl 不同,因而各条相加波导相应的波束指向也就不同,每个接收通道对应一个波束指向,M 条 β 角不同的相加波导及多个相应的接收通道就对应着 M 个波束。

5.7.4 仰角测量范围和高度测量

5.7.4.1 仰角测量范围

仰角测量范围是两坐标雷达的一个重要性能指标,它是雷达天线波束在仰角上的覆盖范围或扫描范围,对不同类型的相控阵雷达,其含义有所不同。对在方位上做一维相

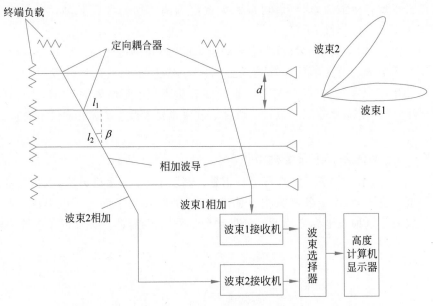

图 5.57 射频延时线相控阵三坐标雷达原理方框图

位扫描的相控阵雷达来说,雷达仰角测量范围取决于该雷达天线波束在仰角上下的形状;对大多数二坐标雷达而言,其仰角波束形状多数具有余割平方形状。对在仰角上做一维相位扫描的战术相控阵三坐标雷达来说,仰角测量范围即天线波束在仰角上的相位扫描范围,有的三坐标雷达在仰角上采用多个波束或发射余割平方宽波束,接收为多个窄波束,这时仰角测量范围取决于多波束的覆盖范围。当天线阵面倾斜放置时,仰角测量范围取决于天线倾角及天线波束偏离法线方向的上下扫描角度,如图 5.58 所示,图中 A 为天线在垂直方向上的倾斜角,$+\beta_{1\max}$ 与 $-\beta_{1\max}$ 分别表示天线波束偏离法线方向往上与往下的扫描范围。

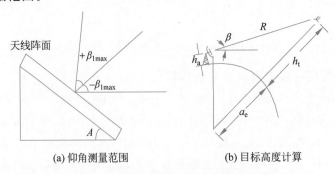

(a) 仰角测量范围   (b) 目标高度计算

图 5.58 仰角测量范围和目标高度计算

对一般战术两坐标相控阵雷达来说,天线阵面的向后倾斜角比较容易决定,但对超远程空间探测相控阵雷达来说,由于它们要求有很大的仰角测量范围,天线阵面倾斜角 A 的确定应考虑的因素较多。如美国 AN/FPS-85 超远程相控阵雷达用于对空间目标的跟踪,收集苏联导弹系统发射情报和洲际弹道导弹(ICBM)的早期预警,该雷达的仰角观

察空域为 $0°\sim105°$,其天线阵面的倾斜角为 $45°$,意味着该雷达在仰角上偏离阵面法线方向往上与往下的扫描范围分别为 $60°$ 和 $45°$,这就决定了该雷达天线在垂直方向上的单元间距应按最大扫描角 $\beta_{1max}=60°$ 进行设计。如果要求在低仰角水平方向有更好的检测和跟踪性能,则天线阵面往后的倾斜角 A 应大一些,如选择 $50°$,甚至是 $55°$,但这就要求天线最大扫描角度为 $65°$,甚至是 $70°$,方能保证 $0°\sim105°$ 的仰角覆盖要求。这将使相控阵天线的设计变得更为困难,导致天线单元数目增加,且高仰角的雷达性能急剧降低。

5.7.4.2　高度计算

在三坐标雷达中,根据测得的目标斜距和仰角,并考虑到地球曲率和大气折射的影响,可按如图 5.58(b)所示的几何关系计算目标高度,图中 R 为目标的斜距,β 为目标的仰角,h_t 为目标的高度,h_a 为雷达天线的高度,a_e 为考虑大气折射后的地球等效半径,当大气折射系数随高度的变化梯度为 -0.039×10^{-8} 时,$a_e=(4/3)$,$r=8490\text{km}$,其中,r 为地球曲率半径。大气折射使电波传播路径发生弯曲,采用等效半径后,可认为电磁波仍按直线传播。

由余弦定理可得

$$(a_e+h_t)^2=R^2+(a_e+h_a)^2-2R(a_e+h_a)\cos(90°+\beta) \tag{5.124}$$

因为 $(a_e+h_a)\gg R$,所以

$$(a_e+h_t)=(a_e+h_a)\left[1+\frac{R^2+2R(a_e+h_a)\sin\beta}{(a_e+h_a)^2}\right]^{1/2} \tag{5.125}$$

注意到 $h_a\ll a_e$,故式(5.125)可化简成

$$h_t=h_a+\frac{R^2}{2a_e}+R\sin\beta \tag{5.126}$$

当距离很近时,有

$$h_t=h_a+R\sin\beta \tag{5.127}$$

思考题与习题

5.1　测角的基本方法有哪些?这些方法优缺点是什么?

5.2　比相法测角组成框图中(见图 5.7),如果两个接收天线间的距离 $d=75\text{cm}$,波长 $\lambda=25\text{cm}$,试计算以下问题:

(1)若目标方向与接收天线方向的夹角 $\theta=5°$,试求相位计测得的相位差 φ。

(2)若要保证测角的单值性,则单个接收天线的水平波束宽度应为多少?

5.3　画出窄带波束(时域法)形成框图,并解释原理。

5.4　画出宽带波束(时域法)形成框图,并解释原理。

5.5　解释窄带波束形成频域法原理,空间频率与数字频率对应的关系是什么?

5.6　雷达单脉冲自动测角的原理和方法是什么?

5.7　被动声呐如何测向?如果要精确测量方位,应采用什么方法?

5.8　加权对阵的指向性指标有何改变?

5.9 加挡对阵的指向性指标有何改变？

5.10 前视主动声呐一般采用多波束声呐,如果其多波束形成结果在零度方向有强的虚警(该方向实际没有目标,但信号很强),请问可能是什么原因造成的？

5.11 完成均匀线阵的波束形成的计算机仿真。

5.12 在上题的基础上,采用仿真的方法研究切比雪夫加权对副瓣的影响。

5.13 仿照式(5.80),推导当阵元数为奇数时,均匀线阵方向性函数的数学表达式。

5.14 平面阵或线阵相控阵天线波束扫描时,为什么会发生波束变宽和增益下降？

5.15 试述相控阵雷达的优缺点。

5.16 无源相控阵如何形成两个独立的波束？(假定为线阵)

5.17 试述三坐标雷达的主要质量指标。

5.18 三坐标雷达有哪几种？哪一种最完善？为什么？

第 6 章

速度测量与分辨

径向速度测量和分辨的物理基础是多普勒效应。可见径向速度测量和分辨的本质是频率的测量和分辨。径向速度分辨对于电子探测系统极为重要。首先,利用速度分辨可以抑制干扰。目标通常处于运动状态,而干扰的背景通常静止或慢速运动,如雷达的地面、海面、云雨杂波和干扰箔条,声呐的混响等。利用速度的差异在频域上将目标和这类干扰的谱分离,将干扰背景转化成噪声,可大大改善在杂波和混响背景下的目标检测能力;鉴别电子干扰和水声对抗器材干扰,可提高雷达或声呐的抗干扰能力。雷达的动目标指示(MTI)、动目标检测(MTD)、脉冲多普勒雷达(PD)、空时二维处理(STAP)和声呐的自身多普勒抑制(ODN)都是基于这个原理工作的。

此外,多个目标的径向速度也可能不同,利用速度差异可以分辨出多个目标,改善目标的分辨能力。这类应用还包括合成孔径成像、动目标合成孔径成像、多运动目标逆合成孔径成像。

径向速度测量也是雷达和声呐的重要功能,如测量飞机、潜艇、云雨、海洋表面流和海洋洋流的速度等。常用的声多普勒计程仪(ADL)和多普勒流速剖面仪(ADCP)可以分别测量潜艇航速和海流速度。

切向速度测量原理是基于空间多普勒域的测量,可以分成两大类:真实空域方法和合成空域方法。真实空域切向速度测量方法的物理基础是波形不变原理,它利用沿切线方向布置阵列的接收阵元信号相似性来测量切向速度,在声相关流速剖面仪(ACCP)中得到应用。

6.1 径向速度的测量与分辨

6.1.1 多普勒效应与频率分辨率

多普勒效应是指当发射源和接收者之间有相对径向运动时,接收到的信号频率将发生变化的现象。这一物理现象在声学上由物理学家多普勒于 1842 年发现,1930 年开始应用于电磁波。因此径向速度的测量与分辨本质上是频率的测量和分辨。

由表 1.1 可知,时长越长,频率分辨率越高。详细讨论见第 7 章。

6.1.2 多普勒频率

由于电磁波的多普勒效应讨论涉及狭义相对论,公式推导很复杂,因此我们采用声波来讨论多普勒效应,但对于收发共置的情形,雷达和声呐的多普勒频率公式是完全相同的。

6.1.2.1 单频连续波情形

1. 源静止、接收器运动的情形

假定源发射频率为 f_0 单频信号。设声波在介质中传播的速度为 C,接收器径向运动速度为 V_r,相向运动速度为正,反之为负。如图 6.1(a)所示,因为此时波长相等,因此接收器接收信号的频率为

$$f_r = \frac{C+V_r}{C}f_0 \tag{6.1}$$

定义多普勒频率或频偏为

$$f_d = f_r - f_0 = \left(\frac{C+V_r}{C}-1\right)f_0 = \frac{V_r}{C}f_0 \tag{6.2}$$

2. 源运动、接收器静止的情形

假设源运动的径向运动速度为V_s，接收器静止，其他假设同上。如图6.1(b)所示，此时波前移动，波前的形状将发生改变，波长变短，波长为

$$\lambda_r = \frac{C-V_s}{f_0} \tag{6.3}$$

波长对应的频率为

$$f_r = \frac{C}{\lambda_r} = \frac{C}{C-V_s}f_0 \tag{6.4}$$

多普勒频率为

$$f_d = f_r - f_0 = \left(\frac{C}{C-V_s}-1\right)f_0 = \left(\frac{V_s}{C-V_s}\right)f_0 \tag{6.5}$$

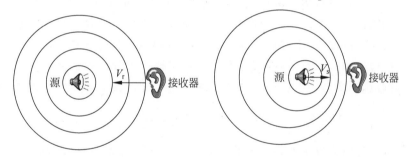

(a) 源静止，接收器运动　　　　　　　(b) 源运动，接收器静止

图 6.1　两种不同情形下多普勒解释

3. 发射阵和接收阵共站声呐目标回波的多普勒频率

在发射信号达到目标之前属于声源静止、接收器(目标)运动的情形；在目标接收到回波并反射回波时，变成了源(回波)运动、接收器(接收机)静止的情形。由式(6.1)和式(6.4)可知，其接收回波的频率为

$$f_r = \frac{C+V_r}{C-V_r}f_0 \tag{6.6}$$

尽管这个公式是用声波推导出来的，但它对雷达也是完全适用的。多普勒频率为

$$f_d = f_r - f_0 = \left(\frac{C+V_r}{C-V_r}-1\right)f_0 \tag{6.7}$$

当$C \gg V_r$时，利用泰勒展开可得多普勒频率近似为

$$f_d \approx 2\frac{V_r}{C}f_0 = 2\frac{V_r}{\lambda} \tag{6.8}$$

由式(6.8)可以看出,利用多普勒效应来检测运动目标时,为了提高检测性能,应增大多普勒频率或提高频率的分辨率。

6.1.2.2 宽带信号的情形及其窄带近似

仅考虑收发阵共置情形下宽带信号的目标回波。这里宽带包含两重含义:一是相对带宽很大,二是时间带宽积很大,在脉宽持续的时间内,目标径向运动可能超过距离分辨单元,即

$$\frac{C}{2B} \leqslant TV_r \tag{6.9}$$

其中,B 和 T 分别为信号的带宽和脉宽。C 和 V_r 分别为波速和径向速度。不等式左边是距离分辨率,右边是目标在信号持续时间内的径向运动。式(6.9)可以进一步写成如下时间带宽积(TB 积)的约束条件:

$$TB \geqslant \frac{C}{2V_r} \tag{6.10}$$

在声呐系统中,大时间带宽积信号很容易出现宽带信号问题,实际上在合成孔径雷达中也存在宽带问题,其合成孔径时间与带宽乘积不满足窄带条件,目标超过距离分辨单元的现象在合成孔径雷达中被称为距离徙动。上述两重含义的宽带信号回波不能简单地用多普勒频移来描述,它在时域上表现为波形的压缩或拉伸。对于窄带信号,实际上也是压缩与拉伸的过程,不过它的包络变化可以忽略,认为仅有多普勒频移的变化。

设收发阵位于坐标原点,发射信号为 $s_t(t)$,它被点目标反射回来,不考虑信号幅度变化,接收阵收到的信号为 $s_r(t)$。如果目标静止且位于距离 R 处,那么发射信号抵达目标的时间为 R/C,双程时延为 $\tau = 2R/C$,信号的回波为 $s_r(t) = s_t(t-\tau) = s_t\left(t-\frac{2R}{C}\right)$。

如果发射信号时刻位于 R_0 处,目标以恒定的径向速度 V_r 向阵的方向运动,目标与阵的距离为 $R(t) = R_0 - V_r t$,时延不再是常数,$\tau(t) = 2R(t)/C$,信号的回波为 $s_r(t) = s_t[t-\tau(t)]$。由于发射信号抵达目标和目标反射信号期间,两者相对径向速度不变,因此 t 时刻接收阵接收到的信号实际上是目标在 $t-\tau(t)/2$ 时刻接收并反射的信号,此时目标位于 $R[t-\tau(t)/2]$。因此双程时延为

$$\tau(t) = \frac{2R[t-\tau(t)/2]}{C} = \frac{2\{R_0 - V_r[t-\tau(t)/2]\}}{C} \tag{6.11}$$

由此解得

$$\tau(t) = \frac{2}{C-V_r}(R_0 - V_r t) \tag{6.12}$$

那么接收信号可以表示为

$$s_r(t) = s_t[t-\tau(t)] = s_t\left[t-\frac{2}{C-V_r}(R_0 - V_r t)\right] = s_t[s(t-\tau_0)] \tag{6.13}$$

其中,

$$\tau_0 = 2R_0/(C+V_r) \approx 2R_0/C \tag{6.14a}$$

$$s = \frac{C + V_r}{C - V_r} \tag{6.14b}$$

称为多普勒伸缩因子。

宽带信号回波模型是通用模型,下面从宽带信号模型出发,通过近似的方法导出窄带脉冲信号的回波模型。不失一般性,设发射信号是满足窄带条件的矩形包络单频脉冲信号:

$$s_t(t) = \text{rect}\left(\frac{t}{T}\right)\cos(\omega_0 t) \tag{6.15}$$

其中,ω_0 和 ϕ 分别为信号的角频率和初始相位。如果 $C \gg V_r$,则对式(6.14b)做泰勒展开可得

$$s = \frac{C + V_r}{C - V_r} \approx 1 + 2\frac{V_r}{C} \tag{6.16}$$

接收信号为

$$s_r(t) \approx \text{rect}\left(\frac{\left(1 + \frac{2V_r}{C}\right)(t - \tau_0)}{T}\right)\cos\left[\omega_0\left(1 + \frac{2V_r}{C}\right)(t - \tau_0)\right]$$

$$\approx \text{rect}\left(\frac{t - \tau_0}{T}\right)\cos[(\omega_0 + \omega_d)(t - \tau_0)] \tag{6.17}$$

其中,多普勒角频率为

$$\omega_d = (s - 1)\omega_0 \approx \frac{2V_r}{C}\omega_0 \tag{6.18}$$

角频率对应的多普勒频率为

$$f_d = (s - 1)f_0 \approx \frac{2V_r}{C}f_0 = \frac{2V_r}{\lambda} \tag{6.19}$$

可以看出,式(6.19)与式(6.8)是一致的。接收信号的复包络为

$$\tilde{s}_r(t) = \text{rect}\left(\frac{t - \tau_0}{T}\right)e^{j[\omega_d t - (\omega_0 + \omega_d)\tau_0]} \tag{6.20}$$

由此可见,基于波形伸缩描述的宽带信号模型是通用的多普勒模型,基于频移描述的窄带信号模型是其特例。

需要说明的是,如果相对带宽很大,则必须采用伸缩模型。在这一点上,相对带宽大和大时间带宽积信号(但相对带宽可能不大)是一致的,这也许是为什么把多普勒伸缩模型的信号叫作宽带信号的原因。

6.1.3 多普勒信息的提取方法

多普勒信息的提取方法与工作的波形有关。工作的波形包括连续波、单个脉冲和相参脉冲串。

6.1.3.1 连续波

如图 6.2(a)所示,在连续波工作情形下,发射机发射连续波,而多普勒信息提取的先

决条件是必须有相参的参考信号。部分发射信号耦合到接收天线中,就可以作为参考信号。参考信号和接收信号经混频、放大和滤波后即可得到多普勒信号,如图 6.2(b)所示。

频率的分辨率和测量精度都与信号持续的时间成反比,连续波可最大限度地利用相干处理间隔(CPI)。CPI 由目标速度的平稳性和波束驻留目标的时间决定。因此连续波频率分辨率最高、测频性能最好,但由于连续波没有距离分辨和测量能力,因此常用的是单个脉冲测频和脉冲串测频。

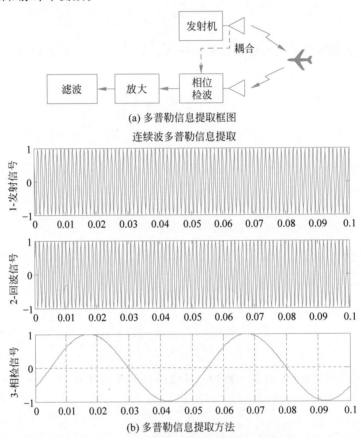

(a) 多普勒信息提取框图

(b) 多普勒信息提取方法

图 6.2　连续波多普勒信息提取方法

6.1.3.2　单个脉冲

在单个脉冲情形下必须选择单个脉冲模糊函数具有良好频率分辨率的信号。这类信号主要有两类:长脉冲宽度的连续波(CW)脉冲和相位编码信号。工程上一般选用前者,且采用时宽较大的脉冲工作,以提高频率的分辨率和测量精度,在声呐中称为长脉宽 CW 波,以便与为了得到高距离分辨率采用的窄脉宽 CW 波区别开来。因为相位编码信号不仅需要在距离和频率上进行二维处理,而且在声呐应用中还会带来宽带信号的问题,所以尽管它工作性能优异,但在工程上难以应用。

单个脉冲情形下多普勒信号提取的原理框图如图 6.3(a)所示。参考信号与脉冲相乘,得到 CW 脉冲作为发射信号。接收信号与参考信号混频、放大和滤波后得到多普勒信号。各级信号波形图如图 6.3(b)所示。

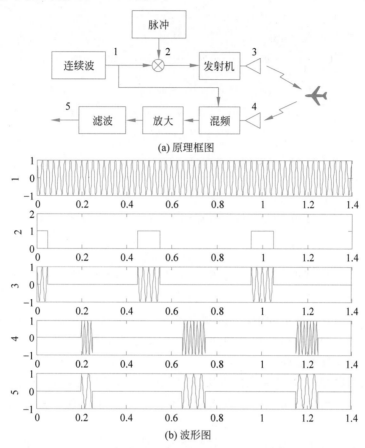

(a) 原理框图

(b) 波形图

图 6.3 单个脉冲多普勒信息提取的原理框图及波形图

利用单个脉冲提取多普勒信息又称为脉内测频,在声呐中应用非常普遍,雷达对高速目标(如天体和弹道导弹)也可采用单个脉冲提取多普勒信息。

6.1.3.3 相参脉冲串

1. 工作原理

利用相参脉冲串测量频率时,信号持续时间是脉冲串信号的持续时间,而不是单个脉冲的宽度,因此具有很高的多普勒分辨能力和测量精度。

脉冲串对于每个脉冲都可以采用脉冲压缩技术以获得良好的测距性能。这样的工作信号同时具有很好的距离及频率分辨率和测量精度。

利用脉冲串提取多普勒效应是许多现代雷达和声呐技术的基础,如动目标显示(MTI)、动目标检测(MTD)、脉冲多普勒雷达(PD)、合成孔径雷达/声呐(SAR/SAS)和雷达空时二维处理(STAP)等。但总体来说,相参脉冲串波形在雷达中的应用远多于声呐。

脉冲串测频的工作框图与单脉冲相同,各点的波形如图 6.4 所示。其最大的差异在于单个脉冲回波信号或回波信号经脉冲压缩后脉宽很窄,不具备脉冲内频率测量能力,它利用脉冲间相位的改变提取多普勒频率。

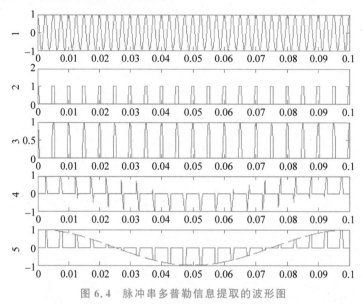

图 6.4　脉冲串多普勒信息提取的波形图

图 6.4 中第 5 点的波形的虚线是多普勒信号,实线是脉冲串波形。脉冲串测频最大的优点是既保证了距离的高分辨率和测量精度,又保证了高的频率分辨率和测量精度。但前提是距离和速度不能模糊。

不难看出,脉冲串多普勒测频的方法,相当于对多普勒信号在时间上进行离散采样。采样的频率为脉冲重复频率 PRF。根据采样定理,为了保证测频不模糊,必须有

$$\mathrm{PRF} \geqslant 2f_{\mathrm{dmax}} \tag{6.21}$$

其中,f_{dmax} 为最大的多普勒频率。如果不能满足这个条件,就会出现频率模糊,不仅导致频率测量出现模糊,利用频率抑制杂波和混响也困难。频率模糊分盲速和频闪两种。

2. 盲速和频闪

盲速和频闪都是由于脉冲重复频率不满足采样定理造成的。只是由于 PRF 取值不同,表现的现象不同而已。但是随后可以看到,对于 MTI 来说,盲速会造成目标丢失,但频闪不会,因此必须消除盲速现象。

如图 6.5 所示,当多普勒频率为脉冲重复频率的整数倍时,即 $f_{\mathrm{d}} = n \cdot \mathrm{PRF}$,$n$ 为整数。回波脉冲呈现为等幅的脉冲串,其回波特征同静止目标的一样,称为盲速。而在其他脉冲重复频率低于最大多普勒频率的情形下,回波脉冲幅度会改变,但是存在测速模糊,则称为频闪。

出现频闪时,实际多普勒频率是脉冲重复频率的整数倍与 f'_{d} 的和,即 $f_{\mathrm{d}} = n \cdot \mathrm{PRF} + f'_{\mathrm{d}}$。其中 f_{d} 和 f'_{d} 分别为实际的多普勒值和测量的多普勒值。在图 6.5 中脉冲重复频率为 18 Hz,实际的多普勒信号为虚线,频率是 20 Hz;但是测量的多普勒信号为点画线,其多普勒频率为 2 Hz。可以看出,盲速是频闪的特殊情形,此时 $f'_{\mathrm{d}} = 0$。

6.1.3.4　声呐和雷达多普勒频率提取和利用方式的比较

声呐和雷达两者最大的差异不是工作频率的差异,因为两者的波长是有可比性的,

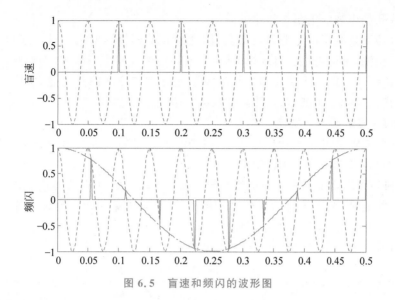

图 6.5 盲速和频闪的波形图

例如,主动声呐波长在米级,鱼雷自导工作的波长为 5cm,两者最大的差异反映在多普勒信息的提取和利用上。从以下几个方面予以解释。

1. 声呐的多普勒效应远大于雷达

定义径向马赫数:

$$\mathrm{Ma_r} = V_r/C \tag{6.22}$$

由式(6.19)可知,相对多普勒频率为

$$\gamma_r = f_d/f_0 = 2\mathrm{Ma_r} \tag{6.23}$$

声呐的相对多普勒频率很高,比雷达高 3 个数量级,所以声呐的多普勒效应远比雷达明显,径向马赫数反映了多普勒效应的强弱。因此雷达通常不需要考虑脉内多普勒效应,只需要考虑脉间的多普勒效应,而声呐不仅要考虑脉内多普勒频率,甚至还要考虑多普勒伸缩。

因为雷达和声呐的工作波长接近,因此根据式(6.19),对于飞机目标多普勒频率的绝对值雷达比声呐大。但对于舰船目标,雷达、声呐基本相同。

2. 单个脉冲波形和脉内多普勒效应

雷达只有在天体、弹道导弹等高多普勒频率测量时使用单个 CW 脉冲。除此之外,雷达绝大多数采用脉间多普勒信息提取和利用。除合成孔径声呐外,声呐大部分采用脉内多普勒信息提取。

对于常用的线性调频信号,雷达可以忽略脉内多普勒影响,但声呐通常难以忽略脉内多普勒影响,对于相位编码信号还必须考虑多普勒伸缩。

3. 相参脉冲串波形

为了保证测距不模糊,声呐脉冲重复频率远低于雷达,很容易出现频率模糊,因此无法采用脉间测频。声呐典型的脉冲重复间隔为 20~60s,对应的不模糊距离为 15~45km。此外,水声信道不稳定,导致脉冲间相位的不稳定也是难以采用脉间测频的原因。仅合成孔径声呐使用相参脉冲串。

雷达脉冲重复频率可以选择得很高,因此测频不模糊区间大。对于远程、相向运动的高速目标探测,雷达仍然会出现频率模糊,如果要保证频率不模糊,则需要提高脉冲重复频率,但距离上可能会出现模糊。有时为了充分利用频率的分辨能力,故意选择频率不模糊、距离模糊的工作波形,如脉冲多普勒雷达(PD)。

4. 声呐和雷达的脉冲宽度存在差异

主动声呐CW长脉冲可达秒级,雷达采用CW脉冲宽度在微秒到数十微秒量级,对于天体探测可达数百微秒。两者相差甚远。

5. 相同的技术雷达和声呐采用的多普勒提取方式可能相同,也可能不同

空时二维处理(STAP)雷达采用脉冲串工作,但声呐采用单个脉冲工作。合成孔径技术,雷达和声呐达均采用脉冲串工作。

以上3种多普勒信息提取方法的比较如表6.1所示。

表 6.1　3 种多普勒信息提取方法的比较

		连续波	单 个 脉 冲		相参脉冲串
			CW 脉冲	相位编码信号	
速度(频率)	分辨率和测量精度	最高	雷达:低 声呐:高	雷达:很少用 声呐:高	雷达:高 声呐:高
距离(时间)	分辨率和测量精度	无	低	高	高
特点		用途有限,不广泛	声呐普遍使用,雷达很少使用	运算量大、难以应用	存在距离和频率模糊,声呐少用
应用		防盗报警、ADL	声呐ODN、雷达测量航天器速度	扩频通信声呐	现代雷达和合成孔径声呐

6.1.4　慢时间与快时间

采用脉冲工作方式工作时,有两个时间因子,分别称为快时间和慢时间。如图6.6(a)所示,快时间是指回波信号相对于发射脉冲到达的时刻,即径向距离对应的时间,例如,对雷达来说,15km的目标快时间为 $100\mu s$。快时间采样频率与接收信号的带宽有关。而慢时间是每个脉冲相对于该组脉冲第一脉冲的开始时刻,第 i 个脉冲的慢时间为 $(i-1)\text{PRI}$ (PRI为脉冲重复间隔),它的采样频率为脉冲重复频率。快时间和慢时间概念在 MTI、PD、STAP、SAR 或 SAS 中都会用到。在 STAP 还需要扩展到三维乃至四维,在快时间和慢时间二维空间上增加一维(方位)或二维空域(方位和俯仰),空域可能是阵元域或波束域。图6.6(b)将图6.4中的单目标回波表示成快时间和慢时间的二维形式。

随后可以看到,信号处理必须基于同一距离单元进行处理,这就要求目标在相干处理期间,径向距离移动不能超过一个距离分辨单元,这是限制 MTI、MTD、PD 和 STAP 相干积累时间的一个因素,此外,还有波束驻留目标的时间。而 SAR 和 SAS 距离单元徙动是不可避免的,必须采用徙动校正的方法补偿到同一距离单元再进行相干积累。

对于脉间相干处理的信号处理方法,典型的步骤是选定某一个距离处理单元后,在

同一距离单元对慢时间进行处理,如滤波(含对消)和离散傅里叶变换等。慢时间对应的频域,称为多普勒域。

慢时间相干处理时间越长,存储的空间越大。MTI 一般只需要存储相邻的二脉冲、三脉冲的信号,MTD 一般需要存储 8～16 个脉冲的信号,而 SAR 则需要存储的多达上千个脉冲的信号。

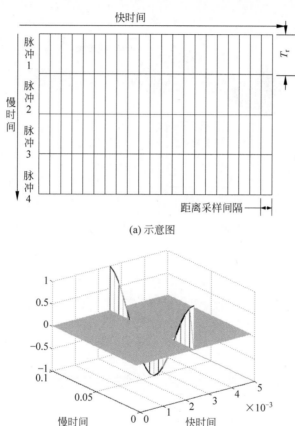

(a) 示意图

(b) 单目标脉冲多普勒信号矩阵排列

图 6.6　脉冲工作方式中的慢时间和快时间

6.2 动目标指示与检测

6.2.1 雷达动目标指示工作原理

1. 基本原理

动目标指示(MTI)是采用前后脉冲回波对消来抑制固定或慢速杂波,改善动目标检测性能的信号处理方法。在大多数情形下,MTI 仅对径向速度敏感。

图 6.7(a)是一种简单的 MTI 框图。它在相位检波后,串接了一个一次对消器(即 MTI 滤波器),该对消器将前一个脉冲延时一个脉冲重复间隔,然后将相邻两个脉冲的回波相减。在模拟处理中,延时可以采用声表波器件或 CCD 等延时器件来实现;在数字信

号处理中,延时可以用移位寄存器或存储器寻址方法来实现。

　　相位检波后的信号如图 6.7(b) 所示。对于固定杂波,由于没有多普勒速度,因此强固定杂波在脉间是不变的,但动目标回波幅度在不断改变,看起来上下跳动,像一只蝴蝶在拍打着翅膀。即使不使用对消器,利用 A 型显示器可以看出,哪里是固定目标(固定杂波干扰),哪里是动目标。为了进一步改善视觉效果可采用 MTI 技术,即固定目标对消技术。

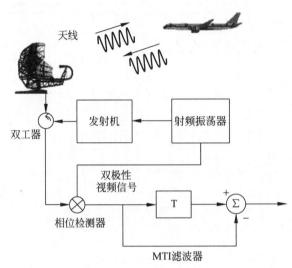

(a) 简单MTI原理框图

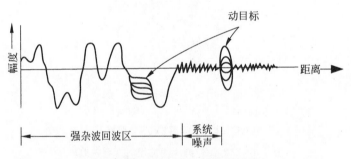

(b) 运动目标与静止目标回波的差异

图 6.7　相位检波后的信号

图 6.8　对消前后的 PPI 显示器的画面

　　在前后两个脉冲间,固定目标仍处于同一距离分辨单元,且幅度不变,前后两个脉冲相减,固定目标被抵消;但动目标在同一距离分辨单元,幅度不同。这样就可以抑制固定杂波和低速目标(如云雨、海浪)杂波。对消前后的 PPI 显示器的画面如图 6.8 所示。

　　还可以从频域来分析一次对消器的频率特性。从数字信号处理的角度来看,它是一

阶 FIR 滤波器。其冲激响应为

$$h(t) = \delta(t) - \delta(t - T_r) \tag{6.24}$$

其中,T_r 为脉冲重复间隔,即两个脉冲之间的时间。对式(6.24)做傅里叶变换即可得到其传递函数:

$$H(\omega) = 1 - \exp(-j\omega T_r) = 2\sin\left(\frac{\omega T_r}{2}\right)\exp\left\{j\left(\frac{\pi}{2} - \frac{\omega T_r}{2}\right)\right\} \tag{6.25}$$

其幅频响应为

$$|H(\omega)| = 2\left|\sin\left(\frac{\omega T_r}{2}\right)\right| \tag{6.26}$$

图 6.9 是其传递函数的幅度频率响应曲线,可以看出,对于多普勒频率等于零或为脉冲重复频率整数倍的信号,其响应为零,因而可以抑制固定杂波。为了改善滤波器的频率特性,可以考虑提高滤波器的阶数,如采用二次(即 3 个脉冲)或四次对消器;还可以采用 IIR 滤波器。在 6.1.2 节可以看到,它实际上是杂波背景下,匹配滤波器的近似实现。图 6.10(a)和(b)为一次对消 MTI 和二次对消 MTI 在快时间和慢时间上的处理示意图,它是在各距离分辨单元进行脉冲间的处理,也就是说,对消器运算的次数是快时间处理单元的个数。

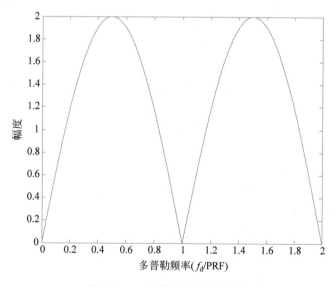

图 6.9 一次对消器的幅频响应

2. MTI 是准匹配滤波器

静止杂波的功率谱如图 6.11 所示,可以看出,它不是白噪声而是色噪声。由式(2.77)可知,色噪声背景下匹配滤波器除了需要与信号做匹配滤波外,杂波强的地方匹配滤波器响应应该最小,形成零点,故 MTI 可以看成一个准匹配滤波器;如果希望更好地实现匹配滤波,可以级联一级窄带滤波器组,MTD 就是这样做的。

3. 参差重复频率消除盲速

不难看出,在出现盲速时,MTI 是没有输出的。尽管提高脉冲重复频率可以解决这

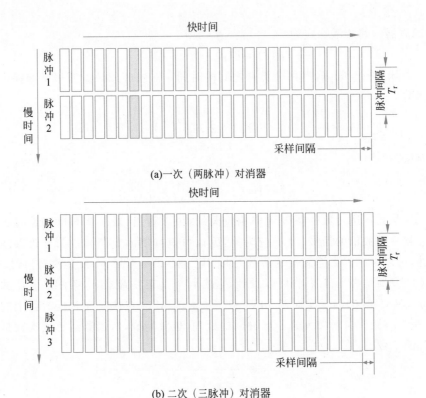

(a)一次（两脉冲）对消器

(b) 二次（三脉冲）对消器

图 6.10   MTI 在快时间和慢时间上的示意图

一问题,但会出现距离模糊。一般来说,MTI 和 MTD 大都采用低脉冲重复频率,以避免距离模糊,但其频率测量是模糊的。尽管频率模糊,但只要不出现盲速,MTI 就有输出,可以检测出动目标。因此需要一种在频率模糊的条件下能避免盲速的技术手段。采用两种或多种不同重复频率的交错工作（称为参差重复频率或间隔）可达到这一目的。

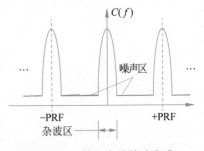

图 6.11   静止杂波的功率谱

设雷达采用两种脉冲重复频率 f_{r1} 和 f_{r2} 交替工作,其对应的脉冲重复间隔分别为 T_{r1} 和 T_{r2},且均满足最大不模糊测距要求。那么各自一次对消器的幅频响应分别为 $2\sin\left(\dfrac{\omega T_{r1}}{2}\right)$ 和 $2\sin\left(\dfrac{\omega T_{r2}}{2}\right)$。其均方值响应为

$$|H(\omega)|_{rms} = \sqrt{\left[2\sin\left(\frac{\omega T_{r1}}{2}\right)\right]^2 + \left[2\sin\left(\frac{\omega T_{r2}}{2}\right)\right]^2} \tag{6.27}$$

对于脉冲重复频率 f_{r1} 和 f_{r2},出现盲速的条件分别是 $f_d = n_1 f_{r1}$ 和 $f_d = n_2 f_{r2}$,只有当两者都满足时,均方值响应幅度才为零,它们分别等价于 $f_d T_{r1} = n_1$ 和 $f_d T_{r2} = n_2$,此时的盲速频率为

$$f_d = \frac{n_1}{T_{r1}} = \frac{n_2}{T_{r2}} \tag{6.28}$$

选择 $T_{r1} = a\Delta T$ 和 $T_{r2} = b\Delta T$，且 a、b 为互质的整数。其第一盲速点分别出现在 $n_1 = a$ 和 $n_2 = b$ 处，对应的第一盲速多普勒频率为

$$f_d = \frac{1}{\Delta T} \tag{6.29}$$

如果不采用参差频率，则平均脉冲重复频率为 $T_r' = \frac{a+b}{2}\Delta T$，其对应的第一盲速多普勒频率为

$$f_d' = \frac{1}{T_r'} = \frac{2}{a+b} \cdot \frac{1}{\Delta T} \tag{6.30}$$

对比式(6.28)和式(6.29)，两者的第一盲速比为

$$\frac{f_d}{f_d'} = \frac{a+b}{2} \tag{6.31}$$

这就证明了利用脉冲重复间隔参差技术可以提高第一盲速点。容易证明：对于 N 重互质的参差间隔，如果其间隔比为 $(a_1, a_2, \cdots, a_N)$，其第一盲速点可提高倍数为

$$\frac{f_d}{f_d'} = \frac{a_1 + a_2 + \cdots + a_N}{N} \tag{6.32}$$

图 6.12(a)给出了两种参差比 $T_{r1} : T_{r2} = 2 : 3$ 和 $T_{r1} : T_{r2} = 7 : 8$ 的幅频响应比较。可以看出，当参差的重数相同时，第一盲速点增加越多，响应越不平坦。图 6.12(b)给出了二重参差和三重参差的幅频响应比较。可以看出，第一盲速点增加数量相同时，三重参差比二重参差平坦，即增加参差的重数可改善对消器的平坦性。

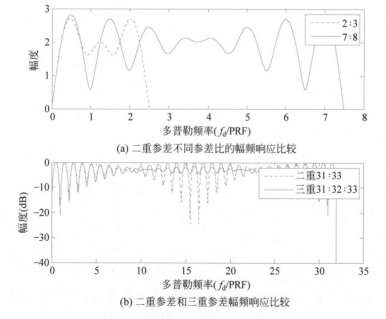

(a) 二重参差不同参差比的幅频响应比较

(b) 二重参差和三重参差幅频响应比较

图 6.12 不同间隔比和参差重数幅频响应的比较

脉冲重复频率参差可以是脉冲间、驻留间(即波束在一个目标上停留的时间)或扫描间。对于 MTI 一般采用脉间参差,而对于 MTD 为了便于利用 DFT 构成滤波器组,一般采用驻留间频率参差,例如,前 8 个脉冲采用一种脉冲重复频率,后 8 个脉冲采用另一种脉冲重复频率。扫描间参差频率的优点是很容易实现,且可以消除多次反射杂波,但处理时间间隔太长,滞后时间太长。脉间参差实现难度大,而且会因非均匀采样带来额外的杂波剩余。

4. 盲相及解决方法

如图 6.13 所示的 MTI 可能出现盲相现象。盲相是由于相位检波器工作特性不理想造成的一种现象。盲相分为点盲相和连续盲相两种情形。

由式(6.20)和式(6.24)可以得到对消器输出信号的复包络为

$$\tilde{s}_0(t) = e^{j[\omega_d t - (\omega_0 + \omega_d)\tau_0]}[1 - e^{j(\omega_d T_r)}] \tag{6.33}$$

其对应的实信号为

$$s_0(t) = 2\sin\left(\frac{\omega_d T_r}{2}\right)\sin\left[\omega_d t - \frac{\omega_d T_r}{2} - (\omega_0 + \omega_d)\tau_0\right] \tag{6.34}$$

式(6.34)说明对消器的输出不仅是多普勒频率的函数,还是时间的函数。如图 6.13(b)所示,即使不出现盲速,但一些特定的点输出为零,即出现盲相现象。它由相位检波器的特性(见图 6.13(a))决定。图中的 a、c 两点,尽管相位不同,但输出相同,因此对消后没有输出,这种盲相称为点盲相。

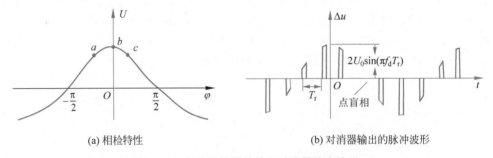

(a) 相检特性　　　　　　　　(b) 对消器输出的脉冲波形

图 6.13　相位检波器特性和对消器输出波形

信号的相位就好比是力学中力的方向,可以形象地用矢量图来说明对消器的输出。信号相加等效于两信号的矢量和,两信号相减等于两信号的矢量差。杂波信号的矢量是固定的,而匀速运动目标的回波信号用围绕基准电压均匀旋转的一个矢量来表示,旋转的速度等于其多普勒频率。相位检波器的输出为该矢量沿基准电压方向的投影。一次对消器的输出则为相邻重复周期矢量差在基准电压轴方向的投影,如图 6.14(a)所示。当差矢量垂直于参考电压方向时,投影长度为零,出现点盲相。用单路相位检波器时,只能得到信号矢量在基准电压轴上的投影值,形成回波振幅的多普勒调制且可能出现点盲相,如图 6.14(b)所示。点盲相对于动目标检测影响不大,只相当于丢失一次目标。但是连续盲相将严重影响动目标检测。连续盲相产生的原因说明如下。

假定运动目标回波叠加在固定杂波上,则在一般情况下也将产生点盲相。但在较强的杂波背景时,情况可能发生变化,这时的矢量图如图 6.14(c)所示。回波叠加在很强的杂波上,可能产生连续盲相。动目标和固定杂波的合成矢量变成端点在限幅电平的一小段圆弧上来回摆动的矢量,相当于当两个力大小悬殊太大时,力的方向由大的力决定一样;差不多在所有情况下差矢量均垂直于基准轴,对消器几乎没有输出,这种情况称为连续盲相,即对于固定杂波,叠加在它上面的运动目标回波将连续丢失。

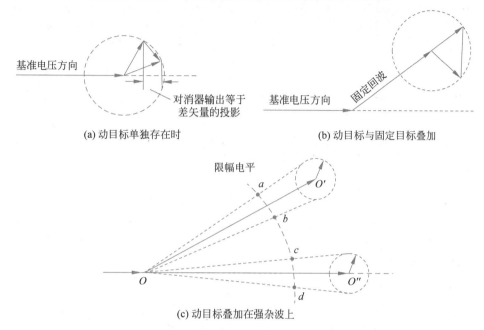

(a) 动目标单独存在时   (b) 动目标与固定目标叠加

(c) 动目标叠加在强杂波上

图 6.14 用矢量图说明相位检波和对消器的输出

为了克服连续盲相,还得从点盲相上寻找解决问题的出路。从图 6.14(b) 可以看到,尽管对消器输出为零,但其矢量差不为零。如果能实现矢量相减,那么就可以克服点盲相,进而可以克服连续盲相。采用正交双通道处理即可达到这一目的,如图 6.15(a) 所示。如图 6.15(b) 所示,它的输出相当于式(6.33)复包络的幅度,而单通道 MTI 输出相当于复包络的实部,即式(6.34)。

5. 改善因子

为了评价 MTI 对杂波抑制的能力,需要一个客观的评价指标。有多个技术指标可用于这个目的,其中改善因子是常用的一个技术指标。其定义为:MTI 输出信杂比与输入信杂比的比值,即

$$I = \frac{S_o/C_o}{S_i/C_i} \tag{6.35}$$

不同多普勒频率上的改善因子可能是不同的,可以给出改善因子的频率曲线,也可以给出平均改善因子。MTI 对消后的剩余杂波包括对消不彻底的杂波和因脉冲重复频率参差引入的新杂波。

6.2.2 雷达动目标检测工作原理

雷达动目标检测(MTD)是一种增强的 MTI,其主要特征是:MTI 预对消、线性放大

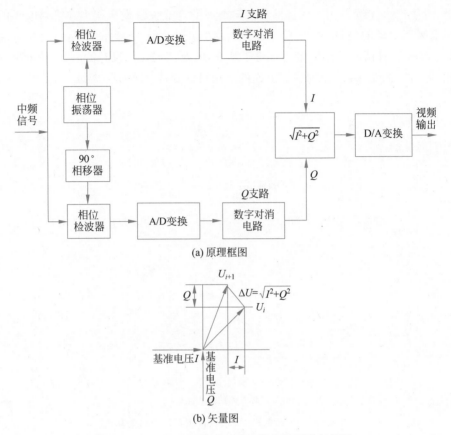

(a) 原理框图

(b) 矢量图

图 6.15 正交双通道 MTI 技术原理框图及矢量图

器、多普勒滤波器组、自适应门限和杂波图。首先给出各单项技术的原理,最后给出一个实际的 MTD 系统。

6.2.2.1 杂波图

杂波图是雷达杂波强度的空间分布图。其主要用途是:抑制杂波和提高接收机的动态范围。

杂波图又称为区域 MTI。杂波图基于这样一个事实工作:两次天线扫描间目标会移动若干分辨单元(包括距离和方位分辨单元),而地物杂波在扫描间是相对固定的。假定我们已经有了空间某个分辨单元的杂波幅度值,如果要检测该分辨单元是否出现目标,那么只需将存储的杂波幅度与信号回波相减或归一化即可。

将空间每个分辨单元杂波幅度存储下来就构成了杂波图。区域 MTI 技术没有利用多普勒信息,因而不仅可检测径向运动目标,还可检测切向运动目标。

如图 6.16 所示,杂波图的输入是 MTI 的剩余,为了保证杂波图的质量,必须对杂波的强度进行控制,以防将热噪声当成杂波。其中慢时间是指每个脉冲的时间。为了减小杂波起伏的影响,需要对各距离和方位分辨单元的杂波进行多次平均。也可以采用 α 滤波器对杂波图进行更新,对于给定的分辨单元,有

图 6.16　杂波图的输入原理图

$$c(i) = (1-\alpha)c(i-1) + \alpha x(i) \tag{6.36}$$

其中,$c(i)$ 和 $x(i)$ 分别为给定分辨单元第 i 次扫描后的杂波图和第 i 次扫描得到的杂波幅度测量值;$0<\alpha<1$ 称为滤波增益,α 越大,杂波图更新越快,但噪声也会增大。

在使用杂波图时,一般采用若干邻近分辨单元杂波图平均值或中值作为给定单元的杂波图。在使用杂波图抑制杂波时,可以将待检测单元的信号与杂波图相减,与 MTI 的对消相似。当使用杂波图对检测单元信号进行归一化处理时,相当于是自适应门限,与 CFAR 相似,如图 6.17 所示。

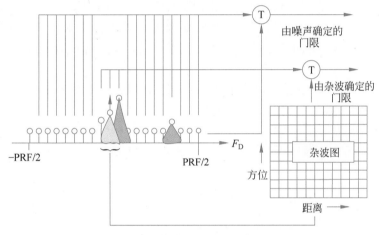

图 6.17　杂波图用作自适应门限

6.2.2.2　线性放大

由于杂波的动态范围为 50dB 或更强,而简单的 MTI 改善因子一般为 20dB,杂波剩余在 30dB 以上,但是一般显示器的动态范围只有 20dB,为了限制动态范围,一般采用限幅放大。尽管这样做可以压制杂波,但叠加在杂波上的动目标信号被限幅掉,对消器没有输出。

为了提高 MTI 的改善因子,必须避免非线性环节。为了达到这一目的,通常使用杂波图来控制中放的增益,以增大动态范围。具体做法是在杂波强的地方,减小放大量,如图 6.18 所示。

6.2.2.3　多普勒滤波器组

如图 6.19(a)所示,经过 MTI 对消后,还有部分杂波剩余和慢速运动物形成的杂波(如气象杂波)。这些杂波会影响运动目标的检测。为了抑制这些杂波,可以采用如图 6.19(b)所示的滤波器组,滤除杂波剩余和慢速运动杂波。滤波器组的频带宽度与频

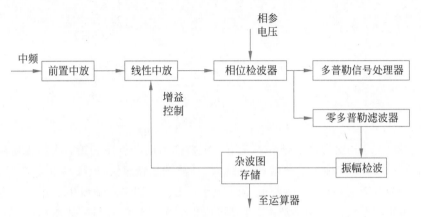

图 6.18　用杂波图控制中放增益

率分辨率相同,即脉冲重复频率。

滤波器组有多种实现方式,可以采用 FIR 滤波器组或离散傅里叶变换(DFT)完成。FIR 滤波器组的滤波特性容易优化,但运算量较大。DFT 可以采用快速傅里叶变换完成,运算量小,但滤波器组的特性基本固定。考虑到 MTD 的脉冲数一般较小,两者运算量没有显著差异。

图 6.20 给出了 MTD 在快时间和慢时间上处理的示意图,对于每一个快时间的处理单元,多普勒滤波器组在慢时间上进行处理。

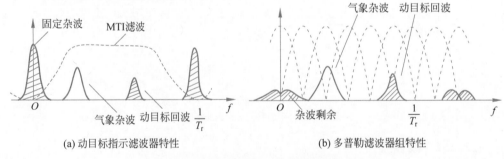

(a) 动目标指示滤波器特性　　　　(b) 多普勒滤波器组特性

图 6.19　MTI 滤波器和多普勒滤波器组

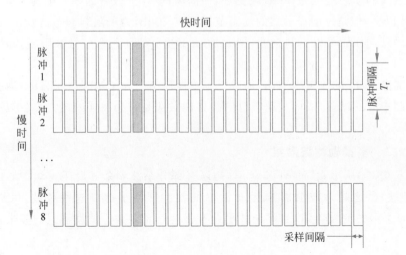

图 6.20　MTD 多普勒滤波器组的实现

6.2.2.4　MTD 实例

运动目标检测器(MTD)是多普勒处理系统中的一个术语,在许多机场监视雷达中有着广泛的应用。MTD 联合前面讨论的技术及其他技术,能获得好的全局运动目标检测性能。一个最原始的 MTD 框图如图 6.21 所示。上面的通道首先执行一个标准的三脉冲对消器。杂波对消后的输出再用一个 8 点 FFT 进行脉冲多普勒谱分析,采用两个脉组间(驻留间)参差 PRF,以扩展非模糊的速度范围。再使用"频率域加权"实现数据的时域加窗处理。对于某些窗,包括汉明窗,在频率域可以有效地实现为频域数据与一个 3 点核的卷积。每个 FFT 采样分别应用于一个 16 个距离门 CFAR 门限检测器,门限对每一个频率单元分别进行选择。

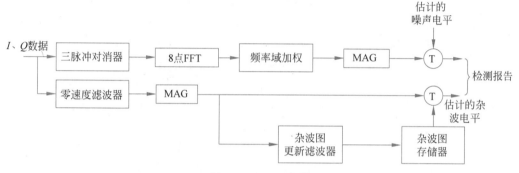

图 6.21　MTD 框图

为了提供对切向速度目标的检测能力,下面的通道利用一个与雷达站点有关的零速度滤波器来分离出杂波和低多普勒目标的回波,输出经过一个杂波图门限检测器。此MTD 利用 8 扫描滑动平均来更新杂波图,相应的数据历史周期为 32s。这里描述的只是原始的 MTD 实现,目前 MTD 的设计已经改进了两代,典型的例子是机场监视雷达 ASR-9和 ASR-12 中所用的 MTD。

6.3　非零多普勒频率中心混响和杂波抑制

6.2 节讨论的是多普勒中心为零的杂波抑制技术,在零多普勒处,其幅频特性输出为零;主要是针对地面雷达抑制地物杂波。一般地物杂波的平均速度为零,滤波器的凹口位于零频率处。在多普勒中心频率不等于零的情况下,若不采取措施,则杂波对消器无法工作。

很多情形下多普勒中心不等于零。主要原因一是平台上的电子探测系统在运动,如舰载雷达和声呐等;二是造成杂波或混响的介质运动,如云雨、箔条、地面树木杂波、海浪杂波等都是运动杂波,海面混响是运动混响;三是海流也会造成声呐混响多普勒频率中心不等于零。这类问题的处理方式基本相同,包括 6.4 节的机载脉冲多普勒雷达。

尽管运动平台与运动地物杂波特性有差异,但多普勒中心补偿的方法是一致的。而且雷达和声呐的做法也是相似的,本节主要讨论声呐中广为采用的自身多普勒抑制(ODN)技术和非零多普勒中心杂波的 MTI 技术。

6.3.1　声呐的自身多普勒抑制技术

由于声呐利用脉内多普勒信息检测运动目标和测量目标速度,因此实现难度比雷达小。从理论上讲,模糊函数为图钉形的声呐信号(如伪随机相位编码信号)具有距离和多普勒分辨,具有最好的混响抑制能力,但这种信号的处理需要二维匹配滤波,工程上难以实现。

工程中一般采用长时宽的 CW 脉冲,其缺点是距离分辨能力差,影响了混响的抑制效果。脉冲宽度的选取往往是一个两难问题,增加脉冲宽度,多普勒分辨率提高,但是距离分辨率降低,混响增大。在实际应用中需要综合分析,选择合适的脉冲宽度。脉冲宽度的选择还与工作频率有关,因为多普勒频率与工作频率有关。

由于大部分声呐的载体平台(如舰艇或鱼雷)是运动的,因此需要采用自身多普勒抑制(ODN)技术补偿非零的多普勒频率中心。基本的思想是通过对回波信号进行频移或改变发射信号频率,使得混响谱的中心落在固定混响滤波器的凹口处。

1. 改变本振信号的频率

如图 6.22 所示,假定载体的速度、波束舷角、俯仰角和波长分别为 V_g、θ、φ 和 λ,那么混响的中心频率为 $f_{dc}=2V_g/\lambda \cos\theta\cos\varphi$。如图 6.23 所示,根据载体的速度、波束舷角和倾角产生一个频率为 $f_0+f_I+f_{dc}$ 的本振信号,其中,f_0 和 f_I 分别为发射频率和中频频率。将该本振信号与接收信号混频,并用低通滤波器取出差频信号,再送到静止目标滤波器。如果多普勒中心估计准确,且没有改变,那么混响的中心频率 $f_{dr} \approx f_{dc}$。这样使得主瓣的混响落在静止混响滤波器的凹口处。罗经信息的加入,是为了补偿舰艇角运动带来的误差。

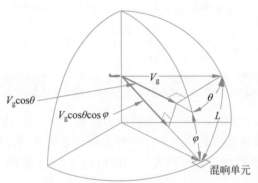

图 6.22　混响的中心多普勒频率示意图

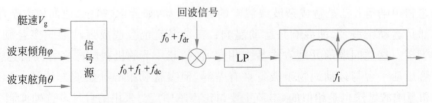

图 6.23　接收信号频移法原理框图

潜艇在发射鱼雷前会发射数个主动脉冲测量目标距离参数。此时就需要根据被动声呐测量的方位角,在目标方向发射若干声脉冲,避免全方位搜索,以减少被截获的概率。但中频参考信号也可以根据混响多普勒中心估计来确定。该方法适用于单波束和多波束 ODN,不同的波束给予不同多普勒中心补偿。此方法仅适用于近程无多途的情形,否则多普勒中心无法用舷角和俯仰角计算。

2. 改变发射信号的频率

假定声呐最初发射频率确定为 f_0,多普勒滤波器凹口设计在 f_0。当声呐平台运动时,混响的中心频率肯定会改变。声呐首先发射若干脉冲,测量混响谱的中心频率 f_{dr},然后将发射频率调整为 $f_T = f_0 - f_{dr}$,那么混响信号中心频率正好落在滤波器凹口处。但这种方法只适用于单波束的情况。

以上两种 ODN 技术称为开环系统。尽管多普勒中心分别采用计算或估计得到,但一旦确定后,不会随环境的变化而改变,所以只适用于环境稳定的场合。

声呐动目标检测可以借鉴机载平台雷达动目标检测技术,改善动目标的检测性能。此外,雷达中的 STAP 技术也开始应用于声呐。

6.3.2 非零多普勒频率中心的杂波抑制

对于运动杂波,必须首先估计杂波多普勒中心或计算出杂波多普勒中心。调整滤波器的途径通常有两种:一种途径是改变 MTI 滤波器,使滤波器的凹口位于移动杂波多普勒中心;另一种途径是保持 MTI 滤波器特性不变,将运动杂波的频谱搬移到固定杂波谱的位置上,保证杂波落入 MTI 滤波器的凹口,以获得满意的杂波抑制效果。后者实现更方便,通过改变发射频率或接收机相参振荡器的频率即可达到频谱搬移的目的,其方法与 ODN 改变本振的方法相似。

6.4 脉冲多普勒雷达

静止雷达技术在 20 世纪 80 年代伴随相控阵雷达技术的完善达到了顶峰,近年来,数字阵列雷达在技术上取得了重大突破,但理论上并没有重大进展。近四十年,雷达新技术的主要发展方向是运动平台的雷达技术,机载雷达技术是其典型代表,包括机载预警雷达、机载火控雷达和机载合成孔径雷达等。而机载预警雷达和火控雷达的核心技术是脉冲多普勒(PD)技术,此外,相控阵技术尤其是有源相控阵技术在机载雷达中也日益普遍。

6.4.1 PD 雷达的杂波特点

1. 3 种脉冲重复频率的 PD 雷达

脉冲重复频率对 PD 雷达来说是一个至关重要的参数。不同 PRF 的杂波谱是不同的,按其特点分可以分成三大类,即低重复频率、中重复频率和高重复频率。但通常将低重复频率的机载动目标检测方法称为 AMTI,其特点是距离不模糊,速度模糊。通常所指的 PD 雷达包含两大类,即中 PRF 雷达和高 PRF 雷达。中 PRF 的 PD 雷达距离和速度都是模糊的;高 PRF 的 PD 雷达距离模糊,速度不模糊。需要说明的是,雷达工作波长不同,速度模糊对应的脉冲重复频率也不同。表 6.2 给出了波长为 3cm 的 X 波段机载雷达的典型参数。表中的不模糊速度考虑数值不模糊、符号模糊的情形,即脉冲重复频率 $f_r = f_{d\max} = \dfrac{2v_r}{\lambda}$。如果考虑符号,PRF 必须加倍。

表 6.2 典型 X 波段机载雷达参数

	PRF/Hz	不模糊距离/km	不模糊速度/(m·s⁻¹)	占空比/%	特　点
低重复频率	200～4k	37.5～750	3～60	5～10	距离不模糊,速度模糊
中重复频率	10k～40k	3.75～15	150～600	10～20	距离模糊,速度模糊
高重复频率	100k～300k	0.5～1.5	1500～4500	15～50	距离模糊,速度不模糊

2. 杂波来源

如图 6.24 所示,PD 雷达杂波按来源分,可以分成主瓣杂波、副瓣杂波和高度线杂波 3 类。主瓣杂波是由天线主瓣形成的杂波。副瓣杂波是由天线副瓣形成的杂波。高度线杂波也是副瓣杂波的一种,但由于它垂直于地面且距离近,因此比其他俯仰角的杂波强得多,甚至比主瓣杂波都强。副瓣杂波是 PD 难以应对的一种杂波,因此低副瓣天线是 PD 的关键技术之一。

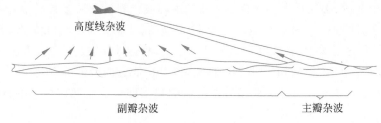

图 6.24 杂波的类型

1) 主瓣杂波

机载雷达与地面散射单元的几何关系如图 6.25 所示。

其中,α_0 为天线指向角,α 为视线角(锥角),θ 为偏离天线中心的角度,V_g 为飞机地速,V_r 为点目标的径向速度,V_B 为沿天线中心线(瞄准线)的径向速度,ψ_0 为天线方位角,ψ 为方位角,R 为到点目标的地面距离,H 为飞机高度。

地面散射单元回波的多普勒中心为

$$f_d = \frac{2V_g}{\lambda}\cos\alpha = \frac{2V_g}{\lambda}\frac{R}{\sqrt{R^2 + H^2}}\cos\psi \tag{6.37}$$

从式(6.37)可以看出,机载雷达主瓣杂波有两个特点:

(1) 斜距效应。当雷达放置在运动平台如舰船、飞机或航天器上时,杂波的多普勒频移将不再出现在零频。杂波的多普勒频移依赖于杂波相对于移动平台的相对速度,随着平台速度以及杂波单元相对于雷达的方位和仰角而变化。

(2) 杂波谱展宽现象。由于波束有一定的宽度,假定其方位向宽度为 $\Delta\psi$。由于不同方向多普勒频率不同,杂波谱会出现展宽现象,且展宽的情形与方位角有关,如图 6.26

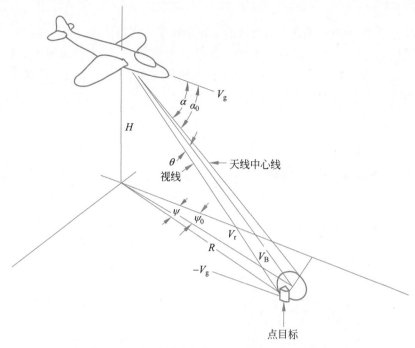

图 6.25　机载雷达与地面散射单元的几何关系

所示。由式(6.37)有

$$\Delta f_{d} = \frac{\partial f_{d}}{\partial \psi} \Delta \psi = \frac{2V_{g}}{\lambda} \frac{R}{\sqrt{R^{2}+H^{2}}} \sin\psi \cdot \Delta \psi \tag{6.38}$$

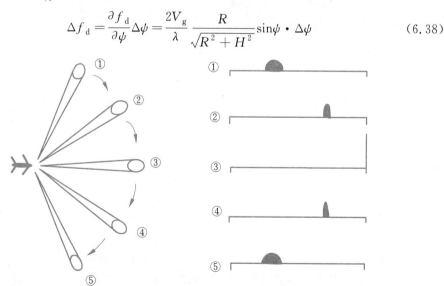

图 6.26　杂波谱展宽与方位角的关系

　　当天线指向前方时,主要影响是由于 α_{0} 随距离变化而引起的中心频率的相应变化。当天线指向与飞机垂直时,主要影响是天线波束宽度内的速度分布,展宽影响明显。这种现象称为平台运动效应。

2) 副瓣杂波

由于雷达有多个副瓣,因此副瓣杂波的多普勒频率分布很广,几乎可以覆盖$-2V_r/\lambda \sim$ $2V_r/\lambda$ 的范围,如图 6.27(a)所示。由于在锥角相等的面上,其多普勒频率也相等,因此等多普勒面是一个锥面,如图 6.27(b)所示。该锥面与地面的交点为一条双曲线。不同的多普勒频率将构成一簇双曲线,如图 6.28 所示。

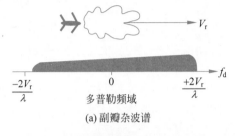

(a) 副瓣杂波谱

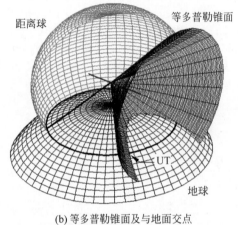

(b) 等多普勒锥面及与地面交点

图 6.27　副瓣杂波的等多普勒面

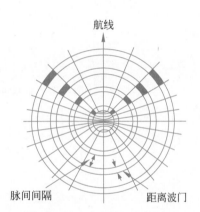

图 6.28　等距离(圆环)和等多普勒滤波(双曲线)

3) 高度线杂波

高度线杂波也是副瓣杂波,但由于它垂直入射,所以比其他角度的副瓣杂波强度大得多。载机平飞时,高度线杂波谱多普勒中心一般为零,但载机做俯冲运动时,多普勒中心可能不为零。

3. 速度不模糊情形下的杂波谱

在速度不模糊时,脉冲多普勒雷达杂波谱是以上 3 种谱的叠加,如图 6.29 所示。由于 PD 雷达相当于对多普勒信号进行离散采样,因此其谱线以脉冲重复频率重复,如图 6.29(a)所示。其主值区间的放大图如图 6.29(b)所示,频谱包络为 sinc 函数是因为脉冲串的包络为矩形。

4. 杂波谱与目标谱的关系

当雷达参数给定后,对于特定的区域地面的杂波谱就确定了。但目标谱与目标和载机之间的相对运动有关,如图 6.30(a)所示,在迎头接近的过程中,多普勒频率很高,目标谱线落在杂波谱外。当没有多普勒模糊时,最利于目标检测。在尾随追踪或侧面攻击过

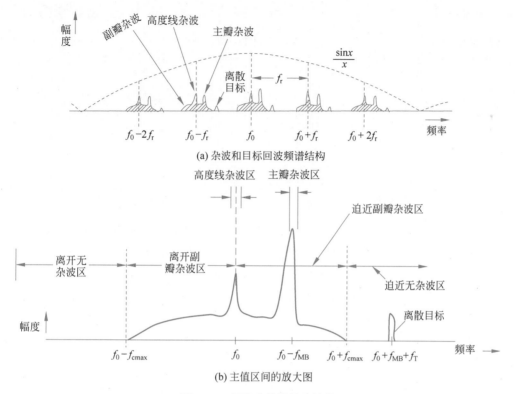

(a) 杂波和目标回波频谱结构

(b) 主值区间的放大图

图 6.29　无速度模糊的杂波谱

程中,情形就很复杂。在侧面攻击时,目标谱线可能落在主瓣杂波谱,因为飞机在切向飞行,所以敌机无径向速度,与地面杂波特性相同,如图 6.30(b)所示;尾随追踪时,目标谱线可能落在副瓣杂波或高度线杂波谱中,这与两者相对速度有关,分别见图 6.30(c)和图 6.30(d)。当目标离去时,目标谱线可能在副瓣杂波中,也有可能落在杂波谱外。

若雷达平台的垂直运动速度为零,则由雷达平台正下方几乎垂直处的地面所产生的高度线杂波落在零多普勒频移上。由主波束返回的离散目标回波的频谱位于 $f_T = f_0 + (2V_R/\lambda)\cos\psi_0 + (2V_T/\lambda)\cos\psi_T$。式中,$V_T$ 为目标速度;ψ_T 为雷达目标视线和目标速度矢量之间的夹角,V_R 为雷达速度。图 6.28 的频谱成分随距离的变化而变化,以后还将进一步讨论。

图 6.31 示出各种不同的杂波多普勒频率区。它们是天线方位和雷达与目标之间相对速度的函数,再次说明是对无折叠频谱而言,纵坐标是目标速度的径向或视线分量,以雷达平台的速度为单位,因而主瓣杂波区位于零速度处,而副瓣杂波区频率边界随天线方位呈正弦变化,这就给出了目标能避开副瓣杂波的多普勒域。例如,若天线方位角为 0°,则任一迎头目标($V_T\cos\psi_T > 0$)都能避开副瓣杂波;反之,若雷达尾随追踪目标($\psi_T = 180°$和 $\psi_0 = 0°$),则目标的径向速度必须大于雷达速度的 2 倍方能避开副瓣杂波。

无副瓣杂波区和副瓣杂波区还可以用如图 6.32 所示的目标视角来表示。这里假设截击几何图为雷达和目标沿直线飞向一截获点。当雷达速度 V_R 和目标速度 V_T 给定

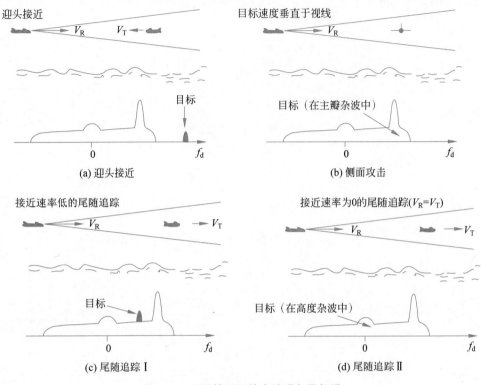

图 6.30　不同情形下的杂波谱与目标谱

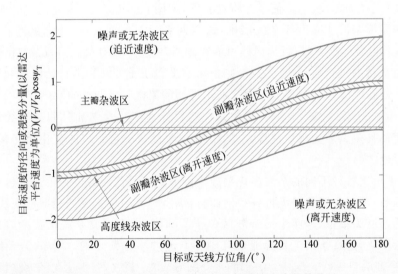

图 6.31　杂波区和无杂波区与目标速度和方位的关系

注意：高度线杂波区和主瓣杂波区的宽度随条件而变；根据雷达平台速度矢量至天线口径视向或至目标视线的角度测得方位角；水平运行情况。

时,雷达观测角 ψ_0 和目标的视角 ψ_T 是常数。图的中心为目标,并且指向位于圆周上雷达的角度为视角。视角和观测角满足关系式 $V_R\sin\psi_0 = V_T\sin\psi_T$,是按截击航向定义的。迎头飞行时,目标的视角为 0°,尾随追踪时则为 180°。对应于副瓣杂波区和无副瓣杂波区之间的边界视角是雷达-目标相对速度比的函数。如图 6.32 给出了 4 种情况。情况 1 是雷达和目标的速度相等,并且在目标速度矢量两侧、视角从迎头到 60°都是能观测目标的无副瓣杂波区。同样,情况 2~情况 4 的条件分别是目标速度为雷达速度的 4/5、3/5 和 2/5。在这 3 种情况中,能观测目标的无副瓣杂波区将超过相对目标速度矢量的视角,可达 ±78.5°。再次说明,上述的情况都假设是在截击航路上。很明显,目标无副瓣杂波区的视角总是位于波束视角的前方。

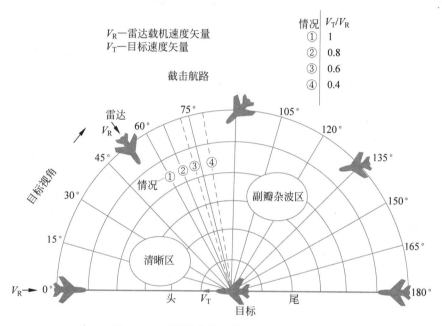

图 6.32 无副瓣杂波区与目标视角的关系图

5. 距离模糊和多普勒频率模糊对地面杂波的影响

1) 距离模糊的影响

当距离没有模糊时,杂波沿距离方向的分布如图 6.33(a)所示。尾随追踪目标 A 处在副瓣杂波区,迎面目标 B 处在主瓣杂波区,地面有辆卡车 C 朝载机方向行驶也处在主瓣杂波区。从多普勒频率检测的角度来看,目标 A 处在尾随追踪状态,很容易落入副瓣杂波区。但只要距离没有模糊,从距离上可以清楚地分辨目标 A。但当出现距离模糊时,仅依靠距离分辨目标 A 将无法实现。如图 6.33(b)所示,是三区模糊的情形,即整个距离区间有三重模糊,最终的回波信号是这 3 个区回波信号的叠加。

距离模糊尤其是多重距离模糊将使得 PD 雷达无法利用距离分辨率来检测目标。只能依靠频率分辨率来检测目标。此外由于距离模糊,近程的副瓣杂波无法采用时间灵敏度控制(STC)来抑制。

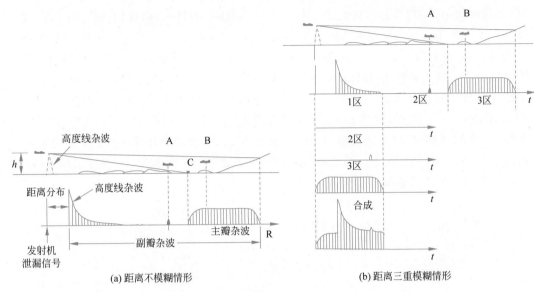

(a) 距离不模糊情形　　　　　　　　(b) 距离三重模糊情形

图 6.33　距离模糊对目标检测的影响

2) 多普勒频率模糊的影响

飞机 A、B 和卡车这 3 个目标的多普勒谱和杂波谱的关系如图 6.34(a)所示。从频域上三者基本上可以被检测出来。但当出现多普勒频率模糊时，其合成的频谱如图 6.34(b)所示。原本在清晰区的目标 B 和卡车，已湮没在副瓣杂波中。

随着脉冲重复频率的降低，一方面相邻主瓣杂波之间的越来越多的副瓣杂波会混叠在一起，另一方面主瓣杂波谱线会越来越近。因此频率模糊尤其是多重频率模糊将使得 PD 雷达无法利用频率分辨率来检测目标，尤其是慢速目标。

6.4.2　机载动目标指示

机载雷达技术的发展是运动平台雷达的突出标志。预警机首要的任务是检测低空飞行的目标，而下视是其主要的工作模式。由于杂波功率近似与掠射角正弦的平方成正比，因此下视的杂波功率极强。最早实用的预警机 E-2C 采用的是机载动目标指示(Airborne Moving-Target Indication，AMTI)技术。但是它仅适用于主瓣杂波较弱的场合，如较平静的海面等。

AMTI 雷达的定义是：一部沿载机或者其他运动平台轨迹飞行，并能修正平台运动影响(例如，杂波多普勒频率非零和杂波多普勒频谱展宽)的 MTI 雷达。AMTI 的特点是：采用低重复频率工作，距离不模糊，但频率模糊。

AMTI 技术主要有两项：时间平均杂波相干机载雷达(TACCAR)和偏置相位中心天线(DPCA)，分别用于补偿平台的径向运动和横向运动，它们分别导致杂波谱偏移和展宽。也就是说，采用这两项技术的目的是把运动平台的杂波补偿成静止平台杂波。

1. 时间平均杂波相干机载雷达

应对多普勒中心偏移的基本思想是：对消器的凹口位置不变，把杂波频谱的中心移

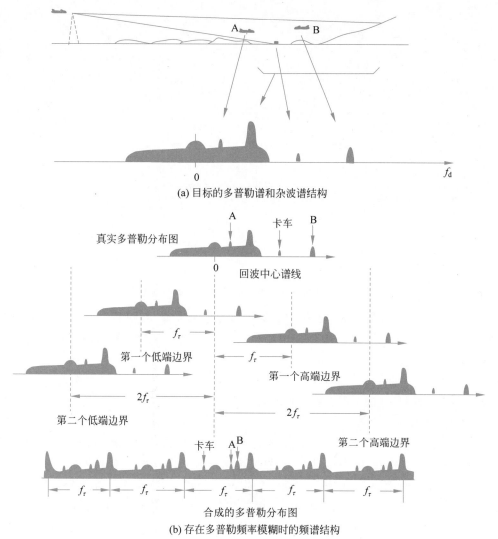

(a) 目标的多普勒谱和杂波谱结构

(b) 存在多普勒频率模糊时的频谱结构

图 6.34　多普勒频率模糊对目标检测的影响

到对消器凹口处,使得杂波可以得到最大抑制。通过开环或闭环调整雷达信号的中频或射频,可达到这一目的。这种技术与声呐采用的 ODN 技术的基本思想是一致的。但由于机载雷达杂波的中心频率是随距离和方位变化的,因此采用闭环控制系统,使滤波器凹口跟踪多普勒偏移频率。

　　图 6.35 是时间平均杂波相参机载雷达的原理框图。杂波误差信号通过测量杂波回波的脉间相移 $\omega_d T_p$ 得出,它是一个非常灵敏的误差信号(其原理见 11.2.2 节介绍的比相法瞬时测频接收机)。平均误差信号控制压控相参主振荡器(COMO),它决定了雷达的发射频率。相参主振荡器的频率,经图中的自动频率控制(AFC)环路,受控于系统基准振荡频率。当无杂波时,它提供了一个稳定的频率基准。从飞机惯性导航系统和天线伺服系统来的一个输入信号提供一个预测的多普勒频移,这些输入为时间平均杂波相参机载雷达系统提供了一个窄带校正信号。

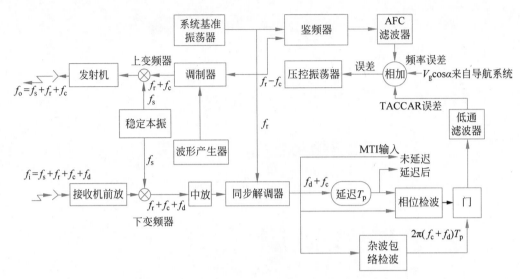

图 6.35 时间平均杂波相参机载雷达的原理框图

由式(6.37)可知,杂波谱多普勒中心除了与方位有关外,与距离也有关,因此实用的 TACCAR 还必须对不同距离的相位中心进行估计,对于不同的距离用相应的电压控制 VCO。

由于这项技术能够补偿因海浪、箔条、气象杂波引起的平均多普勒频率偏移,因此它不仅可用于机载雷达,也可用于舰载和地面雷达。

2. 偏置相位中心天线

使用偏置相位中心天线(DPCA)技术的先决条件是,雷达沿航迹方向(沿轨)必须有多个接收天线。如图 6.36 所示,以一发两收天线为例说明 DPCA 工作原理。

为了表述方便,引入相位中心的概念。收发阵分置时,收发阵的等效相位中心定义为收发阵各自相位中心连线的中心位置,等效相位中心的间隔是接收天线间隔的一半。如图 6.36 所示,圆圈表示两个接收天线的相位中心。引入相位中心的物理意义是:当目标满足远场条件($\frac{D^2}{\lambda} \gg r$,其中,$\lambda$ 和 D 分别为波长和收发阵间隔,r 为距离),且信号收发期间目标与平台间相对运动可以忽略时,收发分置天线(或阵元)双程时间与相位中心收发双程时间近似相等。引入相位中心概念可以简化单发多收阵型的分析,但一定要注意使用的条件。

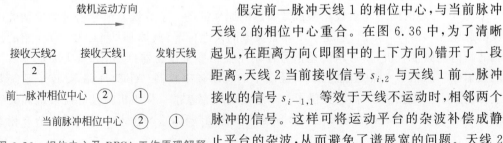

图 6.36 相位中心及 DPCA 工作原理解释

假定前一脉冲天线 1 的相位中心,与当前脉冲天线 2 的相位中心重合。在图 6.36 中,为了清晰起见,在距离方向(即图中的上下方向)错开了一段距离,天线 2 当前接收信号 $s_{i,2}$ 与天线 1 前一脉冲接收的信号 $s_{i-1,1}$ 等效于天线不运动时,相邻两个脉冲的信号。这样可将运动平台的杂波补偿成静止平台的杂波,从而避免了谱展宽的问题。天线 2

当前接收信号 $s_{i,2}$ 与天线 1 前一脉冲接收的信号 $s_{i-1,1}$ 相减（$s_{i,2}-s_{i-1,1}$）等效于 MTI 的一次对消。

使用这种 DPCA 的先决条件是：相位中心的距离 d 与脉间平台沿轨方向的位移相同，即 $d=\mathrm{PRI}\cdot V_{\mathrm{T}}$，通常通过调整 PRF 的方法予以保证。

上述的 DPCA 称为经典 DPCA，它对载机的航行速度要求苛刻，因此现多采用电子合成的 DPCA。

3. AMTI 信号处理流程

AMTI 信号处理流程如图 6.37 所示。在信号量化前，STC 电路可以抑制近程副瓣杂波。然后通过 TACCAR 修正多普勒中心，使得主瓣杂波中心落在静止目标滤波器的凹口处。对每一个距离单元，采用 DPCA 杂波对消。对消后采用多普勒滤波器组进一步抑制慢速杂波，然后对每个多普勒通道进行信号检测。

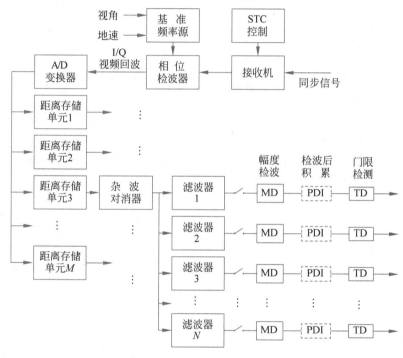

图 6.37　AMTI 信号处理流程

4. AMTI 存在的问题及解决方法

AMTI 最主要的问题是存在多普勒盲区。由于 AMTI 频率是多重模糊的，在盲速点附近的动目标被当作静止目标被对消器滤除。减少多普勒盲区的途径是减少盲速点和缩小盲区范围。

1）减少盲速点的技术途径

采用低载频工作，可以减少盲速点个数，如 E-2C 飞机采用 UHF 波段，但低载频工作会降低速度的分辨率。采用如前所述的多重脉冲重复频率波形是有效的技术手段，战术上还可以用于限制载机速度。

2）缩小盲区范围的技术途径

减小波束宽度、限制雷达视角和限制载机速度，可以防止杂波谱展宽，从而缩小盲区范围。

以上这些措施在使用时必须考虑装机对象。有些对于预警机是可行的，如低速飞行、降低载频和采用大孔径天线。但对于战斗机，由于空间受限，必须采用 X 波段，飞行速度也无法降低。

6.4.3　PD 雷达脉冲重复频率的选择

PD 雷达的技术特征是：

（1）采用相参发射和接收，即发射脉冲和接收机本振信号都与一个高稳定的自激振荡器信号同步。高稳定度的相参系统是 PD 的关键技术之一。

（2）PRF 足够高，距离是模糊的。

（3）采用相参处理来抑制主瓣杂波，以提高目标的检测能力和辅助进行目标识别或分类。

PD 主要应用于那些需要在强杂波背景下检测动目标的雷达系统，如预警机的预警雷达、对地和下视的机载火控雷达等。

脉冲重复频率对 PD 雷达技术和战术使用都是一个至关重要的参数。PD 雷达可分为两大类，即中 PRF 和高 PRF 的 PD 雷达。中 PRF 的 PD 雷达目标距离、杂波距离和速度通常都是模糊的；高 PRF 的 PD 雷达距离是模糊的，而速度是不模糊的。PD 之所以PRF 高，是因为战斗机机载雷达一般采用 X 波段，多普勒频率高，如果采用低 PRF 盲速点太多。

然而，某些 PD 雷达采用仅速度大小上无模糊的 PRF，即 $f_{Rmin} = 2V_{Tmax}/\lambda$，并依靠照射目标期间多重 PRF 检测来解决多普勒符号上的模糊问题。如果将过去的高 PRF（没有速度模糊）雷达的定义扩展为可允许一个多普勒符号的速度模糊，则这些雷达可归属为高 PRF 类雷达。这种较低 PRF 不仅可保留高 PRF 在零多普勒频率附近只有一个盲速区的优点，而且还使目标距离测量变得容易。

高 PRF 和中 PRF 之间的选择涉及许多考虑，如发射脉冲占空比限制、脉冲压缩可行性、信号处理能力、导弹照射要求等，但通常取决于目标全方位可检测性的需要。全方位覆盖要求具有良好的尾随追踪性能，此时目标多普勒频率位于副瓣杂波区中并接近于高度线杂波。在高 PRF 雷达中，距离折叠使距离内几乎无清晰区，因此降低了目标的探测能力。若采用较低的或中 PRF，则距离上的清晰区增大，但这是以高多普勒目标的速度折叠为代价的，而在高 PRF 时，它们位于无杂波区。例如，图 6.38 在距离-多普勒坐标上画出了杂波加噪声与噪声之比。其中，高度取 6000ft，PRF 取 12kHz。图 6.38 中画出了主瓣杂波、高度线杂波和副瓣杂波。距离坐标表示不模糊距离间隔 R_u，频率坐标表示PRF 间隔。由图可知，存在一个副瓣杂波低于热噪声且具有较好目标检测能力的距离-多普勒区，而主瓣杂波可用滤波器滤除。

因为中 PRF 在距离和多普勒频率上杂波是折叠的，因此需要采用多重 PRF 来取得

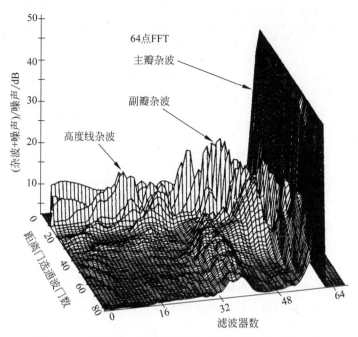

图 6.38　在距离-多普勒空间上的杂波加噪声与噪声之比

令人满意的检测概率,以解决距离模糊和多普勒模糊。多重 PRF 通过移动无杂波区的相对位置以达到对目标的全方位覆盖。

表 6.3 给出了不同 PRF 情形下 PD(含 AMTI)雷达的优缺点和适用范围。

表 6.3　不同 PRF 情形下 PD 雷达的优缺点和适用范围

波　形	优　点	缺　点	适 用 范 围
LPRF AMTI 距离不模糊 频率模糊	1. 利用距离分辨率可区分目标和杂波; 2. STC 电路可有效抑制副瓣杂波,降低了对动态范围的要求; 3. 副瓣杂波可以通过提高距离分辨率抑制; 4. 比脉冲多普勒雷达更简单,费用低廉	1. 多重盲速,多普勒能见度低,目标很可能和主瓣杂波一起被抑制; 2. 地面慢目标检测困难; 3. 目标径向速度测量难	1. 仅适合主瓣杂波弱的场合,如空空仰视或水面上飞行的目标; 2. 最好的工作频段为 UHF 或者 L 波段; 3. 适合地图测绘
MPRF PD 距离模糊 频率模糊	1. 在目标各视角都有良好的性能,即抗主副瓣杂波性能均好; 2. 良好的地面慢速目标抑制能力; 3. 可测量目标的径向速度; 4. 距离遮挡[1]比 HPRF 小	1. 有距离幻影[2]; 2. 低高接近率目标探测距离受副瓣杂波限制; 3. 需要解模糊	适合中、低空作战、俯视或尾随追踪

波　　形	优　　点	缺　　点	适用范围
HPRF PD 距离模糊 频率不模糊	1. 头部能力好,高接近率目标可以在无杂波区; 2. 无盲速; 3. 良好的慢速目标抑制能力; 4. 占空比高,仅检测速度可提高探测距离	1. 对于低接近率目标,副瓣杂波限制了雷达性能; 2. 距离遮挡严重; 3. 难以采用脉冲测距; 4. 由于有距离重叠,导致稳定性要求高	适合迎头接近

注：① 由于 PD 距离是模糊的,因此当发射信号时,是接收不到回波的。这种现象称为遮挡。

② 当两个目标距离不同,但由于模糊出现在同一距离分辨单元的现象,称为距离幻影。

从表 6.3 可以看出,中、高脉冲重复频率的波形各有优缺点,在战术中往往需要交替使用,以弥补各自的不足。为了对中、高脉冲重复频率杂波特性有一个形象的认识,图 6.39 给出了 X 波段雷达在 PRF=24kHz 和 PRF=69kHz 两种情形下,杂波加噪声与噪声之比的距离-多普勒二维谱。在图 6.39 中,主瓣杂波已搬移到直流。可以看到,中重复频率 (24kHz)存在一个副瓣杂波低于热噪声的距离-多普勒区,可以为尾随追踪目标提供良好的检测性能。高脉冲重复频率(69kHz)尾随追踪目标几乎都必须与副瓣杂波相抗衡,难以检测；但它的无杂波区范围比中重复频率大得多。

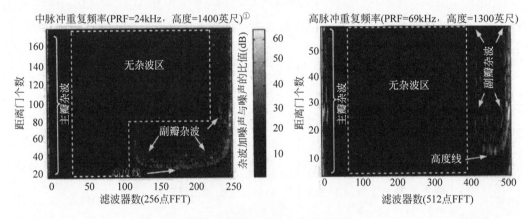

图 6.39　距离-多普勒域杂波加噪声与噪声之比

6.4.4　中脉冲重复频率 PD 雷达信号处理

中脉冲重复频率 PD 雷达信号处理流程如图 6.40 所示。它基本与 AMTI 相似,但有 3 个区别：一是由于距离模糊,不能再使用 STC；二是由于频率分辨率提高,需要更多的滤波器组；三是需要解距离模糊,如果需要测频,还需要解频率模糊。可见,中脉冲重复频率可以很好地利用快时间和多普勒频率两维空间来检测目标。

中脉冲重复频率 PD 的频率模糊重数不多,盲速点远小于 AMTI,采用几个 PRF 即可消除盲速。

① 　1 英尺=0.3048 米。

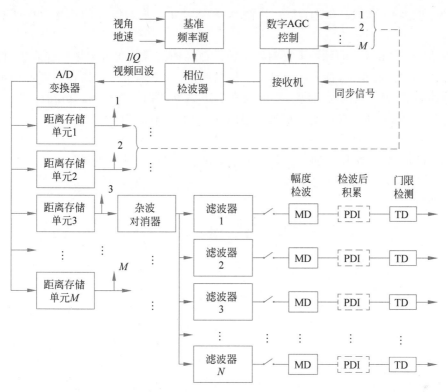

图 6.40　中脉冲重复频率 PD 雷达信号处理流程

6.4.5　高脉冲重复频率 PD 雷达信号处理

高脉冲重复频率 PD 雷达信号处理与中脉冲重复频率 PD 雷达信号处理没有区别。但通常距离单元很少；同时滤波器组更多。但是高脉冲重复频率 PD 雷达几乎无法利用距离分辨率来检测目标。

6.4.6　距离模糊的消除

在 PD 雷达中，由于 PRF 选择的不同，必然导致距离模糊或频率模糊。因此解距离模糊或速度模糊是 PD 雷达的一个重要方面。对于高脉冲重复频率 PD 雷达，由于距离模糊区太多，一般需要采用 4.2.1 节介绍的调频法测距。对于中脉冲重复频率 PD 雷达，通常利用多重离散 PRF 实现距离和频率解模糊。本节以距离解模糊为例予以介绍。

对于中脉冲重复频率 PD 雷达，一般采用多重脉冲频率法来解距离和速度模糊，类似的技术曾用于解决盲速问题。

1. 二重脉冲重复频率判测距模糊的原理

设脉冲重复频率分别为 f_{r1} 和 f_{r2}，它们都不能满足不模糊测距的要求。两者的公约频率为 f_r，即

$$f_r = \frac{f_{r1}}{N} = \frac{f_{r2}}{N+a} \tag{6.39}$$

式中，N 和 a 均为常数。常选择 $a=1$，使 N 和 $N+a$ 互质，且 f_r 的选择应保证测距不模糊。

雷达以 f_{r1} 和 f_{r2} 的脉冲重复频率交替发射脉冲信号。通过记忆重合装置，将不同 PRF 发射信号进行重合，重合后的输出是重复频率 f_r 的脉冲串。同样也可得到重合的接收脉冲串，二者之间的时延代表目标的真实距离，如图 6.41 所示，其中，t_1 和 t_2 分别为 f_{r1} 和 f_{r2} 脉冲重复频率测量得到的距离，t_r 为不模糊距离。公式表述如下：

$$t_r = t_1 + n_1 T_{r1} = t_2 + n_2 T_{r2} \tag{6.40}$$

其中，n_1 和 n_2 为整数，T_{r1} 和 T_{r2} 分别为 f_{r1} 和 f_{r2} 对应的脉冲重复间隔。当 $a=1$ 时，$n_1 = n_2$ 或 $n_1 = n_2 + 1$。

因此有

$$t_r = \frac{t_1 f_{r1} - t_2 f_{r2} + 1}{f_{r1} - f_{r2}} \quad \text{或} \quad t_r = \frac{t_1 f_{r1} - t_2 f_{r2}}{f_{r1} - f_{r2}} \tag{6.41}$$

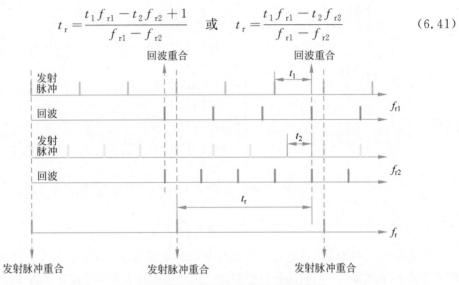

图 6.41　二重高脉冲重复频率判测距模糊的原理

2. 多重脉冲重复频率判测距模糊的原理

如果采用多重高脉冲重复频率测距，就能给出更大的不模糊距离，同时也可兼顾跳开发射脉冲遮挡的灵活性。下面举出采用 3 种高重复频率的例子来说明。例如，取 $f_{r1} : f_{r2} : f_{r3} = 7 : 8 : 9$，则不模糊距离是单独采用 f_{r2} 时的 $7 \times 9 = 63$ 倍。这时在测距系统中可以根据 3 个模糊的测量值来解出其真实距离。其办法是利用余数定理。以 3 种重复频率为例，真实距离为

$$R_C = (C_1 A_1 + C_2 A_2 + C_3 A_3) \bmod (m_1 m_2 m_3) \tag{6.42}$$

其中，m_1、m_2、m_3 为脉冲重复频率的比，A_1、A_2、A_3 为对应的模糊距离，常数 C_1、C_2、C_3 为

$$C_1 = b_1 m_2 m_3 \bmod (m_1) \equiv 1$$
$$C_2 = b_2 m_1 m_3 \bmod (m_2) \equiv 1 \tag{6.43}$$
$$C_3 = b_3 m_1 m_2 \bmod (m_3) \equiv 1$$

式中，b_1 为一最小的整数，它被 m_2 和 m_3 乘后再被 m_1 除，所得余数为 1。例如，$f_{r1}:f_{r2}:f_{r3}=7:8:9$，那么由式(6.43)可以得到 $b_1=4$。b_2 和 b_3 的定义相似。求出 b_1、b_2、b_3 后，便可确定 C_1、C_2、C_3 的值。代入式(6.42)即可得到模糊距离。

频率解模糊的原理与距离解模糊的原理相似，不再赘述。

3. 盲区的消除

在实际应用中，通常用 8 个不同的脉冲重复频率工作，在 8 个脉冲中有 3 个脉冲可以检测到目标，即认为目标存在。

6.5 切向速度测量原理

切向速度测量原理是基于空间多普勒域的测量，可以分成两大类：真实空域方法和合成空域方法。合成空域方法与合成孔径技术密切相关，它相当于通过估计线性调频信号的调频斜率来估计目标的速度。本节仅介绍基于真实空域切向速度测量。

如图 6.42 所示，真实空域切向速度测量必须有与切向速度方向一致的阵列。图 6.42 中有 1 个发射阵和 3 个接收阵，图中的圆圈分别为 3 个接收阵等效相位中心。同时可以看出，对于均匀线阵，其相位中心的间隔为接收阵间隔的一半。

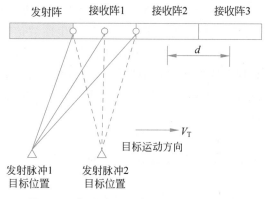

图 6.42 相位中心和波形不变原理示意图

假定发射阵发射第一个脉冲，目标位于位置 1；假定发射阵发射第二个脉冲，目标位于位置 2。脉冲间隔为 T_r。第一个脉冲 3 个接收阵接收到的该目标回波分别为 $s_{1,1}(t)$、$s_{1,2}(t)$、$s_{1,3}(t)$；第二个脉冲 3 个接收阵接收到的该目标回波分别为 $s_{2,1}(t)$、$s_{2,2}(t)$、$s_{2,3}(t)$。假定前后两个脉冲回波波形是不变的，将前后两组波形互相关：

$$r_{ij}(\tau)=\langle s_{1,i}(t),s_{2,j}(t)\rangle=\int s_{1,i}^*(t),s_{2,j}(t-\tau),\quad i,j=1,2,3 \tag{6.44}$$

寻找互相关峰的时延 $\tau=0$ 的两个接收阵 i 和 j。从图 6.42 可以看出，$s_{1,1}(t)$ 与 $s_{2,3}(t)$ 相对时延等于 0。对于均匀线阵，两接收阵的间隔为 $D=(i-j)\cdot d$，其等效相位中心间隔为 $D/2$。

$$V_T=\frac{D}{2T_r} \tag{6.45}$$

但是由于接收阵间隔是离散的，有可能找不到时延为零的互相关峰值点。减小接收阵间隔,可以减轻离散效应,但会带来通道数过多的问题,采用非均匀阵列可以减少接收阵个数。此外,还可以采用数个时延最小峰值点内插来估计接收阵位置。

声相关流速剖面仪(ACCP)就是基于波形不变的切向速度测量方法工作的。ACCP的最大优点是其速度测量与声速无关,不需要声速补偿。

思考题与习题

6.1 全相参雷达的重复频率为 $f_r=1000\text{Hz}$,载频为 $f_0=3000\text{MHz}$,发现目标的距离为 $R_0=10\text{km}$,在径向速度为 $V_r=25\text{m/s}$ 和 $V_r=125\text{m/s}$ 的情况下,用矢量作图法画出相干视频信号,并求出相干视频信号包络的频率 f_d。

6.2 如题图 6.1 所示,假设距离雷达为 R 的目标运动方向与径向有一夹角 θ,雷达发射窄带信号 $s_t(t)$,不考虑回波幅度变化,写出回波的复包络。

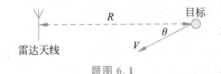

题图 6.1

6.3 提取多普勒频率有哪几种工作波形?各有何优缺点?

6.4 为了帮助理解宽带和窄带信号的区别,请完成如下计算机仿真作业。产生码片宽度为 1ms、码长为 1023 的 m 序列(m 序列的产生见第 7 章)作为主动声呐的发射信号,假定目标与声呐之间的径向速度为 8 节。用宽带信号模型产生回波信号(不考虑幅度变化)。然后采用窄带和宽带分别处理信号,比较处理结果的差异。

6.5 哪些因素会影响多普勒频率?根据雷达和声呐实际工作情形,计算两者的多普勒频率大致范围。考察雷达和声呐的典型脉冲重复频率和脉冲宽度的关系。说明两者为什么在多普勒信息处理方式上存在差异。

6.6 试说明动目标指示雷达的工作质量及质量指标。

6.7 画出题图 6.2 给出的 MTI 滤波器的幅频特性($K=2$)。

6.8 已知目标的多普勒频率 $f_d=300\text{Hz}$,$\phi_0=\pi/4$,$f_r=300\text{Hz}$,假如一次对消器的脉冲回波的相位检波器脉冲的幅度 $u_0=10\text{V}$,试求:

(1)对消器在该多普勒频率的频率响应值,画出对消器的波形,并标出参数;

(2)多普勒频率为何值时,频率响应值最大?等于多少?

6.9 二次对消如题图 6.3 所示,求它的速度响应和频率响应,并画出曲线。若输入端加一个大小一定的窄脉冲,输出端波形如何?

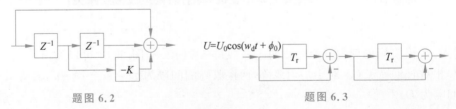

题图 6.2   题图 6.3

6.10 画出理想的一次中频对消器的频率响应和速度响应,并画出对消前和相消后固定杂波和运动目标回波的频谱。

6.11 采用二参差脉冲重复频率,甲组波形使用 2ms 和 3ms 两种脉冲重复间隔,乙组波形使用 2ms 和 4ms 两种脉冲重复间隔。

(1) 求两组波形的第一盲速值;

(2) 从上述结果可以得到什么结论?

6.12 编写二参差脉冲重复频率 MTI 的程序。并研究不同的参差比为 2:3 和 7:8 的响应曲线。

6.13 MTI 雷达采用平衡相位检波器,在满足平衡相检的条件下,试画出相干检波器输出的相干视频信号和一次对消视频信号$\left(设\ \phi_0 = 0, \Delta\phi_0 = \dfrac{1}{4}\pi\right)$。

6.14 何为盲速和盲相?它们有何影响?如何解决盲速和盲相问题?

6.15 画出 MTI 正交双通道处理的方框图。若已知运动目标相邻两回波信号的矢量差 Δu 的幅度为 1V,画出该处理器运动目标的输出波形。若 $f_d = 4f_r$,问矢量差 Δu 有何变化?

6.16 已知某 MTI 雷达由于天线扫描限制的改善因子为 40dB,雷达不稳定限制的改善因子为 20dB,杂波起伏限制的改善因子为 50dB,对消器本身限制的改善因子为 50dB。试求雷达系统总的改善因子。

6.17 设甲、乙两部雷达分别对相同的杂波背景下的同一目标进行观测。甲雷达的水平和垂直波束宽度均为 1°,脉冲宽度为 3μs,乙雷达的水平和垂直波束宽度均为 10°,脉冲宽度为 10μs。除杂波抑制设备外,两部雷达其他参数相同。已知甲雷达的杂波中可见度为 42dB 时可以发现目标,问乙雷达需要改善因子为多少时才能发现同一目标?

6.18 已知某雷达的改善因子为 40dB,处于杂波中的动目标回波功率为 10^{-10}W,问雷达能在多强的杂波功率下发现目标?

6.19 已知某 MTI 雷达的工作波长为 $\lambda = 10$cm,重复频率为 $f_r = 1000$Hz,天线波束照射目标期间获得的回波脉冲数为 50,采用单路非递归滤波器。若杂波内部运动速度分布的均方根值为 $\sigma_v = 0.12$m/s,试求:

(1) 杂波内部运动限制的改善因子和天线扫描限制的改善因子;

(2) 若该雷达没有采用 MTI 系统时,在该杂波背景中的作用距离为 200km,求采用 MTI 后的作用距离。

6.20 试述机载脉冲多普勒雷达的基本组成和工作原理。

6.21 试画出机载脉冲多普勒雷达在高空向低空探来袭飞机时的各种杂波分布图形,并加以分析说明。(即在 PD 雷达中如何处理这些杂波?)

6.22 设发射信号复包络为 $\tilde{s}_t(t)$,写出距离为 R_0 处运动速度为 v_r 的点目标回波信号频移模型的复包络。

6.23 设发射信号复包络为 $\tilde{s}_t(t)$,写出距离为 R_0 处运动速度为 v_r 的点目标回波信号伸缩模型的复包络。

第 7 章

时间信号处理基础

根据测量和分辨的维度,雷达信号处理可以分成空间信号处理、时间信号处理和极化信号处理三大部分,声呐信号处理仅有前两部分。空间信号处理研究角度测量和分辨方法以及测量精度和角度分辨率,其核心是角度测量与分辨、波束形成和空间处理获得的信噪比增益,第 5 章对此已经进行了讨论。尽管空间信号处理可能是两维的——方位角和俯仰角,但两者本质是完全相同的,无须分开讨论。时间信号处理研究信号的波形最优处理,涉及时延、频率和波形 3 个维度的检测、估计和分辨问题。

本章使用的最优准则是信噪比最大准则,因此匹配滤波器是时间信号处理的基础。与空间信号处理相比,时间信号更加复杂,它涉及 3 个本质完全不同的测量和分辨维度,还涉及多普勒信号不同的提取方法,对于相参脉冲串波形还涉及快时间和慢时间。极化信号处理多用于大自然背景遥感信号处理,本书不作讨论。

如果电子探测系统空间和时间是正交的,两个维度可以独立处理;但有些情形下,两者是耦合的,如 PD 雷达杂波或声呐的混响在空间-慢时间上是耦合的,必须在空间(阵元域或波束域)和时间(慢时间或多普勒域)二维空间进行联合处理,这就是空时二维处理(STAP)。但无论是空间和时间是独立处理还是联合处理,时间信号处理的基本理论都是适用的。

7.1 雷达和声呐的信号检测

本节将利用 2.6 节和 2.7 节的理论,具体分析雷达和声呐的信号检测方法。从检测的维度来看,雷达和声呐的信号检测可能是一维的(如被动声呐波束域上的时间积累或谱线检测),可能是二维的(快时间和慢时间及其对应的频域,如 MTI,MTD 和 PD),也可能是三维的[如图 7.1 所示锥角余弦、慢时间和快时间,即空时自适应处理(STAP)],甚至是四维的(方位角、俯仰角、快时间和慢时间,如面阵 STAP)等。这些维度可能是独立处理的,也可能是联合处理的;增加处理的维度,是为了增加分辨性能,从而更好地抑制杂物干扰。本节主要讨论一维情形,7.1.3 节会介绍二维(距离-多普勒域)恒虚警处理。

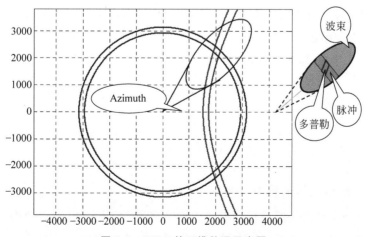

图 7.1 STAP 的三维处理示意图

7.1.1 被动声呐信号检测

7.1.1.1 宽带噪声信号的检测

最简单的被动声呐信号检测模型是假定舰船目标的辐射噪声为宽带噪声信号,而海洋噪声也为宽带噪声。它可以抽象为零均值白高斯噪声背景下的零均值白高斯信号的检测问题。假定信号的观测矢量为 $\boldsymbol{X} = (x_1, x_2, \cdots, x_N)^{\mathrm{T}}$,背景噪声的方差和信号的方差分别为 σ_n^2 和 σ_s^2。由式(2.42)和式(2.50)有

$$p(\boldsymbol{X} \mid H_1) = \frac{1}{(2\pi)^{N/2}(\sigma_s^2 + \sigma_n^2)^{N/2}} \exp\left[-\frac{x_1^2 + x_2^2 + \cdots + x_N^2}{2(\sigma_s^2 + \sigma_n^2)}\right]$$

$$p(\boldsymbol{X} \mid H_0) = \frac{1}{(2\pi)^{N/2}(\sigma_n^2)^{N/2}} \exp\left[-\frac{x_1^2 + x_2^2 + \cdots + x_N^2}{2\sigma_n^2}\right] \quad (7.1)$$

将式(7.1)代入式(2.82),得

$$\Lambda(\boldsymbol{X}) = \frac{p(\boldsymbol{X} \mid H_1)}{p(\boldsymbol{X} \mid H_0)} = \left(\frac{\sigma_n^2}{\sigma_s^2 + \sigma_n^2}\right)^{N/2} \exp\left[-\frac{x_1^2 + x_2^2 + \cdots + x_N^2}{2(\sigma_s^2 + \sigma_n^2)} + \frac{x_1^2 + x_2^2 + \cdots + x_N^2}{\sigma_n^2}\right]$$

$$(7.2)$$

由于对数不改变函数的单调性,可采用对数似然比:

$$l(\boldsymbol{X}) = \ln[\Lambda(\boldsymbol{X})] = \frac{N}{2} \cdot \ln\left(\frac{\sigma_n^2}{\sigma_s^2 + \sigma_n^2}\right) + \left[-\frac{x_1^2 + x_2^2 + \cdots + x_N^2}{2(\sigma_s^2 + \sigma_n^2)} + \frac{x_1^2 + x_2^2 + \cdots + x_N^2}{2\sigma_n^2}\right]$$

$$\geqslant l_0 \quad (7.3)$$

其中,l_0 为检测门限。

上式可简化成

$$l(\boldsymbol{X}) = x_1^2 + x_2^2 + \cdots + x_N^2 \geqslant \frac{2(\sigma_s^2 + \sigma_n^2)\sigma_n^2}{\sigma_s^2}\left[l_0 - \frac{N}{2}\ln\left(\frac{\sigma_n^2}{\sigma_s^2 + \sigma_n^2}\right)\right] = l_0' \quad (7.4)$$

被动声呐信号检测器如图 7.2 所示,为平方检波器后级联时间积累器。宽带检测在被动声呐信号处理中属于时间处理的非相干积累,可以证明,在白噪声中其时间处理的信噪比增益为 $5\lg BT$,其中,B 和 T 分别为声呐系统的带宽和处理的时宽。

图 7.2　被动声呐信号检测器

7.1.1.2 线谱信号的检测——LOFAR

图 7.3(a)是典型的舰船目标辐射噪声的功率谱,可以看到,在宽带谱上叠加了许多低频线谱,其频率多在 300Hz 以下,这些线谱可能高出宽带谱十几分贝。根据匹配滤波

器理论,对于具有线谱的目标,提高信噪比的方法是采用一组窄带滤波器组。我们知道,傅里叶变换等效于窄带滤波器组,因此可以采用傅里叶变换实现匹配滤波。由于目标辐射噪声的平稳时间是有限的,因此傅里叶变换的时间长度不宜太长,在信号分析中,对于这种情形,适合采用短时傅里叶变换(STFFT)。它的做法是将某个波束的信号 $s_b(t)$ 截取一段,并将截取的信号加窗 $w(t)$,然后对加窗的信号进行傅里叶变换。其公式表述为

$$S_b(t,\omega) = \text{STFFT}(t,\omega) = \int_{-\infty}^{\infty} s_b(\tau) w^*(\tau - t) e^{-j\omega\tau} d\tau \tag{7.5}$$

具体实现框图和典型目标频率-时间历程图分别如图 7.3(b)、(c)所示。采用频率-时间历程显示相当于时间积累,可以提高信噪比,便于目标检测。

在被动声呐中,这种技术称为低频频率分析(LOFAR)。LOFAR 需要额外的计算量,如果难以对所有的波束进行处理,那么可以选择怀疑目标存在的数个波束进行 LOFAR 处理。其中 FIR 是数字滤波器,典型的带宽为 $100 \sim 4000\text{Hz}$,它可以滤出线谱集中范围内的线谱信号,从而提高信噪比。采用快速傅里叶变换(FFT)完成信号的谱分析。

窄带检测在被动声呐信号处理中属于时间处理的相干积累,在白噪声中其时间处理的信噪比增益为 $10\lg BT$,其中,B 和 T 分别为声呐系统的带宽和处理的时宽。这个信噪比增益等于匹配器滤波的增益,这可以解释为什么窄带检测的信噪比增益大于宽带检测。为了提高处理增益,在线谱信号平稳的前提下,应尽可能加大窗函数的尺寸。必须说明的是,窄带检测使用的前提是目标的辐射噪声具备线谱,对于没有线谱分量的安静型潜艇,窄带检测无法使用。抑制线谱是安静型潜艇降噪努力的重要方面,但安静型潜艇是否存在低频线谱,学术界尚存争议。

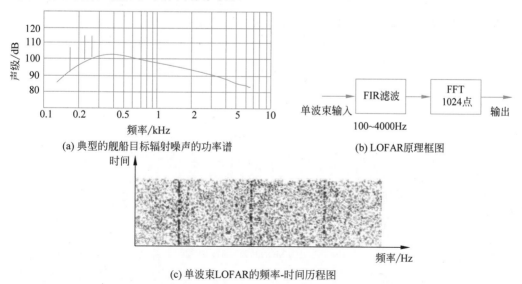

(a) 典型的舰船目标辐射噪声的功率谱

(b) LOFAR原理框图

(c) 单波束LOFAR的频率-时间历程图

图 7.3 LOFAR 原理框图

7.1.1.3　包络被调制信号的检测——DEMON

由于受到螺旋桨旋转的调制作用,辐射噪声包络往往呈现出周期的起伏特性,声呐员称为拍音。有经验的声呐员往往根据拍音来识别目标的类型。利用这种起伏不仅可能提高目标的检测性能,通过它可以得到目标螺旋桨的转速和叶数,为目标特征分析提供帮助。

对于包络被调制信号的检测可以使用 DEMON 技术。DEMON 是解调的意思,它也是一种谱分析的方法,但它不对信号直接进行谱分析,而是分析信号包络的功率谱。首先对这类调制型的信号进行带通滤波,滤波器的典型带宽为 10～300Hz(因为目标谱线的频率多在 300Hz 以下),以提高信噪比;然后对信号 $s(t)$ 进行绝对值检波或单边绝对值检波,即

$$d(t) = | s(t) | \tag{7.6a}$$

或

$$d(t) = \begin{cases} s(t), & s(t) \geqslant 0 \\ 0, & \text{其他} \end{cases} \tag{7.6b}$$

其中,$s(t)$ 和 $d(t)$ 分别为检波前后的信号;接着对 $d(t)$ 去均值和 FIR 带通滤波,典型带宽为 10～80Hz,此处的滤波主要是滤出绝对值检波非线性产生的高频分量,以滤出信号的调制包络。为了降低后面谱分析的运算量,可以进行下采样;再对下采样后的信号进行短时傅里叶变换。截取的信号时间长度越长,谱分辨率越高,由于受信号的平稳性限制,时间太长信噪比反而会受损失,通常信号时间长度应大于 1s。为了提高信噪比,可以进行时间积累,但是这个积累是非相干的,此外采用时间历程的显示方式也能提高信噪比。

DEMON 谱信号处理过程原理框图和频率-时间历程图分别如图 7.4(a)和(b)所示。DEMON 谱反映了螺旋桨的转速,转速越高,谱线频率越高。

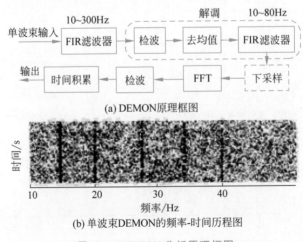

(a) DEMON原理框图

(b) 单波束DEMON的频率-时间历程图

图 7.4　**DEMON 分析原理框图**

7.1.2 主动雷达和声呐信号检测

7.1.2.1 未知相位的脉冲信号检测

未知相位的脉冲信号的表达式为 $s(t) = a(t)\cos[\omega_0 t + \phi(t) + \theta]$。其中，$a(t)$、$\omega_0$ 和 $\phi(t)$ 分别为包络、角频率和信号的相位，为已知量或时间的确定函数；$a(t)$ 反映了脉冲的包络形状，$\phi(t)$ 反映了相位的调制形式，例如，$\phi(t) = 0$ 为单频脉冲信号，$\phi(t) = K\pi t^2$ 为线性调频信号。θ 为未知的初相，假定 θ 在 $[0, 2\pi]$ 区间均匀分布。如果信号满足窄带条件，那么其复包络为 $\tilde{s}(t) = a(t)\exp\{j[\phi(t) + \theta]\}$。这种模型适用于雷达和主动声呐的单个脉冲检测。可以证明：如果噪声为高斯白噪声，其检测器的形式如图 7.5(a)、(b) 所示，分别适用于大信噪比和小信噪比的情形。其中匹配滤波器的冲激响应复包络为

$$h(t) = a(\tau - t)\exp[-j\phi(\tau - t)] \tag{7.7}$$

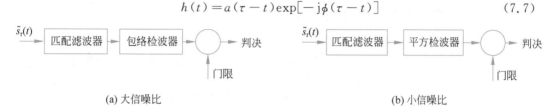

(a) 大信噪比   (b) 小信噪比

图 7.5　未知初相的单频脉冲信号检测器

7.1.2.2 未知初相的相参脉冲串检测器

相参脉冲串信号是雷达常用的一种信号。这种信号的特点是脉冲串的初相是未知的，但每个脉冲的相位是相同的，通过各脉冲信号同相叠加，可以最大限度地提高信噪比。信号的相位就好比是力的方向，相位相同，好比是力的方向相同，因此同相叠加后的合力最大。在背景噪声为高斯白噪声和大信噪比条件下，其检测器如图 7.6(a) 所示。匹配滤波器的冲激响应的复包络与单个脉冲相同，由式(7.7)给出。值得注意的是，它的积累在包络检波器之前，为带相位的积累，以保证同相叠加。

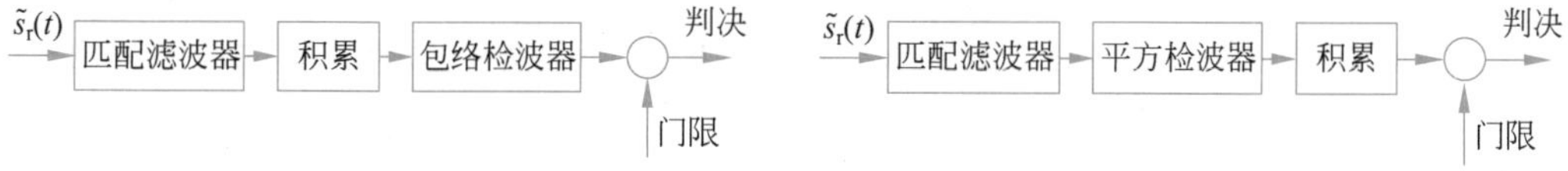

(a) 相参的情形   (b) 非相参的情形

图 7.6　相参脉冲串和非相参脉冲串检测器

7.1.2.3 非相参脉冲串检测器

主动声呐使用的工作波形是非相参脉冲串，因为主动声呐脉冲间隔长，超过水声信道相位相干时间，就难以实现相干积累。非相参脉冲串信号在现代雷达中使用不多，仅用于航海导航雷达等。通过与相参脉冲串检测器相对比，可以深入理解相干处理的重要性。在背景噪声为高斯白噪声和小信噪比条件下，非相参脉冲串检测器如图 7.6(b) 所示。值得注意的是，它的积累在平方检波器之后，不再包含信号的相位。

从以上 3 种主动雷达和声呐工作信号对应的检测器结构来看，匹配滤波器在信号检

测中起着非常重要的作用,每种检测器的第一级均为匹配滤波器。

7.1.2.4 相参脉冲串和非相参脉冲串的检测性能比较

把相参脉冲串这样带相位、按同相叠加的积累称为相干积累,而把幅度(大信噪比)或幅度平方(小信噪比)这样非同相叠加的积累称为非相干积累。N 个等幅脉冲相干积累的信噪比可以提高 N 倍,因此相干积累的信噪比增益为 $10\lg N$;而 N 个等幅脉冲非相干积累的信噪比只能提高 $\sqrt{N}$ 倍,两者之差近似为 $10\lg \sqrt{N}$。但实际中,随着积累数的增大,还有大约 5.5dB 的额外损失。这是因为相参脉冲串信号先积累后检波,检波前信噪比高;而非相参脉冲串对每个脉冲先检波,但小信噪比信号通过检波器会有额外的损失。因此当 $N \gg 1$ 时,非相干积累的增益为

$$G_{\mathrm{NC}} \approx 10\lg \sqrt{N} - 5.5 \tag{7.8}$$

7.1.2.5 目标起伏对检测性能的影响

以上讨论的脉冲串是等幅的情形。实际上,由于目标视角的改变、雷达频率或极化改变等原因,目标回波的幅度是起伏的。图 7.7 给出了螺旋桨飞机 B-26 雷达截面积(目标反射电磁波能力的度量)随视角起伏的情形。

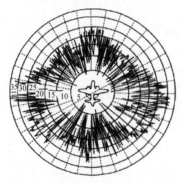

雷达目标起伏特性可以采用 Swerlling(施威林)4种模型来描述,如表 7.1 所示。模型按幅度概率分布可以分成两类,按起伏的快慢可以分成快起伏和慢起伏两大类,因此可以组合成 4 种模型。

Swerlling Ⅰ、Ⅱ 型模型的幅度概率密度函数如表 7.1 所示,服从瑞利分布,适合描述由多个强度大致相同的散射单元组成的目标。Swerlling Ⅲ、Ⅳ 型模型幅度概率密度函数如表 7.1 所示,适合描述由不同强弱散射单元组成的目标。

图 7.7　螺旋桨飞机 RCS 与视角

快起伏是指在一组脉冲内,目标的回波是起伏的,也称为脉间起伏;慢起伏是指一组脉冲内幅度是固定的,但组与组之间是起伏的,也称为扫描间起伏。

表 7.1　Swerlling 的 4 种模型

模　　型	幅度概率密度函数	起伏快慢
Swerlling Ⅰ	$p(A) = \dfrac{A}{A_0} \exp\left[-\dfrac{A^2}{2A_0^2}\right], A \geqslant 0$	慢起伏
Swerlling Ⅱ		快起伏
Swerlling Ⅲ	$p(A) = \dfrac{9A^3}{2A_0^4} \exp\left[-\dfrac{3A^2}{2A_0^2}\right], A \geqslant 0$	慢起伏
Swerlling Ⅳ		快起伏

可以将 Swerlling 模型概念推广到距离扩展目标检测的情形,此时意味着一个脉冲的回波会占驻多个距离分辨单元。这意味着一个脉冲得到的回波也有起伏。通常情形下应为快起伏。

检测理论告诉我们如下结论:

（1）起伏模型检测器与不起伏的模型检测器相同。

（2）起伏会带来信噪比损失。无论是相参积累，还是非相参积累，与目标不起伏模型相比较，当发现概率大于 0.3 时（雷达或声呐实际的工作情形），目标起伏会降低目标的检测性能；或者说，当虚警一定时，要达到相同的检测概率，目标起伏需要的信噪比更高。

（3）快起伏检测性能优于慢起伏。在高发现概率情形下，甚至会出现快起伏非相参积累优于慢起伏相参积累的情况。这提示我们采用降低目标回波幅度相关性的技术措施来改善目标的检测性能。对海雷达采用捷变频会优于 MTI 或 MTD 的性能就是一个典型的例子。由于舰船目标的多普勒频率很小，采用 MTI 或 MTD 难以奏效，采用捷变频技术可以使得目标幅度去相关，使回波幅度呈现为快起伏，从而改善检测性能。典型的数据是：脉冲频率为 2000Hz，目标照射时间为 10ms，脉冲数为 20 个，雷达为 X 波段，发现概率为 90%，虚警概率为 10^{-6}。在上述条件下固定频率时独立杂波脉冲数为 2.3，而捷变频时为 13.4，由于去相关作用，信噪比改善为 16dB。

声呐目标起伏的影响可以参照雷达的模型进行分析，但是对于声呐来说，脉冲间的相参积累是非常困难的。

7.1.3　恒虚警检测

前面讨论的检测器都假定干扰背景的功率已知，但实际上热噪声与电路温度有关，雷达的地面杂波、海面杂波和声呐的混响的功率都是未知的。

通常要求检测器必须是一致最大势检测器。所谓一致最大势检测器，是指当信噪比改变时，检测器的结构是不变的。所幸的是，上面讨论的检测器均为一致最大势检测器。由于雷达和声呐使用的检测准则为纽曼-皮尔逊准则，即在给定虚警概率条件下，使得发现概率最大。能保持虚警概率恒定的检测器，通常称为恒虚警（CFAR）检测器。

7.1.3.1　噪声电平恒定电路

热噪声 CFAR 较为简单，因为它与距离无关。

设输入为零均值、方差 σ^2 的高斯过程，其概率密度函数为

$$p_X(x) = \frac{1}{\sqrt{2\pi}\sigma} \exp\left(-\frac{x^2}{2\sigma^2}\right) \tag{7.9}$$

当温度改变时，方差会随之改变。对于零均值高斯过程，其方差估计为

$$\hat{\sigma} = \sqrt{\frac{1}{N}\sum_{i=1}^{N} x_i^2} \tag{7.10}$$

其中，$x_i(i=1,2,\cdots,N)$ 为热噪声的样本，以此估计值对输入进行归一化，如图 7.8(a) 所示。这样输出的 $y = x/\sigma$ 将服从标准正态分布。当温度变化引起方差变化时，其虚警率将保持不变。

还有一个保持虚警概率的方法是用 $\hat{\sigma}$ 去控制检测门限，如图 7.8(b) 所示。

7.1.3.2　一维距离单元平均 CFAR

一维距离单元平均 CFAR 检测器如图 7.9 所示，这类 CFAR 检测器通常用于雷达杂

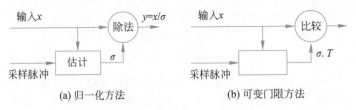

图 7.8　开环噪声电平恒定电路

波或声呐混响背景下的目标检测,因为杂波和混响一般不再服从瑞利分布。

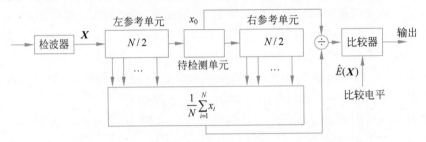

图 7.9　一维距离单元平均 CFAR 检测器

下面将证明在指数分布杂波或混响背景下,该检测器是能保持虚警的 CFAR 检测器。图 7.9 中间的单元称为待检测单元,待检测单元两旁的各 $N/2$ 个单元称为参考单元。

称 x 服从指数分布,若其概率密度函数为

$$p_X(x) = \frac{1}{\beta^2}\exp\left(-\frac{x}{\beta^2}\right) \tag{7.11}$$

假设待检测单元周围有 N 个相邻单元可以用来估计 β^2,且每个单元的干扰是独立同分布的,则 N 个样本数据组成的矢量 X 的联合概率密度函数为

$$p_X(X) = \frac{1}{\beta^{2N}}\exp\left[-\left(\sum_{i=1}^N x_i\right)/\beta^2\right] \tag{7.12}$$

对其对数似然函数求导:

$$\frac{\mathrm{d}(\ln\Lambda)}{\mathrm{d}\beta^2} = -N\left(\frac{1}{\beta^2}\right) + \left(\frac{1}{\beta^2}\right)^2\sum_{i=1}^N x_i = 0 \tag{7.13}$$

得到 β^2 的最大似然估计为

$$\hat{\beta}^2 = \frac{1}{N}\sum_{i=1}^N x_i \tag{7.14}$$

将待检测单元归一化或将 $T = \alpha \cdot \hat{\beta}^2$ 作为可变门限,即可得到恒虚警的性能。

7.1.3.3　二维 CFAR

对于二维检测,如 PD 雷达在距离-多普勒域检测目标,CFAR 可以扩展到二维,如图 7.10(a)所示。此时邻近单元的概念如图 7.10(b)所示。引入保护单元的目的是防止目标尺度超过一个检测单元,造成漏警。

最后强调一点,CFAR 只是保持了虚警率不变,但不能提高目标的检测概率。提高

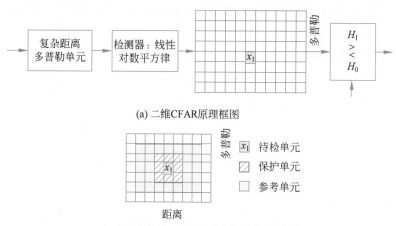

(a) 二维CFAR原理框图

(b) 待检测单元、保护单元和参考单元的概念

图 7.10　二维 CFAR

目标检测性能的最好方法是拒干扰于接收机之前或在接收机内采用杂波或混响的抑制办法(如各种动目标检测方法)。

7.2 信号的模糊函数

　　雷达和声呐的测量参数和分辨空间有角度(方位和俯仰)、距离和多普勒频率。其中,角度的测量精度和分辨率与阵的参数和工作波长有关,而距离和多普勒频率的测量精度和分辨率完全由发射信号的波形参数决定。因此对于主动雷达和声呐来说,工作信号的选择是非常重要的。即使在被动雷达和声呐中,也可能遇到信号形式的选择问题。例如,在声呐的被动测距中,就要考虑宽带信号和窄带信号的选择问题,并针对不同舰船辐射信号采用不同的参数(时延或相位)进行被动测距。

　　模糊函数是在匹配滤波处理(或相关处理)的前提条件下,研究信号的时间和频率测量精度和分辨率的工具,也是雷达和声呐发射波形设计的重要工具。同时,它在复杂通信信道(如移动通信和水声通信)中也具有非常重要的意义。模糊函数的理论于 1950 年由 Woodword 提出,它奠定了雷达和声呐信号理论的基础。但限于篇幅,我们只能对模糊函数及应用作简单介绍。

7.2.1　模糊函数的定义

　　不失一般性,假设以观测目标 1 为基准,该目标静止,多普勒频移为 0,且时延为 0,忽略回波信号幅度变化,目标 1 回波的复包络为

$$s_1(t) = a(t) \tag{7.15}$$

其中,$a(t)$ 为发射信号的复包络。

　　设目标 2 为离雷达站比基准目标 1 远的向站目标,基准目标 2 具有时延 $+\tau$ 和多普勒频移 $+\xi$,忽略信号幅度的变化,且与目标 1 等幅。与式(6.20)类似,可以证明目标 2 的回波的复包络为

$$s_2(t) = a(t-\tau)\exp\{j[2\pi\xi t - (f_0 + \xi)\tau]\} \tag{7.16}$$

其中，f_0 为发射信号的频率。

两个目标的回波信号的均方差可以写成

$$\varepsilon^2 = \int_{-\infty}^{\infty} |s_1(t) - s_2(t)|^2 dt$$

$$= \int_{-\infty}^{\infty} |a(t)|^2 dt + \int_{-\infty}^{\infty} |a(t-\tau)|^2 dt -$$

$$2\mathrm{Re} \int_{-\infty}^{\infty} a^*(t) a(t-\tau) \exp\{j2\pi[\xi t - (f_0 + \xi)\tau]\} dt \tag{7.17}$$

设两个回波信号能量相等，即 $\int_{-\infty}^{\infty} |a(t)|^2 dt = 2E$，$\int_{-\infty}^{\infty} |a(t-\tau)|^2 dt = 2E$，并令 $t - \tau = t'$，经过变量置换及简单运算后，式(7.17) 可以简化为

$$\varepsilon^2 = 2\left\{2E - \mathrm{Re}\left[e^{-j2\pi f_0 \tau} \int_{-\infty}^{\infty} a(t') a^*(t' + \tau) e^{j2\pi\xi t'} dt'\right]\right\} \tag{7.18}$$

定义函数

$$\chi(\tau, \xi) = \int_{-\infty}^{\infty} a(t) a^*(t+\tau) \exp(j2\pi\xi t) dt \tag{7.19}$$

为模糊函数。容易看出，它实际上是不同时延和多普勒频率信号所对应的匹配滤波器输出。

式(7.18)可写成

$$\varepsilon^2 = 2\{2E - \mathrm{Re}[e^{-j2\pi f_0 \tau} \chi(\tau, \xi)]\}$$

$$= 2\{2E - |\chi(\tau, \xi)| \cos[2\pi f_0 \tau + \arg\chi(\tau, \xi)]\}$$

$$\geqslant 2\{2E - |\chi(\tau, \xi)|\} \tag{7.20}$$

定义 $|\chi(\tau, \xi)|$ 或 $|\chi(\tau, \xi)|^2$ 为模糊图，当用 dB 作单位时，两者数值相同。可以看出，$|\chi(\tau, \xi)|$ 为两个邻近目标回波信号的均方差提供了一个保守的估计。换句话说，$|\chi(\tau, \xi)|$ 是决定相邻目标距离-速度联合分辨率的唯一因素。根据前面 $|\chi(\tau, \xi)|$ 的定义式，当 $\tau = 0, \xi = 0$ 时，$|\chi(\tau, \xi)| = 2E$，$\varepsilon^2 = 0$，此时两个目标完全重合，因此无法分辨。显然，$|\chi(\tau, \xi)|$ 随着时延 τ 和多普勒频移 ξ 增大而下降得越迅速，则 ε^2 越大，两个目标就越容易分辨，也就是模糊度越小；或者说 $|\chi(\tau, \xi)|$ 越小越好。

7.2.2　模糊函数的性质

1. 模糊图是回波信号通过匹配滤波器的输出时反

由式(7.19)，得

$$\chi(-\tau, \xi) = \int_{-\infty}^{\infty} a(t) a^*(t-\tau) \exp(j2\pi\xi t) dt$$

$$= \int_{-\infty}^{\infty} a(t) \exp(j2\pi\xi t) a^*(t-\tau) dt \tag{7.21}$$

相当于不同时延的回波与发射信号做相关运算，等效于匹配滤波器，如图 7.11 所示。

它等效于含多普勒频移的信号复包络与匹配滤波器做相关运算，即含多普勒频移的

图 7.11　匹配滤波器与模糊函数的关系

信号复包络通过匹配滤波器的输出。因此有些著作也把模糊函数时反定义为模糊函数，为了区分，我们把 $\chi(-\tau,\xi)$ 定义为负型模糊函数。

2．原点最大

$$|\chi(0,0)|=2E \geqslant |\chi(\tau,\xi)| \tag{7.22}$$

为了方便起见，通常将 $|\chi(\tau,\xi)|$ 进行归一化处理，使得 $|\chi(0,0)|=1$。

3．模糊体积不变性

$$\int_{-\infty}^{\infty}\int_{-\infty}^{\infty}|\chi(\tau,\xi)|^2 \mathrm{d}\xi \mathrm{d}\tau =|\chi(0,0)| \tag{7.23}$$

前面说过模糊图越小越好，但是它必须满足模糊体积不变性的约束。因此该大的地方还得大。而 $|\chi(0,0)|$ 是不可能等于零的，如果 $|\chi(\tau,\xi)|$ 与冲激函数类似，那么这样的模糊函数会是最好的模糊函数。这种模糊函数称为图钉形模糊函数，它是理想的模糊函数。

4．模糊图时延和频移不变性

时间和频率偏移的影响

如果 $v(t)=u(t-t_0)\mathrm{e}^{\mathrm{j}2\pi\xi_0(t-t_0)}$，其中，$t_0$ 和 ξ_0 分别为时延和频偏，则

$$\chi_v(\tau,\xi)=\mathrm{e}^{\mathrm{j}2\pi(\xi t_0-\xi_0\tau)}\chi_u(\tau,\xi) \tag{7.24}$$

该性质表明，时延和频移不会改变模糊图。

7.2.3　典型信号的模糊函数

7.2.3.1　单载频矩形脉冲信号的模糊函数

假设矩形脉冲信号的复包络 $s(t)$ 为

$$s(t)=\frac{1}{\sqrt{T}}\mathrm{rect}\left(\frac{t}{T}\right) \tag{7.25}$$

式中，T 为脉冲宽度。矩形脉冲信号的模糊函数为

$$|\chi(\tau,\xi)|=\begin{cases}\dfrac{T-|\tau|}{T}|\mathrm{sinc}[\xi(T-|\tau|)]|, & |\tau|\leqslant T\\ 0, & |\tau|>T\end{cases} \tag{7.26}$$

其中，$\mathrm{sinc}(\cdot)=\sin(\pi x)/\pi x$ 为辛克函数。单频矩形脉冲的模糊函数主瓣的形状像刀刃，如图 7.12 所示。请注意坐标的单位，时间和频率轴的单位分别为脉冲宽度和脉冲宽度的倒数。

7.2.3.2　线性调频（LFM）信号的模糊函数

LFM 脉冲信号的复包络 $s(t)$ 为

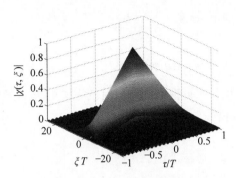

(a)单载频矩形脉冲信号三维模糊图$|\chi(\tau,\xi)|$ (b) 单载频矩形脉冲信号的模糊图3dB截面

图 7.12 单载频矩形脉冲信号模糊图

$$s(t) = \frac{1}{\sqrt{T}} \text{rect}\left(\frac{t}{T}\right) e^{j\pi\gamma t^2} \tag{7.27}$$

其中，$\gamma = B/T$ 称为调频斜率，T 为发射脉冲时间宽度，B 为发射脉冲带宽。

可以证明，LFM 脉冲信号的模糊函数为

$$|\chi(\tau,\xi)| = \begin{cases} \dfrac{T-|\tau|}{T} \cdot |\text{sinc}[(\xi-\gamma\tau)(T-|\tau|)]|, & |\tau| \leqslant T \\ 0, & |\tau| > T \end{cases} \tag{7.28}$$

图 7.13(a)、(b)分别给出了线性调频矩形脉冲信号的模糊函数图$|\chi(\tau,\xi)|$、等高线图（-3dB 切割）。其中参数为 $T = 5\mu s$，$B = 5\text{MHz}$，$\tau = [-5\mu s, 5\mu s]$，$\xi = [-5\text{MHz}, 5\text{MHz}]$。LFM 信号的模糊函数外形像斜刀刃。

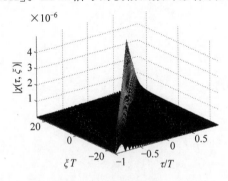 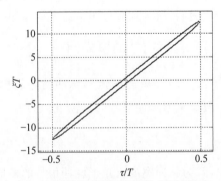

(a)LFM脉冲信号的模糊函数图（三维图）   (b)LFM脉冲信号的模糊函数图（等高线图）

图 7.13 LFM 矩形脉冲信号模糊函数图

7.2.3.3 双曲线性调频信号

在目前发现的信号中，双曲线性调频信号具有最大的多普勒容限，其信号复包络为

$$s(t) = \begin{cases} \left\{\dfrac{1}{\sqrt{T}} \text{rect}\left(\dfrac{t}{T}\right) \exp\left\{j\left[2\pi K \ln\left(1-\dfrac{t}{t_0}\right)\right]\right\}\right\}, & |t| \leqslant T/2 \\ 0, & \text{其他} \end{cases} \tag{7.29}$$

其中，T 为发射脉冲时间宽度，t_0 和 K 为常数。其时频图和波形分别如图 7.14(a)、(b)

所示。瞬时频率为

$$f(t) = \frac{1}{2\pi} \frac{\mathrm{d}\phi(t)}{\mathrm{d}t} = \frac{1}{2\pi} \frac{\mathrm{d}\left[2\pi K \ln\left(1 - \frac{t}{t_0}\right)\right]}{\mathrm{d}t} = -\frac{1}{t_0} \frac{K}{t - t_0} \qquad (7.30)$$

可以看出,其瞬时频率与时间成反比。频率与时间为反比例函数,K 决定了频率改变的速度,其特点是频率开始改变慢,后来加快。下面研究信号参数带宽、时宽和中心频率分别为 B、T、f_0 时,如何确定常数 t_0、K。

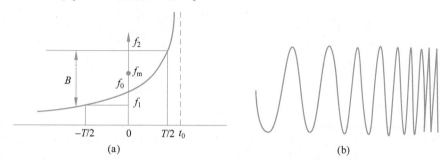

图 7.14 双曲调频信号的时频图和波形

由式(7.30)可以得到信号带宽为

$$B = f_{\max} - f_{\min} = \frac{2K}{T - 2t_0} - \frac{2K}{T + 2t_0} = \frac{4KT}{(T - 2t_0)(2t_0 + T)} \qquad (7.31)$$

由式(7.31)可以得到中心频率为

$$f_{\mathrm{m}} = \frac{f_{\max} + f_{\min}}{2} = \frac{K}{T - 2t_0} + \frac{K}{2t_0 + T} = \frac{4t_0 K}{(T - 2t_0)(2t_0 + T)} \qquad (7.32)$$

由式(7.31)和式(7.32)可确定 t_0 和 K:

$$\begin{cases} t_0 = \dfrac{T}{B} f_{\mathrm{m}} \\ K = \dfrac{B}{T} \dfrac{(T - 2t_0)(2t_0 + T)}{4} \end{cases} \qquad (7.33)$$

双曲线性调频的模糊图,与线性调频信号相似,为斜刀刃形。有意思的是,蝙蝠所用的多种信号中,有一种就是双曲线性调频。

7.2.3.4　相位编码信号

相位编码脉冲信号由若干单载频脉冲信号拼接而成,但每个脉冲的初始相位 φ_0 是变化的。常用的相位编码有二相码和四相码。最简单的相位编码信号是二相编码信号,其相移仅限于取 0 和 π 两个数值,如巴克(Barker)码等,如图 7.15(a)所示的是码长为 7 的二相巴克码信号的波形,其中,τ_{c} 为子脉冲宽度,N 为子脉冲个数(或称码长),$T = N \cdot \tau_{\mathrm{c}}$ 是编码信号的持续期,子码振幅为$[1,1,1,-1,-1,1,-1]$,对应的调制相位 φ_0 为$[0,0,0,\pi,\pi,0,\pi]$。

在相位编码信号中,巴克码是非常重要的,其特点是非循环自相关函数值只能是 1、-1 或 0,因此主副瓣比为 N,图 7.15(b)给出了其自相关函数。主副瓣比越高,各距离检测单元之间的干扰就越小。任何其他类型的相位编码信号主副瓣比远低于 N。但遗憾的是,目前发现的巴克码最大码长只有 13。表 7.2 列出了所有已经发现的巴克码。

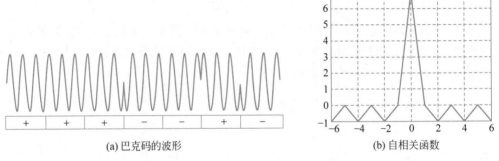

(a) 巴克码的波形　　　　　　　　　　(b) 自相关函数

图 7.15　7 位巴克码波形及自相关函数

表 7.2　巴克码列表

码长 N	编　码	副瓣/主瓣比[$-20\lg(1/N)$](dB)
2	+－或者++	−6.0
3	++−	−9.5
4	++−+或者+++−	−18.0
5	+++−+	−14.0
7	+++−−+−	−16.9
11	+++−−−+−−+−	−20.8
13	+++++−−++−+−+	−22.3

为了克服巴克码长度的不足,可以采用伪随机序列的相位编码信号。m 序列是常用的一种,它的产生非常简单,用线性反馈移位寄存器即可实现。反馈线的抽头由本原多项式给出。寄存器每 1 位值取 0 或 1,但不能为全零。可以证明,它会遍历除全零外的所有 0 和 1 的组合,因此其长度为 $N=2^K-1$,其中 K 为寄存器的位数。图 7.16(a) 给出了用 10 位移位寄存器产生长度为 1023 的 m 序列方法,它对应的本原多项式为 $D^{10}+D^3+1$。这样产生的 m 序列值采用 $0\rightarrow1,1\rightarrow-1$ 的映射方式得到取值为 1 或 −1 的 m 序列。

这样的 m 序列循环自相关副瓣恒为 −1,在通信中很受欢迎,因为通信在同步建立阶段用的正是循环相关。但对雷达和声呐来说,匹配滤波器(或相关器)是非循环相关。伪随机序列的相位编码信号非循环相关的主副瓣比约为 $1/\sqrt{N}$,其中,N 为码长,也等于相位编码信号的时宽带宽积,当码长较长或时宽带宽积较大时,其主副瓣比可以低于现有的巴克码。

图 7.16(b) 给出了长度为 1023 的 m 序列的模糊函数。它的模糊函数形状是图钉形,它代表了相位编码信号的模糊函数形式。具有这种模糊函数的信号被称为最佳的信号,因为它的距离和频率分辨率都很好,而且复杂码型还具有良好的低截获性和抗干扰性。但是这种信号的处理非常困难,需要一组匹配滤波器,运算量极大,因此在实际中应用并不多;其多用于目标速度较低的情形,如对海雷达等,此时所需的匹配滤波器个数少。在声呐中应用还必须考虑可能出现的宽带问题或多普勒伸缩问题。但随着信号处

理器速度的发展,性能优异的相位编码信号在将来的应用可能会越来越普遍。

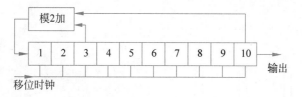

(a) 长度为1023的m序列产生

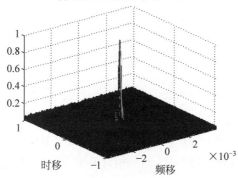

(b) m序列的模糊函数

图 7.16 用线性移位寄存器产生 m 序列及模糊函数

7.2.3.5 相参脉冲串信号

相参脉冲串信号广泛应用于现代雷达中,合成孔径声呐也采用相参脉冲串工作,其时域波形如图 7.17(a)所示,其复包络为

$$u(t) = \frac{1}{\sqrt{N}} \sum_{n=0}^{N-1} u_1(t - nT_r) \tag{7.34}$$

其中,N 和 T_r 分别为脉冲串中脉冲的个数和脉冲间隔。$u(t) = \frac{1}{\sqrt{N}} \sum_{n=0}^{N-1} u_1(t - nT_r)$,$u_1(t) = a(t)\mathrm{e}^{j\theta(t)}$,这意味着每个子脉冲可以是简单波形(即 CW 脉冲),也可以是复杂波形(调频脉冲或相位编码信号等)。

相参脉冲串信号模糊函数为如图 7.17(b)所示的钉板形,当不出现距离模糊和速度模糊时,它分辨率与图钉形模糊函数相同。因此使用相参脉冲串信号时,为了得到良好的二维分辨率和测量精度,应尽量避免出现距离或速度模糊。钉板中各图钉形模糊函数的时间间隔为脉冲重复间隔,频率间隔为脉冲重复频率。但在 PD 雷达中,距离模糊和频率模糊往往是不可避免的,此时必须牺牲一维或二维分辨率。

7.2.4 宽带模糊函数

式(7.19)定义的模糊函数只能适用于满足窄带条件的信号。对于宽带信号,多普勒效应不能近似为频移模型,而必须采用多普勒伸缩模型。我们知道,模糊函数为匹配滤波器的输出,因此在宽带条件下,两个实信号 $r(t)$ 的宽带模糊函数可以定义为

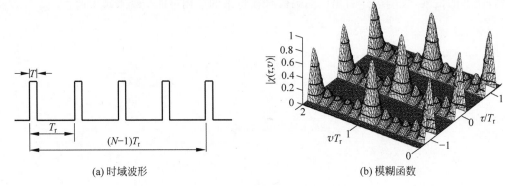

(a)时域波形　　　　　　　　　　(b)模糊函数

图 7.17　相参脉冲串信号及模糊函数

$$\mathrm{WBCAF}(s,\tau)=\sqrt{\mid s\mid}\int_{-\infty}^{+\infty}r(t)r^{*}\left[s(t+\tau)\right]\mathrm{d}t \qquad (7.35)$$

其中,s 为伸缩因子,由式(6.14b)定义。

通常信号的宽带模糊图大致形状与窄带相似。除了 CW 脉冲有解析解外,其他常用的雷达、声呐信号的宽带模糊函数只能用数值计算的方法得到。

7.3　信号的模糊函数的应用

7.3.1　时间和频率分辨率

这里得到的分辨率基于匹配滤波处理。如果采用其他最优处理(如现代谱估计或阵列信号处理),则分辨率可能会提高,但会带来其他的问题,如伪峰等,尤其在低信噪比时。

7.3.1.1　时间分辨率和距离分辨率

时间分辨率定义为在同一天线波束内分辨时间相近的两个多普勒频率相等的点目标能力。模糊函数在频率等于零时的截面为 $\mid\chi(\tau,0)\mid^{2}$。定义时间分辨率 $\Delta\tau$:

$$\mid\chi(\Delta\tau,0)\mid^{2}=\frac{1}{2} \qquad (7.36)$$

由模糊函数的定义,可知

$$\chi(\Delta\tau,0)=\int_{-\infty}^{\infty}a(t)a^{*}(t+\Delta\tau)\mathrm{d}t=R(\Delta\tau) \qquad (7.37)$$

因此它相当于工作信号自相关系数下降 3dB 对应的时宽。可以证明:时间名义分辨率由发射信号的均方带宽 β 决定,即

$$\Delta\tau=\frac{1}{\beta} \qquad (7.38)$$

其中,C 为波速,β 为均方带宽,对于能量归一化的信号 $u(t)\leftrightarrow U(f)$,均方带宽定义为

$$\beta^{2}=(2\pi)^{2}\int_{-\infty}^{\infty}(f-\bar{f})^{2}\mid U(f)\mid^{2}\mathrm{d}f \qquad (7.39\mathrm{a})$$

$$\bar{f}=\int_{-\infty}^{\infty}f\mid U(f)\mid^{2}\mathrm{d}f \qquad (7.39\mathrm{b})$$

均方带宽 β 与信号带宽 B 仅相差一个近似为 1 的系数,不同的信号这个系数是不同的。在实际应用中可以近似用信号带宽 B 代替均方带宽。因此距离分辨率近似写成

$$\rho_r = \frac{C}{2B} \tag{7.40}$$

即当波速一定时,距离分辨率仅与信号的带宽有关。但当采用单载频矩形脉冲时,直觉是脉冲宽度越窄,距离分辨率越高。这种直觉与理论是否矛盾呢?首先肯定直觉是正确的,但绝对不能得出距离分辨率与脉宽有关的结论。因为单频矩形脉冲 $T \cdot B \approx 1$,其脉冲宽度越窄,带宽越大,因此距离分辨率越高。但对于 $T \cdot B \gg 1$ 线性调频信号和相位编码信号,尽管其脉冲宽度很大,但带宽也很大,通过脉冲压缩技术仍然可以得到很高的距离分辨率。

7.3.1.2 频率分辨率和速度分辨率

模糊函数在时延等于零时的截面为 $|\chi(0,\xi)|^2$。定义频率分辨率 Δf_d:

$$|\chi(0,\Delta f_d)|^2 = \frac{1}{2} \tag{7.41}$$

可以证明,多普勒频率分辨率为

$$\Delta f_d = \frac{\sqrt{2}}{\delta} \tag{7.42}$$

其中,δ 为均方脉冲宽度:

$$\delta^2 = (2\pi)^2 \int_{-\infty}^{\infty} (t - \bar{t})^2 |u(t)|^2 \mathrm{d}t \tag{7.43}$$

$$\bar{t} = \int_{-\infty}^{\infty} t |u(t)|^2 \mathrm{d}t \tag{7.44}$$

式(7.44)说明频率分辨率与脉冲宽度有关,工作信号的脉冲宽度越长,其多普勒频率分辨率就越高。为了方便起见,我们近似认为多普勒频率分辨率与信号脉冲宽度的关系为

$$\rho_f = \frac{1}{T} \tag{7.45}$$

因为目标的多普勒频移与速度的关系为 $f_d = 2v/\lambda$,对应的速度分辨率 Δv 和多普勒频率分辨率 Δf_d 之间的关系为

$$\Delta v = \Delta f_d \lambda / 2 \tag{7.46}$$

其物理意义为分辨两个目标在径向速度方面的能力。从而可以确定速度分辨率为

$$\rho_v = \frac{\lambda}{2T} \tag{7.47}$$

式(7.47)告诉我们,速度的鉴别不仅与信号的时宽有关,还与载频的波长有关,如果希望提高速度的分辨率,则降低工作波长是有效的途径。

需要指出的是,雷达一般采用脉间相参串提取或利用多普勒信息,如动目标检测(MTD)、脉冲多普勒雷达(PD)等,式(7.47)中脉冲宽度参量 T 相应地变为相干积累时间 $T_S = (N-1)T_r$,其中,N 为雷达相干处理的脉冲数目,T_r 为脉冲重复周期。雷达的

相干处理时间越长,其多普勒频率分辨率和速度分辨率就越高。但相干时间受到波束驻留时间、目标在距离单元的驻留时间和目标运动的平稳性等因素限制。

从式(7.42)来看,线性调频信号似乎有好的分辨率,但是由于其模糊函数的形状是斜刀刃形,时延和频率存在耦合。当时延已知的时候,才有好的频率分辨率;通常由于距离未知,它的频率分辨率并不好。作为雷达和声呐常用的波形,我们通常假定多普勒频率很小,可以忽略,而利用它的距离分辨率。

7.3.1.3 时间-距离二维分辨率

下面定义时间-距离二维分辨率,为了方便起见,采用 3/4 截面来定义:

$$| \chi(\tau,\xi) |^2 = \frac{3}{4} \tag{7.48}$$

式(7.48)定义的是一个截面。可以证明,时间-距离二维分辨率可以表示为

$$\beta^2 \tau^2 - 2\alpha\tau\xi + \delta^2\xi^2 = \frac{1}{4} \tag{7.49}$$

其中,α 为线性调频系数。该椭圆的面积为

$$S = \frac{\pi}{4}(\delta^2\beta^2 - \alpha^2)^{-\frac{1}{2}} \tag{7.50}$$

要提高二维联合分辨率,需要减少椭圆面积(减少模糊区域)。由式(7.50)可以看出,要减小椭圆面积,首先必须没有线性调频系数,所以调频类信号二维分辨率是不佳的;其次提高二维分辨率时要增大时间带宽乘积,这样信号的模糊函数只可能是图钉形,因此图钉形模糊函数成为理想模糊函数。

7.3.1.4 不同脉冲宽度下 CW 信号的分辨率特点

当用绝对时间(s)和频率(Hz)作为衡量标准时,我们会发现,当脉冲宽度不同时,模糊函数的形状是截然不同的。以声呐使用的信号为例,图 7.18 给出了脉冲宽度为 2ms 和 0.2s 模糊图的 3dB 截面图。模糊函数的形状不同,决定了两者的用途不同。短 CW 脉冲,距离分辨率高,频率分辨率很低;一般用于需要高距离分辨率的场合,如成像声呐所用的脉冲宽度可低至 $20\mu s$,距离分辨率高达 1.5cm。而长 CW 脉冲,距离分辨率低,但频率分辨率很高;一般用于运动目标检测,如水面舰主动声呐所用的脉冲宽度长达秒级,频率分辨率高达 1Hz。对于雷达应用来说,CW 脉冲一般属于短脉冲,用于简单的导航雷达等场合。但用于天体速度测量的 CW 脉冲,则属于长脉冲。

短 CW 脉冲信号匹配滤波器可采用带宽与信号相同的低通滤波器来近似实现。长 CW 脉冲的匹配滤波器为一组窄带滤波器,可采用 DFT 来实现。短 CW 和长 CW 脉冲模糊函数的特点,体现了量变到质变的哲学思想。

需要说明的是,本节讨论的距离和频率分辨率是在最优处理即匹配滤波处理前提下的结果。不采用匹配滤波处理,分辨率可能改善,如高分辨谱估计方法、距离超分辨方法等,但信噪比也会随之降低,会出现伪峰(即假目标或虚警)。

7.3.2 距离和速度估计及测量精度

雷达和声呐信号通常可以表示成窄带形式:

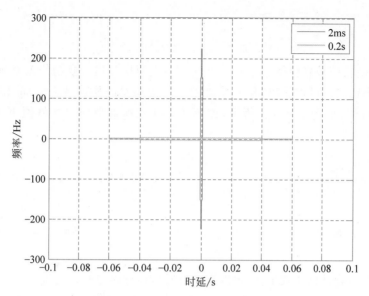

图 7.18　不同脉冲宽度下 CW 脉冲模糊图的 3dB 截面图

$$s_r(t) = Aa(t)\cos[\omega_c t + \phi(t) + \theta_c] \tag{7.51}$$

其中，A 为幅度，$a(t)$ 和 $\phi(t)$ 分别为幅度和相位调制，θ_c 为未知的相位，服从 $[0, 2\pi)$ 上的均匀分布。接收信号的复包络为

$$\tilde{r}(t) = A\tilde{s}_{r0}(t)\exp(j\theta_c) + \tilde{n}(t) \tag{7.52}$$

其中，$\tilde{s}_{r0}(t) = a(t)\exp[j\phi(t)]$。

由随机信号理论可知，复包络 $\tilde{r}(t)$ 的似然函数为

$$\mathrm{Ep}(\tilde{r}) = \alpha \mathrm{I}_0(2Aq/N_0) \times \exp\left[-\left(\frac{1}{2N_0}\right)\int_0^T \big[\,|\tilde{r}(t)|^2 + A^2|\tilde{s}_{r0}(t)|^2\big]\mathrm{d}t\right] \tag{7.53}$$

函数 $\mathrm{I}_0(x)$ 是第一类零阶修正贝塞尔函数，以幅度表示的统计量为

$$q = \frac{1}{2}\left|\int_0^T \tilde{r}(t)\tilde{s}_{r0}^*(t)\mathrm{d}t\right| \tag{7.54}$$

参数估计所需的信噪比较高，因此仅考虑高信噪比的情形，在此条件下有 $\ln\mathrm{I}_0(x) \approx x$，式(7.53)可以写成

$$\ln\mathrm{Ep}(\tilde{r}) \approx \ln(\alpha) + 2Aq/N_0 - \frac{A^2}{N_0}\int_0^T |\bar{s}_{r0}(t)|^2 \mathrm{d}t \tag{7.55}$$

1. 时延估计

时延估计必须使用时延分辨率好的信号。尽管线性调频信号时延和频率存在耦合项，但通常的应用假定多普勒频率很小，可以忽略，而利用其距离分辨率高的特性。如果不能忽略，且多普勒频率已知，那么需要根据模糊函数对距离进行补偿。如果频率未知，那么事实上，时延的估计会存在大的误差。假定式(7.52)中，接收信号为 $\tilde{r}(t) = A\tilde{s}_{r0}(t-\tau)\exp(j\theta_c) + \tilde{n}(t)$，需要估计窄带信号的时延或到达时间 τ，已知该信号分布区间为 $-T/2 \leqslant t \leqslant T/2$。$\tau$ 的最大似然估计 $\hat{\tau}$ 是使式(7.54)的似然函数最大的 τ 值。由于假定只有到达时间是未知的，所以若统计量 q 最大，则似然函数最大。最后要选择 τ 使

下式最大：

$$q(\tau) = \left| \int_{-T/2}^{T/2} \tilde{r}(t)\tilde{s}_{t}^{*}(t-\tau)\mathrm{d}t \right| \tag{7.56}$$

其中，$\tilde{r}(t)$ 为接收信号复包络，$\tilde{s}_{r0}(t)=\tilde{s}_t(t-\tau)$ 表明接收信号复包络就是延迟时间为 τ 的发射信号复包络。可以看出，其最大似然估计就是发送复包络 $\tilde{s}_t(t)$ 的相关器输出的峰值出现的时间，如图 7.19(a)所示，也等效于匹配滤波器输出的峰值出现的时间，如图 7.19(b)所示。

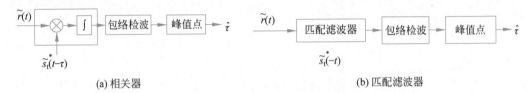

(a) 相关器   (b) 匹配滤波器

图 7.19   时延的最大似然估计框图

由式(7.56)和模糊函数定义，可以推导出时延估计误差的方差为

$$\mathrm{Var}(\hat{\tau}-\tau) \geqslant 1/\big[(2E/N_0)\beta^2\big] \tag{7.57}$$

其中，$2E/N_0$ 为匹配滤波后的信噪比 SNR，β 为名义带宽，由式(7.38)所定义。测量精度一般由误差的均方根来度量：

$$\sigma_\tau \geqslant \frac{1}{\sqrt{\mathrm{SNR}}\,\beta} \tag{7.58}$$

该式表明均方根误差与信噪比和信号带宽成反比。如果信噪比无穷大，则精度可以无限高。或者说在测量中，如果没有噪声，就没有测量误差（系统误差除外）。

2. 频率估计

频率测量必须选择频率分辨率好的信号，如长 CW 脉冲和相位编码信号，由于线性调频信号时延和频率存在耦合，不适合用作频率测量。

设接收信号的幅度和时间已知，现在估计接收信号的多普勒频移 ω_D，该频率与发射信号的频率 ω_c 不同。设发射信号为

$$s_t(t) = a(t)\cos\big[\omega_c t + \Phi(t)\big] \tag{7.59}$$

则接收信号为

$$s_r(t) = Aa(t)\cos\big[(\omega_c+\omega_D)(t-\tau)+\Phi(t-\tau)+\theta_c\big]+n(t) \tag{7.60}$$

噪声为加性零均值高斯白噪声，噪声的功率谱密度为 $N_0/2$。将已知时延 τ 作为接收信号的时间原点，则相对于已知的载波频率，接收信号的复包络为

$$\tilde{r}(t) = \tilde{s}_r(t)+\tilde{n}(t) = A\tilde{s}_t(t)\exp(\mathrm{j}\omega_D t)\exp(\mathrm{j}\theta_c)+\tilde{n}(t) \tag{7.61}$$

接收包络的似然函数由式(7.56)给出：

$$q = \left| \int_0^T \tilde{r}(t)\tilde{s}_t^{*}(t)\exp(-\mathrm{j}\omega_D t)\mathrm{d}t \right| \tag{7.62}$$

多普勒频率的极大似然估计就是使式(7.62)最大时对应的频率 $\hat{\omega}_D$。如图 7.20 所示，该组滤波器用一个范围的多普勒频率对发射信号进行调制，然后计算内积，并选择使输出包络最大的多普勒频率 $\hat{\omega}_D$ 作为频率估计。其中，$\omega_{\min}$、$\omega_{\max}$、$\Delta\omega$ 分别为搜索的最

小、最大频率和搜索步长。搜索步长通常应该小于或等于半个分辨单元。由式(7.62)、式(2.100)可以推导出,频率估计误差的方差为

$$\mathrm{Var}(\hat{\omega} - \omega) \geqslant 1/[(2E/N_0)\delta^2] \tag{7.63}$$

其中,δ 为发射信号的等效时宽,由式(7.43)所定义。由式(7.63),频率估计误差的均方根误差为

$$\sigma_{\mathrm{f}} \geqslant \frac{1}{\sqrt{\mathrm{SNR}}\delta} \tag{7.64}$$

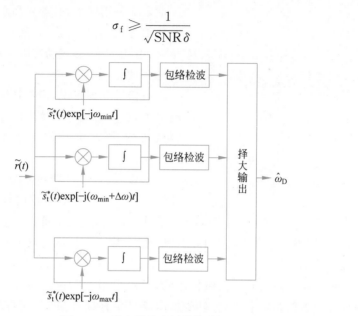

图 7.20　频率的最大似然估计框图

3. 时延-频率联合估计

如果时延和频率均未知,那么时延和频率的联合最大似然估计如图 7.21 所示,相当于将接收信号通过一组不同频率的匹配滤波器,然后择大输出。

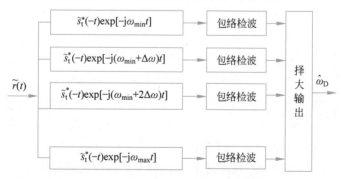

图 7.21　时延-频率联合最大似然估计框图

7.3.3　多普勒容限

多普勒容限是描述波形对速度或多普勒频移敏感性的特征参数。它采用模糊图 3dB 或 6dB 截面来定义:

$$|\chi(\tau,\xi_n)|^2 = \frac{1}{2} \tag{7.65}$$

定义多普勒容限：

$$\beta_n = |\xi_n| / f_0 \tag{7.66}$$

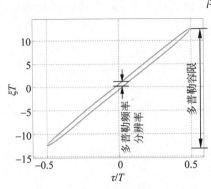

图 7.22　多普勒频率分辨率与
多普勒容限的比较

其中，f_0 为载频。多普勒容限和多普勒频率分辨率的定义是不同的，其差异如图 7.22 所示。对于某些信号，二者是等价的，如 CW 脉冲和相位编码信号，由此可见，多普勒容限更能反映多普勒频率的分辨性能。

对信号处理来说，多普勒容限越大，信号处理越简单，在多普勒容限范围内，采用一个匹配滤波器就可以完成信号的匹配滤波，信噪比损失仅 3dB。

不难看出，多普勒容限与多普勒分辨率两者是矛盾的。多普勒分辨率越好的信号，多普勒容限越差。为了不损失信噪比，当模糊图下降到 3dB 时，就必须重新设置一组匹配滤波器。

例如，相位编码信号和声呐中的长 CW 脉冲，属于多普勒分辨率很好的信号，需要一组滤波器，匹配不同多普勒频率的回波信号。图 7.20 是 CW 脉冲匹配滤波的实现框图，它就是由一组不同频率的滤波器组构成的，可以采用 DFT 来实现。而线性调频信号和双曲调频信号的多普勒容限很宽，只要速度满足多普勒容限要求（通常应用中目标速度都能满足），就只需要一个匹配滤波器。这就是在实际应用中线性调频信号远比相位编码信号更受青睐的原因。

7.4　脉冲压缩技术

7.4.1　线性调频信号及其脉压处理

7.4.1.1　线性调频信号脉冲压缩的理论分析

由匹配滤波器理论可知，当背景噪声功率谱给定时，探测距离只取决于信号能量 E。信号能量为峰值功率与脉冲宽度的乘积，即 $E = P_t \cdot T$。加大信号能量可以有两条途径：提高峰值功率 P_t 或增大脉冲宽度 T。由于 P_t 的提高受到发射系统功率限制，通常的做法是在发射机最大允许平均功率的范围内，增大脉冲宽度 T。但是早期雷达使用的工作波形是单载频的 CW 脉冲，脉冲宽度 T 的增大使得距离分辨率及测距精度变差。而由信号分辨率的理论，我们知道决定距离分辨率的不是脉冲宽度，而是信号带宽，如果能产生出时间宽、带宽 B 也大的信号，即大时宽带宽积信号，那么就有可能解决发射功率和提高距离分辨率之间的矛盾。

这涉及 3 个问题：一是什么样的信号是 $T \cdot B \gg 1$ 信号？二是如何让发射的大时宽带宽积信号的宽脉冲经过脉冲压缩处理变成窄脉冲？三是脉冲压缩会不会降低雷达和

声呐的检测性能、分辨率和测量精度？

目前广泛得到应用的大时宽带宽积信号主要有线性调频信号（LFM）、非线性调频信号（NLFM）和二相及四相编码信号等。现代雷达的脉冲压缩信号可以采用 D/A 转换和直接数字频率合成（DDS）器件产生，其中，DDS 更为方便和经济。

接下来讨论雷达、声呐中使用得最多的线性调频信号脉冲压缩。理论上，可以证明脉冲压缩处理的过程是匹配滤波处理。下面给出线性调频信号脉压处理的数学分析过程。

根据相位驻留原理（见本章附录），可知大时宽带宽积线性调频信号（复包络由式（7.27）给出）的频谱近似为

$$S(\omega) \approx \frac{1}{\sqrt{\gamma}} \text{rect}(f/B) \exp(-\text{j}\pi f^2/\gamma) \tag{7.67}$$

式（7.67）告诉我们，大时宽带宽积线性调频信号的频谱近似为矩形。图 7.23 给出了不同时宽带宽积信号的频谱，可以看出，随着时宽带宽积的增大，线性调频信号频谱逐渐接近矩形。

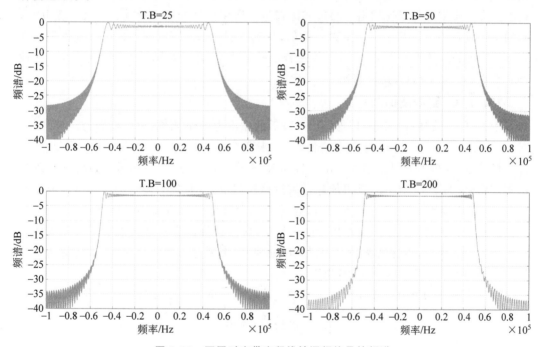

图 7.23　不同时宽带宽积线性调频信号的频谱

对应的匹配滤波器为

$$H(\text{j}\omega) = S^*(\text{j}\omega) \approx \frac{1}{\sqrt{\gamma}} \text{rect}(f/B) \exp(\text{j}\pi f^2/\gamma) \tag{7.68}$$

匹配滤波器输出的频域解近似为

$$S_0(\omega) \approx S(\omega)H(\omega) = \frac{1}{\gamma} \text{rect}(f/B) \tag{7.69}$$

对应的傅里叶逆变换为

$$s_0(t) = \frac{T}{2} \cdot \frac{\sin(\pi Bt)}{\pi Bt} = \frac{T}{2} \cdot \text{sinc}(Bt) \tag{7.70}$$

7.4.1.2 主瓣宽度及压缩比

根据式(7.70),当$|Bt|=1/2$时,其幅度值降低为$2/\pi$(近似为-4dB点),对应辛克函数主瓣的时间宽度为

$$\rho_t \approx 2 \cdot \frac{1}{2B} = 1/B \tag{7.71}$$

脉压前后脉冲的时间宽度之比为压缩比,即

$$D = T/\Delta t \approx T \cdot B \tag{7.72}$$

压缩比在数值上正好等于信号时宽带宽积,其物理含义有两重:距离分辨率的提高倍数和脉压处理给电子探测系统带来的信噪比增益。所以利用脉冲压缩信号不仅提高了距离分辨率,还提高了信噪比。需要说明的是,这个信噪比增益是杂波或混响背景下的增益,对于噪声背景,带宽增大,噪声功率同样增大,所以在噪声背景下,使用脉冲压缩信号得不到带宽带来的信噪比增益。目前实际雷达中所用信号的压缩比通常为几十至几百,有的特殊设备可以达几千甚至上万。例如,某米波雷达脉冲宽度$T=600\mu s$,线性调频带宽$B=500$kHz,其压缩比$D=300$;某逆合成孔径雷达(ISAR)脉冲宽度$T=20\mu s$,线性调频带宽$B=120$MHz,其压缩比$D=2400$。

7.4.1.3 副瓣及抑制

由上可知,线性调频信号理想脉压处理后的输出为sinc函数,第一副瓣为-13.2dB。对于实际雷达的应用来说,这个副瓣偏高,带来两个危害。一是大目标(如大型轰炸机、民航机等)的副瓣可能引起虚警。由于目标RCS较大,其雷达回波信号经过脉压处理后的第一副瓣(甚至第二副瓣)都可能超过雷达检测门限,从而判为多目标。二是造成小目标漏检。小目标贴近大型目标飞行时,容易造成大目标回波掩盖小目标回波,导致雷达无法检测小目标,如RCS小的军机伴随大型民航机飞行时,容易被民航机回波淹没而不被雷达发现。为此,雷达通常采用加权脉压处理,以降低脉压的距离副瓣,现代雷达对脉压距离副瓣的一般要求在-30dB以下。

距离副瓣抑制能力常用压缩后信号的主瓣峰值与第一副瓣峰值之比来表示,即

$$K_1 = 20\lg\frac{v}{v_1} \quad (\text{dB}) \tag{7.73}$$

式中,v是压缩后信号的主瓣峰值,v_1是压缩后信号的第一副瓣峰值。显然K_1值越大,距离副瓣抑制能力越强。

为了便于理解副瓣问题,图7.24(a)、(b)分别给出了$\text{sinc}(x)$函数的归一化幅度曲线和对数幅度(dB)曲线。电压幅度与对数幅度的转换关系为$A=20\lg(a)$ dB。从图7.24(b)可以看出,脉压输出信号的最大副瓣电平为-13.2dB。

工程上通常采用加权处理的方法来抑制雷达的压缩副瓣。这里"加权"就是在时域或频域乘上某些适当的窗函数(如汉宁窗或余弦窗、海明窗或升余弦窗等),分别称为时

域加权和频域加权。其中，汉宁窗和海明窗函数分别为

$$w(n) = 0.5\left[1 - \cos\left(\frac{2\pi n}{N}\right)\right], \quad n = 0,1,\cdots N-1 \text{(汉宁窗)} \tag{7.74}$$

$$w(n) = 0.54 - 0.46\cos\left(\frac{2\pi n}{N}\right), \quad n = 0,1,\cdots N-1 \text{(海明窗)} \tag{7.75}$$

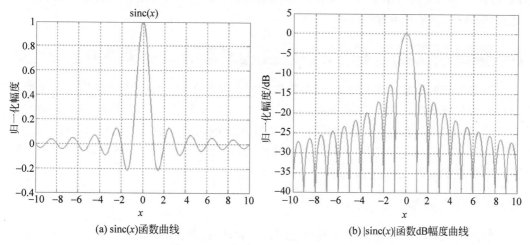

(a) sinc(x)函数曲线   (b) |sinc(x)|函数dB幅度曲线

图 7.24 理想脉压处理输出信号幅度

图 7.25(a)分别给出了汉宁窗和海明窗的形状，图 7.25(b)分别给出了两种加权处理后线性调频信号脉冲压缩的结果。可以看出，采用加权处理后，压缩副瓣明显降低，达到了预期的目的，汉宁窗和海明窗的主副瓣比分别为 32dB 和 43dB。但是，带来的问题是主瓣明显展宽（主瓣展宽会导致分辨力下降），这是压低副瓣的代价；汉宁窗和海明窗的主瓣展宽系数分别为 1.44 和 1.33，显然汉宁窗更受欢迎：主瓣展宽小，主副瓣比大。

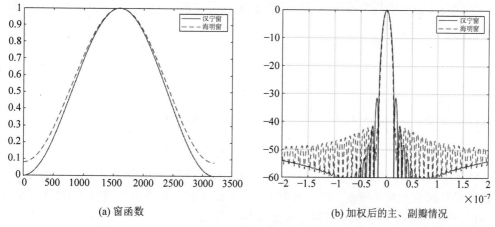

(a) 窗函数   (b) 加权后的主、副瓣情况

图 7.25 加权函数幅度曲线及副瓣抑制效果

对于大 TB 积信号，时域加权和频域加权的副瓣抑制性能是等效的。对于小 TB 积线性调频信号，由于菲涅尔波动大，脉冲压缩后副瓣会高于 −13.2dB，不仅时域加权和频域加权有差异，而且加权后副瓣改善不大，需要采用特殊的处理，实际上就是将其修改成

非线性调频信号。合理设计的非线性调频信号的副瓣低于线性调频信号。

7.4.2　其他脉冲压缩信号

其他典型的脉冲压缩信号主要是7.2节介绍的相位编码信号。其主要特点是模糊函数是图钉形,实际应用中多普勒容限小,信号处理需要一组匹配滤波器进行接收信号处理,运算量大,工程中难以应用。

7.5　分辨率与测量精度的关系　

在电子探测和通信系统中,分辨率起着至关重要的作用。作战需要确切地知道敌方目标的个数即编批,编批的前提就是目标能分辨。在多源情形下,它影响信号检测与估计,而且信道复用、多址接入、导频的插入、RAKE接收机和MIMO都涉及分辨问题。长期以来,分辨率在电子系统中所起的作用被低估,不仅不利于学科和技术的发展,也给作战使用带来了困扰,必须予以重视。

7.5.1　分辨和测量空间的维度

如图7.26(a)所示,电磁波的分辨空间包括时延、频率、波形、角度(方位或俯仰)和极化6个维度;测量空间维度远大于分辨维度,如图7.26(b)所示,除了包括分辨维度外,还有信号的幅度与相位等;此外,还可以测量目标的切向速度(见6.5节)。极化空间通常是离散的,包括左/右旋极化、垂直和水平极化。波形空间是指波形的正交性。在以上分辨维度中,时间、频率和波形这3个维度是由信号波形决定的,占了分辨维度的半壁江山,足见信号和时间处理的重要性。角度(方位或俯仰)维度由天线或阵的尺寸和形状决定,极化与天线的形式、放置方式和馈电形式等因素有关。

波形正交性采用两个波形的互相关系数来定义。两个波形 $s_i(t)$ 和 $s_j(t)$ 的互相关系数为

$$\rho_{ij}(\tau) = \frac{\int_{-\infty}^{\infty} \left[s_j(t) - \overline{s_j(t)} \right] \left[s_i(t-\tau) - \overline{s_i(t-\tau)} \right]^* \mathrm{d}t}{\sqrt{\int_{-\infty}^{\infty} \mid s_j(t) - \overline{s_j(t)} \mid^2 \mathrm{d}t} \cdot \sqrt{\int_{-\infty}^{\infty} \mid s_i(t) - \overline{s_i(t)} \mid^2 \mathrm{d}t}} \tag{7.76}$$

如果两个波形 $s_i(t)$ 和 $s_j(t)$ 为零均值能量归一化的波形,则式(7.76)可以简化成

$$\rho_{ij}(\tau) = \int_{-\infty}^{\infty} s_j(t) s_i^*(t-\tau) \mathrm{d}t \tag{7.77}$$

如果 $\rho_{ij}(\tau)=0$,则称第 i 和第 j 个波形正交。但实际应用中很难找到这样的波形,一般只要其相关系数的模 $\mid \rho_{12}(\tau) \mid$ 远小于1即可。正交波形的应用包括MIMO系统、码分多址通信、RAKE接收机和载频波形正交插入等。

海洋中的声波是纵波,水声没有极化这个维度,如图7.27(a),其分辨维度为五维。水声的部分测量空间维度如图7.27(b)所示,匹配场声呐还可以测量目标的深度和水平距离。对于声呐而言,声呐的俯仰角测量没有意义,无法通过俯仰角来判定目标来自水面还是水下;但用于分辨仍然有意义,利用垂直阵可以改善水声探测和水声通信的性能。

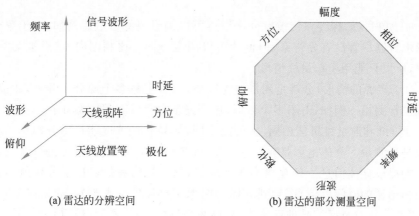

(a) 雷达的分辨空间　　　　　　(b) 雷达的部分测量空间

图 7.26　电磁波的分辨和测量空间

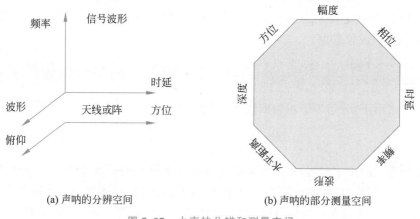

(a) 声呐的分辨空间　　　　　　(b) 声呐的部分测量空间

图 7.27　水声的分辨和测量空间

7.5.2　分辨率与测量精度的数值关系

分辨率是极其容易与测量精度混淆的技术指标,因为两者不仅量纲相同,而且有相同的影响指标的因子,但两者数值有差异。两者的关系是

$$\sigma_x \propto \frac{\rho_x}{\sqrt{\mathrm{SNR}}} \tag{7.78}$$

其中,σ_x 和 ρ_x 分别为某个维度的估计误差的均方根误差和分辨率。分辨率由系统参数内因确定,与外界条件无关,但测量精度还与外因——信噪比有关。夸张地说,当信噪比无限高时,均方根误差接近零。分辨率要求高信噪比,理论上是无限高信噪比,即不考虑噪声。

但是两者的差异绝非数值的差异,而是两者是完全不同的物理量。就好比电能和动能,其量纲都相同,但是具有不同的物理属性。不仅如此,分辨还是测量的先决条件。

7.5.3　分辨是测量的先决条件

如果要进行测量,首先必须做到目标可以分辨,因此分辨是测量的前提。两者关系存在如下情形:

（1）对于单目标,探测系统没有分辨率也可以测量目标参数。例如,对于单个目标,单个矢量水听器尽管没有分辨率,但仍然可以测定方向。比相测向、三点被动测距都没有分辨率,所以只能用于单目标情形。

（2）对于多源的情形,分辨是测量的先决条件,只有将多个源分辨开来,才能对各个源的参数进行测量。例如,对于多个目标,单个矢量水听器就无能为力了。

（3）分辨维和测量维可能相同,也可能不同,如果其他维度能提供分辨率,则可以对目标参数进行测量。立体电影是典型的例子,如果不戴立体眼镜,则无法分辨两幅图像,而人眼不能提取立体信息。只有戴上立体眼镜,偏振片为我们提供了分辨能力,人眼才能测量两幅图像的时间差信息,看到立体的图像。再如矢量水听器,如果两个目标频率不同,先用滤波器对目标信号进行滤波,分离两个目标信号,再对分离后的信号分别进行定向。干涉合成孔径声呐高度方向没有分辨维度,但是可以测量;因为距离和方位提供了二维分辨率,因此它不能对体目标成像,只能对面目标成像,而且要求没有大面积的距离重叠(layover)现象发生。

7.6 分辨率对目标检测性能的影响

在多源情形下,分辨率影响检测性能,包含 3 方面的含义。

7.6.1 维度不变提高分辨率改善目标检测性能

检测使用的维度不变时,提高分辨率通常能改善目标的检测性能。在杂波或混响背景下分辨率(包括角度、距离和频率分辨率等)越高,检测性能越好。而在噪声背景下,则有差异,表现在:提高角度分辨率可以提高检测性能,但提高距离分辨率对检测性能影响不大。因为带宽增加,噪声功率也会增加。

以水雷目标检测为例,如图 7.28 所示,假定采用多波束探雷,多波束探雷主要利用二维角分辨率,分辨率较低,分辨单元尺寸远大于水雷尺寸,目标相当于点目标。提高分辨率,目标信号回波强度基本不变,但混响强度与分辨单元面积成正比,混响强度降低,从而提高了信混比。在声呐方程部分还会讨论分辨率对混响背景下目标检测性能的影响。

图 7.28　多波束探雷性能与分辨率的关系

7.6.2 不同的分辨空间改善目标检测性能

运动目标与雷达杂波混在一起,在时域上无法分辨。但运动目标回波有多普勒频率；而杂波是固定的，没有多普勒频率；两者在频域很容易分辨。因此利用多普勒频率检测动目标本质上是分辨问题，即利用频率分辨将运动目标和杂波区分开来，将杂波或混响背景下的目标检测问题转化成噪声背景下的检测问题，从而达到抑制静止或低速杂物回波的目的。

7.6.3 增加分辨的维数可以改善信号检测的性能

生活常识告诉我们，将三维物体投影到两维空间会损失分辨能力，这提示我们增加分辨空间的维数，可以改善雷达或声呐的检测性能。如图 7.29 所示，在机载预警雷达正侧视时，由于杂波多普勒谱的展宽，运动目标多普勒谱线会淹没在杂波频谱中，且在角度域也不可分。但是在角度谱-频率二维空间上，目标和杂波谱可分离开，这便是热门技术时空二维处理（STAP）的物理基础。

需要说明的是，并非所有情形增大分辨维度都可以改善检测性能，例如，对于面混响背景下静止目标的检测（如猎雷），利用方位和距离二维分辨即可，增加分辨维度意义不大。但如果是体积混响，则采用三维分辨的声呐可以改善检测性能。

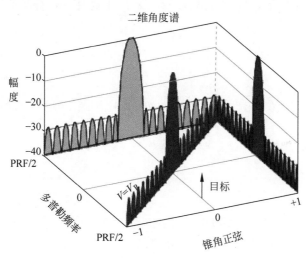

图 7.29 机载正侧视雷达二维角度谱

7.7 分辨率对目标识别性能的影响

分辨率是成像雷达或声呐最重要的技术指标，而成像是目标识别最有效手段，正所谓"百闻不如一见"。提高分辨率可以有效改善目标识别的性能。

（1）分辨率是成像质量的重要指标，分辨率越高图像越容易识别。图 7.30 给出了 3 种不同分辨率下合成孔径雷达（SAR）的图像，可见 0.5m 分辨率的图像轰炸机图像更清楚。高光谱和超光谱具有通过提高波长（频率）的分辨率达到识别真假目标的能力。

（2）增加分辨维度有利于目标识别。在遥感中主要利用角度线分辨率，但光谱（颜色）也是非常重要的分辨维度，红外获得的信息就不如可见光丰富。合成孔径雷达遥感

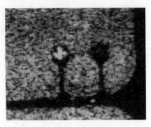

(a) 3m分辨率　　　　　　　　(b) 1m分辨率　　　　　　　　(c) 0.5m分辨率

图 7.30　不同分辨率下的 SAR 图像

可以利用极化信息提升目标识别能力。

7.8　不同测量和分辨维度的影响

　　利用频率分集可以拓宽信号带宽,改善距离测量精度和分辨率。同样利用时间分集可以提高频率的测量精度和分辨率(但要求天线和目标相对静止或慢变化)。在 MIMO系统中,利用不同发射位置的正交波形可以提高信噪比,改善检测性能、角度的测量精度和分辨率,如图 7.31 所示,双正交发射波形技术用于提高方位分辨率,这样的配置可以将分辨率提高一倍。

图 7.31　双正交发射波形提高方位分辨率

思考题与习题

　　7.1　完成 LOFAR 和 DEMON 的数字仿真。

　　7.2　时间和频率测量精度与哪些因素有关?

　　7.3　采用匹配滤波器的输出方式绘制出 CW 信号、LFM 和 13 位巴克码的模糊函数。

　　7.4　计算 13 位巴克码的自相关函数。

　　7.5　试证明信号模糊函数的性质式(7.36)。

　　7.6　编制 LFM 信号脉冲压缩的程序。并研究不同加权情形下,对主瓣、副瓣的影响。

　　7.7　采用匹配滤波器的方法画出 CW 脉冲、线性调频信号、13 位巴克码和码长为1023 的 m 序列模糊图。

　　7.8　(1)产生码长为 1023 的 m 序列的伸缩信号,画出宽带模糊图;

　　(2)并用这组伸缩信号画出模糊图(让它们通过匹配滤波器);

(3) 将这两个模糊图与 7.7 题的模糊图三者进行比较,并简单说明。

7.9 两山之间声音来回反射,会有余音袅袅的感觉,这种山谷称为回音谷。在回音谷,如果想听到清晰的回音,是选择拖长声音喊,还是短促地喊更好? 试从信号理论角度解释原因。

7.10 说明测量精度和分辨率的区别和联系。

7.11 说明分辨率对检测性能的影响。

7.12 说明分辨率对目标识别性能的影响。

7.13 用计算机仿真的方法研究线性调频信号的脉冲压缩。

(1) 雷达参数为:带宽 200MHz,脉冲宽度 $10\mu s$,载频 10GHz,电磁波速度 3×10^8 m/s。点目标距离为 10km,定时脉冲从 9km 开始采样,产生该信号的复包络。

(2) 声呐参数取为:带宽 10kHz,脉冲宽度 10ms,载频 100kHz,声波速度 1500m/s。目标距离为 100m,定时脉冲从 0m 开始采样,产生该信号的复包络。

(3) 研究这两种信号的脉冲压缩方法,包括时域方法和频域方法。观察其主瓣宽度,并与理论值相对比。

(4) 研究加窗对脉冲压缩的影响,研究不加窗、汉宁窗和海明窗其主瓣宽度和副瓣大小。

(5) 在(1)的基础上,增加 10.01km 的点目标,观察两个目标分辨的情形。

(6) 在(1)的基础上,增加信噪比为 0dB 的噪声,观察脉冲压缩的信噪比增益。

附录:相位驻留原理

设信号的复包络为

$$s(t)=w(t)\exp[j\phi(t)] \tag{A.1}$$

假设 $w(t)$ 相对于 $\phi(t)$ 为慢变化,这意味着信号为大时宽带宽积信号。为了计算信号的傅里叶变换,考虑如下积分:

$$I(f)=\int_{-\infty}^{\infty}w(t)\exp\{j[\phi(t)-2\pi ft]\}dt \tag{A.2}$$

令

$$\theta(t)=\phi(t)-2\pi ft \tag{A.3}$$

对式(A.2)两边微分,并令其等于零,求得相位驻留点 t_s:

$$\frac{d\theta(t)}{dt}\bigg|_{t=t_s}=0 \tag{A.4}$$

由于式(A.1)中被积函数为振荡波形,积分起主要作用的是相位驻留点,其他部分正负抵消贡献不大。因此近似有

$$I(f)\approx C_1\cdot W(f)\cdot\exp\left\{j\left[\Theta(f)+\frac{\pi}{4}\mathrm{sgn}\phi''(t_s)\right]\right\} \tag{A.5}$$

其中,

$$C_1=\sqrt{\frac{2\pi}{|\phi''(t_s)|}} \tag{A.6a}$$

为常数。

$$W(f) = w[t(f)] \qquad\qquad (A.6b)$$

为包络对应的傅里叶变换。

$$\Theta(f) = \exp\left\{\left(j\left[\theta[t(f)] + \frac{\pi}{4}\mathrm{sgn}\phi''(t_s)\right]\right)\right\} \qquad\qquad (A.6c)$$

为 $\theta(t)$ 对应的傅里叶变换。

第 8 章

雷达与声呐方程和目标特性

雷达方程是雷达作用距离方程,它集中反映了与雷达探测距离有关的因素以及它们之间的相互关系,揭示了雷达参数或环境特性变化时作用距离的变化规律。雷达方程是预测雷达性能的基础,是设计雷达必须首先完成的工作步骤,也是雷达的战术使用的重要方面。

雷达作用距离在作战使用中还与环境有关,如海面和地面多径引起的干涉,会降低雷达的作用距离。在实际运用中,雷达探测距离还与先验知识有关,发现距离(发现目标的距离)通常比跟踪距离(目标丢失的距离)近。

雷达的其他 3 个功能(测量、成像和识别)也有各自的最大距离战技指标,它们所需的信噪比通常比探测高,对应的距离比探测距离近。

本节主要讨论最常见的依靠目标后向散射的回波能量来检测目标的一次雷达方程,说明其作用距离和雷达参数及目标特性之间的关系。

8.1.1 基本雷达方程

设雷达发射脉冲功率为 P_t,雷达发射天线的增益为 G_t,则在理想无损耗、自由空间工作时,距雷达天线为 R 的目标处的功率密度 S_1 为

$$S_1 = \frac{P_t G_t}{4\pi R^2} \tag{8.1}$$

目标受到发射电磁波的照射,因其散射特性而产生散射回波。散射功率的大小显然与目标所在点的发射功率密度 S_1 以及目标的特性有关。

用目标的雷达截面积 σ(其定义将在后面给出,单位为 m^2)来表征其散射特性,并假定目标可将接收到的功率无损耗地辐射出来,则可得到由目标散射的功率(二次辐射功率)为

$$P_2 = \sigma S_1 = \frac{P_t G_t \sigma}{4\pi R^2} \tag{8.2}$$

又假设 P_2 均匀地辐射出去,则在接收天线处收到的回波功率密度为

$$S_2 = \frac{P_2}{4\pi R^2} = \frac{P_t G_t \sigma}{(4\pi R^2)^2} \tag{8.3}$$

设雷达接收天线的有效接收面积为 A_r,则雷达接收到的回波功率 P_r 为

$$P_r = A_r S_2 = \frac{P_t G_t \sigma A_r}{(4\pi R^2)^2} \tag{8.4}$$

考虑到天线增益和有效面积之间的关系为

$$G_r = \frac{4\pi A_r}{\lambda^2} \tag{8.5}$$

式中,λ 为雷达工作波长。这样接收回波功率可表示为如下形式:

$$P_r = \frac{P_t G_t G_r \lambda^2 \sigma}{(4\pi)^3 R^4} \tag{8.6}$$

或者

$$P_r = \frac{P_t A_t A_r \sigma}{4\pi \lambda^2 R^4} \tag{8.7}$$

单基地脉冲雷达通常收发共用天线,即 $A_t = A_r = A$,$G_t = G_r = G$,将此关系式代入式(8.6)可得

$$P_r = \frac{P_t A^2 \sigma}{4\pi \lambda^2 R^4} \tag{8.8}$$

或者

$$P_r = \frac{P_t G^2 \lambda^2 \sigma}{(4\pi)^3 R^4} \tag{8.9}$$

由式(8.8)和式(8.9)可以知道,雷达接收到的目标回波功率 P_r 反比于目标与雷达站间的距离 R 的四次方,当距离较远时信号功率衰减很大。这是因为一次雷达中,反射功率经过一次距离往返。实际中,接收到的功率 P_r 必须超过最小可检测信号功率 S_{rmin}(称为灵敏度),雷达才能可靠地发现目标,当 P_r 正好等于 S_{rmin} 时,就可得到雷达检测该目标的最大作用距离 R_{max}。因为超过这个距离,接收的信号功率 P_r 进一步减小,雷达就不能可靠地检测到该目标。这样,可以得出灵敏度 S_{rmin} 与最大作用距离 R_{max} 之间的关系式为

$$S_{rmin} = P_r = \frac{P_t \sigma A^2}{4\pi \lambda^2 R_{max}^4} = \frac{P_t G^2 \lambda^2 \sigma}{(4\pi)^3 R_{max}^4} \tag{8.10}$$

表示成最大作用距离的形式,有

$$R_{max} = \left[\frac{P_t \sigma A^2}{4\pi \lambda^2 S_{rmin}} \right]^{\frac{1}{4}} \tag{8.11}$$

或者

$$R_{max} = \left[\frac{P_t G^2 \lambda^2 \sigma}{(4\pi)^3 S_{rmin}} \right]^{\frac{1}{4}} \tag{8.12}$$

式(8.11)和式(8.12)是雷达距离方程的两种基本形式,表明了作用距离 R_{max} 和雷达参数以及目标特性间的关系。

这里需要说明的是,在式(8.11)中,R_{max} 与 $\lambda^{1/2}$ 成反比,而在式(8.12)中,R_{max} 却与 $\lambda^{1/2}$ 成正比,这中间不存在矛盾。其原因是,当天线面积不变、波长 λ 增大时,相对于天线的电气口径减小,导致天线增益下降,自然作用距离也就降低;而当天线增益不变,波长增大时要求的天线面积则将相应加大,有效面积增加,其结果是天线增益提高,作用距离加大。因此,可以看出雷达的工作波长是雷达的重要参数,它的选择将影响发射功率、接收灵敏度、天线尺寸、测量精度以及反隐身性能等众多因素,因而需要全面权衡。

8.1.2　雷达最大作用距离

雷达方程虽然给出了作用距离和各参数间的定量关系,但因未考虑设备的实际损耗和环境因素,而且方程中还有两个不能准确预定的参量:目标有效反射面积 σ 和最小可检测信号功率 S_{rmin},因此工程上还需要将系统损耗、接收机的噪声系数等因素考虑进来,使雷达方程更加客观地反映雷达各参数对作用距离的影响。

在实际雷达系统中,存在着各种各样的系统损耗,如馈线传输损耗、收发开关损耗等,这里为方便起见,使用符号 $L(L>1)$ 来表示系统的总损耗。这样,当系统总损耗为 L 时,式(8.9)和式(8.12)分别修正为

$$P_r = \frac{P_t G^2 \lambda^2 \sigma}{(4\pi)^3 R^4 L} \tag{8.13}$$

和

$$R_{max} = \left[\frac{P_t G^2 \lambda^2 \sigma}{(4\pi)^3 S_{rmin} L} \right]^{\frac{1}{4}} \tag{8.14}$$

接下来分析雷达接收系统灵敏度 S_{rmin} 的确定问题。在实际雷达系统中,灵敏度是根据系统设定的发现概率和虚警概率条件,在接收系统输出端宣称发现目标所必需的信号功率,其值由接收系统噪声温度、噪声系数、噪声带宽和接收系统输入端的信号噪声功率比等多个参量所确定,具体表达式为

$$S_{rmin} = K T_0 B_n F_n (S/N)_{min} \tag{8.15}$$

式中, K 是玻耳兹曼常数 $(1.38 \times 10^{-23}$ 焦耳/单位绝对温度(K)); T_0 是标准室温,一般取290K; B_n 是接收系统噪声带宽; F_n 是接收机噪声系数; $(S/N)_{min}$ 是雷达目标检测所要求的最小输入信噪比(目标回波信噪比的大小主要取决于发射功率、目标距离及目标 RCS 和信号积累方式等,具体在信号处理部分讨论)。

将式(8.15)代入式(8.14),得到

$$R_{max} = \left[\frac{P_t G^2 \lambda^2 \sigma}{(4\pi)^3 K T_0 B_n F_n (S/N)_{min} L} \right]^{\frac{1}{4}} \tag{8.16}$$

式中, P_t 和 $K T_0 B_n$ 以瓦为单位, λ 以米为单位, σ 以平方米为单位,距离以米为单位。式(8.16)给出的自由空间中的雷达方程对于已定义的参数而言是一个精确的方程。虽然方程本身没有任何近似,但涉及的一些参数的数值,如目标 RCS 值 σ、噪声系数值 F_n 等在实际系统中都可能随系统状态或者环境不同而有所变化,这一点在实际应用中需要注意。

8.1.3　脉冲压缩雷达方程

另外,需要指出的是,随着器件水平的提高和技术的发展,现代雷达多采用大时宽带宽积信号,因为增大发射信号的时宽可以增大平均功率,也就可以增大雷达的作用距离。但是,一个直观的问题是,发射信号时宽增大后,距离分辨力下降了,实际中通过脉冲压

缩处理(匹配滤波的一种实现方法)可以很好地解决增大作用距离(提高信噪比)与距离分辨力的矛盾。设雷达发射信号带宽为 B,时宽为 T_p,则经过脉压处理后的信噪比增加量 D 为

$$D = T_\mathrm{p} \cdot B \tag{8.17}$$

经过脉压处理后的输出脉冲的时宽为

$$\tau_0 \approx 1/B \tag{8.18}$$

实际中,D 也称为脉压因子,其物理含义是脉压处理前后的信号时宽之比,即 $D = T_\mathrm{p}/\tau_0$。显然,由上述两式同样可以推出这个关系式。可见由于脉冲压缩处理提高了信噪比,作用距离也相应增加,其雷达方程修正为

$$R_{\max} = \left[\frac{D \cdot P_\mathrm{t} G^2 \lambda^2 \sigma}{(4\pi)^3 K T_0 B_\mathrm{n} F_\mathrm{n} (S/N)_{\min} L}\right]^{\frac{1}{4}} \tag{8.19}$$

但这并不表明信噪比也提高了 D 倍,因为带宽增加,噪声功率也提高了。这是噪声背景下雷达方程应注意的地方。具体增益继续分析如下。

设雷达脉冲重复周期为 T_r,信号脉冲时宽为 T_p,发射脉冲功率 P_t,则对应的平均功率 P_{av} 为

$$P_{\mathrm{av}} = \frac{T_\mathrm{p}}{T_\mathrm{r}} \cdot P_\mathrm{t} \tag{8.20}$$

式中,$\dfrac{T_\mathrm{p}}{T_\mathrm{r}}$ 称为占空比。在匹配滤波条件下,雷达系统的噪声带宽 B_n 与信号带宽 B 相同,即 $B_\mathrm{n} = B$。这样,式(8.19)可以变为

$$\begin{aligned}
R_{\max} &= \left[\frac{T_\mathrm{p} \cdot B \cdot P_{\mathrm{av}} \cdot T_\mathrm{r}/T_\mathrm{p} G^2 \lambda^2 \sigma}{(4\pi)^3 K T_0 B F_\mathrm{n} (S/N)_{\min} L}\right]^{\frac{1}{4}} \\
&= \left[\frac{P_{\mathrm{av}} \cdot T_\mathrm{r} G^2 \lambda^2 \sigma}{(4\pi)^3 K T_0 F_\mathrm{n} (S/N)_{\min} L}\right]^{\frac{1}{4}} \\
&= \left[\frac{E_\mathrm{p} G^2 \lambda^2 \sigma}{(4\pi)^3 K T_0 F_\mathrm{n} (S/N)_{\min} L}\right]^{\frac{1}{4}}
\end{aligned} \tag{8.21}$$

式中,$E_\mathrm{p} = P_{\mathrm{av}} \cdot T_\mathrm{r}$ 代表一个脉冲周期内发射的信号能量。式(8.21)表明,在雷达系统天线增益、工作波长、接收机噪声系数等参数相同的条件下,雷达发射信号的平均功率或者能量是决定雷达威力的核心指标。由此可见,在噪声背景下,增大信号带宽不能增加作用距离,这是因为尽管增加带宽可以提高脉冲压缩的信噪比增益,但噪声功率也随之增大。但杂波背景下,增大带宽能提高信杂比,从而提高目标检测性能,这个结论随后会用混响背景下的声呐方程讨论予以证明。

8.2 雷达截面积

雷达截面积(Radar Cross Section,RCS)是度量目标对雷达照射电磁波散射能力的一个物理量,其基本定义为:单位立体角内目标朝接收方向散射的功率与从给定方向入

射于该目标的平面波功率密度之比的 4π 倍。

8.2.1　窄带雷达截面积

　　按照上述定义，目标的 RCS 是有"方向"性的，实际中最常见的单基地雷达，其雷达发射和接收共用天线，横截面是指朝向辐射源方向上的散射，因此是后向散射，对应的 RCS 是后向 RCS；而对于双基地雷达来说，发射机和接收机相对于目标分开一个双基地角，横截面是指在接收方向上的散射，即目标的散射是非后向散射，其 RCS 则是非后向 RCS（近似单基地、前向或者准前向 RCS 等）。由于上述 RCS 的定义比较抽象，具体的数学描述又相当复杂，所以通过一个简单的例子来帮助读者理解其物理概念，并对 RCS 在数值上也有一个感性的认识。

　　假设有一个半径为 a 的各向同性的球体目标，其距离雷达距离足够远（满足远场条件），雷达波束以平面波方式均匀照射球体目标，并且球体目标处于雷达的一个立体分辨单元内部，在此条件下，雷达电磁波对球体目标的照射可以近似等同于光波对其照射，对应的 RCS 与光波照射面积相同，等效为球体的投影面积 πa^2。

　　前面例子中的球体目标是一个典型的"点"目标（在实际雷达中，通常把一个体积小于雷达一个立体分辨单元的目标称为"点"目标）。对于实际中不同形状、不同类型的复杂目标（如飞机、卫星、导弹、舰船等），可以将其看成由许多不同的"点"组成的复合目标，各个"点"的散射信号在雷达天线处实现矢量叠加，最后形成综合的截面积，即通常所说的等效截面积。

　　需要指出的是，一般意义下的 RCS 是对一个分辨单元而言的。因此，目标的 RCS 是与雷达的分辨力有关的。例如，一架普通民航机（如波音 737），对于普通窄带雷达（距离分辨力一般为 300m）来说，它是"点"目标，可以用等效 RCS 来描述，如 $100\mathrm{m}^2$；而对于高分辨力雷达（距离分辨力高于 1m）来说，它就是距离延展目标，此时就无法用等效 RCS 来说明其散射特性了。

　　另外，对于飞机、舰船等人造目标，都可以看成由大量的单个散射点组成的体目标，实际中各个散射点所表现出来的散射强度是有很大差异的，有的散射点反射很强（如类似于角反射器），称为强散射点；有的散射点反射较弱，对整个目标回波的贡献不大。并且，散射点的强弱还与雷达的视角有关，视角不同，目标 RCS 也不一样。正是基于这个理由，现代隐身目标通过外形设计来消除强散射点（尤其是机头方向），从而达到降低目标雷达反射的目的。

　　总之，目标的 RCS 除与目标自身的性能有关外，还与多种因素有关。下面简要讨论雷达分辨力、入射波波长和极化方式对目标 RCS 的影响问题。

8.2.2　高分辨力雷达截面积

　　高分辨力雷达可以分辨目标不同部位的散射"体"。实现高分辨力的方法就是发射宽带信号（一般在信号处理时通过脉压实现输出信号的时宽变窄），理论上距离分辨力 Δr 与信号带宽 B 的关系为 $\Delta r = c/2B$，同样如果要求分辨力为 1m，则要求雷达的发射带宽约为 B＝150MHz。显然，无论采用窄脉冲还是宽带信号，对系统带宽的要求是一样的。

上面仅仅讨论了目标的距离分辨力问题，然而雷达是可以进行幅度、距离、方位和速度（或多普勒）多维测量或者分辨的。高分辨率的合成孔径雷达（SAR）和逆合成孔径雷达（ISAR）技术使得在斜距和横向距离上分辨各目标的各个散射体成为可能。

需要说明的是，目标的高分辨率 RCS 的精确测量是困难的。目前有两种不同的认识：一种是雷达高分辨后，目标的 RCS 值将减小（其理由是一个目标被分成若干小的目标）；另一种是目标的高分辨率 RCS 值会变大（在某些单元），其解释是个别强散射点的凸显作用。但无论如何，可以肯定的是，目标的低分辨率 RCS 和高分辨率 RCS 值是不一样的。

高分辨率下，各分辨单元 RCS 的和将大于低分辨率的 RCS。这是因为低分辨 RCS 是各分辨单元 RCS 的矢量和，且这些矢量接近均匀分布。

8.2.3　目标截面积与雷达工作波长的关系

目标的 RCS 与波长关系很大，在理论和实践中，常以相对于波长的目标尺度来进行分类，具体分为 3 种散射方式：瑞利散射、谐振散射和光学散射。为方便起见，下面仍以各向同性的球体（其 RCS 与视角无关）为例来讨论。

设目标球的半径为 a，当球体周长 $2\pi a \ll \lambda$ 时，称为瑞利区，此时，目标的 RCS 正比于波长四次方的倒数，即 $\sigma \propto \lambda^{-4}$；当球体周长与波长相当时（即 $2\pi a \approx \lambda$），就进入谐振区，RCS 在极限值之间振荡；$2\pi a \gg \lambda$ 的区域称为光学区，此时 RCS 振荡减弱，并趋于某一稳定值，它就是几何光学的投影面积 πa^2。图 8.1 给出了球体目标 RCS 与雷达工作波长 λ 相对比例下的关系曲线。

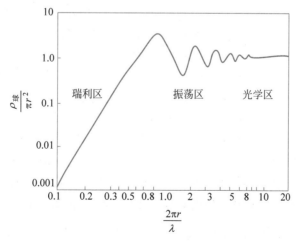

图 8.1　球体目标 RCS 与波长 λ 的关系

1. 瑞利散射区的特点
当目标的尺度相对于波长很小时，目标处于瑞利散射区。此时，决定目标 RCS 的主要因素是目标体积,而目标形状对其 RCS 的影响很小。目前,雷达的主要工作频段集中在米波段以上,这样,绝大多数人造目标(如飞机、舰船等)不处在这个区域;但空中的气象微粒(其尺度远小于波长)对常规雷达来说多处在这个散射区域。

2. 谐振散射区的特点

当目标的尺度与雷达工作波长相当时,目标处在谐振散射区。此时,目标 RCS 随波长变化呈现较快变化(振荡),一般在均值±5dB 的范围内变化。由于目标运动和姿态的变化,处在谐振区的目标 RCS 是不稳定的,常规雷达多力求避免工作在这个区域。但实际中时有不可回避的情况,例如,通常雨滴、冰雹、海面浪花等与 X 波段雷达的波长(λ 约为 3cm)相近,由于处在谐振散射区,大量的雨滴、冰雹、海面浪花形成较强的散射回波,并且表现出较大的变化性,对雷达的正常工作带来较大的影响。因此,实际中 X 波段等工作频率较高的雷达受气象杂波、海面杂波的影响较大;毫米波雷达则更受气象微粒和空气中水分子含量的影响,一般作用距离较近。这样,从减小云雨杂波的影响,而又不明显减小正常雷达目标 RCS 的考虑出发,远距离警戒雷达大部分工作在米波到 S 波段频率上。

不过也有工作在谐振区的雷达,例如,天波超视距雷达(工作时发射电磁波经过电离层反射,到达目标探测区,照射目标后回波按原路径返回到达雷达接收天线),其工作波长为几米至几十米,大多数飞机、导弹及小型船只的物理尺度与其工作波长相近,此时目标的 RCS 将有较大的起伏(回波幅度也有较大变化)。从这个意义上讲,由于回波幅度的起伏会带来目标检测信噪比的损失,天波超视距雷达对尺度较小的飞机、导弹等目标的探测不是最有利的。但是,由于天波超视距雷达谐振区工作和波束下视,使得目标隐身效果陡然降低,因此天波超视距雷达成为隐身目标远距离探测的主要手段。

3. 光学散射区的特点

当目标的尺度远大于雷达工作波长时,目标处在光学散射区。实际中,常规飞行器和导弹一类目标的尺度大多在几米到几十米的量级,舰船目标的尺度一般在几十米到几百米的量级,对于 P 波段以上的雷达来说,这些目标都处在光学区。光学区名称的来源是指目标尺度比波长大得多时,可以按几何光学的原理来确定目标(表面相对于波长是光滑的)的 RCS。按照几何光学原理,目标表面反射最强的区域应该是电磁波波前最突出的点附近的小区域(在光学中称为"亮斑")。可以证明,当目标在"亮斑"附近为旋转对称时,其 RCS 为 $\pi\rho^2$(ρ 为表面曲率半径),如果是球体,则对应 RCS 为 πa^2,其 RCS 不随波长 λ 变化。

需要指出的是,处在光学区时,目标的外形和材料对其 RCS 将有很大影响,隐身目标正是通过恰当的外形设计和吸波材料涂层来达到降低其 RCS 的目的的。

8.2.4 雷达目标特性与极化的关系

雷达目标的 RCS 通常还与入射波的极化有关。以天线辐射线极化方式为例,首先从天线特性来看,可以有两种形式:水平极化和垂直线极(收发互易)。而从目标特性来看,同一目标在不同的入射波极化方式(波长、入射角等相同),其 RCS 可能不同。具体可以

用散射矩阵来描述,散射场表示如下:

$$\begin{bmatrix} E_H^R \\ E_V^R \end{bmatrix} = \begin{bmatrix} \alpha_{HH}, \alpha_{VH} \\ \alpha_{HV}, \alpha_{VV} \end{bmatrix} \begin{bmatrix} E_H^T \\ E_V^T \end{bmatrix} \tag{8.22}$$

式中,α_{HH} 表示水平极化入射电场产生水平极化散射场的散射系数;α_{HV} 表示水平极化入射电场产生垂直极化散射场的散射系数;α_{VH} 表示垂直极化入射电场产生水平极化散射场的散射系数;α_{VV} 表示垂直极化入射电场产生垂直极化散射场的散射系数。

进一步地,当只有入射水平极化电场 E_H^T 时($E_V^T = 0$),由式(8.22)可以得到

$$\begin{bmatrix} E_H^R \\ E_V^R \end{bmatrix} = \begin{bmatrix} \alpha_{HH}, \alpha_{VH} \\ \alpha_{HV}, \alpha_{VV} \end{bmatrix} \begin{bmatrix} E_H^T \\ 0 \end{bmatrix} = \begin{bmatrix} \alpha_{HH}, E_H^T \\ \alpha_{HV} E_H^T \end{bmatrix} \tag{8.23}$$

式(8.23)的物理意义为,入射水平极化电场 E_H^T,目标产生水平极化散射电场 $\alpha_{HH} E_H^T$ 和垂直极化散射电场 $\alpha_{HV} E_H^T$ 两个分量。

同样地,当只有入射垂直极化电场 E_V^T 时($E_H^T = 0$),由式(8.22)可以得到

$$\begin{bmatrix} E_H^R \\ E_V^R \end{bmatrix} = \begin{bmatrix} \alpha_{HH}, \alpha_{VH} \\ \alpha_{HV}, \alpha_{VV} \end{bmatrix} \begin{bmatrix} 0 \\ E_V^T \end{bmatrix} = \begin{bmatrix} \alpha_{VH} E_V^T \\ \alpha_{VV} E_V^T \end{bmatrix} \tag{8.24}$$

式(8.24)的物理意义为,入射垂直极化电场 E_V^T,目标产生水平极化散射电场 $\alpha_{VH} E_V^T$ 和垂直极化散射电场 $\alpha_{VV} E_V^T$ 两个分量。

工程上,习惯将散射波与入射波极化特性相同的散射分量称为同向极化分量,如 $\alpha_{HH} E_H^T$ 和 $\alpha_{VV} E_V^T$;而将散射波与入射波极化特性不同的散射分量称为交叉极化分量,如 $\alpha_{HV} E_H^T$ 和 $\alpha_{VH} E_V^T$。一般来说,在给定工作频率下,散射矩阵取决于目标本身特性(如形状、结构、材料等)。对于常规目标,通常情况下同向极化要强于交叉极化,但对于不同的目标,其水平极化和垂直极化的敏感性可能是不一样的(特别是人造目标),即散射系数 α_{HH} 和 α_{VV} 可能有一定的差别(一般为几分贝)。通常,目标极化特性的差异在谐振区表现得更为突出。实践中,人们应用不同极化方式,来实现雷达的抗干扰,具体原理是通过调整雷达发射天线的极化方式,使得干扰机辐射天线(通常干扰机天线极化方式不能变化)与雷达天线的极化失配,从而实现对干扰信号的最大抑制。另外,目标的极化特性也可作为目标识别的一个重要参数。

需要说明的是,交叉极化分量由于较同向极化分量弱,因此在目标的预警探测方面的应用不多,但其对目标特征的提取和分析,目前已在合成孔径雷达(SAR)的图像识别领域广为应用。

8.3 声呐方程

声呐方程的地位、作用以及推导方法与雷达方程相似。声呐方程分成被动声呐方程和主动声呐方程。主动声呐方程又分成混响限和噪声限两种情形。

8.3.1 声呐方程中出现的参数

声呐方程中出现的参数分成四大类。

1. 与声呐相关的参数

SL：发射声源级，即离发射换能器 1m 处所接收到的声压，由式（2.16）给出。该参数用于主动声呐，相当于雷达方程中的发射功率。声源级包含了发射指向性，这样使得声呐方程与频率无关。如果给出发射机电压和发射灵敏度，则发射声源级为

$$SL = 20\lg v + S_v \tag{8.25}$$

GS：声呐系统的空间增益。一般为接收空间增益。

GT：声呐系统的时间增益。它是由信号处理获得的增益。包括脉冲压缩和时间积累等。

对于被动声呐，在非相干积累时 $GT = 5\lg BT$，在线谱检测时 $GT = 10\lg BT$；对于主动声呐，因为采用匹配滤波器，可以实现相干积累，$GT = 10\lg BT$。但是需要注意的是，在噪声限的情形下，增大带宽，噪声的带级也会增大。因此在噪声限的情形下，增大带宽没有好处。但在混响限的情形下，增大带宽，距离分辨单元减小，每个分辨单元的信混比增大，从而可以提高检测性能。

被动声呐的二次积累和主动声呐脉间一般采用非相干积累，其积累增益为 $GT = 5\lg n$，其中，n 为积累数。

DT：检测门限或检测阈。它表示检测目标所需的最小输出信噪比。它与虚警概率、发现概率和噪声模型有关。但它不等同于我们在信号检测中使用的门限。一般宽带声呐为 6dB，通信声呐为 10dB，窄带与主动声呐为 10dB。

2. 与目标相关的参数

SL：辐射噪声源的声源级，用于被动声呐。

TS：目标强度，表示目标截获声能，并重新辐射出去的能力。目标强度与雷达截面积的概念相似，但有差别，等于雷达截面积除以 4π，这样做是为了使得主动声呐方程更简洁。声呐目标强度的特性与雷达相似。

3. 与环境有关的参数

NL：背景噪声级。背景噪声包括海洋噪声、平台产生的自噪声和流噪声。其中，流噪声随换能器与壳体的距离增大而迅速减小，因此只有高速拖曳的拖线阵才可能成为主要的噪声源。

TL：传播损失。传播损失包括扩展损失、海水吸收损失和信道传播损失。由 2.9.3 节的介绍可知，声呐的传播损失远比雷达复杂，它与工作波长、声速剖面和海洋底质都密切相关。在工程应用中，一般采用经验曲线或采用声场计算的方法进行预测。

4. 与声呐和环境相关的参数

RL：混响级。混响级与发射功率、阵的参数、声速剖面和海洋底质都有关系。

5. 谱级和带级

在声呐方程中，会用到两个物理量来度量背景噪声：谱级和带级（见 2.1.6 节）。在计算声呐方程时，谱级和带级不能混用。

在声呐方程中，以上物理量都是以 1m 距离的声压或声功率作为参考级单位的，这样使得声呐方程中没有扩展损失的 4π 因子；目标强度代替雷达截面积，采用分贝作单位，

避免了复杂的指数和乘除运算；随后可以看到声呐方程与频率无关，为纯能量方程，这样使得声呐方程形式更为简洁，便于估算作用距离。

8.3.2 被动声呐方程

下面讨论被动声呐方程，它的形式为

$$SL - NL - TL + GS + GT = DT \qquad (8.26)$$

参看图 8.2，假定目标辐射噪声的指标声压是 SL，经过距离为 r 的传播衰减，在到达接收基阵时，信号的声压变成 SL−TL，所以单水听器接收到的信噪比是 SL−TL−NL，其中，NL 为背景噪声级。经过接收机的信号处理后，输出信噪比是 SL−NL−TL＋GS＋GT。信噪比高于检测门限才能检测到目标，因此信噪比至少应等于检测门限。

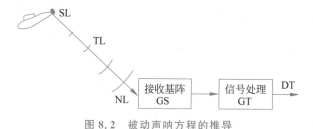

图 8.2　被动声呐方程的推导

定义被动声呐的优质因数：

$$FOM = SL - NL + GS + GT - DT \qquad (8.27)$$

由 FOM＝TL，便可定出最远的作用距离。FOM 越大，声呐的作用距离越远。由于 TL 是距离的复杂函数或经验曲线，通常采用作图法，画出 TL 和距离的关系曲线，曲线与 FOM 的交线即为最大作用距离。

采用纽曼-皮尔逊准则，声呐方程中的检测门限 DT 可以根据虚警概率确定。如果是视觉检测，则一般要求 DT≥6dB；如果是听觉检测，那么不同的声呐员就会有不同的值，一个训练有素的声呐员的检测阈可以很低，甚至是负的分贝数，因而作用距离就会很远。所以在声呐系统对目标的检测过程中，声呐员的作用是不可忽视的。

在计算声呐的优质因数 FOM 时，为了估计作用距离，必须知道各种不同水文条件下的传播损失 TL（对此需要声场计算和大量的试验数据统计），只有这样才能给出正确的作用距离预报。

8.3.3 主动声呐方程

主动声呐方程分成噪声限和混响限两种，分别用于噪声和混响为主要干扰源的情形。一般来说，随距离增大，混响强度迅速衰减。在主动声呐工作频段范围内，10km 以远基本属于噪声限的范围。主动声呐方程一般采用带级推导，假设发射的信号脉冲宽度和带宽分别为 T 和 B。

8.3.3.1 噪声限主动声呐方程

如图 8.3 所示，主动声呐方程的一般形式为

$$SL - 2TL + TS + GS + GT - NL = DT \qquad (8.28)$$

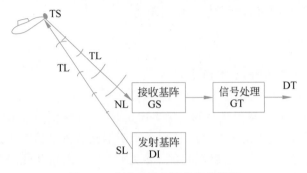

图 8.3　主动声呐方程推导示意图

　　方程的意思是在声呐接收机端,信号应该比噪声(含混响)高出或至少等于检测门限。在声呐方程的左边,凡是有利于信噪比增强的参数系数为正号;反之为负号。

　　利用声呐方程的目的之一是要从中求出声呐的作用距离,也就是要根据式(8.28)确定 r。为此定义主动声呐系统的优质因数:

$$FOM = (SL + TS - NL + GS + GT - DT)/2 \qquad (8.29)$$

由 $FOM = TL$,便可确定最远的作用距离。FOM 越大,声呐的作用距离越远。

　　脉内信号处理采用匹配滤波处理,时间处理增益为 $10\lg T \cdot B$。脉间积累只能是非相干处理,假定脉冲积累的个数为 n,其时间处理增益为 $5\lg n$。总的时间增益为

$$GT = 10\lg T \cdot B + 5\lg n \qquad (8.30)$$

噪声的带级为

$$NL = N_0 + 10\lg B \qquad (8.31)$$

其中,N_0 为噪声的谱级。将式(8.30)和式(8.31)代入式(8.29),得

$$FOM = (SL + TS - N_0 + GS + 10\lg T + 5\lg n - DT)/2 \qquad (8.32)$$

　　由式(8.32)可知,像雷达一样,声呐在噪声背景下,作用距离与带宽无关。这意味着相同脉冲宽度的 CW 信号和 LFM 信号,其检测性能没有差异。

8.3.3.2　混响限主动声呐方程

　　混响限主动声呐方程与噪声限有很大的差异。这是因为分辨单元内的混响同目标一样具有方向性,因此不考虑空间增益。

　　将式(8.28)噪声限主动声呐中的噪声级换成混响级,并减去空间增益,得到混响限主动声呐方程:

$$SL + TS - 2TL - RL + GT = DT \qquad (8.33)$$

　　RL 主要考虑海面和海底的面混响。不失一般性,仅存在海底混响的情形,分辨单元内的混响带级为

$$RL = SL + (S_B + 10\lg A) - 2TL_R \qquad (8.34)$$

其中,S_B、A、θ 和 TL_R 分别为海底混响强度、声呐分辨单元的面积、掠射角(入射角的余角)和混响传播损失。如果为沉底雷,分辨单元的距离等于目标的距离,对于沉底目标 TL_R 与目标回波传播损失 TL 相等,将式(8.34)代入式(8.33),得

$$TS - (S_B + 10\lg A) + GT = DT \tag{8.35}$$

对于海底混响,真实孔径声呐的分辨单元面积为

$$A = R\theta_{3dB}\frac{C \cdot T}{2} \tag{8.36}$$

其中,R、θ_{3dB},分别为混响单元的距离、声呐方位波束宽度。将式(8.35)和式(8.36)代入式(8.33),有

$$10\lg R = TS + 10\lg\frac{B}{\theta_{3dB}} - \left(S_B + 10\lg\frac{C}{2}\right) - DT \tag{8.37}$$

定义混响指数:

$$RI = 10\lg\frac{B}{\theta_{3dB}} \tag{8.38}$$

式(8.38)指明了抗混响的技术途径,即提高方位分辨率和距离分辨率。

对于噪声限的情形,增大主动声呐的声源级是提高检测性能和参数估计精度的有效方式。对于混响限的情形,增大主动声源级是无益的,因为混响也随之增大。有效的方法是改善声呐的分辨率。

8.3.3.3 侧扫声呐设计实例

假定侧扫声呐最大作用距离为 200m,工作频率为 100kHz,水平波束宽度为 1°,垂直波束宽度为 45°。海况为 4 级。最大距离的海底散射强度为 -35dB(已考虑入射角影响),信号为窄 CW 波,脉冲宽度为 0.1ms。取检测门限为 10dB。问:

(1) 发射声源级为多少,才能对海底进行测绘?

(2) 如果目标的散射强度为 -40dB,为沉底目标,采用哪些技术可以检测此目标?

解:(1)海底为目标,因此采用噪声限主动声呐方程。

传播损失:

$$TL = 20\lg r + \alpha(r/1000) = 53(dB)$$

指向性指数:与很多声呐不同,侧扫声呐发射阵和接收阵共用同一条阵,收发的束宽是接收的一半,根据式(5.46)有

$$L \approx \frac{51\lambda}{2\theta_{3dB}} = \frac{51C}{2\theta_{3dB}f_0} = 38.2/(\theta_{3dB}f_0)(频率单位为 kHz)$$

阵长:

$$L = 38.2/(f_0 \cdot \theta_\parallel) = 38.2/(100 \times 1) = 0.38(m)$$

阵高:

$$H = 38.2/(f_0 \cdot \theta_\perp) = 38.2/(100 \times 45) = 0.0084(m)$$

$$DI = 10\lg(4\pi Lh/\lambda^2) = 23dB$$

时间增益:

$$GT = 10\lg BT = 0dB$$

海洋噪声:查曲线得 4 级海况 100kHz 谱级为 30dB。带级为 70dB 混响单元的混响强度级为

$$RL_0 = S_b + 10\lg A = S_b + 10\lg \frac{CT}{2} R\theta_{\parallel}$$

$$= -35 + (750 \times 1 \times 10^{-4})\left(200 \times \frac{\pi}{180} \times 1\right) = -40 (\text{dB})$$

声源级：

$$SL = DT - (-2TL + TS + GS + GT - NL) = 10 + 2 \times 53 + 40 - 23 + 0 + 70 = 203 (\text{dB})$$

（2）沉底雷探测主要是混响限问题，一方面需要增大发射能量（提高声源级或采用脉冲压缩波形），提高回波强度，使之成为混响限情形。在混响背景下，将上述参数代入式（8.36），信混比余量为

$$SE = TS - (S_b + 10\lg A) + GT - DT = -40 - (-40) + 0 - DT = -DT$$

只要信混比增益超过检测门限，目标就可以检测。增加距离分辨率或方位分辨率使混响指数提高 10dB 以上。

思考题与习题

8.1 已知某雷达的技术参数为 $P_t = 1\text{MW}$，$A = 10\text{m}^2$，$\lambda = 10\text{cm}$，$P_{s\min} = 10^{-13}\text{W}$。求：

（1）该雷达跟踪平均截面积为 $\bar{\sigma} = 20\text{m}^2$ 的飞船，求在自由空间的最大跟踪距离。

（2）该飞船装有雷达应答器，其参数为 $P'_s = 1\text{W}$，$A'_r = 1\text{m}^2$，$P_{\min} = 10^{-7}\text{W}$，求采用信标跟踪时自由空间的作用距离。

（注：认为满足一定的发现概率和虚警概率，不采用脉冲积累）

8.2 已知目标的飞行高度不小于 50m，某雷达对该目标的作用距离为 200km。为了充分利用雷达的作用距离，将该雷达装在飞机上，试问这个预警机应在多高的高度飞行？

8.3 某雷达天线波束环扫描一周接收的脉冲数 $n = 20$，假如脉冲宽度减少到 $\frac{1}{3}$，试问雷达的作用距离如何改变？

8.4 在雷达站方向有若干个相同的飞机以相邻间隔为 100m 的距离飞行。如果雷达的脉冲宽度为 $\tau = 2\mu s$。试问在要求同样的发现概率和虚警概率条件下，该雷达对机组的作用距离比对一个飞机的作用距离大多少？

8.5 声呐发射机发射 40kW 声功率，且方向性指数为 $DI = 15\text{dB}$，其声源级是多少？

8.6 潜艇被动声呐基阵长 8m，高 4m，声速取 1500m/s。积累的脉冲个数为 30 个。检测门限取目标辐射噪声和海洋背景谱级如下表：

	频率/Hz	鱼雷 A/dB	鱼雷 B/dB	潜艇 C/dB	噪声谱级/dB
宽带	2000～4000	140	110	100	
	1000～2000	145	115	105	

续表

	频率/Hz	鱼雷 A/dB	鱼雷 B/dB	潜艇 C/dB	噪声谱级/dB
	400	155	125	—	68
窄带	200	165	135	—	73
	80	—	—	130	80
	40	—	—	140	85

求该声呐对这些目标的探测距离。

8.7　测深仪是最简单的主动声呐,它采用单波束工作,波束垂直向下,声波遇到海底返回水听器,通过测量收发时延,估计海深。假设测深仪的工作深度为 500m,波束宽度为 5 度。工作频率为 40kHz,假设海底强度为 10dB,海洋噪声谱级为 35dB,检测门限为 10dB,发射 CW 波,脉冲宽度为 0.1ms,求发射声源级。

第 9 章

数据录取、处理和显示

雷达和声呐的信号与信息处理过程主要包括以下 4 方面：

(1) 检测目标回波，判定目标的存在。

(2) 分辨目标，判断目标个数。

(3) 测量并获取目标位置、运动参数和目标属性等信息。

(4) 对录取的目标，进行编批，建立目标航迹，实现目标的稳定跟踪。

上述第(1)、(2)项任务分别为信号检测和分辨，这两项任务已经在第 6 章讨论过。第(3)项内容中的目标录取又称为"点迹录取"，其中包括目标坐标的录取方法和录取时使用的输入设备。第(4)项内容为"数据处理"，但其本质仍属于参数测量。

9.1 雷达目标坐标参数的录取方法

雷达功能之一就是目标参数的测定。下面就以地面对空监视两/三坐标雷达为对象，讨论目标的距离、方位和高度数据的录取方法。其中高度录取见 5.7.4 节。

9.1.1 目标距离数据的录取方法

目标距离数据的录取是指录取设备读出距离数据（相应为 t_R），把所测量目标的时延 t_R 变换成对应的距离数码录取。下面介绍一种多个目标距离编码的原理。

当同一方向有多个不同距离的目标时，就需要在一次距离扫掠的时间内读出多个目标的距离数据。这种多个目标的距离编码器如图 9.1 所示，其工作原理是：雷达发射信号时刻，启动脉冲使触发器置 1，计数脉冲就经"与"门使距离计数器不断计数，直到距离计数器产生溢出脉冲使触发器置 0，封闭"与"门。在计数过程中，每当目标回波到来时，通过读数脉冲产生器读出当时计数器的数码；读数是通过输出端的控制门进行的，不影响计数器的工作。因此，使用一个计数器便可得到不同距离的多个目标数据。图 9.1 中把计数脉冲经过一段小的延迟线后加到读数脉冲产生器，是为了保证读数在计数器稳定以后进行，以避免输出的距离数据发生错乱。

现代雷达采用数字处理方式，距离编码即对应于距离回波信号的存储器位置值，因此读取更为简单。

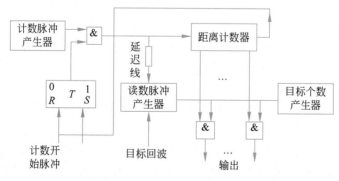

图 9.1 多个目标的距离编码器

事实上,硬件录取缺陷很多,尤其是不适合多个目标的录取,只适用于简单的雷达和声呐设备中,距离编码已软件化。

9.1.2　目标角度数据的录取方法

角坐标数据是雷达录取设备要获取的另一个目标参数。对两坐标雷达,角坐标数据就是指方位角的数据;对三坐标雷达,角坐标数据包括方位角和仰角数据。但是,测角的基本原理和方法是一样的。

目前机械扫描的雷达系统常用的角度传感器有两种。第一种叫光电码盘,通过天线的机械旋转带动一个与之交链的码盘,借助光电及附属电子电路,将天线轴向位置直接转换为方位数码或方位增量脉冲。前者可以直接给出数值,非常精细,但成本高;后者只能给出相对位置,成本低,但必须有零位指示。第二种用旋转变压器或自整角机(同步机)把天线的机械运动产生的角度转变为电信号,经过处理获得方位码或方位增量脉冲。

9.1.3　其他参数的录取方法简介

雷达在录取了目标的坐标以后,指挥机关还需要了解目标的某些特性,如敌我信息、机型、架数、发现目标的时间以及其他有关信息。所有这些任务统称为目标特征参数的录取。特征参数的录取是比坐标录取更加复杂的问题,这中间的某些任务,在目前的技术条件下,机器能够做到;而另外一些,机器是做不到的,如识别机型,现在主要靠操作员的人工判断。

1. 敌我识别

目标的敌我识别是一项非常重要的工作。在航空管制系统中,存在着类似的问题,即需要识别已经发现的目标是属于航行计划中已经编批的,还是在计划以外的其他目标。

早在第二次世界大战期间,就已经有了专门的敌我识别(IFF)系统。如图 9.2 所示,IFF 系统的操作比较简单,操作员通过雷达显示控制台发出询问指令,终端系统产生询问触发脉冲,地面询问机通过与雷达天线同步旋转的询问机天线向空中目标发出询问信号(通常是加密信号),飞机上的应答器接收到询问信号以后,如果认出是自己方面的询问,就发回一个应答信号给地面站,表示"正常"或"遇险",否则就不回答。应答信号由地面询问接收机接收、解密和处理,其"正常"或"遇险"信号一方面送显示器显示,另一方面对应答标志进行录录。敌我识别的示意图如图 9.2 所示。

2. 目标发现时间的录取

目标发现的时间是一个重要的特征参数,它与运动参数的计算,目标未来位置的预测,指挥方案的组织实施等,关系都很密切。

整个雷达网要有统一的计时系统,上级指挥机关要进行对时,下级统一以上级的时间为标准,时间对准在系统中又称为时统。计时的单位决定于计算运动参数所要求的精度,通常取 10ms。

一般地,通过计数器按照所选取的计时单位进行计数。由于检测器积累的时间比计

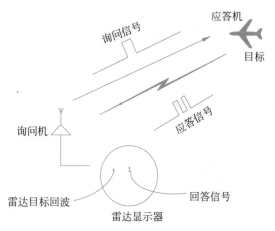

图 9.2 敌我识别的示意图

时单位小得多,所以检测器发现目标被认为是实时的,因此可以选取检测过程中的一种标志信号作为发现时间的录取信号。在检测器检测出目标信息,用"目标开始""目标发现"或"目标结束"标志录取目标的距离和方位信息的同时,去提取时间计数器的计数结果,通过录取器或每个雷达触发作中断信号,请求(通知)计算机通过 I/O 通道录取当时的时间。计算机在上级指挥机关对时标准的基础上,加上目标发现时计数器的数码乘以计时单元,就是上一次对时信号发出以后,目标的发现时间。

3. 二次雷达数据的录取

第二次世界大战以后,二次雷达逐渐被用到军事以外的其他领域,特别是用在对飞机的导航和控制之中。二次雷达和一次雷达的工作方式不同,它是问答式的、被动的雷达系统。例如,对飞机导航时,地面设备发射询问信号,机上的应答设备接到以后,要加以识别,只有符合约定格式的询问信号,才予以回答。地面二次雷达接收机收到目标机的应答信号,即发现目标。

二次雷达的询问设备包括天线、发射机、接收机和模式编码等部件,按照国际标准,发射机的工作频率统一规定为 1030MHz。询问设备放在地面,而且和一次雷达放在一起,受一次雷达的触发而同步工作。询问信号是一组电码,有规定的国际通用的模式,按需要选用。询问器中的接收机接收应答信号,它的输出经过处理,用于识别目标。飞机上应答器收到询问信号,经过模式解码和模式比较以后,如果与事先选择的模式一致,则将约定的密码经过发射机和天线发回给地面。按照国际标准,飞机上发射的应答信号的频率是 1090MHz,与地面发射的询问信号相差 60MHz。对地面设备来说,发射机的工作频率和接收机的工作频率不一样,因此,二次雷达不存在杂波干扰,这是它的一个突出的优点。

二次雷达共有 6 种不同的询问模式,如表 9.1 所示。其中模式 3 是和模式 C 是军民共用的模式。利用这两种模式,民用设备可以控制军用飞机,军用设备也可以控制民用飞机。

表 9.1 二次雷达询问模式

模　式	脉冲间隔/μs	用　途
1	3	军用识别
2	5	军用识别
3/A	8	军民共用识别
B	17	民用识别
C	21	军民共用测高
D	25	民用识别(备用)

为了便于读者理解二次雷达数据录取的工作过程,图 9.3 给出了时间、幅度、二次雷达识别码及高度码的录取原理框图。

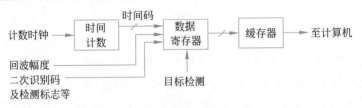

图 9.3　特征数据录取的原理框图

4. 二次雷达的高度录取

二次雷达的高度测量,在原理上和一次雷达的高度测量是不同的,它利用飞机上的气压表测高。大家知道,在海平面,标准的气压是 760mmHg,离海平面越高,气压越低。大约每升高 11m,气压降低 1mmHg。飞机上的气压表读数的变化可以转化为机械轴的转动,从而可以使安装在轴上的码盘随之旋转,读出高度数据。在实际的航管系统中,专门规定了一种模式(模式 C),用于询问高度。当地面指挥所需要某个目标回答高度时,用模式 C 发出询问信号,机上的应答设备接到询问后,就读出高度码盘的数值,经高频调制后,发回地面。地面的接收设备对应答码解调以后,读出高度。通常与气压表耦合的码盘是按照循环码排列的,所以地面接收到的机上应答高度是循环码,译码以后,需要把它变成二进制码供计算机使用,或者直接变成十进制码加以显示。

地面收到的高度码,一般还需要加以修正,这是因为标准大气压随气象条件而有所变化,有时海平面的气压可能低一些,有时可能偏高。这一修正要根据气象台站的报告将修正的数字置入计算设备中。另外,飞机场本身与海平面相比较,有一相对高度,而气压表所提供的高度数据则是以海平面为标准的,所以要减去机场的海拔高度,才是飞机离地面的高度。

二次雷达所测量的高度数据,比一次雷达的测高数据准确。此外,应用二次雷达测高,数据容量大,数据率高。所以,在能够使用二次雷达测高的场合,均以二次雷达的高度数据为准,一次雷达的高度数据可以作为参考。

9.2 船舶自动识别系统

AIS(Automatic Identification System)配合全球定位系统(GPS)将船的位置、航速、

航向(矢量线)、转向速度和最近的船会遇距离等船舶动态信息和船名、呼号、吃水及危险货物等船舶静态资料由甚高频(VHF)及岸台广播。正确使用 AIS 有助于加强海上生命安全、提高航行安全性和效率,以及对海洋环境的保护,如图 9.4 所示。

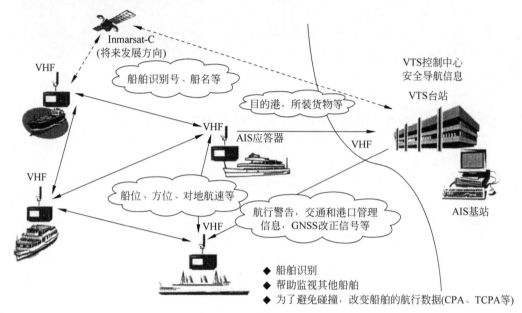

图 9.4 船舶自动识别系统原理及应用

船舶全球唯一编码 MMSI 码又叫船舶识别号。每条船从开始建造到结束解体,会被给予全球唯一的 MMSI 码。

AIS 具有如下功能:

(1) 识别船只;

(2) 协助追踪目标;

(3) 简化信息交流;

(4) 提供其他辅助信息以避免碰撞发生。

AIS 加强了船舶间避免碰撞的措施,增强了 ARPA 雷达、船舶交通管理系统、船舶报告的功能。在电子海图上显示所有船舶的可视化航向、航线、船名等信息,改进了海事通信功能,提供了一种与通过 AIS 识别的船舶进行语音和文本通信的方法。

AIS 通信协议采用自控时分多址(SOTDMA)技术。

9.3 航空广播式自动依赖监视

如图 9.5 所示,航空广播式自动依赖监视(Automatic Dependent Surveillance-Broadcast,ADS-B)是一种飞机监视技术,飞机通过卫星导航系统确定其位置,并进行定期广播,使其可被追踪。空中交通管制地面站可以接收这些信息并作为二次雷达的一个替代品,从而不需要从地面发送问询信号。其他飞机也可接收这些信息以提供姿态感知和进行自主规避。

ADS-B 是一种"自动"系统,它不需要飞行员或其他外部信息输入,而是依赖飞机导航系统的数据。

ADS-B 由 ADS-B Out 和 ADS-B In(传出与传入)两项服务组成,可能取代雷达作为管控全球飞机的主要监视方法。在美国,ADS-B 是下一代国家空域战略升级和加强航空基础设施与运营战略的一个组成部分。ADS-B 系统还可通过 TIS-B 和 FIS-B 应用程序提供交通和官方生成的图形天气信息。

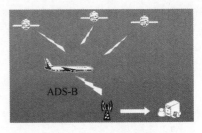

图 9.5　ADS-B 原理

ADS-B 会实时(每秒)向空中交通管制以及其他配备 ADS-B 的飞机提供本飞机的位置和速度数据,使飞机可见,从而增强安全性。ADS-B 数据还可以记录和下载,用于飞行后的数据分析,因此可以作为低成本的航班追踪、计划和调度的数据基础设施。

ADS-B Out 通过机载发射器周期性广播每架飞机的信息,如标识、当前位置、高度和速度。ADS-B Out 可为空中交通管制员提供实时的位置信息,在大多数情况下,它比现有的基于雷达的信息更准确。凭借更准确的信息,管制员能更高精度地定位和分隔飞机。

ADS-B In 供飞机接收 FIS-B、TIS-B 以及其他 ADS-B 数据,例如,附近飞机传来的直接通信数据。地面站的广播数据通常仅在有 ADS-B Out 广播飞机时提供,这限制了纯 ADS-B In(仅接收)设备的实用性。

该系统依赖两个航空电子组件——一个高度完整的 GPS 导航源和一个数据链(ADS-B 单元)。有多种经过认证的 ADS-B 数据链,其中最常用的数据链运行于 1090MHz,本质上是经过修改的 S 模式应答机,也有些运行在 978MHz。

ADS-B 的优势有:

(1) 流量。飞行员在装备了 ADS-B In 系统的飞机上可以看到周围装备有 ADS-B out 飞机的信息,其中包含该飞机的高度、航向、速度,以及与它的距离。除了接收装备有 ADS-B 飞机的位置报告,如果有适当的地面设备和地面雷达,TIS-B(仅限美国)还可提供未装备 ADS-B 飞机的位置报告。ADS-R 可在 UAT 和 1090MHz 频带之间重发 ADS-B 位置报告。

(2) 天气。配备通用接入收发器(UAT)实现 ADS-B In 技术的飞机能够通过航班信息服务广播(FIS-B)接收天气报告和天气雷达发送的信息(仅限美国)。

(3) 飞行信息。航班信息服务广播(FIS-B)也将可读的航班信息(如临时飞行限制和 NOTAM 传输给装备 UAT 的飞机(仅限美国)。

(4) 成本。与空中交通管制使用的一次和二次雷达系统相比,ADS-B 地面站的安装和操作便宜许多,便于进行航空器的分隔和管制。

9.4　雷达和声呐的显示终端

雷达和声呐的显示终端用于显示雷达和声呐的信号和数据。显示的数据通常有目标的高度、航向、速度、运动轨迹、架数、目标属性、批号和敌我属性等。通常显示终端具备系统控制和参数输入功能,因此显示终端也被称为显控台。

另外,在指挥控制系统中,综合显控台除了可以显示来自单部雷达的上述信息之外,还可以显示多部雷达的数据,如数据融合处理的综合信息等。

9.4.1 雷达的显示器

雷达显示器种类很多,不同的分类依据得到不同的类型。根据显示目标的坐标数目分为一度空间显示器、二度空间显示器和三度空间显示器;根据显示内容分为距离显示器、平面位置显示器、方位显示器、高度显示器、综合显示器等。

在地面监视雷达系统中,根据雷达的不同用途,经常需要几种显示器配合使用,下面介绍常用的显示器类型。

9.4.1.1 距离显示器

距离显示器是一种幅度调制显示器,属于一度空间显示器,提供目标的距离和回波信号幅度信息,扫描起点与触发脉冲同步,其垂直偏转正比于目标回波强度,而在水平偏转板加锯齿扫描电压形成水平基线,基线长度表示目标距离。距离显示器也称 A 型显示器。

A 型显示器的扩展型为 A/R 型显示器,有两条水平扫描线,上面一条与常规的 A 型显示器相同,称为"粗基线";下面一条是上面扫描线中一小段的扩展,扩展其中有回波的一小段,可以用于观测波形并提高测距精度,称为"精基线"。通常在 R 扫描线上所显示的那一段距离在 A 扫描线上以缺口显示出来,以便使用人员观测。

距离显示器画面如图 9.6 所示。它的特点是操作员可以直接观察回波信号和噪声的幅度特性,在信噪比较小时辨认出目标;易于从回波的强弱变化或幅度起伏中判断出目标性质;距离分辨力和测距精度较高,但同一时间内只能观测一个方向上的目标;在雷达天线扫描时较难掌握空中目标的动态特性,往往需要和其他类型显示器来配合使用。A 型显示器多用于跟踪雷达。

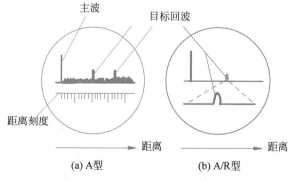

图 9.6 距离显示器画面

9.4.1.2 平面位置显示器

平面位置显示器显示雷达目标的斜距和方位两个坐标,是二维空间显示器,画面如图 9.7(a)所示。天线不动时,显示一条由圆心到圆周的射线,称为距离扫描线(也称为时间基线);天线做圆周扫描时,时间基线随之同步旋转(方位扫描),并形成方位刻度线和距离刻度线(同心圆);目标回波信号加到阴极射线管的控制栅极或阴极,以亮点的方式显示,是一种辉度调制显示器。平面位置显示器以极坐标形式显示目标的距离和方位,方位角以正北为基准(零方位角),顺时针方向计量;距离则沿半径计量,圆心是雷达站(零距离)。它提供了360°范围内的全部平面信息,所以也叫全景显示器或环视显示器,简称 PPI(Plan Position Indicator)显示器。舰艇为了扩大前放的显示范围,采用偏心式PPI,如图 9.7(b)所示。

平面位置显示器是使用最广泛的雷达终端显示器,因为它能够提供与通用平面地图一致的平面范围内的目标分布情况。人工录取目标坐标时,通常是在平面位置显示器上进行的。其优点是观测空域大,目标回波的位置直观、易于理解;其不足之处是人眼对亮度调制的回波强度进行目标性质的识别能力不如幅度调制的设备,极坐标的方位分辨力随距离的远近不同而变化。为了提高方位显示的精度和分辨力,可用偏心或延时扫描来放大某个区域的雷达图像。

9.4.1.3　方位显示器

方位显示器又称 B 型显示器,用直角坐标来显示某监视区的情况,横坐标表示方位,纵坐标表示距离,它实际上就是把 PPI 显示器的原点延伸为一条直线,其扫描线不是绕屏中心旋转,而是沿水平移来获得有一定失真的雷达图像,显示画面如图 9.7(c)所示。B 型显示器通常应用于空对空的场合,主要考虑点目标或群目标的距离和方位,而对延伸目标的形状或分离目标的相对位置不关心。B 型显示器在火控应用方面特别有用,也广泛应用于机载雷达和近程地面监视雷达。

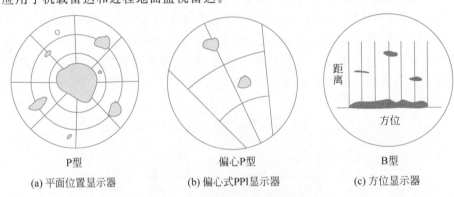

(a) 平面位置显示器　　　　　(b) 偏心式PPI显示器　　　　　(c) 方位显示器

图 9.7　3 种常见的平面显示器

9.4.1.4　高度显示器

高度显示器显示雷达目标的距离和高度(或仰角),统称为 E 型显示器。这种显示器用在测高雷达和地形跟随雷达系统中,其典型画面如图 9.8 所示。横坐标表示距离,纵坐标表示仰角或高度。表示距离和高度的 E 显又称为 RHI 显示器,主要用在测高雷达中。

9.4.1.5　综合显示器

随着防空系统和航空管制系统要求的提高及数字技术在雷达中的广泛应用,出现了

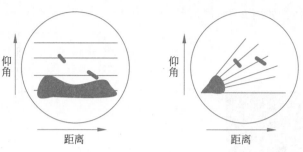

图 9.8 两种高度显示器的典型画面

由计算机和微处理机控制的综合显示器。综合显示器主要是在常规 PPI 显示器上叠加雷达二次信息，如表格数据、特征符号和地图背景（河流、空中航路、地面标志等），提供空中态势的综合图像，广泛用于防空作战指挥中心和空中交通管制中心，其显示画面如图 9.9 所示。其中，雷达图像为一次信息，综合图像为二次显示信息，它包括表格数据、特征符号和地图背景，如河流、跑道、桥梁及建筑物等。现代雷达终端设备都配有综合显示器，目标信息的录取都在这种显示器上进行。

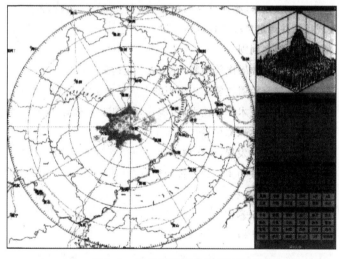

图 9.9 综合显示器的显示画面

9.4.2 声呐的显示器

9.4.2.1 被动声呐显示器

被动声呐显示器主要有方位时间历程显示、方位显示器（B 显）、LOFAR 显示和 DEMON 显示，后两者的介绍见 7.1.1 节。方位时间历程显示器如图 9.10(a) 所示，图像横坐标是波束号，纵坐标为时间，亮度表示各波束信号的幅度，代表了目标辐射信号的强度，它给出了不同时段目标的方位。采用时间历程显示相当于进行了时间积累，可以改善被动目标的检测性能。方位显示器（B 显）所示的为单次时间积累后的各波束信号幅度。它有两种方式：第一种如图 9.10(b) 所示，横坐标为波束号，纵坐标为信号幅度；第二种采用极坐标格式,如图 9.10(c)所示。

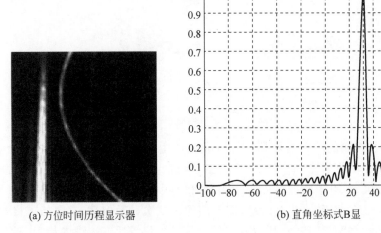

(a) 方位时间历程显示器	(b) 直角坐标式B显

(c) 极坐标式B显

图 9.10　被动声呐显示器

9.4.2.2　主动声呐显示器

主动声呐显示器为平面显示器,包括 PPI 显示器、偏心 PPI 和 B 型显示器。其中,B型显示器较为常用。其显示的格式与雷达相同,此处不再赘述。

9.5　雷达数据处理

雷达数据处理是指对雷达设备获取的目标位置及运动参数按一定算法进行处理,以提供每个目标的位置、速度、机动情况和属性识别,其精度和可靠性比一次观测的雷达要高。这种处理的核心就是实现多目标的跟踪。所以,雷达数据处理也叫多目标跟踪或目标航迹处理。本节首先依据两种标准对雷达数据处理进行分类,紧接着对相关名词术语进行阐述,最后介绍雷达数据处理的基本过程。

9.5.1　雷达数据处理分类及术语定义

9.5.1.1　雷达数据处理分类

依据雷达的种类和用途,可以将雷达数据处理分为 3 类:

（1）边扫描边跟踪（TWS）系统，其波束在空间机械扫描，以大致固定的间隔录取目标位置的观测值。

（2）相控阵雷达数据处理系统，天线波束在空间的扫描是电控的，具有灵活性和快速性，对不同的目标其点迹的录取率可以不同，也可以灵活地改变。

（3）多站和组网雷达的数据处理，组网和多传感器数据融合是对付现代雷达四大威胁（隐身目标、防辐射导弹、综合电子干扰和低空/超低空突防）的有效手段之一，可以获得更好的性能。

按照雷达（传感器）数目和要跟踪处理的目标数，也可以把雷达数据处理分成 3 类：

（1）单传感器单目标跟踪（STT）。用单个传感器跟踪单个目标的运动是雷达数据处理最基本的应用，如单目标跟踪火控雷达，这种情况下，将处理集中在连续更新单个目标的状态，用预测值来调整传感器探测位置以跟踪目标运动，总是保持跟踪传感器的视线指向单个要跟踪的目标。由于假定每个检测结果都来自单个目标或虚警，不需要复杂的分配逻辑，从而大大简化了处理。

（2）单传感器多目标跟踪（MTT）。随着目标数目的增加，需要把每次检测结果标识为一条已有航迹，或一条新航迹，或一个虚警，使得观测到目标的分配变得复杂。特别当目标变得稠密，或目标交叉、分批或继续聚合一起时，分配处理将更为复杂。

（3）多传感器多目标跟踪（MMTT）。这是最为复杂的数据处理，因为多个传感器具有不同的目标视角、测量几何方法、精度、分辨力和视野，所以不同的特性会使测量的分配问题进一步复杂化。

本章主要讨论单部雷达边扫描边跟踪系统中的多目标跟踪问题。在单部雷达系统中，雷达数据处理由计算机进行，它置于数据录取器和显示器之间，基本上由一台/多台计算机、一套系统软件和应用软件以及一些用来存储数据的输入/输出缓冲存储器组成。雷达数据处理可以看成一种算法，即在若干雷达扫描时间上获取雷达录取器的点迹流，存储在输入缓冲存储器，再由软件控制在计算机内进行运算、判别等处理，其处理结果即航迹数据，被存入输出缓冲存储器中，然后送显示器显示或上报指挥所。

9.5.1.2 雷达数据处理中的有关术语

（1）雷达目标。指被雷达监视、观测和跟踪的空中或地面物体，通常可以分为如下几种：

① 反（散）射目标——一次雷达的探测对象，如飞行器、舰船、坦克等；一些特殊用途雷达的观测对象，如云、雨、角反射体等。

② 协作目标——二次雷达、IFF 应答机、弹载应答机、探空仪等的观测对象。

③ 辐射目标——无源雷达（侦察技术设备）等的探测对象。

（2）点迹。一次观测值或量测，是指从传感器信号处理器输出并满足一定检测准则且与目标状态有关的一组观测值（数据），如位置估计值、目标辐射强度等。

（3）点迹录取。根据检测结果，对目标点迹进行估值的过程。按自动化程度，录取方法可分为人工、半自动、全自动录取和区域全自动等。

（4）航迹。对不同目标的若干点迹进行处理后将同一目标点迹连成的有序点迹，即从一组观测值估计出的目标运动轨迹。

（5）航迹处理。将同一目标点迹连成航迹的处理过程。一般包括航迹起始、相关、外推和终止等。

（6）互联。根据雷达等传感器在每次环扫、扇扫或电扫中获得的观测来确定目标个数、判别不同时间空间的数据是否来自同一个目标，进行点迹与航迹配对的过程，称为互联或关联。按照互联的对象可分为 3 类：

① 观测值与观测值互联（航迹起始）；

② 观测值与已存在航迹互联（航迹维持或航迹更新）；

③ 航迹与航迹互联（航迹融合）。

（7）波门。指以初始点迹或航迹外推位置为中心、符合一定约束的区域。

（8）跟踪。对目标观测值与航迹互联，以便保持对运动目标现时状态进行估计的处理过程，一般包括：运动分量（位置、速度、加速度等）；其他分量（辐射信号强度、频谱特性、特征信息等）；常数或缓变参数（耦合系数、传播速度等）。

（9）机动。指目标运动出现了不可预测的变化，如目标突然加速、转弯等。

（10）运动模型。目标运动模型是目标运动规律的假设，如匀速直线运动、匀加速运动等，有了这些假设可以给出目标的状态方程。

（11）多目标跟踪。多目标跟踪是指同时对来自多个目标的观测值进行处理，以便保持对多个目标现时状态的估计。

9.5.1.3　雷达数据处理中的不确定性

雷达数据处理的困难在于存在多种不确定性，按不确定性的来源，可以将其分成三大类。

（1）来自雷达的不确定性。来自雷达的不确定性包括虚警、漏警、测量误差。它反映了点迹的不确定性。

（2）来自目标的不确定性。来自目标的不确定性包括目标的出现/消失、目标机动、目标的扰动、目标的个数和航迹交叉。

（3）来自数据处理系统的不确定性。来自数据处理系统的不确定性包括预测误差、预测误差的协方差阵（决定预测波门的大小）、互联的对错。

9.5.1.4　雷达数据处理的流程

雷达数据处理器的输入是雷达信号处理器（检测器）的输出。信号处理器是用来检测目标并利用一定的方法来抑制由海（地）杂波、气象、射频干扰、噪声源和人为干扰所产生的不希望有的信号，处理后的视频输出信号再与某个门限相比较。若信号超过检测门限，便判断为"发现"目标，然后把目标信号输送到数据录取器，以便测量出目标的距离、方位、俯仰角、径向速度以及其他一些特性。而数据录取器输出的便是目标观测值，称为点迹。由数据录取器输出的点迹在数据处理器中进行各种处理后在雷达显示器上显示目标的状态信息，从而完成对目标的状态估计，如图 9.11 所示。

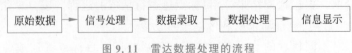

图 9.11　雷达数据处理的流程

雷达数据处理主要指雷达在取得目标的位置、运动参数后进行的互联、跟踪、滤波、平滑、预测等运算。通过对雷达测量数据进行上述处理,可以有效地抑制测量过程中引入的随机误差,精确估计目标位置和有关运动参数,预测目标下一时刻的位置,并形成稳定的目标航迹。因此,雷达数据处理涉及 3 方面的问题:

（1）目标的参数录取和点迹形成;

（2）点迹及航迹的互联;

（3）航迹的更新。

具体步骤如下:

（1）点迹录取（完成对目标回波的测量和预处理）;

（2）航迹起始（如何从点迹建立航迹）;

（3）数据互联（完成点迹与航迹的配对）;

（4）航迹更新或维持（完成对被跟踪目标的滤波和预测）;

（5）航迹终止（终止不需要或不能继续跟踪的航迹）;

（6）性能评估等。

根据上述讨论,给出雷达数据处理的各个基本要素之间的相互关系如图 9.12 所示。

雷达检测到目标后,点迹录取器提取目标的位置信息形成点迹数据,经预处理后,新的点迹与已存在的航迹进行数据关联,关联上的点迹用来更新航迹信息（跟踪滤波）,并形成对目标下一位置的预测波门,没有关联上的点迹进行新航迹起始。如果已有的目标航迹连续多次没有点迹与之关联,则航迹终止,以减少不必要的计算。

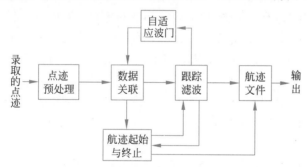

图 9.12　雷达数据处理的各个基本要素之间的相互关系

航迹起始是对进入雷达监视区域的新目标快速建立航迹的过程。在获得一组观测点迹后,这些点迹首先与已经存在的航迹（可靠航迹）进行互联,互联成功的点迹用来更新航迹文件,剩余的点迹存入暂时航迹文件。暂时航迹可能由进入监视区域的新目标引起,也可能是由噪声、杂波或干扰引起的虚假目标,因此暂时航迹必须经过确认才能转为可靠航迹。跟踪滤波的目的是根据已获得的目标观测数据对目标的状态进行精确估计,跟踪滤波的关键是对机动目标的跟踪。机动目标跟踪的主要困难是设定的目标模型与实际的目标运动模型的不匹配。一般目标沿直线航线匀速运动时,采用卡尔曼滤波技术可获得最佳估计;但当目标偏离直线航线而作机动飞行时,卡尔曼滤波可能会出现发散,所以需要采用自适应方法。

在多目标及杂波环境中,准确地判断点迹与目标的对应关系很困难。数据关联就是将录取的点迹与已经存在的航迹进行比较并确定正确的点迹与航迹配对。数据关联的困难是由于多种随机因素造成的不确定性,这些随机因素或来自目标,如目标的出现、目标的消失(被摧毁)、多个密集的目标、目标机动和扰动;或来自传感器,如虚警、漏警、测量误差、维度受限;或来自数据处理系统,如航迹误差、航迹误差协方差的误差、虚假航迹。最简单的数据关联方法是波门法,以已经存在的航迹预测点为中心的周围区域作为波门。当目标的波门内只有一个点迹时,关联的过程是比较简单的;但当目标比较多且相互靠近时,关联的过程就变得十分复杂,此时要么是单个点迹位于多个波门内,要么是多个点迹位于单个目标波门内。目前对此类问题的解决方法有两种:一种方法是所谓的最近邻域法,另一种方法是全邻域法。

在多目标跟踪的过程中要充分利用点迹序列的性质,对点迹的预期特性规定得越缜密,数据处理器区分不同目标和虚假点迹的能力就越强。相继的目标点迹的间隔取定于目标速度,当目标作各种机动时,其速度是不断变化的。如果目标是飞机,那么其速度值有一个上限和下限,而且飞机加速度的上限大大限制了飞机所能机动的航迹。

9.5.2　扩展卡尔曼滤波

在雷达和声呐数据处理中,通常采用卡尔曼滤波进行航迹滤波和预测。卡尔曼滤波是一种最优的波形估计器,最优化准则是线性最小均方误差准则,很多滤波器采用该优化准则。20 世纪 40 年代,维纳利用该准则提出了著名的维纳滤波,成为了控制论的创始人。20 世纪 60 年代初,卡尔曼(R. E. Kalman)和布塞(R. S. Bucy)发表了一篇重要的论文《线性滤波和预测理论的新成果》,提出了一种新的线性滤波和预测理论,称为卡尔曼滤波。作为波形最优估计器,与维纳滤波相比,卡尔曼滤波具有如下特点:

(1) 它是递推滤波。

(2) 它是建立在线性状态方程基础上的多输入和多输出滤波。

(3) 它适用于非平稳噪声情形。

(4) 它适合时间非均匀采样。

标准的卡尔曼滤波要求是系统方程和状态方程是线性的,但是对于雷达和声呐跟踪来说,无论采用什么坐标系,两者总有一个是非线性的。因此必须采用扩展卡尔曼滤波。

9.5.2.1　递推滤波

卡尔曼滤波的最大特点是采用递推滤波。为了理解递推的概念,举例如下。设对一支铅笔的长度测量 n 次。第 i 次测量值为 z_i。如果假定每次测量误差为独立同分布的高斯噪声,那么易证铅笔长度 x 的最大似然估计为

$$\bar{x}_n = \frac{1}{n}\sum_{i=1}^{n}z_i \qquad (9.1)$$

也就是每次测量值的均值。也可以采用递推的方式求这个均值,定义第 k 次均值:

$$\bar{x}_k = \frac{1}{k}\sum_{i=1}^{k}z_i \qquad (9.2)$$

那么第 $k+1$ 次均值可以表示为

$$\bar{x}_{k+1} = \frac{1}{k+1} \sum_{i=1}^{k+1} z_i = \bar{x}_k + \frac{1}{k+1}\left[z_{k+1} - \bar{x}_k\right] \tag{9.3}$$

定义新息（innovation）：

$$e_k(z_{k+1|k}) = z_{k+1} - \hat{z}_{k+1|k} = z_{k+1} - \bar{x}_k \tag{9.4}$$

其中，$\hat{z}_{k+1|k}$ 表示第 k 个时刻对第 $k+1$ 个时刻量测的预测，在这里用 k 时刻的均值作为其预测值。新息给出的是测量值与预测的值的差异。新息前的系数 $1/(k+1)$ 称为权。权值越大，新息作用越大。由此可以得到递推滤波的一般形式：

$$当前状态的估计 = 当前状态的最佳预测 + 最优增益 \times 新息 \tag{9.5}$$

9.5.2.2 标量卡尔曼滤波

卡尔曼滤波是基于状态空间工作的，包括系统状态方程（简称系统方程）和观测状态方程（简称观测方程）。我们通常采用时间离散卡尔曼滤波，状态方程给出了前后两个状态的关系。为了帮助理解卡尔曼滤波的思想，下面以标量卡尔曼滤波为例介绍。

（1）系统方程。

$$x(k) = ax(k-1) + w(k) \tag{9.6}$$

其中，$w(k)$ 为系统噪声，假定为零均值、方差为 Q 的白噪声。a 为系统参数，假定为常数。k 为时间序列的时间序号。

（2）测量方程。

$$z(k) = cx(k) + v(k) \tag{9.7}$$

其中，$v(k)$ 后项为零均值、方差为 R 的白噪声。

（3）卡尔曼滤波增益。

由式（9.6）可以得到 k 时刻系统状态的一步预测：

$$\hat{x}(k \mid k-1) = a\hat{x}(k-1 \mid k-1) \tag{9.8}$$

其中，$\hat{x}(k-1 \mid k-1)$ 为 $k-1$ 时刻系统状态的估计值。

由式（9.7）和式（9.8），可以得到观测的一步预测：

$$\hat{z}(k \mid k-1) = c\hat{x}(k \mid k-1) = ac\hat{x}(k-1 \mid k-1) \tag{9.9}$$

希望的递推滤波形式如下：

$$\begin{aligned}
\hat{x}(k \mid k) &= \hat{x}(k \mid k-1) + K(k)\left[z(k) - \hat{z}(k)\right] \\
&= a\hat{x}(k-1 \mid k-1) + K(k)\left[z(k) - ac\hat{x}(k-1 \mid k-1)\right] \\
&= a\hat{x}(k-1 \mid k-1)\left[1 - cK(k)\right] + K(k)z(k)
\end{aligned} \tag{9.10}$$

其中，$K(k)$ 称为 k 时刻卡尔曼滤波增益。

定义状态滤波的均方误差：

$$e(k) = x(k) - \hat{x}(k \mid k) \tag{9.11}$$

定义误差方差：

$$P(k \mid k) = E\left[e^2(k)\right] = E\left[x(k) - \hat{x}(k \mid k)\right]^2 \tag{9.12}$$

采用最小均方误差作为最优准则：

$$\min_{K(k)} P(k \mid k) \tag{9.13}$$

由式(9.10),得

$$\hat{x}(k \mid k) - x(k) = a\hat{x}(k-1 \mid k-1)[1 - cK(k)] + K(k)z(k) - x(k) \quad (9.14)$$

将式(9.10)代入式(9.12),并对 $K(k)$ 求导,得

$$E\{[x(k) - \hat{x}(k \mid k)][z(k) - ac\hat{x}(k-1)]\} = 0 \quad (9.15)$$

式(9.15)是最小均方误差准则得到误差正交原理,即滤波误差与观测正交,如图 9.13 所示。

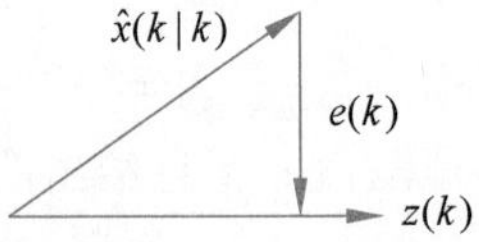

定义一步状态预测误差:

$$e_1(k) = x(k) - \hat{x}(k \mid k-1) \quad (9.16)$$

图 9.13 误差正交原理

定义一步预测误差方差:

$$P(k \mid k-1) = E[e_1^2] \quad (9.17)$$

将式(9.16)代入式(9.11),有

$$\begin{aligned}
e(k) &= x(k) - \hat{x}(k \mid k) \\
&= x(k) - \hat{x}(k \mid k-1) - K(k)[z(k) - c\hat{x}(k \mid k-1)] \\
&= e_1(k) - K(k)[cx(k) + v(k) - c\hat{x}(k \mid k-1)] \\
&= [1 - cK(k)]e_1(k) - K(k)v(k) \quad (9.18)
\end{aligned}$$

将新息表示成 $e_1(k)$:

$$\begin{aligned}
z(k) - \hat{z}(k \mid k-1) &= cx(k) + v(k) - c\hat{x}(k \mid k-1) \\
&= ce_1(n) + v(n) \quad (9.19)
\end{aligned}$$

将式(9.19)代入式(9.15),得

$$E\{\{[1 - cK(k)]e_1(k) - K(k)v(k)\}\{ce_1(n) + v(n)\}\} = 0 \quad (9.20)$$

由于 $v(k)$ 和 $e_1(k)$ 不相关,所以由式(9.20)可得

$$c[1 - cK(k)]P(k \mid k-1) - K(k)R = 0 \quad (9.21)$$

由式(9.21)可得最佳滤波增益为

$$K(k) = cP(k \mid k-1)[R + c^2 P(k \mid k-1)]^{-1} = \frac{c}{R/P(k \mid k-1) + c^2} \quad (9.22)$$

可以看出,当预测误差方差大的时候,增益大。即开始时增益大。因此此时的滤波值误差大,新息起重要作用。随着预测误差的减小,增益减小,新息起的作用越来越小。

(4) 误差方差的递推式。

由式(9.17)可得

$$\begin{aligned}
P(k \mid k) &= E[e^2(k)] = [1 - ck(k)]^2 P(k \mid k-1) + K^2(k)R \\
&= [1 - cK(k)]P(k \mid k-1) - cK(k)P(k \mid k-1) + \\
&\quad c^2 K^2(k)P(k \mid k-1) + K^2(k)R \\
&= [1 - cK(k)]P(k \mid k-1) - cK(k)P(k \mid k-1) + \\
&\quad K(k)\underbrace{[c^2 K(k)P(k \mid k-1) + K(k)R]}_{cP(k \mid k-1)} \\
&= [1 - cK(k)]P(k \mid k-1) \quad (9.23)
\end{aligned}$$

式(9.23)中方括号部分等于 $cP(k \mid k-1)$。

（5）预测误差方差的递推式。

将式(9.6)代入式(9.17)：

$$\begin{aligned}
P(k \mid k-1) &= E\{[x(k)-a\hat{x}(k-1 \mid k-1)]^2\} \\
&= E\{[ax(k-1)+w(n)-a\hat{x}(k-1 \mid k-1)]^2\} \\
&= E\{[ax(k-1)-a\hat{x}(k-1 \mid k-1)+w(n)]^2\} \\
&= a^2 P(k-1 \mid k-1) + Q
\end{aligned} \tag{9.24}$$

标量卡尔曼滤波流程如下：

1. 滤波方程：

$$\hat{x}(k \mid k) = a\hat{x}(k-1 \mid k-1) + K(k)[z(k)-ac\hat{x}(k-1 \mid k-1)]$$

2. 预测误差方差：

$$P(k \mid k-1) = a^2 P(k-1 \mid k-1) + Q$$

3. 最优增益计算：

$$K(k) = cP(k \mid k-1)[R+c^2 P(k \mid k-1)]^{-1}$$

4. 误差方差的递推：

$$P(k \mid k) = \frac{1}{c}K(k)R$$

ps. 一步最优预测：

$$\hat{x}(k+1 \mid k) = a\hat{x}(k \mid k) \tag{9.25}$$

9.5.2.3 矢量卡尔曼滤波

矢量卡尔曼滤波推导较为复杂，采用类比的方式将标量卡尔曼滤波转换成矢量卡尔曼滤波。类比的方法如下所示。

标 量	$a+b$	$a \cdot b$	$a^2 b$	a/b
矩阵或矢量	$\boldsymbol{A}+\boldsymbol{B}$	$\boldsymbol{A} \cdot \boldsymbol{B}$	$\boldsymbol{A} \cdot \boldsymbol{B} \cdot \boldsymbol{A}^{\mathrm{T}}$	$\boldsymbol{A} \cdot \boldsymbol{B}^{-1}$

矢量卡尔曼滤波公式如下：

1. 滤波方程：

$$\hat{X}(k \mid k) = \boldsymbol{\Phi}\hat{X}(k-1 \mid k-1) + K(k)[Z(k)-\boldsymbol{H}\boldsymbol{\Phi}\hat{X}(k-1 \mid k-1)]$$

2. 预测误差方差：

$$P(k \mid k-1) = \boldsymbol{\Phi}P(k-1 \mid k-1)\boldsymbol{\Phi}^{\mathrm{T}} + Q$$

3. 最优增益计算：

$$K(k) = P(k \mid k-1)\boldsymbol{H}^{\mathrm{T}}[\boldsymbol{H}P(k \mid k-1)\boldsymbol{H}^{\mathrm{T}}+R]^{-1}$$

4. 误差方差的递推：

$$P(k \mid k) = [I-K(k)\boldsymbol{H}]P(k \mid k-1)$$

ps. 一步最优预测：

$$\hat{X}(k+1 \mid k) = \boldsymbol{\Phi}\hat{X}(k \mid k) \tag{9.26}$$

9.5.2.4 雷达和声呐跟踪模型

卡尔曼滤波建立在状态方程之上，它包括系统状态方程和观测方程两大部分。雷达和声呐跟踪的状态方程存在一个问题：无论采用直角坐标还是采用极坐标，系统方程或观测方程总有一个是非线性的。

在直角坐标下，二维匀速运动目标状态方程可以写成：

$$\boldsymbol{X}(k+1) = \boldsymbol{\Phi}(k)\boldsymbol{X}(k) + \boldsymbol{V}(k) \tag{9.27}$$

式中，

$$\boldsymbol{\Phi}(k) = \begin{bmatrix} 1 & T & 0 & 0 \\ 0 & 1 & 0 & 0 \\ 0 & 0 & 1 & T \\ 0 & 0 & 0 & 1 \end{bmatrix} \tag{9.28}$$

为状态转移矩阵。$\boldsymbol{X}(k)$ 是 k 时刻的状态，$\boldsymbol{X}(k)=[x(k)\ \dot{x}(k)\ y(k)\ \dot{y}(k)]$。$\boldsymbol{V}(k)$ 是零均值高斯白噪声序列，为气流扰动。假设 $\boldsymbol{V}(k)$ 的协方差为 $\boldsymbol{Q}(k)$。

但是由于匀速运动的目标仅在直角坐标系下才为线性方程。而在直角坐标系中，雷达的观测方程为非线性方程：

$$\boldsymbol{Z}(k+1) = \begin{bmatrix} \sqrt{x(k+1)^2 + y(k+1)^2} \\ \arctan \dfrac{y(k+1)}{x(k+1)} \end{bmatrix} + \boldsymbol{W}(k+1) \tag{9.29}$$

如果采用极坐标，则雷达的观测方程为线性方程：

$$\boldsymbol{Z}(k+1) = \begin{bmatrix} 1 & 0 \\ 0 & 1 \end{bmatrix} \boldsymbol{X}(k+1) + \boldsymbol{W}(k+1) \tag{9.30}$$

其中，$\boldsymbol{Z}(k)=[\hat{r}\ \hat{\theta}]$ 为雷达测量得到的距离和方位矢量，$\boldsymbol{X}(k)=[r\ \theta]$ 为目标实际位置矢量。

系统方程一般都是非线性的，除非是径向飞行的目标。

量测方程为

$$\boldsymbol{Z}(k+1) = \boldsymbol{H}(k+1)\boldsymbol{X}(k+1) + \boldsymbol{W}(k+1) \tag{9.31}$$

式中，$\boldsymbol{H}(k)$ 为量测矩阵，$\boldsymbol{W}(k+1)$ 为测量噪声，假定为零均值高斯白噪声序列，且其协方差为 $\boldsymbol{R}(k+1)$。

可以看出，如果采用直角坐标系，目标的状态方程是线性的，则观测方程是非线性的；如果采用极坐标系，目标的状态方程是非线性的，则观测方程是线性的。而卡尔曼滤波要求状态方程和观测方程均为线性的。一个处理的办法是将观测方程进行线性化。

9.5.2.5 观测方程的线性化

此时的坐标系是混合坐标系，状态方程采用的是直角坐标系，观测方程采用的是极坐标系和直角坐标系。首先定义预测的误差：

$$\tilde{\boldsymbol{X}}(k+1\mid k) = \boldsymbol{X}(k+1) - \hat{\boldsymbol{X}}(k+1\mid k) \tag{9.32}$$

那么极坐标下预测值：

$$\hat{\boldsymbol{Z}}(k+1\mid k) = F[\hat{\boldsymbol{X}}(k+1\mid k)] \tag{9.33}$$

将 $\hat{\boldsymbol{Z}}(k+1\mid k)$ 以 $\hat{\boldsymbol{X}}(k+1\mid k)$ 为中心，展开成一阶泰勒级数，并忽略高次项。

$$\hat{\boldsymbol{Z}}(k+1\mid k)=F\big[\hat{\boldsymbol{X}}(k+1\mid k)\big]$$

$$=F\big[\hat{\boldsymbol{X}}(k+1\mid k)\big]+\frac{\partial F}{\partial \boldsymbol{X}}\bigg|_{\boldsymbol{X}=\hat{\boldsymbol{x}}(k+1\mid k)}\big[\boldsymbol{X}(k+1)-\hat{\boldsymbol{X}}(k+1\mid k)\big]$$

$$(9.34)$$

在极坐标下,量测与量测预测值的差(新息)为

$$\widetilde{\boldsymbol{Z}}(k+1\mid k)=\boldsymbol{Z}(k+1)-\hat{\boldsymbol{Z}}(k+1\mid k)$$

$$=\frac{\partial F}{\partial \boldsymbol{X}}\bigg|_{\boldsymbol{X}=\hat{\boldsymbol{x}}(k+1\mid k)}\big[\boldsymbol{X}(k+1)-\hat{\boldsymbol{X}}(k+1\mid k)\big] \quad (9.35)$$

令 $\boldsymbol{H}(k+1)=\dfrac{\partial F}{\partial \boldsymbol{X}}\bigg|_{\boldsymbol{X}=\hat{\boldsymbol{x}}(k+1\mid k)}$,对于二维平面目标二坐标雷达的观测矩阵为

$$\boldsymbol{H}(k+1)=\frac{\partial F}{\partial \boldsymbol{X}}\bigg|_{\boldsymbol{X}=\hat{\boldsymbol{x}}(k+1\mid k)}=\begin{bmatrix}\dfrac{x}{r} & 0 & \dfrac{y}{r} & 0\\[2mm] -\dfrac{y}{r^2} & 0 & \dfrac{x}{r^2} & 0\end{bmatrix}\bigg|_{\boldsymbol{X}=\hat{\boldsymbol{x}}(k+1\mid k)} \quad (9.36)$$

该式意味着线性化后的观测方程是时变的,它是状态预测的函数。由式(9.35)和式(9.36),有

$$\widetilde{\boldsymbol{Z}}(k+1\mid k)=\boldsymbol{H}(k+1)\widetilde{\boldsymbol{X}}(k+1\mid k) \quad (9.37)$$

式(9.37)为线性化后的观测方程。这样就可以利用卡尔曼滤波算法来解决雷达跟踪问题,经过线性化处理后得到的卡尔曼滤波称为扩展卡尔曼滤波。

9.5.2.6 扩展卡尔曼滤波的实现

卡尔曼滤波算法状态估计的初始化问题是运用卡尔曼滤波的一个重要的前提条件,只有进行了初始化,才能利用卡尔曼滤波对目标进行跟踪。由于航迹起始时,已经有了位置信息,两点位置差除以时间可以得到目标的二维速度估计。

卡尔曼滤波的基本思想是建立在线性系统空间状态模型上的递推无偏最小均方误差估计,它包括滤波和预测两大部分。事实上,滤波的目的就是对目标过去和现在的状态进行平滑,预测则是估计目标未来时刻的运动状态。给出扩展卡尔曼算法的滤波流程如下:

步骤 0,初始化 $\hat{\boldsymbol{X}}(0\mid 0)$ 和 $\boldsymbol{P}(0\mid 0)$。

采用如上所述的两点法起始航迹。初始化 $\hat{\boldsymbol{X}}(0\mid 0)$:

$$\hat{\boldsymbol{X}}(0\mid 0)=[x_2 \quad (x_2-x_1)/T \quad y_2 \quad (y_2-y_1)/T]^{\mathrm{T}} \quad (9.38)$$

$\boldsymbol{P}(0\mid 0)$ 并非初始估计值,而是一个适当大的初始值即可。太小的矩阵将导致卡尔曼滤波发散。

$$\boldsymbol{P}(0\mid 0)=(2\sim 5)\begin{bmatrix}\sigma_r^2 & \sigma_r^2/T & 0 & 0\\ \sigma_r^2/T & 2\sigma_r^2/T^2 & 0 & 0\\ 0 & 0 & \sigma_r^2 & \sigma_r^2/T\\ 0 & 0 & \sigma_r^2/T & 2\sigma_r^2/T^2\end{bmatrix} \quad (9.39)$$

步骤 1,预测方程。

$$\hat{\boldsymbol{X}}(k+1\mid k) = \boldsymbol{\Phi}(k)\hat{\boldsymbol{X}}(k\mid k) \tag{9.40}$$

步骤 2,观测矩阵。

$$\boldsymbol{H}(k+1) = \frac{\partial F}{\partial \boldsymbol{X}}\bigg|_{\boldsymbol{X}=\hat{\boldsymbol{X}}(k+1\mid k)} = \begin{bmatrix} \dfrac{x}{r} & 0 & \dfrac{y}{r} & 0 \\ -\dfrac{y}{r^2} & 0 & \dfrac{x}{r^2} & 0 \end{bmatrix}\bigg|_{\boldsymbol{X}=\hat{\boldsymbol{X}}(k+1\mid k)} \tag{9.41}$$

步骤 3,预测协方差矩阵。

$$\boldsymbol{P}(k+1\mid k) = \boldsymbol{\Phi}(k)\boldsymbol{P}(k\mid k)\boldsymbol{\Phi}^{\mathrm{T}}(k) + \boldsymbol{Q}(k) \tag{9.42}$$

步骤 4,残差的协方差阵。

$$\boldsymbol{S}(k+1) = \boldsymbol{H}(k+1)\boldsymbol{P}(k+1\mid k)\boldsymbol{H}^{\mathrm{T}}(k+1) + \boldsymbol{R}(k+1) \tag{9.43}$$

步骤 5,滤波的增益矩阵。

$$\boldsymbol{K}(k+1) = \boldsymbol{P}(k+1\mid k)\boldsymbol{H}^{\mathrm{T}}(k+1)\boldsymbol{S}^{-1}(k+1) \tag{9.44}$$

步骤 6,量测的预测。

$$\hat{\boldsymbol{Z}}(k+1\mid k) = F\big[\hat{\boldsymbol{X}}(k+1\mid k)\big] \tag{9.45}$$

步骤 7,最优滤波。

$$\begin{aligned} \hat{\boldsymbol{X}}(k+1) &= \hat{\boldsymbol{X}}(k+1\mid k) + \boldsymbol{K}(k+1)\widetilde{\boldsymbol{Z}}(k+1) \\ &= \hat{\boldsymbol{X}}(k+1\mid k) + \boldsymbol{K}(k+1)\big[\boldsymbol{Z}(k+1) - \hat{\boldsymbol{Z}}(k+1\mid k)\big] \end{aligned} \tag{9.46}$$

步骤 8,滤波误差的协方差阵。

$$\boldsymbol{P}(k+1\mid k+1) = \boldsymbol{P}(k+1\mid k) - \boldsymbol{K}(k+1)\boldsymbol{S}(k+1)\boldsymbol{K}^{\mathrm{T}}(k+1) \tag{9.47}$$

步骤 9,返回步骤 1。

卡尔曼滤波的增益随时间会迅速减小。但由于目标机动等原因,卡尔曼滤波会出现发散现象。为了防止这种现象的发生,可以定期地将 $\boldsymbol{P}(k\mid k)$ 初始化。此外,还可以设置机动检测逻辑,一旦发现多次量测的预测值与量测偏差很大,就认为目标出现了机动,除了初始化 $\boldsymbol{P}(k\mid k)$ 外,还必须增加模型的阶数,采用匀加速度模型。

图 9.14 表示仿真的匀速直线运动目标真实航迹(未加湍流引起的扰动)、经过卡尔曼滤波得到的该运动目标估计轨迹以及目标观测值轨迹。其中的实点表示仿真的某运动目标真实航迹,深实线是经过卡尔曼滤波得到的该目标估计轨迹,虚线表示目标观测值轨迹。显然,深实线表示的经过卡尔曼滤波得到的该目标估计轨迹比虚线表示的目标观测值轨迹平滑。可以看出,运用卡尔曼滤波得到的估计具有滤波和预测两大功能。

9.5.3 雷达数据处理的流程

9.5.3.1 航迹起始

航迹起始是多目标跟踪系统用来截获进入雷达威力区新目标的方法。它可由人工或数据处理器按航迹逻辑自动实现。自动航迹起始的目的是在目标进入雷达威力区后,能立即建立起目标的航迹文件。另外,还要防止由于存在不可避免的虚假点迹而建立起

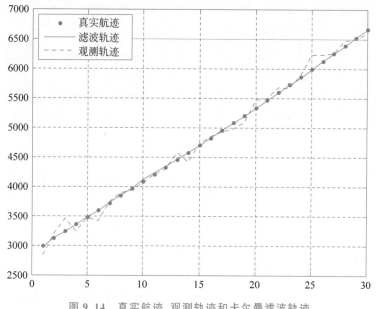

图 9.14　真实航迹、观测轨迹和卡尔曼滤波轨迹

假航迹。所以航迹起始方法应该在快速起始航迹的能力与防止产生假航迹的能力之间达到最佳的平衡。这里主要介绍工程中常用的波门法。

在每个第一批点迹周围形成起始波门,波门大小由目标的可能速度、录取周期和观测精度决定,第二批点迹落入起始波门的认为是同一目标,外推形成预测波门。若起始波门内落入多个点迹,则形成分支,待后续点迹的到来再进行鉴别,错误的航迹会很快被删除。

以二点法或三点法为例。航迹起始的第一步是建立临时航迹,不妨先研究单目标情况下临时航迹的建立问题。假定在天线扫描后的某一个周期内,第一次发现目标的点迹设定为 001 批目标,它的参数被录取进入计算机,于是,计算机以获得的点迹数据为中心,以观测目标的最大速度和加速度为依据设定一个半径,确定一个较大的跟踪门。在天线扫描的下一个周期,001 批目标将出现在大波门内,则该批目标的第二个点迹再次被录取。记目标的第一个点迹位置的直角坐标为 $(x(1),y(1))$,第二个点迹位置的直角坐标为 $(x(2),y(2))$,则这两个点迹可连接成一条航迹,并且第二个点迹的估计值为

$$\begin{cases} \hat{x}(2 \mid 2) = x(2) \\ \hat{y}(2 \mid 2) = y(2) \end{cases} \tag{9.48}$$

假定该目标在 x、y 方向各自独立地做匀速直线运动,天线扫描周期为 T,则目标的速度估计值为

$$\begin{cases} \hat{v}_x(2 \mid 2) = \dfrac{x(2) - x(1)}{T} \\ \hat{v}_y(2 \mid 2) = \dfrac{y(2) - y(1)}{T} \end{cases} \tag{9.49}$$

可预测目标在下一个扫描周期时目标的位置为

$$\begin{cases} \hat{x}(3 \mid 2) = x(2) + \hat{v}_x(2 \mid 2) \cdot T \\ \hat{y}(3 \mid 2) = y(2) + \hat{v}_y(2 \mid 2) \cdot T \end{cases} \quad (9.50)$$

因此，如果目标按匀速直线运动，则其回波应落在中心为该预测位置的波门内。此即为工程上常用的二点航迹起始方法，主要用来建立临时航迹。

若假定目标做匀加速直线运动，则可以用三点起始的方法来形成临时航迹，目标在第三点的观测值即为其估计值，并可估计此时的速度和加速度（以 x 轴为例）：

$$\hat{v}_x(3 \mid 3) = \frac{x(3) - x(2)}{T} \quad (9.51)$$

$$\hat{a}_x(3 \mid 3) = \frac{\hat{v}_x(3 \mid 3) - \hat{v}_x(2 \mid 2)}{T} \quad (9.52)$$

从而可以预测到下一个扫描周期目标位置为

$$\hat{x}(4 \mid 3) = x(3) + \hat{v}_x(3 \mid 3) \cdot T + \frac{1}{2}\hat{a}_x(3 \mid 3) \cdot T^2 \quad (9.53)$$

为了便于后面跟踪算法的运行，还必须给定或计算初始估计的误差。建立临时航迹后，仍需继续对该航迹进行跟踪，并与预测位置所在波门的点迹关联，直到此后若干扫描周期都能在预测位置发现点迹，从而形成稳定的航迹。由于雷达的目标发现概率小于1，点迹处理软件在临时航迹确认阶段可以增加一位丢点标志，允许被观测目标在航迹起始阶段丢点，只要不是连续两帧以上丢点，临时航迹继续保留并进一步等待确认，有利于尽早自动起始稳定航迹。图9.15给出了两种航迹起始过程的情况，分别为3/4逻辑和4/7逻辑。图中，空心圆表示丢失点迹。左边为4个脉冲录取到3个点迹的情形，则形成临时航迹；而右边表示在发现第一个点迹后，建立波门，寻找第二个点迹，该点丢失，但7个脉冲录取到4个点迹的情形，则形成临时航迹。直到建立稳定航迹或航迹消亡。

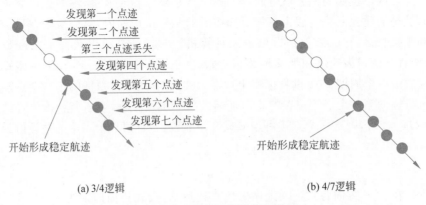

(a) 3/4逻辑   (b) 4/7逻辑

图 9.15　两种航迹起始情况举例

9.5.3.2　数据关联

数据关联是多目标跟踪技术中最重要也是最困难的部分，其任务是将新的录取周期获得的一批点迹分配给各自对应的航迹，即点迹与航迹的配对，也就是从当前的点迹和航迹中判断哪个点迹属于哪个目标航迹，哪些目标已经消失，哪些目标是新出现的。

数据关联方法大致可以分成两大类：最大似然法和贝叶斯法。属于前者的有最近邻法、0-1 整数规划法、多假设检验法(MHT)；属于后者的有概率数据互联法和联合概率数据互联法(PDA/JPDA)等。

设雷达天线匀速旋转，第一次扫描设有 m_1 个点迹，第二次扫描设有 m_2 个点迹等。这些点迹可能是真目标，也可能是假目标(干扰、虚警、杂波之类)。把同一目标在不同扫描周期中的点迹找出来并组成航迹的主要困难是计算量大。例如，当 $m_1 = m_2 = m_3 = m_4 = 100$ 时，仅 4 个点迹组成的可能航迹就有 $m_1 m_2 m_3 m_4 = 10^8$ 个。要求从 10^8 个可能航迹中找出 100 条实际航迹，犹如在大海中捞针一样困难。如何淘汰诸多假航迹找到真航迹呢？这就要找出真航迹的主要特征，把它们逐步从可能的航迹中筛选出来。

这里首先指出互联问题的两个明显的限制条件：

(1) 同一次扫描的点迹互相不关联；

(2) 第 k 次和第 $k-1$ 次以前的点迹不关联。

另一个可利用的特征是目标的动力学特性。由于目标速度和加速度的限制，一条航迹相继两次扫描的观测值"距离"不会太大，这时可用波门技术来消除不可能的点迹——航迹配对。波门是一个以目标下一次扫描可能出现的预测点为中心的区域，它作为决定一个点迹是否属于先前已经建立的航迹或是新目标点迹与航迹关联算法的第一步，来把观测点迹粗分为两类：

(1) 用于航迹更新的候选点迹。即观测点迹落入一个或多个已经存在航迹的波门区域，这些点迹最后可能用于更新航迹，也可能用于起始一个新航迹。

(2) 新目标航迹的初始观测点迹。即观测点迹没有落入任何已存在航迹的波门区域，它直接作为起始新目标航迹的候选点迹。

如果每个航迹的预测波门中只有一个点迹，就不用解关联问题，如图 9.16 所示。它不仅可以减少处理的复杂性，而且可以降低错误关联的概率。在目标密集、有复杂杂波的环境中，就可能出现一个点迹落入多个波门或多个点迹落入同一波门的情况，即要么出现多个航迹"争夺"单个点迹，要么出现相关波门中的多个点迹与同一航迹关联。

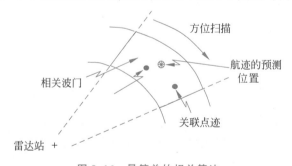

图 9.16　最简单的相关算法

首先确定一个基本原则：一条航迹只能分配一个点迹，一个点迹只能分配给一条航迹。无论采用最近邻分配原则，还是用总距离最小分配原则，都应遵守该基本原则。

下面以图 9.17 为例说明多点迹、航迹的关联问题。在图 9.17 中，1 号航迹波门内有 2 个点迹,2 号航迹波门内有 3 个点迹,而 3 号波门内有一个点迹。按表 9.2 构成点迹-航迹关联矩阵,不相关的点迹-航迹配对用趋于无穷大的间隔作标记。首先介绍"最近邻"原则,即某个航迹暂时与最靠近的点迹关联,然后再检查这些暂时的关联,去掉那些重复使用的点迹。

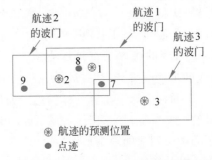

图 9.17　互相毗邻的多个点迹和航迹所产生的问题示例

表 9.2　点迹-航迹关联矩阵

点迹和航迹	1	2	3
7	4.2	5.4	6.3
8	1.2	4.1	∞
9	∞	7.2	∞

表 9.2 说明了这个关联过程。与航迹 1 和航迹 2 关联的点迹 8 同最靠近的航迹配对,然后再检查其余航迹,把所有与点迹 8 的关联去掉。这样,点迹 7 与航迹 1、2、3 关联。把航迹 2 与点迹 7 配对就解决了这种矛盾的情况。当与点迹 7 的其他关联去掉时,航迹 3 便没有点迹与之关联,故而在本次扫描中航迹 3 不会被更新。这样,航迹 1 被点迹 8 更新,航迹 2 被点迹 7 更新,而航迹 3 不更新。

定义分配矩阵,其元素为 x_{mn},$m=1,2,\cdots,M$,$n=1,2,\cdots,N$,它定义为

$$x_{mn}=\begin{cases}1, & \text{点迹分配给航迹}\\0, & \text{其他}\end{cases} \tag{9.54}$$

使用最近邻法得到的分配矩阵如表 9.3 所示。

表 9.3　最近邻法得到的分配矩阵

点迹和航迹	1	2	3
7	0	1	1
8	1	0	0
9	0	0	0

再来介绍总距离最小原则。假定关联矩阵的元素为 c_{mn},$m=1,2,\cdots,M$,$n=1,2,\cdots,N$,M 和 N 分别为点迹和航迹的个数,增加约束条件:

$$\begin{cases}\sum\limits_{m=1}^{M}x_{mn}=1, & \text{一个点迹只能分配给一个航迹}\\[2mm]\sum\limits_{n=1}^{N}x_{mn}=1, & \text{一个航迹只能分配给一个点迹}\end{cases} \tag{9.55}$$

总距离最小原则为

$$\min_{x_{mn}} J = \min_{x_{mn}} \sum_{m=1}^{M} \sum_{n=1}^{N} c_{mn} \cdot x_{mn} \tag{9.56}$$

这个最优化问题在运筹学中称为 0-1 整数规划问题,有成熟的算法。在本例中总距离最小原则,航迹 3 由点迹 7 更新,航迹 1 由点迹 8 更新,而航迹 2 由点迹 9 更新,见表 9.4。

表 9.4 总距离最小原则得到的分配矩阵

点迹和航迹	1	2	3
7	0	0	1
8	1	0	0
9	0	1	0

点迹-航迹配对逻辑流程图如图 9.18 所示。

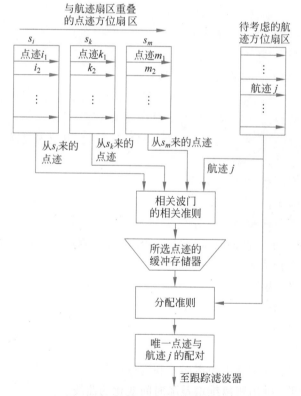

图 9.18 点迹-航迹配对逻辑流程图

9.5.3.3 滤波与预测

对数据关联后分配给航迹的点迹数据进行处理,利用时间平均法减小观测误差、估计目标的速度和加速度、预测目标的未来位置。对目标现在的状态进行滤波以及对目标未来的运动状态进行预测。航迹滤波和预测采用扩展卡尔曼滤波方法完成。

9.5.3.4　航迹终止

如果数据关联错误形成错误航迹,或目标飞离雷达威力范围,或目标强烈机动飞出跟踪波门而丢失目标,或目标降落机场,或目标被击落,出现这些事件时航迹都应终止。航迹终止是航迹起始的逆过程,其处理方法与航迹起始类似。当某一扫描周期丢失目标时,不终止航迹,而用前一次的外推点补上丢失的航迹点。若连续几个扫描周期波门内都没有点迹,则令航迹终止;或依据一定的概率准则,当航迹为真的概率低于某一门限则令航迹终止。

边扫描边跟踪系统在新的扫描周期到来之前通常进行航迹核对,若一个航迹连续 3 次没有相关点迹,则该航迹终止。

思考题与习题

9.1　什么是雷达数据处理?它包括哪几类?

9.2　什么是点迹、航迹、互联、波门?

9.3　画出雷达数据处理基本流程。

9.4　简述用两点航迹起始方法建立临时航迹的原理。

9.5　举例说明如何用最近邻域法进行数据关联。

9.6　设定在二维平面单目标飞行的情景,二坐标雷达对该目标进行跟踪。完成用扩展卡尔曼滤波实现跟踪的流程的仿真。具体要求如下:

(1) 模拟直线航迹(为简便起见,航迹不要加扰动):飞机速度为 300m/s,雷达扫描周期为 30s,连续跟踪 50 个脉冲。

(2) 在航迹上测量噪声,模拟量测。

(3) 起始值的给定。

初始位置:第二个脉冲的测量值。

初始速度:(第二个脉冲的测量值与第一个脉冲的测量值差)/周期。

初始的预测误差协方差。

(4) 第一组输出结果:

① 画出目标实际航迹。

② 画出雷达测量值。

③ 画出滤波值。

(5) 第二组结果:分别画出距离误差和方位误差。

(6) 第三组结果:画出距离维增益随时间变化的曲线。

(7) 第四组结果:画出距离预测误差方差和误差方差随时间的曲线。

第 10 章

立体预警与探测系统

10.1　探测与预警系统简介

10.1.1　天基预警系统

天基以卫星、航天飞机作为载体。天基电子探测设备包括光学、雷达和电子侦察设备等,主要用于弹道导弹预警、战场侦察、遥感、海洋环境感知和电磁战。

光学成像设备主要有可见光、红外成像设备以及发展中的超光谱设备。美军的 KH-12"锁眼"(如图 10.1 所示)搭载的可见光、红外成像设备分辨率已经达到 0.1m。红外探测是弹道导弹早期预警的主要手段。

超光谱是近年发展起来的一种新的光学遥感方式,其谱分辨率非常高(5nm 波长分辨率),可提供多达数百个谱段图像切片,能识别普通的光学伪装。例如,同样是绿色,树木的绿色与伪装网的绿色人眼看起来差不多,但其光谱特性仍然有差异,利用这个差异就可以将两者区分开来。美国海军正在设计超光谱遥感卫星,其成像光谱仪称为"海岸海洋成像光谱仪",该成像仪将红外波段分成 $0.4 \sim 1.0 \mu m$(近红外)和 $1.0 \sim 2.5 \mu m$(短波红外)两个波段,在以上谱段提供 210 个成像光谱数据,分辨率可达 1nm。

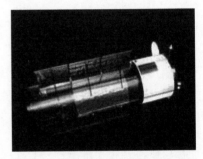

图 10.1　美国 KH-12"锁眼"光学卫星

光学成像的主要缺点是在云雾天气无法成像。

天基雷达包括高度计、散射计、辐射计、合成孔径雷达(Synthetic Aperture Radar, SAR)和干涉合成孔径雷达(InSAR 或 IFSAR-interferometric synthetic aperture radar)。辐射计和散射计分别用于测量地球表面的微波辐射强度和散射强度,一般用于地球和海洋遥感,分辨率较低。SAR 和 InSAR 能分别提供高分辨率二维雷达图像和三维雷达图像,除用于地球和海洋遥感外,还可用于军事侦察。与光学传感器相比合成孔径雷达的优点是:

(1) 全天候和全天时工作。雷达波具有穿透云雨、雾的能力,而且没有光照也能工作。

(2) 具有自定标能力。合成孔径图像中目标的尺寸是可以测量的,但光学成像像素的大小与距离有关,且很难获得距离信息,需要额外标定。

(3) SAR 还可以发现水下目标的迹象,如水下航行的潜艇和海底地貌。

(4) 分辨率与工作频率无关,低频工作的 SAR 可以穿透树林甚至土层,具有良好的反伪装性能。

在 SAR 基础上发展起来的干涉合成孔径雷达可以提供测绘场景的三维图片,具有更好的目标识别能力。典型的 SAR 系统是美国的"长曲棍球"(Lacrosse)系列,典型的 InSAR 是美国的 SRTM(Shuttle Radar Topography Mission)。

"长曲棍球"卫星(如图 10.2 所示)由美国麦道公司(现合并到波音公司)和洛马公司

研制。"长曲棍球"卫星已成为美国卫星侦察情报的主
要来源,美国军方计划再订购 6 台"长曲棍球"卫星上
的 SAR,每台 SAR 价格约为 5 亿美元。其主要参数和
技术指标如下:

图 10.2 美国"长曲棍球"卫星

(1)星体构造。主体呈八棱体,长为 8~12m,直径
为 4m。

(2)卫星重约 14 500kg。天线展开直径约为 20m,使用太阳能。

(3)典型轨道。近地点 670km,远地点 780km,倾角分别为 57°和 68°。

(4)系统配置为双星组网。

(5)它采用 X、L 两个频段和双极化方式。其地面分辨率达到 1m(标准模式)、3m
(宽扫模式)和 0.3m(精扫模式),在宽扫模式下,其地面覆盖面积可达几百平方千米。

(6)它采用大型太阳能电池翼,展开长度为 50m,可以为庞大的卫星(12 吨)提供足
够的功率。

(7)星上装有 GPS 接收机和雷达高度计,故能进行精密测量。

(8)采用跟踪与数据中继卫星系统(TDRSS)实现大容量高速率数据的实时传送,可
以在全球范围内执行侦察任务。

美国的"长曲棍球"系统为极化系统。"长曲棍球"卫星是当今世界技术先进的雷达
侦察卫星,它能够穿透云雨层向地面传输清晰的卫星图片。美国在南斯拉夫战争、伊拉
克战争以及阿富汗战争中用其进行了卫星电磁战(The Satellite Wars),取得了很好的作
战效果。

SRTM 是航天成像雷达(如图 10.3 所示)——C/X 波段合成孔径雷达(SIR-C/X-
SAR)改进型,它已分别于 1994 年 4 月和 10 月两次成功完成任务。SRTM 的 SIR-C 和
X-SAR 雷达设备各增加了第二个接收机通道和只用于接收的第二根天线,这两根天线装
在长 60m 可伸缩的天线杆一端,这是第一部装载在航天器上环绕地球轨道进行单次通过
测量的干涉仪。SRTM 是 NASA(美国宇航局)、NIMA(国防部国家测绘局)和 DLR(德
国宇航中心)的一个合作项目。NASA 的喷气推进实验室(JPL)负责 C 波段雷达系统、
天线杆、姿态与轨道测定仪(AODA)以及 C 波段数据处理。DLR 负责 X 波段雷达系统
(X-SAR)的系统工程、理论、操作、校准和数据处理。ASTRIUM 是 X-SAR 飞机硬件部
分的研发、集成和测试的主要承包商。意大利空间局(ASI)与 DLR 于 1994 年合作完成
了飞机硬件部分的飞行实验和数据处理。

天基电子探测系统的优点是居高临下,视野宽阔,不易受到攻击。但是大部分传感
器的分辨率随距离的增大而降低,无法做到明察秋毫。尽管合成孔径雷达分辨率与距离
无关,但是横向分辨率的提高会带来多普勒带宽的增大,空间采样率往往不足,必须采用
复杂的多子阵技术。主动探测设备还受到功率的限制,被动设备受到灵敏度的限制。

天基侦察的时效性差,因为卫星必须绕地球运动,不可能长时间对局部区域侦察。
小卫星方案就是利用多个卫星来提高侦察的时效性。

(a) SRTM航天成像雷达　　　　　　　　(b) SRTM得到的三维地形图

图 10.3　SRTM 干涉合成孔雷达及三维地形

10.1.2　空基探测与预警系统

1. 机载预警雷达

机载空中预警(Air Early Warning,AEW)雷达在现代空战中担负着十分重要的作用。下面介绍 5 种典型的预警机。

美国海军工作在 UHF 的 E-2C 机载预警(AMIT)雷达和美国空军工作在 S 波段的 E-3A AWACS(高 PRF 脉冲多普勒雷达)雷达(如图 10.4(a)所示),都采用大的外置旋转雷达天线罩(旋转雷达天线罩是封闭的天线罩,天线和天线罩一起旋转)。E-2C 采用由八木端射辐射器阵列构成的 UHF 雷达天线,而 S 波段 AWACS 雷达天线是超低副瓣的裂缝波导阵列。尽管天线增益不同,但 E-2C 和 E-3A 有可比的有效孔径面积。E-2C(鹰眼)可检测和判明 480km 远的敌机威胁,它至少能同时自动和连续跟踪 250 个目标,还能同时指挥引导己方飞机对其中 30 个威胁最大的目标进行截击。E-3A(望楼)对低空目标的探测距离达 370km,可同时跟踪约 600 批目标,引导截击约 100 批目标。俄罗斯的 AEW 雷达也用旋转雷达天线罩。

以色列 L 波段"费尔康"预警机(如图 10.4(b)所示)采用了先进的电扫描技术,具有重量轻、造价低、可靠性高的特点。其监控范围超过 800km,对飞机周围进行 360°覆盖,可同时跟踪 250 个目标,并具备监视地/海面运动目标的下视能力。与一般预警机背着一个巨大雷达天线罩的外形明显不同,"费尔康"预警机在设计上提出了一种"环"式预警机的全新概念,它以电扫描相控阵雷达取代了以往预警机机械扫描的预警雷达,甩掉了机身的雷达天线罩,在机鼻、机尾和机身两侧加装了自行研制的"费尔康"六面全固态电扫描相控阵雷达,这是现代预警机技术的重大突破,目前居世界领先地位,代表了新一代预警机的发展方向。总体看来,"费尔康"预警机与美 E-3A 属同一档次,某些性能指标甚至超过 E-3A。L 波段在对付隐身目标方面也有优势。

瑞典的 S 波段"平衡木"AEW 预警机(如图 10.4(c)所示)使用相控阵雷达,天线沿机身的顶部放置以便察看飞机的两侧。"平衡木"预警机是为小型飞机设计的,当目标大小一样时,与较大的系统相比作用距离较短。与"费尔康"预警机一样,电扫相控阵天线可根据飞机的结构或沿机身外部共形安装。要利用固定的相控阵天线获得 360°方位覆盖是困难的,而要在旋转罩内放置大天线也是困难的。旋转雷达天线罩在机身上可放置在相对较高的地方,以便使机翼和发动机阻挡带来的不想要的副瓣最小。旋转雷达天线罩的机械缺点并不是过去 AEW 雷达的限制因素。旋转雷达天线罩具有空气动力的提升以部分补偿它的重量。尽管存在缺点和从美学上考虑应该使用共形的天线代替旋转雷达天线罩,但已证明,在远距离 360°覆盖的 AEW 机载雷达中,旋转雷达天线罩是非常优秀的选择。

"楔尾"预警机(如图 10.4(d)所示)采用美国洛克希德·马丁公司耗费多年心血研制的主动相控阵预警雷达,它在 20 世纪 90 年代初崭露头角,并一直延用至今。该雷达一改常规的圆盘式旋转模式,采用横木天线罩,对不同威胁地区使用不同速率扫描。该天线罩长 10.6m,里面的天线每面长 8.5m、高 1.6m,呈三角形配置,在 9000m 高度飞行时探测距离达 850km。该雷达系统有 3 个 L 波段雷达天线,像苍蝇的复眼一样,各负责全天候监视 120°的目标区域,合起来就是一个周边 360°。天线罩以两根大型支柱架在飞机背上,可在任何天气下锁定 600km 范围内的 180 个目标,同时指挥 24 架飞机作战,这么大的范围相当于三分之一个澳大利亚的面积。

该预警机雷达包括电子对抗组件(以保护飞机免受攻击)和电子情报侦察(以对敌方电子辐射源进行定位和识别)组件等,其作用与 E-3 预警机相似,加上高速处理能力和专用的降噪软件可使该机具有发现隐形飞机或巡航导弹的潜力。"楔尾"预警机的雷达选择在频率较高的 D 波段工作,可能是考虑到雷达的检测精度、恶劣天气环境条件下的雷达工作能力及小雷达反射面的目标探测能力。

与传统机械转动预警雷达相比,"楔尾"预警机的雷达实现了全空域覆盖,并可有效消除机身、机翼、机尾的遮挡和干扰。另外,使用固态相控阵雷达,空中阻力更小,可节省燃料,滞空时间更长(大于 8 小时)。据称,"楔尾"预警机雷达的信息处理速度高出 E-2C 预警机雷达 10 余倍。

(a) 美国 E-3A

(b) 以色列 "费尔康"

(c) 瑞典 "平衡木"

(d) 美国 "楔尾"

图 10.4　各种预警机

2. 机载火控雷达

现代机载火控雷达典型技术特征是采用脉冲多普勒技术和有源相控阵技术。

自 20 世纪 50 年代末相控阵雷达问世以来,相控阵技术在地面雷达和舰载雷达中得到广泛应用,但其迟迟未能在机载雷达上应用,这主要是由于体积重量的限制及器件性能与成本的制约。

美国早在 1964 年就开始了机载有源相控阵雷达的研究工作,开展了将微电子技术用于雷达(MERA)计划,并研制了一个 604 单元的有源阵列,因为当时的硅半导体器件只能在 S 波段进行信号放大,X 波段的信号是通过倍频得到,效率很低,每个 T/R 组件仅有几百毫瓦的射频输出功率,尽管如此,还是验证了机载有源相控阵的可行性。

20 世纪 70 年代,美国开展了可靠的机载固态雷达(RASSR)计划,研制了具有 1048 个 T/R 组件的有源阵列,验证了有源阵列的可靠性。

20 世纪 80 年代,由于有了砷化镓半导体器件,可以对 X 波段的信号直接放大,促进了机载有源相控阵雷达的研制工作。美国开展了固态相控阵(SSPA)计划,研制了一个 2000 单元的阵列,验证了功率效率和经济上的可行性。

20 世纪 90 年代,代表机载火控雷达发展方向的有源相控阵火控雷达 APG-77 研制成功,标志着机载火控雷达新时代的到来。

在欧洲,英国、法国和德国在联合研制机载多功能固态阵列雷达(AMSAR),用于法国的 Rafale 战斗机和欧洲联合战斗机的研制计划中。另外,日本、俄罗斯和以色列也都在研制机载有源相控阵火控雷达。表 10.1 列出了美国计划中将要生产的机载有源相控阵火控雷达情况。

表 10.1　美国计划中的机载有源相控阵火控雷达生产情况

年代	型号(载机)				
	APG-77 (F-22)	APG-81 (F-35)	APG-80 (F-16C/D)	APG-79 (F-18E/F)	APG-63(V) (F-15C)
2001—2004 年	26				18
2005—2009 年	168	181	45	138	
2010—2013 年	137	650	35	120	
2014—2021 年		2021			
总计	331	2852	80	258	18

有源相控阵雷达具有如下突出优点:

(1)射频功率效率高。在机械扫描雷达中,发射机产生的射频功率经馈线网络送到天线阵面辐射出去,收、发双向产生的射频损耗一般要有 5dB 以上。在有源相控阵天线中,T/R 组件紧挨着天线单元,T/R 组件中的功率放大器和天线单元间的损耗及天线单元和 T/R 组件中的低噪声放大器间的损耗可以忽略不计,这对提高雷达探测性能的作用是明显的。

(2)多功能。由于相控阵天线波束控制的灵活性,使雷达能以分割的方式实现多功能,能同时跟踪多批目标,可用一部雷达完成几部机械扫描雷达的功能。它能边扫描边跟踪(与机械扫描的 TWS 概念不同,搜索和跟踪在时间上和空间上分别是独立的),同时跟踪多批目标。完成空/空功能的同时,还可实现空/地、信标等功能,这是机械扫描雷达无法做到的。

(3) 提高探测和跟踪能力。由于波束指向灵活可控,可以根据需要确定发射能量在观察空域中的分配,在有可能出现目标的方向上,集中能量,增大发现目标的距离。可根据目标的性质,决定波束在目标上的驻留时间,改善跟踪稳定性,还可采用序列检测的方法改善探测性能。

(4) 具有形成不同形状波束的能力。因为相控阵天线口径上的相位和幅度分布是可控的,所以可以根据需要形成不同的波束,如针状波束、扇形波束和余割平方波束等。还可以实现自适应波束,在存在干扰的方向上形成零点,以抑制有源干扰,使雷达的工作更有效。

(5) 具有极高的可靠性。在有源相控阵雷达中,去掉了可靠性差的大功率行波管发射机,取消了易出故障的机械旋转部件,使雷达系统的可靠性大为提高。更重要的是,天线阵是多路并行工作,T/R 组件非常可靠,即使个别组件出故障,对雷达系统性能的影响也不明显,即具有故障弱化功能。就算 6% 的组件发生故障,雷达系统仍可保持高性能工作;当 30% 的组件失效时,雷达性能下降 3dB。Northrop Grumman 公司的工程师认为有源相控阵雷达能很好地有效运行数年。Raytheon 公司认为,APG-79 雷达的严重故障间平均时间可超过 15 000h,并声称其相控阵天线可能在 10~20 年内无须维护。因此,有源相控阵雷达具有超高的系统可用度。

(6) 雷达隐身性能好。雷达具有低的雷达截面积(RCS)起隐身作用。原因是:

① 天线以电扫描代替了机械扫描,去掉了对电磁波反射大的天线座及传动装置。

② 相控阵天线在工作时不转动,这有异于机械扫描天线面总是垂直于波束指向方向,因而降低了入射方向的电磁波的反射,致使 RCS 降低。由于相控阵天线不动,所以可以采取减少对电磁波反射的措施。

③ 相控阵雷达易于实现能量管理,再加天线阵的低副瓣性能,因而,相控阵雷达具有低截获概率(LPI)和隐身能力。

(7) 相控阵天线可以分成子阵多路并行工作,为时空自适应信号处理(STAP、DPCA)提供了条件,因而能实现对地面慢速目标的检测(GMTI)。

3. 无人侦察机

无人侦察机的主要负荷有光学成像设备和合成孔径雷达。以美国"捕食者"无人侦察机为例,它携带的 MiniSAR 重量仅 27 磅,其中电子设备 9 磅,为 7 立方英寸的立方体,天线 17 磅,为 10 立方英寸的立方体;工作频率为 16.8GHz,分辨率为 4 英寸;工作模式为聚束照射模式。其后续的系统频率进一步提高,重量将缩减至 18 磅,还将增加条带测绘模式、GMTI 和 CCD。

4. 航空反潜

用舰艇搜索潜艇有一个弱点,就是舰艇的速度慢。如果知道在某个海区有了敌人的潜艇,派出舰艇搜索,舰艇到达那个海区要用很多时间,在这段时间里,潜艇可能早就溜掉了。因此,在反潜侦察中大量地使用飞机。航空反潜是反潜体系的前哨,尤其对于航母这样的重要目标,航空反潜是必不可少的。

1) 直升飞机吊放式声呐

直升飞机上可以装上吊放式声呐,如图 10.5 所示。直升飞机需要探潜时就在海面上不很高的地方悬停,用铠装电缆把声呐换能器放入水中,探测附近的潜艇。如果没有发现潜艇,则把声呐换能器吊起,直升飞机再飞到另一个地方去侦察,好像蜻蜓点水一样。在现代的驱逐舰上也装有直升飞机,作为搜索潜艇的主要兵力之一。

直升机吊放式声呐可以是主动的,也可以是被动的。直升飞机的螺旋桨噪声的一部分可能通过电缆线传到海水中,对水听器产生一定的干扰,必须采用适当的隔振降噪措施来解决这个问题。直升机还可以携带猎雷声呐,用于水雷的探测。

搜索时飞机必须悬停,限制了搜索速度的进一步提高。

图 10.5　直升飞机吊放式声呐

2) 声呐浮标

直升飞机飞行的速度太慢,且需悬停,因此出现了固定翼的飞机搜索潜艇的方式。其工作方式是在发现有潜艇活动的迹象时就丢下声呐浮标,如图 10.6 所示。声呐浮标是一种能完成声呐功能的浮标,它通过无线电波与飞机联系。声呐浮标上面装有减小下降速度的车叶或降落伞,使它不致因下降速度过快而在入水时被撞坏。浮标落到水中以后,浮出海面,自动把水听器放到水下。浮标上面的超短波发射机天线自动弹出,声呐浮标就可以正常工作了。声呐浮标有许多种,最简单的一种是非定向噪声浮标。这种浮标的水听器收听附近潜艇的噪声,通过超短波发射机和天线,把噪声信号送到反潜飞机上去。反潜飞机上装有超短波接收机,声

图 10.6　航空声呐浮标

呐员可以用耳机收听。浮标上往往装有雷达反射罩,以便用飞机上的雷达探测它的位置。一般来说,为了侦察某个海区是否有潜艇,要丢下两三个声呐浮标;为了给潜艇定位,要丢下十个以上的声呐浮标,根据哪个浮标的噪声大来确定潜艇是在哪个位置。浮标的听声距离一般为几千米。如果在飞机上装有能测潜艇低频线谱的设备,那么声呐浮标的作用距离就可以大大增加,而且利用多普勒效应,可以利用各浮标送来的线谱的频

率的细微差别,来判断潜艇的位置。还有一种噪声定向浮标,不但能收听到潜艇的噪声,还能定出潜艇的方向。这种浮标上装有罗盘,超短波发射机不断把潜艇噪声和潜艇的方位信号送到飞机上去。只要有两个这种浮标,就可以定出潜艇的位置。

发现水下的目标,只不过是声呐浮标的一种功能,利用声呐浮标还可以实现潜艇和飞机之间的通信。潜艇用通信机发出编码信号,由声呐浮标用水听器来接收,经过放大,转变成无线电信号以后,再由超短波天线发射机发射,送给飞机上的超短波接收机。而飞机上的信号则用超短波天线电台发出,由声呐浮标的超短波接收机接收,放大后,经水声换能器把信号变成声信号发出,送到潜艇的通信机。

无线电浮标还可以用来收集海洋的各种参数。在需要收集水文数据的地方,飞机投下温度、深度的测量浮标,这种浮标落水之后,就放出一个带有水声发射装置的温度测量探头。探头以由它的形状、重力和海水阻力决定的恒定速度下降,探头上装有温度测量的仪器,测出的温度参数通过水声信号送到浮标上,然后通过超短波发射机送给飞机上的超短波接收机。

所有这些浮标内部都有电源,最常用的是海水电池。这种电池平时没有电,在接触海水后开始工作。浮标装有自沉装置,工作若干小时以后自动放进海水,沉入海底,以免被敌人捞到。这种浮标使用一次就无法再用,也称为消耗性浮标。

除了这种临时投放的消耗性浮标外,还有一种半永久性的浮标。这种浮标体积比较大,使用的声换能器阵比较复杂,电源容量也比较大,可以工作几个月之久。在有敌人潜艇出没的海域可以放上几个半永久性浮标,监视敌人潜艇的活动。

以前,浮标收到的信号大都是通过无线电超短波送到飞机上去,因为地球是圆的,而超短波是按直线传播的,所以作用距离取决于飞机的高度,一般是几十千米。在人造卫星出现以后,也可以用超短波把信号送到人造卫星,然后再由卫星上的无线电设备转发到地面站,利用一个卫星可以监听很大的海域。

10.1.3　陆基探测与预警系统

陆基预警系统的预警对象主要包括弹道导弹和飞机。其使用的雷达主要有大型相控阵雷达和天波雷达。陆基雷达还有海面目标远程预警和海洋风浪测量的地波雷达。本节仅介绍基于相控阵技术的弹道导弹预警雷达,它代表了陆基预警探测系统的最高水平。

弹道导弹预警卫星多采用红外探测,只能探测助推段飞行的导弹,对导弹发动机熄火后靠惯性飞行的目标则无能为力;仅能对目标进行粗略跟踪与识别,探测精度低。陆基远程预警雷达可利用雷达成像技术观测飞行中弹头的变化情况,便于真假弹头识别。

1. 美国早期预警雷达的发展

美国于 1956 年和 1957 年分别开始研制用于弹道导弹预警的单脉冲 AN/FPS-49 雷达和脉冲多普勒 AN/FPS-50 雷达,并于 20 世纪 60 年代开始装备使用。AN/FPS-49 和 AN/FPS-50 是当时美国弹道导弹预警系统(BMEWS)的主要雷达,作用距离分别达 5000km 和 4800km。

为了加强对低轨道弹道目标的防御,美国于 1966 年在阿拉斯加又补充了一部 AN/FPS-49 的改进型雷达——AN/FPS-92 雷达,以进一步加强 BMEWS 的能力。美国空军于 1963 年起在佛罗里达州的格林空军基地开始研制美国首部大型相控阵雷达——AN/FPS-85,这是一种 UHF 波段的远程弹道导弹预警雷达。原设想该雷达于 1965 年实现服役,但由于一场大火毁坏了整个系统,直到 1969 年该雷达系统才达到初始作战能力。20 世纪 50 年代末、60 年代初,随着技术的进步,苏联和美国又相继掌握了潜射弹道导弹(SLBM)技术,为此美国进一步感到了加强 BMEWS 的必要性,实现对 SLBM 的预警又成为 BMEWS 新的发展方向。美国于 1971 年开始部署由 7 部 AN/FPS-27 预警雷达组成的 SLBM 雷达警戒网,AN/FPS-27 雷达由装在美国东西海岸及各港湾的防空雷达 AN/FPS-26 改装而成,用于探测和预警射向美国本土的 SLBM。

1975 年,美国又在 AN/FPS-85 雷达原任务的基础上进行了改进,增加了对 SLBM 的探测和预警能力。随着苏联解体与冷战结束,美国在战略预警政策上进行了调整,取消了一些战略预警雷达项目,如后向散射超视距预警雷达 AN/FPS-118。随着技术的进步,一些新型雷达也逐步取代了老式雷达的功能,如 AN/FPS-85 雷达的预警功能已由"铺路爪"取代,AN/FPS-85 现主要执行空间监视任务。美国战略预警雷达的部署也随之进入了一个新的时期。

2. 丹麦"眼镜蛇"雷达

丹麦"眼镜蛇"项目于 1971 年获得批准,项目合同于 1973 年 7 月授予了雷神公司。系统测试于 1976 年后期完成,整个系统于 1977 年达到作战能力。该雷达只生产了一部,现部署于美国阿拉斯加州的阿留申群岛,其正式编号为 AN/FPS-108。丹麦"眼镜蛇"雷达是一部大型 L 波段固定式相控阵雷达,探测距离为 4600km,可提供 120°方位扇区覆盖。该雷达天线为单面稀疏阵,直径约为 30m,由 35 000 个单元组成,其中有源单元为 15 000 多个,其余是无源的,后期可用有源单元进行替换。丹麦"眼镜蛇"的主要任务是探测和跟踪 ICBM、SLBM 和卫星。雷达主要收集俄罗斯及相关国家的导弹飞行轨迹数据,提供对 ICBM 的预警,探测新卫星并更新已知卫星的参数。其数字数据与语音通信系统与美国国家航空情报中心(NAIC)和北美防空司令部(NORAD)连接。

20 世纪 90 年代进行的丹麦"眼镜蛇"的现代化改进项目已使该系统的工作寿命延续至今,雷达增强的性能满足了更高的任务需求。雷达升级改进了数据采集能力,采用了新型硬件更换过时的数据处理设备,包括信号与数据处理系统、接收机和显示器等,并应用了 Ada 软件(一种可设计成重复使用的软件)。

3. "铺路爪"雷达

为了寻求改进并扩大 SLBM 探测能力,美国于 1976 年 4 月开始研制新型相控阵雷达系统——AN/FPS-115"铺路爪"。"铺路爪"的英文为 PAVE PAWS,PAVE 为美国空军的项目名称,而 PAWS 为相控阵预警系统的英文缩写。

"铺路爪"雷达由美国雷神公司生产,是一种 UHF 波段固态大型相控阵雷达。该雷达的主要任务是探测和跟踪 SLBM 和 ICBM,也辅助进行一些环地轨道卫星探测与跟踪,并把采集的 SLBM/ICBM 和卫星探测信息迅速传递给 NORAD、美国国家军事指挥中心和美国战略司令部等相关机构。该雷达由一对直径约为 30m 的圆形平面相控阵列组成,两个阵列各包含近 2000 个单元,安装在约 32m 高的建筑物相邻的两面上。两阵面的电子波束在仰角上覆盖 85°,在方位角上覆盖 240°。雷达可检测到 4800km 处大小为 $10m^2$ 的目标。美国本土原先共部署了 4 部 AN/FPS-115 铺路爪。首部系统于 1980 年 4 月在马萨诸塞州奥蒂斯空军基地开始服役。另两部系统分别于 1981 年和 1986 年在加利福尼亚州比尔空军基地和佐治亚州的罗宾斯空军基地(该基地于冷战结束后退役)开始工作。第四部系统于 1987 年 5 月在得克萨斯州埃尔多拉多空军基地(该基地已拆迁搬到阿拉斯加州的克里尔)投入使用。在美国本土的这 4 个"铺路爪"雷达站后来只有马萨诸塞州科德角空军站(与奥蒂斯空军基地驻扎于同一地点)和加利福尼亚州比尔空军基地仍在使用,这两个基地的 AN/FPS-115"铺路爪"也升级为改进型的"铺路爪"雷达 AN/FPS-123,而搬到阿拉斯加州的克里尔空军站的另一部 AN/FPS-115"铺路爪"也于 2001 年初完成 AN/FPS-123 雷达的升级工作并投入运行。

此外,在美国本土之外的丹麦格陵兰图勒空军基地和英国菲林代尔斯皇家空军基地也都曾装配有改进型铺路爪雷达——AN/FPS-120 雷达和 AN/FPS-126 雷达,其中 AN/FPS-126 雷达为三面阵雷达,每个阵面有超过 2500 个单元,提供 360°方位的预警和跟踪能力。

4. 改进型预警雷达

美国雷神公司的 AN/FPS-132 改进型预警雷达(UEWR)是相控阵战略预警雷达系列的新成员,是"铺路爪"雷达的一种升级结构,其任务主要是进行导弹预警、导弹防御和空间监视。AN/FPS-132 雷达能对来袭弹道导弹进行早期检测和精确跟踪,并能迅速准确判定威胁和非威胁目标,为 NORAD、美国战略司令部以及其他用户提供 LBM/ICBM 的综合战术预警和攻击评估。AN/FPS-132 还是弹道导弹防御系统(BMDS)至关重要的传感器,能在进行预警任务的同时,支持在大气层外或远离导弹袭击目标之外的地方拦截来袭导弹。

AN/FPS-132 的升级结构采用了目前最好的商业软件和雷神公司定制的器件,其软件算法也运用了美国导弹防御局(MDA)为扩展空间监视能力开发的先进算法。该雷达的冗余设计确保了高度的可靠性和可用性,而其通用数字结构更是极大地减少了支持和维护成本。AN/FPS-132 安装的新型收/发模块扩大了雷达的作战范围并增强了雷达的探测能力。此外,AN/FPS-132 的结构还支持网络中心体系结构作战。

2007 年,两部 AN/FPS-132UEWR 已分别在加利福尼亚州比尔空军基地和菲林代尔斯英国皇家空军基地实现了全天时作战能力,这两部雷达由原来分别在这两地的改进型铺路爪雷达 AN/FPS-123 和 AN/FPS-126 升级而成。丹麦格陵兰图勒空军基地的 UEWR 升级计划在 2009 财年第三季度具备初始作战能力。图 10.7 给出了从 AN/FPS-108 雷达到 AN/FPS-132 UEWR 的发展过程。

AN/FPS-132 雷达联合分别位于阿拉斯加州的克里尔空军站和马萨诸塞州科德角空军站的两部 AN/FPS-123 雷达实现了对美国本土的全天时防御。除了在菲林代尔斯的 UEWR(三面阵)实现 360°覆盖外,其余雷达(两面阵)在方位角上均实现了 240°覆盖。

(a) AN/FPS-108　　　　　　　(b) AN/FPS-115　　　　　　(c) AN/FPS-132 UEWR

图 10.7　从 AN/FPS-108 雷达到 AN/FPS-132 UEWR 的发展过程

10.1.4　海基探测与预警系统

海基包括海面和水下平台。

10.1.4.1　舰艇水面预警探测系统

水面舰预警探测系统主要有雷达和光电系统。雷达应用占主导地位。水面舰雷达的特点是种类多，一艘水面舰往往有十几部雷达，按功能分有对空/海预警雷达、对空/海导弹火控雷达、炮瞄雷达、导航雷达、近程反导雷达、导弹告警系统。航空母舰上还有着舰引导雷达，如美国航母使用的全天候自动着舰系统（All Weather Carrier Landing System，AWCLS）。

水面舰雷达与陆地雷达的最大区别体现在以下 4 方面。

1. 天线姿态稳定系统和抗风荷设计

由于舰船受到海浪和风的影响，舰船存在横滚、纵倾和偏航等角运动误差，这些误差的存在严重影响雷达的角度测量精度，因此需要予以补偿。

舰载雷达现在大多采用两轴或三轴稳定方式。两轴稳定方式稳定雷达在方位和俯仰两个方向的指向控制。这种方式只稳定雷达轴线（指向），不稳定雷达波束，即雷达波束会发生滚动（横倾角不为零）。三轴稳定方式通常有两种形式：一种是稳定方位和俯仰，同时控制雷达波束旋转使其空间不滚动，即保持横倾角水平稳定；另一种是设立机械稳定平台，通过稳定纵摇和横摇，使其在舰船摇摆时水平稳定，同时控制雷达的方位指向。

在上述 3 种常用稳定方式中，前两种方式雷达波束横倾角是在垂直于甲板的平面内测量；而在具有机械稳定平台的三轴稳定方式中，雷达波束横倾角是在垂直于稳定平台的平面内测量。

相控阵雷达可以方便地采用控制波束指向来补偿舰艇的角运动，无须使用稳定平台或天线基座。

由于大洋上风速可以达到 10m/s，因此雷达天线必须进行抗风设计。

2. 海杂波

海杂波与陆地杂波的不同之处有 3 点。一是海杂波是不稳定的，无法像陆地杂波那样建立杂波图予以对消。二是由于海洋表面流的影响，海杂波存在多普勒频率。三是海面目标速度低，与海杂波的多普勒频率差异小。再加上舰船也是运动平台，MTI 技术包括 TACCAR 技术在对海雷达中应用效果并不明显。捷变频雷达可以改善海杂波背景下的目标检测性能。

3. 多径效应

海面产生的镜反射或漫散射造成多路径效应。雷达波速照射到海面后,会产生相互干涉的直射波和反射波,此时的目标回波进入雷达接收机后,不仅会造成信号衰落,影响检测性能,还会引起仰角跟踪系统的不稳定。由于舰载雷达安装位置距海面很近,同时目标在很多情形下是海面目标和低空飞行目标,因此多径效应影响很大。

4. 电磁兼容问题十分突出

尽管舰载雷达功能不同,工作频段差异很大,但是频段仍然非常拥挤。再加上通信设备、电子对抗设备等,使得整个舰船的电磁兼容问题十分突出。而且存在多种耦合方式,从空间上难以抑制。

下面介绍俄罗斯"现代"级和美国"伯克"级驱逐舰舰载雷达的配置情况。表 10.2 是俄罗斯"现代"级驱逐舰装备的雷达情况,雷达的位置如图 10.8 所示。

表 10.2 俄罗斯"现代"级驱逐舰雷达配置

型 号	二坐标/三坐标	数 量	位 置	波 段	用 途
MR-750MA "顶板"	三坐标	1	前桅顶部	D/E	对空搜索雷达
棕榈叶	二坐标	3	前桅的第一层平台上	I	对空/对海搜索雷达
音乐台	二坐标	1	驾驶室顶半球形天线罩	D/E/F	火控雷达,控制 SS-N-22(日炙)反舰导弹(2座四联装)
MR-90 前罩	三坐标	6	鱼雷发射管上方 01 甲板两舷(2部),04 甲板前桅底部稍靠前两舷(2部),后桅底部 03 甲板两舷(2部)	F	火控雷达,控制 SA-N-7(牛虻)主/被动舰空导弹
MR-184 鸢鸣	三坐标	1	首部上层建筑的顶层	H/I/K	火控雷达,控制 AK-130 舰炮 2 座双联装 130mm AK130-MR184 型
MR-123 椴木槌	三坐标	2	中部 02 甲板的左右舷平台上	H/I/K	火控雷达,控制 AK-630 近防炮 4 座 6 管 30mm AK630 型近防炮
轻球	二坐标	2			导航雷达

表 10.3 是"伯克"级驱逐舰装备的雷达情况,雷达的位置如图 10.9 所示。不难看出,"伯克"级驱逐舰装备的雷达数量远少于俄罗斯"现代"级,这得益于它的多功能相控

图 10.8　现代级雷达的位置图

阵雷达 AN/SPY-1D。

表 10.3　美国"伯克"级驱逐舰雷达配置

型　　号	二坐标/V	数　量	波　　段	用　　途
SPY-1D	三坐标	1	E/F	无源多功能相控阵雷达
SPS-67(V)3		1		
SPS-64(V)9		1		导航雷达
SPG-62		3		火控雷达,目标照射雷达,与 SPY-1D 配套使用
URN25		1		塔康"空中战术导航雷达

图 10.9　"伯克"级驱逐舰雷达位置

　　AN/SPY-1D(V)E/F 波段无源三维电扫描相控阵雷达可同时检测 400 批、跟踪 1005 批目标。这种 S 波段相控阵雷达是海军"宙斯盾"(Aegis)武器系统中的一部分,它由雷神公司研制。它有 4 个相控阵孔径以提供无障碍的半球覆盖范围,在其早期结构中,接收时它使用带 68 个子阵的简单馈电系统,每个子阵包含 64 个波导型辐射器,总共 4352 个单元。发射时,子阵成对组合,32 个这样的子阵对给出 4096 个辐射器的发射孔径。移相器有 5 位且是非可逆、磁力线激励、锁紧式石榴石的结构,它直接向波导辐射器馈电。后来的改型是为低副瓣设计的。子阵的规模不得不减为 2 个单元以避免量化波瓣。相似地,移相器必须用 7 位精度。合成的相控阵有一个具有强制馈电结构和 4350 个波导型辐射器的孔径。单脉冲和差接收波瓣及发射波瓣分别被最佳化。

10.1.4.2　舰艇声呐

舰艇包括水面舰和潜艇。水面舰声呐主要类型有球鼻艏声呐、主被动拖线阵声呐、可变深声呐(VDS)和通信声呐。潜艇声呐主要类型有艏部声呐、舷侧阵声呐、被动测距声呐、拖线阵声呐、侦察声呐、通信声呐和自噪声监测仪。

水面舰声呐的主要任务是反潜。水面舰球鼻艏声呐一般采用圆柱阵,可用作主动和被动声呐。一旦进入猎潜作战,一般采用主动工作方式,它的发射波束通常有无指向性、单波束扫描和三波束扫描等方式。为了防止水面舰因风浪颠簸导致探测能力下降,它还可能具备垂直方向相控发射的能力。主动声呐信号一般可以作为窄带信号处理,波束形成采用移相即可。

主动声呐在近距离(10km 以内)情形下,检测背景为混响限,对于混响限有效的检测方法是提高分辨率和利用多普勒效应。对于远程噪声限的情形,增加距离分辨率对提高检测性能帮助不大,因为带宽增大,所以噪声也增大。

在动目标检测方面,声呐与雷达的工作方式完全不同,它采用脉内频率鉴别方式工作。由于声速低,为了保证测距不模糊,其脉冲重复频率非常低。对于作用距离为 30km 的主动声呐来说,其脉冲重复间隔至少应为 40s。如此低的脉冲重复频率,脉间测频是完全无法应用的。因此主动声呐对动目标检测需要发射长脉宽的 CW 脉冲,并采用脉内频率鉴别技术。主动声呐脉间相干积累是不可能的,只能采用非相干积累,这使得声呐检测性能提高十分困难。

潜艇声呐为了保证隐蔽性,主动声呐的使用受到严格的控制。被动声呐的波束形成远比主动声呐运算量大,必须采用时延的方法或频域波束形成。被动检测的有效方法是利用调制谱和低频线谱。

1. 艏部声呐

大部分被动声呐是装在潜艇或舰艇的艇艏位置。通常是采用玻璃钢或透声橡胶作为导流罩,因为这两种材料具有很好的透声性能。采用导流罩有两个目的:一是减小艇或舰的阻力,二是减小流噪声。流噪声是物体在流体中运动时产生的噪声,它与物体表面的形状和相对流速有关,相对流速越大,流噪声越大,流噪声大了,就会影响声呐检测目标的能力。就像在嘈杂的背景下,听别人讲话非常困难一样。导流罩还必须有足够的耐压强度,因为为了避免海水对基阵金属件的腐蚀和海洋生物的附着,导流罩必须将声呐基阵与海水隔离开来,导流罩内用淡水填充。如何设计导流罩,使其既要有良好的流体动力特性(阻力小)、耐压强度高,又要使得流噪声小且透声性好,是一个重要的研究方向。艏部声呐的阵有 3 种形式:圆柱阵(如图 10.10)、球形阵(如图 10.10)和马蹄形阵。

ANSQS-53 型声呐是当前美国反潜水面舰艇使用的最大型的主被动舰壳声呐。其球鼻艏装圆柱阵的直径为 4.8m,高为 1.7m,由 72×8 个换能器阵元组成,主动工作频率在 3.5kHz 以下,发射功率在 150kw 以上。它是由原数模混合型的 AN/SQS-26CX 声呐改进后形成的一种低频大功率全数字化声呐,是为装备 DD963 导弹驱逐舰专门研制的。随着数字化和信号处理技术的不断提高,ANSQS-53 型声呐已有 A、B、C 三种改进型。

图 10.10　圆柱阵(左边)和球形阵(右边)

美国休斯公司生产的 B 型声呐虽已全部数字化,但硬件设备量仍比较庞大。通用电器公司采用美海军第一代先进的模块化声信号处理机 UYS-1 和标准计算机 UYK-20 改进的 C 型,其信号处理部分的设备量较 B 型减少了一半。目前,ANSQS-53 的 B、C 两型声呐是 SQQ-89 系统中主要的目标定位声呐。其主动工作方式可以利用 3 种声传播途径(表面声道、海底反射和会聚区)实施远程目标主动定位,作用距离不但可满足射程为 10 海里的鱼雷(MK50)的射击要求,而且会聚区探测方式还可满足射程为 30 海里的火箭助飞鱼雷的射击要求。

如果想采用更低的频率工作且保持阵增益,那么就必须增大阵的尺寸。球鼻艏空间是非常有限的,因此出现了两种新的被动声呐:拖曳线列阵声呐(简称拖线阵声呐)和舷侧阵声呐。

2. 拖曳线列阵声呐

大家都知道要增加作用距离,就必须降低声呐的工作频率,增大换能器阵的长度,可是船的长度总是有限的。这个矛盾怎么解决呢?解决的方法就是在船的后面放一个长长的尾巴,上面装上换能器阵。这个尾巴采用充油式结构,具有零浮力,在水中既不上浮也不下沉。这个尾巴可以比船长许多倍,因此频率可以大大降低,作用距离也可以大大增加。这种尾巴称为拖曳线列阵。在巡逻时,可以把这条尾巴放出去,由于船的航行和水的阻力,拖曳线列阵自然会伸直,能够很好地监测远处的目标。在准备作战时可以把这条尾巴卷起来,收入舱中,以免被损坏。这种拖曳线列阵不但可以在水面舰艇上使用,在潜艇上也可以安装,使用起来同样方便。

不仅如此,拖曳线列阵声呐还可以根据海洋的水文条件,改变拖曳深度,通过综合利用各种可能的传播途径提高探测距离,这点与变深度声呐(VDS)相同。

美国哥特防卫电子学公司和通用电气公司承担设计与制造的拖曳线列阵声呐的全部操作只需两名声呐兵即可完成。这型拖曳线列阵声呐的探测作用距离为 90 海里,测向精度为 $1°\sim2°$;线列基阵的长度为 120m,直径为 8cm,重量为 4536kg;最大下潜深度为 364m,舰上电子设备重量为 5850kg。此外,拖曳线列阵声呐工作可靠并具有故障自检功能,无故障工作时间平均为 2000 小时。

拖曳线列阵主要需要解决的问题是流噪声和本舰艇与僚舰艇的干扰。前者通常通过合理设计拖曳线列阵和选择拖曳速度来实现,后者主要通过信号处理来解决。

拖曳线列阵声呐存在的另一个问题是左右舷模糊问题。拖曳线列阵的水听器阵元采用的是陶瓷管换能器,其左右上下是没有指向性的,拖曳线列阵又无法加挡以保证阵元具有指向性。目前采用的方法有:改变发射阵的指向、同心环结构、双线阵技术和三元阵技术。由于这些技术出现较晚,主要应用于近年出现的低频主动/被动拖线阵声呐,因此我们将在"低频主动拖曳线列阵声呐"部分予以详细介绍。

3. 舷侧阵声呐

国外海军从 20 世纪 70 年代开始装备拖曳线列阵声呐。它的问世是现代声呐技术发展中的一大突破。拖曳线列阵声呐具有孔径大、远离本艇噪声源、可实现对低频信号的远程探测等突出优点。但是它也具有不能直接测定噪声目标的具体方位(不能区分左、右舷的目标),拖曳机械比较复杂,基阵收放困难等缺点。为更方便地实现远程探测,20 世纪 80 年代,国外海军又发展了一种新型的潜用声呐——舷侧阵声呐。它的设计思想可能来源于共形阵被动声呐。它是将若干水听器沿艇身纵长方向连续排列在两舷侧壳体上形成两列长线阵。这种声呐起初被命名为艇壳安装线列阵声呐,20 世纪 90 年代才渐渐改称为舷侧阵声呐。

舷侧阵声呐是一种低频被动声呐,其探测的噪声信号频率下限为 10Hz,上限为 2～6kHz。其探测性能极佳,作用距离最远可达 50 海里。它以远程噪声检测、噪声测向和噪声识别为主,可兼顾噪声测距方式。这种声呐的水听器布满艇体两舷较平直的部分,不占潜艇空间位置,也不破坏艇体的线型(有些专家甚至认为还可以改善潜艇的线型),是一种较理想的阵结构形式。舷侧阵的长度为艇长的三分之一至二分之一,声孔径大,空间增益高,便于使用低声频工作。在艇的左舷和右舷可各布一列阵,不存在空间两重性,没有阵形畸变损失,还可利用艇体垂直空间,获得垂直增益,减少多径干扰的影响。它还具有多目标自动跟踪(4～15 个,甚至更多)及早期在远距离对水面舰艇和潜艇低噪声目标进行快速分类识别的能力。

由于舷侧阵具有上述独特的优点,国外海军对它的研究相当重视,自 20 世纪 80 年代开始研制以来,已有 20 余种舷侧阵声呐相继问世。在美、俄、英、法、德、意、荷兰和以色列等国海军 20 世纪 80 年代新造或现代化改装的核动力和常规动力潜艇上都装备了舷侧阵声呐,并取得了良好效果。挪威海军认为,舷侧阵安装后艇壳表面平滑,改善了潜艇的隐蔽性。

舷侧阵声呐主要由两列水听器阵、信号处理设备和显示控制台等几部分组成。

水听器阵安装在潜艇两舷耐压壳体外部艇壳上,隔离本艇自身的噪声是舷侧阵的头等大事。它的设计需要复杂的专门技术,有许多特殊的要求,各国海军根据几十年来研制被动声呐所积累的丰富经验,研制出了各具特色的舷侧阵。

舷侧阵目前主要有 4 种模式:线列型、板条型、模块型和平板型。最早的舷侧阵声呐是英国桑·埃米电子有限公司研制的 186 型声呐,在 20 世纪 60 年代初装备使用,它的两个阵各由 12～24 个水听器组成,等间隔安装在艇侧水线以下,两舷水听器的位置是相互对准的。现在英国马可尼水下系统有限公司研制的 Hydra 舷侧阵声呐采用了模块化的设计方法,其舷侧阵由标准的模块组成,采用专用聚氨酯密封,以获得最佳的流噪声去耦性能,模块的尺寸是 2m×12m。模块内大面积水听器的间隔不是固定不变的,但一个模块最多容纳 12 个水听器,每个模块都可有自己的前置放大器,装在模块的流线型外壳里,以便使信号传输损失最小,同时便于维修。模块数取决于潜艇的长度,阵的两端采用两块专用的流线型模块,提供平滑过渡以降低流噪声。

法国汤姆逊·辛特拉公司研制的 LSI 舷侧阵声呐阵长为 30m,一般由 30～64 块 PVDF 平板构成,每块板为 1m×1.5m,厚为 60～100mm。PVDF 的平均密度与水的密度相近,因此,流噪声对阵不会产生明显的影响。据报道,该型舷侧阵已交付法国、澳大利亚和挪威海军,挪威海军将其装在新型"尤拉"级潜艇上,已投入使用。具有 60 多年研制经验的德国克虏伯·阿特拉斯电子设备公司已成功地研制了 FAS3-1 舷侧阵声呐(见图 10.11),其舷侧阵长度为 20～48m,一般为 30m。每个阵含有 96 个水听器板条,每条有 3 个水听器单元,共 288 个水听器单元。

图 10.11 FAS3-1 舷侧阵声呐

俄罗斯的舷侧阵声呐与 FAS3-1 有些相似,阵长约 30m,高约 2m,由 70 多个板条构成,每条含 10 个非均匀排列的水听器。

舷侧阵声呐的性能主要受本艇流噪声和机械噪声的限制。舷侧部位的噪声比艇艏的要大得多,噪声主要是螺旋桨辐射噪声、流噪声、艇体部位辐射噪声以及壳体和设备的机械振动噪声。国外海军在设计舷侧阵时,充分考虑了降噪问题,如在水听器密封材料的选择及阵结构(流线型和平滑过渡外型)方面,都满足了声和机械特性的要求,达到了降噪和去耦的目的。在阵的安装方面,特别使用了专用声学材料或隔声结构,以便与艇体结构噪声源相隔离等。

采用新型材料制作高灵敏度水听器,是提高阵性能的又一重要途径。法国研制的聚偏二氟乙烯(PVD)和日本 NGK 公司最新研制的压电橡胶是制作舷侧阵水听器的理想材料,它们具有良好的防水、减振性能,且比较柔韧,易于加工。PVDF 有单质型和多孔型两种形式,单质型的环境稳定性好,多孔型的接收灵敏度高。汤姆逊·辛特拉公司已成功地用单质型 PVDF 制作了舷侧阵水听器,海试证明这种水听器指向性好,增益高,频率响应完全平坦。这种阵实用性强,可以在低频工作,也可以在 10kHz 左右的频带工作。众所周知,在进行被动定位时,需要高精度的方位数据。通常,声呐的工作频率高于 5kHz 时才能获得这种数据。利用线列型陶瓷水听器阵进行定位时,虽然在低频可测定目标的方位,但各个舷侧水听器接收的方位数据相差不太大,难以由三角测量提供距离数据,而 PVDF 阵由于表面积大则可以提供距离数据。此外,陶瓷水听器阵必须与艇壳流噪声隔离,才能提高信噪比,减小寄生信号。而 PVDF 阵的大表面允许几个传感器的输出汇集在一起,降低了对流噪声及弯曲度的灵敏度。流噪声是由水听器附近湍流附面层中的湍流作用到水听器表面上的压力而形成的,由于湍流噪声压力的相关距离小,在大面积的 PVDF 平板上正负压力可以相互抵消,从而达到降低流噪声的目的。日本研制的压电橡胶是一种将钛酸铅碎粒掺混在氯丁橡胶内的复合材料,可制成薄带。它既可作为消声材料,又可制作水听器。美国海军对这种橡胶很感兴趣,准备利用这种材料研制大孔径舷侧阵,首装在"百人队长"级潜艇上。

舷侧阵声呐采用了最新的数字信号处理技术,可同时进行宽带和窄带信号分析,具有全向观察、多目标跟踪、目标判别和本艇噪声监测等功能。如德国的 FAS3-1 舷侧阵声呐,接收的信号经前置处理之后,送给可编程指北波束形成器,形成 128 个波束。同时,产生足够多的内插值以提供非常准确的方位数据。独立的能量检测通道为显示器和音频通道增强信号,有 8 个自动目标跟踪器(ATI),可以任意设定跟踪捕捉到的目标。此外,还有 8 个进行 DEMON 和 LOFAR 分析的线谱跟踪器(MLT),可跟踪目标特征的典型线谱。ATI 和 MLT 同时使用,可实现对目标的远距离跟踪,即使目标航迹有交叉,仍能保持跟踪,而无须声呐员介入。数据处理单元可计算目标船的轴转速率,桨叶数和其他重要数据。机内多点分割器,光标及其他辅助装置帮助声呐员对接收信号进行分析和计算,可以识别目标发动机的类型、齿轮传动比等。

舷侧阵声呐采用新的微电子器件,以满足大信息量的处理要求。英国 2075 综合声呐(含有舷侧阵)的信号处理是由 Transputer 模块化支持的分布式通用计算机网络,为信号处理能力的扩充提供了可能,它还应用光纤局域网把操控台与信号处理和显示设备连接起来。

舷侧阵声呐可以有自己的信号处理机,也可以与其他声呐综合构成系统。已有几个国家实现了包括舷侧阵在内的声呐系统与火控系统的进一步综合,形成了高度自动化的作战系统,如美国的 AN/BYS-1。

由于使用多部声呐,增加了数据量,加重了声呐员的负担,需要解决多阵声呐数据检测、分类和综合的方法问题,综合完成最佳检测和分类,以提高声呐系统的效率,降低虚警率。

舷侧阵声呐技术的发展把现代声呐技术又推向了一个新阶段。

4. 变深声呐

舰部声呐的缺点有两个:一是无法完全隔离本舰或本艇的噪声,尽管一般采取了隔振措施;二是它无法根据水文条件,选择合适的声呐工作深度,以躲开影区等。把主动声呐系统装在拖鱼上,拖鱼可以放到希望的深度,这就是变深声呐(VDS)。其工作示意图如图 10.12 所示。实际使用时必须结合使用声速剖面仪和声线轨迹仪或声场预测软件,选择合适的工作深度,以达到最佳探测性能。

图 10.12　变深声呐工作示意图

变深声呐对拖曳系统的稳定性要求较高。拖曳系统有两种形式:零浮力拖曳和重力拖曳。零浮力拖曳的拖鱼水中的重量接近零,所用的缆也是零浮力缆。但形成零浮力的浮力材料需要占据一定的空间,拖鱼体积大、重量重。重力拖曳无须配重,拖鱼体积小,重量轻,但为了保证拖曳系统的稳定,通常需要伺服系统,自动调整缆的长度,减小风浪的影响。

5. 低频主动拖曳线列阵声呐

低频主动拖曳线列阵声呐(LFAS)是一种相对新的主动声呐。国外最早出现在20世纪90年代初期,它主要是用来探测隐身潜艇。我们知道,被动拖曳线列阵声呐的优点是频率低、阵长、阵增益高,但隐身潜艇辐射噪声甚至与三级海况的海洋噪声差不多,使用被动方式是无法探测隐身潜艇的,只有靠低频主动声呐。

低频主动声呐仅比被动拖曳线列阵多了一个发射源,改动不大。它也同样存在左右舷的分辨问题。国际上的解决方法通常是使用双拖缆(如图10.13所示)。

图 10.13　低频主动拖曳线列阵声呐工作示意图

6. 侦察声呐

侦察声呐主要用来侦查敌方主动声呐发射出来的声信号。但它本身不发声,从这个意义上讲,它应归类为被动声呐。但它侦听的是敌方主动声呐信号,因此也可以归到主动声呐。敌方常见的主动声呐有主动搜索声呐、通信声呐和鱼雷自导声呐。这类声呐通常设备较为简单,但信号处理还是相当复杂的,它需要在信号密集的环境下对信号进行分类和参数估计。如估计信号的类型(CW、线性调频、双曲调频或相位编码信号)、信号参数(如载频、脉冲宽度、脉冲重复频率等)和信号源(敌舰)的方位等。

由于这类声呐的工作频率较高,基阵都不大,但由于其覆盖的频带范围较宽(1～40kHz),所以通常需要多个频段的水听器配合工作,而且要求全向工作。

图 10.14　侦察声呐基阵

图10.14是国外一型侦察声呐的声基阵。不难

看出,它有多种声基阵,主要是为了适合不同的频段。为了得到 360°指向性,它采用了双层错开排列的结构,这样就不需要进行波束形成了,利用各阵元自身的指向性,就可以确定目标的方位,设备成本低。有些侦察声呐还采用了棱台型的结构,以保证向上的指向性。

7. 本艇噪声监测仪

主要用于监听本艇的噪声。通常在噪声源(如动力、艇艏和艇尾)和声基阵附近安装 4~10 个水听器,一方面可以对本艇噪声进行控制,另一方面可以评估声呐当前的工作性能,其频率范围为 0~12kHz。

8. 通信声呐

通信声呐是实现艇与舰和艇与艇之间通信的唯一手段,还可用于 UUV(水下无人平台)的遥控以及潜水员与岸上的通信。通信声呐分成两种:报文通信和语音通信。远程的语音通信是不安全的,因为通话时效率很低,通信时间长,潜艇容易暴露。语音通信只适合短途通信。

Link-Quest 公司水声通信装备码速率已经达到 19 200b/s,作用距离达 10km。该设备结构非常简单,由水下声调制解调器和水面接收机组成。如图 10.15 所示。远程通信声呐在低比特率情况下,在深海声轴上通信距离可以达到上千千米。

近年来,扩频技术已经应用到通信声呐领域,它可以用比特率换取作用距离。同时它具有良好的保密性和抗多途信道衰落能力,能够满足军事需求。前面提到的远程通信声呐就是采用了扩频通信技术。

现代通信声呐性能的改善主要得益于以下技术:

(1) 从非相干通信到相干通信。以前通信声呐的大部分调制方式为 FSK 或 MFSK。尽管它比 ASK 的性能好,但是与相干通信相比还是有相当大的差距。水声信道如此不稳定,相干通信能实现吗?回答是肯定的,现代高码速率的水声通信设备都采用相干通信。从理论上讲,相干通信性能优于非相干通信,而且采用 MPSK 可以降低信号带宽。这对水声信道来说非常有吸引力。因为水声通信载频高了,信号衰减大;载频低了,信道带宽难以提高。这一方面受换能器带宽的限制,另一方面受水声信道频散的限制。

图 10.15 Link-Quest 公司水声通信声呐

(2) 先进的信号处理。相干通信需要保证信道的相位稳定,但水声信道难以满足这个要求。为了保证信道的稳定性,就必须进行信道均衡技术,通过信号处理满足相干通信的要求。通常的信道均衡方法有判决反馈均衡法等,但信道均衡还是假定信道是局部平稳的,有的采用 RAKE,它对快变信道也有很好的性能。但是 RAKE 接收机通常要求发射端在发射信息声信号的同时发射导频信号,导频信号不仅消耗一部分能量,而且使得混合信号的峰值很高,对发射机和换能器都不利,因为我们知道通信的性能只与信号的平均功率有关。

（3）新调制方式的尝试。现代通信的一些新的调制方法也在水声通信中尝试，如OFDM等，但目前还没有成熟的产品。但扩频技术已经用到通信声呐中，可大大提高通信距离。

10.1.4.3　无人潜器

无人潜器包括 AUV 和 UUV，近年来发展迅速。它将是水下网络战的一个重要的探测平台和攻击平台。美国发展无人潜器最初的考虑是出于核潜艇自身的安全，因为鱼雷出管时的声音不仅声源级高，且为突发性信号，非常容易被探测。为此美国海军水下战中心提出了 MANTA（章鱼）计划，该 AUV 及工作方式如图 10.16 所示。它最初被设想用于鱼雷发射，可以携带若干鱼雷，在潜艇声信号的指挥下实施攻击。

但不难看出，它还可以完成水雷的远程布雷，用于目标探测和水声对抗等战斗任务。无人潜器目标

图 10.16　水下作战平台——章鱼

特性小，在以经济航速航行时，辐射噪声可以接近海洋背景噪声，难以被探测到。相对于潜艇来说，它成本低，即使被摧毁，也不会造成人员伤亡；而且可以完成潜艇无法完成的任务，如远程布雷和猎雷等。

10.1.5　海床基探测与预警系统

10.1.5.1　声监视系统

以往的水声设备基本上都是按单基地模式独立工作，人们所关心的也只是声呐本身的单程或双程探测能力。但是随着技术的进步，安静型潜艇使得常规声呐作用距离迅速下降，同时现代水下作战平台的航速和攻击武器的作用距离大大提高，要求发现水下目标的距离也要相应增加。因此必须扩大水声预警的范围才能保证作战的需要。人们正在努力把多种平台水面舰、潜艇、AUV（自主式水下航行器）、反潜飞机和固定式监视平台上的水声设备组合使用，形成具有区域作战能力的水下信息网络。甚至进一步与卫星等手段联网，形成更大范围乃至覆盖全球海洋的信息网络以保证获得战争的胜利。显然，这种网络式的海洋水声监视系统需要不同传播模式组合的远程水声传播特性、多基地工作方式下的混响、目标强度特性、水声通信技术、网络技术、信息融合技术等知识。

SOSUS（Sound Surveillance System）是美国从 20 世纪 50 年代开始斥巨资开发建立起来的庞大系统，总投资达 160 亿美元。在美国本土东、西两侧的大西洋和太平洋中建立起一系列深水的水听器阵。通过电缆连接到岸上的观察站（20 世纪 80 年代有 18 座），电缆长度达 30 000 海里。

在太平洋区域，SOSUS 构成了南北向的 3 条警戒线：西太平洋海域的第一条警戒线是由苏联的勘查加半岛起经千岛群岛、日本群岛向南延伸到菲律宾和马六甲海域，第二

条警戒线则由阿留申群岛到夏威夷群岛,第三条警戒线则覆盖了美国西海岸外的 200～300 海里(最大达 600 海里)宽的范围。

大西洋海域中也构成了 3 道水声警戒线:东部从斯匹次卑尔根群岛到挪威的西北部;中间自纽芬兰经格陵兰、冰岛、法罗群岛、英国、法国至西班牙;西部,在美国东海岸至墨西哥一带也有宽达 240km 的警戒线。

这个庞大的水声警戒网是逐步建成并不断更新的,它的详细情况至今仍属于保密范围。SOSUS 在战略反潜中产生了很重要的作用,但由于是深水固定布设的,因此工程难度大,难以维护更新。而且起步又早,技术上逐渐落后。作为其补充和改进,美国后来又开发了 FDS(Fixed Distributed System)和 ADS(Advanced Deployable System)等,它们都应用了新的数字信号处理技术。硬、软件主要采用 COTS(Commercial Off The Shelf)技术开发。FDS 还采用了光纤传输技术和局域网。它可以探测低噪声潜艇,可深海工作。它的小型化产品 FDS-D 以及 ADS 都可用于浅海、高噪声海区,既可探测核潜艇又可探测常规潜艇,还可快速布设。

此外,为了弥补固定式水声监视系统的不足,美国还建立了由专用拖船和战略型长拖曳线列阵构成的机动监视系统 SURTASS(Surveillance Towed Array Sonar System)并将 SOSUS 与 SURTASS、FDS 和 ADS 等综合集成为 IUSS(Integrated Undersea Surveillence System)。

为了弥补已有的 SOSUS 和 SURTASS 对低噪声潜艇探测能力的急剧下降所带来的问题,美国执行了 HGI(高增益)计划。HGI 计划采用固定布设的垂直阵和匹配场处理技术来进行探测。第一次成功的试验是在北极海区进行的,探测距离达到 250km。执行HGI 计划以来,已用垂直基阵在深水区和浅水区进行过多项匹配场处理试验。实践证明,在信号场存在垂直多路径-多模式明显特征时,匹配场处理是相当有效的,探测距离为1000km 时,25Hz 频点的深度分辨率优于 50m,距离分辨率优于 2km。

对于不便固定布设垂直阵或需要机动快速使用的场合,则采用声呐浮标型高增益基阵系统,美国海军已经使用的 VLAD(垂直线列阵定向和测距)系统就是一个典型的例子。它采用小型垂直基阵,可空投布设。此外,还有 STRAP(星体跟踪火箭高度定位)系统等。由浮标构成的整个网络都能用实时定位系统进行控制。其中 VLAD 用小型垂直线列阵来提高信噪比,而 STRAP 则是在对各个浮标传感器定位的基础上形成波束。

冷战结束后,随着战略形势和任务的变化,美国已经将 SOSUS 水声监视网部分开放用于海洋生物监视、鲸鱼洄游研究、大洋测温和长期天气变化研究等。同时,重视向浅水、沿岸海域机动布设、方便使用、军民两用和廉价化的方向发展。近年来出现了不少小型且实用的新产品,这些是值得我们注意的动向。例如,美国 Lockheed-Martin 公司等开发的"海洋哨兵"型沿岸水下监视系统就是代表之一。它采用了光纤传输、COTS 硬/软件、谱分析、自适应波束形成等处理技术,价格比普通的舰载或航空声呐便宜得多。它可用来对水下、水面目标的监视、定位,既可用于军事,也可用于监视非法捕鱼、非法移民,用于反恐怖和反海盗行动等。

10.1.5.2　海底预置无人系统

海底预置武器是指将侦察、预警和攻击装备提前布放在重要水域的海床上,通过远程遥控启动执行作战任务。目前,美国、俄罗斯、印度等均对海底预置武器进行了研究。

美国目前主要有 4 种:海德拉(Hydra)系统、有效载荷(UFP)系统、分布式敏捷反潜(DASH)系统和深海定位导航(POSYDON)系统。Hydra 系统可在水深 300m 的海区连续潜伏数月,配合有人驾驶的载具进行水上、水面和水下的能力投送,实现更快速和经济的军事部署。UFP 可在深度 6000m 的海底执行 5 年甚至更长时间的潜伏,通过远程激活后将内置载荷升至水面发射执行态势感知等任务。DASH 由深海和浅海两套子系统完成对敌潜艇的探测和跟踪任务。POSYDON 系统能够快速确定水下执行任务的无人系统的位置,水下平台不再需要定期上浮接收 GPS 信号即可获得导航信息。

俄罗斯于 2013 年在白海进行了名为"赛艇"的水下固定弹道导弹的发射试验,将导弹预先安装在水下容器中,发射时浮起到指定深度发射。

印度在 2008 年通过将大型驳船沉入水下作为发射平台成功试射了"海洋"弹道导弹。

海底预置武器涉及的关键技术主要包括可供长时待机的能源技术、远程激活的通信技术、水下快速上浮技术和密封及耐腐蚀技术等。

10.2　合成孔径成像与干涉合成孔径成像

10.2.1　合成孔径成像原理

合成孔径雷达和合成孔径声呐是一种高分辨的二维成像电子探测设备。SAR 在民用和军用方面应用十分广泛,SAS 也逐步用于民用和军用。

20 世纪 50 年代初,Goodyear 航空公司的 Wiley 提出了基于多普勒频率分析改善雷达方位分辨率思想的距离-多普勒成像原理。根据这一原理,利用运动天线可以得到高方位(或横向)分辨率。合成孔径雷达、声呐都是在这一原理基础上发展起来的。为此 IEEE AES 委员会将 1985 年的 Pioneer 奖授予 Wiley。距离-多普勒成像原理提出已超过七十年,目前没有一项雷达的新理论可以与之相媲美。

目前合成孔径雷达(SAR)的发展已相当成熟。从载体平台来分有星载合成孔径雷达和机载合成孔径雷达,从工作模式来分有正侧视、斜视、Spotlight、多通道、多极化等,从工作体制来看有合成孔径雷达、转台成像雷达、逆合成孔径雷达(ISAR)。

合成孔径声呐(SAS)几乎与 SAR 同时起步,但发展速度似乎远远落后于 SAR。可能原因是:

(1) 由于水声信道相位稳定性差,合成孔径难以达到预想的结果。

(2) 水下导航困难。

合成孔径成像的最大优点是:分辨率与距离和工作频率无关。分辨率与距离无关意味着可以得到远距离目标的高分辨图像。分辨率与频率无关意味着可以采用低频率工作。低频电磁信号可以穿透树林和地表,可以发现隐藏在树林中的目标和地表下的古代遗址。低频声波可以穿透海底表层,用于掩埋水雷的探测。

　　合成孔径成像的基本原理是距离-多普勒成像原理。距离-多普勒成像原理用通俗的语言可表述为:用大带宽信号获得距离维的高分辨率,用多普勒频率获得横向距离的高分辨率。由雷达和声呐的分辨理论可知,距离分辨率 $\Delta\rho_r$ 与信号带宽 B 的关系为

$$\Delta\rho_r = \frac{C}{2B} \tag{10.1}$$

其中,C 为波速,因此增大信号带宽可以提高距离分辨率。

　　1. 合成孔径成像的阵列解释

　　合成孔径成像的横向线分辨率 $\Delta\rho_c$ 可以用合成阵列的原理加以解释。图 10.17 给出了一个匀速直线运动侧视雷达的平面图。假定声呐发射了 N 个脉冲,相当于 N 个阵元的实孔径基阵。假定雷达天线的尺寸为 D,其波束宽度为 β。假定雷达到目标的垂直距离为 R_0,且波束宽度窄到有 $\beta \approx \tan\beta$ 成立,那么雷达波束的照射宽度为

$$L_s = R_0 \times \beta = \frac{R_0\lambda}{D} \tag{10.2}$$

　　聚焦合成处理后,从如图 10.17 所示的几何关系可以看出,点 A 相当于用尺寸为 $2L_s$ 的基阵照射(由于双倍的程差),其对应的横向线分辨率为

$$\Delta\rho_c = R_0 \times \frac{\lambda}{2L_s} = \frac{D}{2} \tag{10.3}$$

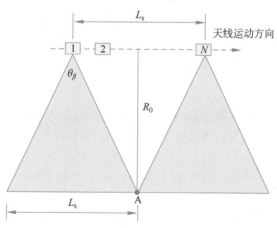

图 10.17　合成孔径雷达几何关系

　　从式(10.3)可以看到这样一个有趣的事实:基阵尺寸越小,合成孔径雷达横向线分辨率越高,这与传统的雷达或声呐正好相反。然而这很容易解释,雷达天线尺寸越小,其波束越宽,物体受照射时间也越长,合成孔径尺寸也越大,其对应的分辨率就越高。但方位分辨率不能无限地提高,可以证明合成孔径成像方位分辨率极限为 $\rho_c \leqslant \frac{\lambda}{4}$。

　　这种合成阵列解释容易接受,但从信号处理角度来看,是不合适的。这种直观解释掩盖了一个重要理论:利用多普勒频率的变化率或变化梯度可以提高横向分辨率,即 Wiley 提出的利用多普勒频率分析改善雷达方位分辨率的思想。

2. 合成孔径成像原理的脉冲压缩解释

假定雷达做匀速直线运动。如图10.18所示,雷达天线沿 X 轴做匀速直线运动,其速度为 v。

雷达的位置为

$$x = vt \tag{10.4}$$

目标回波的多普勒频率为

$$f_d = \frac{2v}{\lambda}\sin\theta \tag{10.5}$$

当角度 θ 不大时,有

$$\sin\theta \approx \tan\theta = \frac{x}{R_0} \tag{10.6}$$

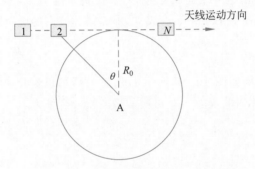

图 10.18 合成孔径雷达多普勒频率几何关系

将式(10.6)代入式(10.5),得

$$f_d = \frac{2v}{R_0\lambda}x = \frac{2v^2}{R_0\lambda}t \tag{10.7}$$

这表明,回波是一个脉间线性调频信号。如果对这一信号进行脉压处理,则可以得到高的横向线分辨率。由式(10.2)可知,这个线性调频信号的持续时间为

$$T_s = \frac{R_0\lambda}{Dv} \tag{10.8}$$

信号的调频斜率为

$$\mu = \frac{d\omega_d}{dt} = \frac{4\pi v^2}{R_0\lambda} \tag{10.9}$$

由式(10.8)、式(10.9)可得该线性调频信号的带宽为

$$B_c = \frac{2v}{D} \tag{10.10}$$

其脉压后的脉冲宽度为 $T' = \dfrac{1}{B_c}$。由此计算出其对应的横向线分辨率为

$$\Delta\rho_c = vT' = \frac{v}{B_c} = \frac{D}{2} \tag{10.11}$$

该式与式(10.3)不谋而合。从上述的讨论可以看出,在可以解耦的前提下,合成孔

径信号处理可以用二维的脉压完成：首先是距离维的脉压，它是脉内的脉压；然后是方位维的脉压，它是脉间的脉压。这一过程可用二维离散傅里叶变换完成。表 10.4 给出了合成孔径成像的多普勒参数表。

表 10.4　多普勒参数表

名　称	公　式	名　称	公　式
综合孔径时间 T_s	$\dfrac{\beta R}{v} = \dfrac{\lambda R}{Dv}$	多普勒斜率	$\dfrac{2v^2}{\lambda R}$
多普勒带宽	$\dfrac{2\beta v}{\lambda} = \dfrac{2v}{D}$	时间带宽积	$\dfrac{2\lambda R}{D^2}$

合成孔径成像系统的脉冲重复频率选择是一个至关重要的参数。为了保证测距不模糊，有

$$\text{PRF} \leqslant \frac{C}{2R_{\max}} \qquad (10.12)$$

同时，为了脉间线性调频信号采样率，要求脉冲重复频率必须满足：

$$\text{PRF} \geqslant B_c = \frac{2v}{D} \qquad (10.13)$$

当波速和平台运动速度可比拟时（如星载 SAR 或 SAS），两者对脉冲重复频率的要求往往是矛盾的。有效的方法是采用多接收子阵技术，用真实孔径来弥补合成孔径采样率不足的问题。多接收子阵合成孔径成像算法至今仍是一个开放问题。

"运动是答案，运动是问题。"这句话高度概括了合成孔径成像的特点。没有天线或基阵的匀速直线运动就形成不了空间虚拟的阵列。但实际载体运动总是偏离匀速直线的，这种运动误差会带来合成孔径图像品质的降低，必须予以补偿，这个过程称为运动补偿。对于机载合成孔径雷达和合成孔径声呐来说，运动补偿是合成孔径信号处理不可缺少的环节。

合成孔径成像有 3 种工作方式：正侧视、斜视和聚束模式（Spotlight）。若基阵指向与航迹垂直，则称为正侧视工作方式；若基阵指向与航迹不垂直且夹角固定，则称为斜视工作方式；若基阵指向在不断变化以始终指向在目标某一点上，则称为聚束模式。聚束模式分辨率同下面讨论的逆合成孔径声呐一样，仅与视在转角有关，而与基阵孔径大小无关，因而可以达到很高的横向分辨率，但它仅能对有限的区域成像。

3. 合成孔径的相位史

如图 10.18 所示，雷达位置为 vt，对于位于 $(r, 0)$ 的点目标，雷达与目标的距离为

$$R(t; r) = \sqrt{(vt)^2 + r^2} \qquad (10.14)$$

不难看出，当合成孔径长度远小于距离 r 时，式（10.14）可以近似为

$$R(t; r) \approx r + \frac{(vt)^2}{2r} \qquad (10.15)$$

可以看出，雷达与点目标的距离近似为抛物线，合成孔径雷达的原始信号和脉冲压缩后的信号如图 10.19 所示。该距离对应的相位为

$$\phi(t;r) = \frac{4\pi R(t;r)}{\lambda} \approx \frac{4\pi}{\lambda}\left[r + \frac{(vt)^2}{2r}\right] \qquad (10.16)$$

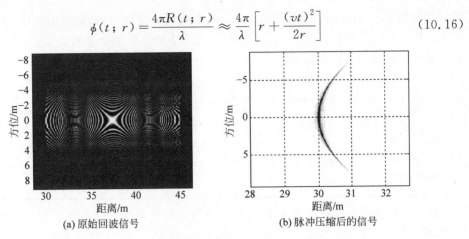

(a) 原始回波信号　　　　　　　　(b) 脉冲压缩后的信号

图 10.19　合成孔径雷达的原始信号和脉冲压缩后的信号

从其相位史可以看出,合成孔径雷达的波前是弯曲的,且在不同距离上,弯曲的程度是不同的。也就是说,合成孔径的相位史决定了它的回波在距离和方位上是耦合的。根据同相叠加原理,一方面要将弯曲的回波包络校正成直线,使其可以解耦成距离维和方位维,可以单独进行脉冲压缩;另一方面还必须补偿由于波前弯曲带来的相移。同时,由于这种校正和补偿是空变的,因此合成孔径成像算法非常复杂。

10.2.2　逆合成孔径雷达成像原理

逆合成孔径成像雷达(ISAR)假定目标做匀速转动,雷达天线静止不动。图 10.20 给出了 ISAR 的二维平面图。假定包含在雷达声呐波束内的目标以角频率 ω_r 绕点 O 匀速转动,点目标 P 的多普勒频率为

$$f_d = \frac{2v\cos\alpha}{\lambda} = \frac{2\omega_r r\cos\alpha}{\lambda} = \frac{2\omega_r x}{\lambda} \qquad (10.17)$$

其中,r 为目标与 O 点的距离。α 为 r 与 X 轴的夹角。由式(10.17)可得,逆合成孔径雷达的横向线分辨率为

$$\Delta x = \Delta f_d \frac{\lambda}{2\omega_r} = \Delta f_d \frac{\lambda}{2\frac{\Delta\theta}{T}} = \Delta f_d T \times \frac{\lambda}{2\Delta\theta} = \frac{\lambda}{2\Delta\theta} \qquad (10.18)$$

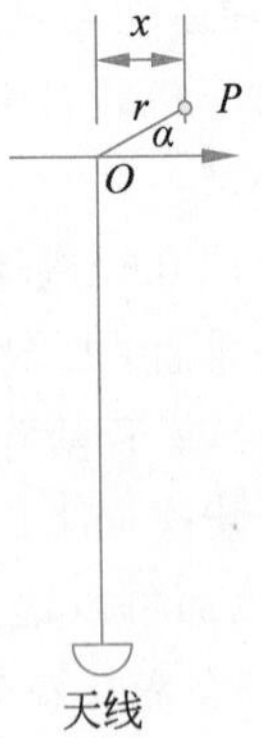

其中,T 为相干积累时间或观测时间。$\Delta\theta$、Δf_d、λ 分别为目标的转角、多普勒频率分辨率和发射信号的波长。最后一个等式成立是因为:经典信号处理中频率的测量精度与时间成反比。从式(10.18)可以看出,这种成像雷达的横向线分辨率仅与目标的

图 10.20　ISAR 的二维平面图

转角大小有关,转角越大横向分辨率越高。逆合成孔径雷达与医用 CT 本质上是相同的,都是要求目标与传感器有相对视角改变。但 ISAR 是目标旋转,而 CT 是探头在旋转。ISAR 一般属于小转角情形,目标散射点一般不超过一个距离分辨单元;而 CT 属于大转角情形。如果目标为理想的旋转运动,那么 ISAR 也可以借助 CT 成像算法,得到很

高的分辨率。在目标缩比模型的微波暗室转台测量中,如果转角太大,则必须采用 CT 的成像算法。

为了保证测速不模糊,逆合成孔径雷达的脉冲重复频率必须满足

$$\text{PRF} \geqslant \frac{2\omega_{max} x_{max}}{\lambda} \tag{10.19}$$

其中,ω_{max} 和 x_{max} 分别为目标的最大角速度和尺寸。

假定旋转速度是均匀的,式(10.19)表示的条件也等价于转角的步进量为

$$\Delta\delta \leqslant \frac{\lambda}{2x_{max}} \tag{10.20}$$

通常目标运动时除了转动分量外,还有径向运动分量。对于逆合成孔径雷达来说,径向运动需要被补偿掉,这一过程称为运动补偿。ISAR 由于目标运动是非合作的,因此运动补偿必须利用回波之间的相关性。在低信混比时,运动补偿不彻底,会严重影响成像的质量。

运动补偿的主要步骤是:

(1) 包络对齐。将前后相邻两个脉冲得到的距离像 $f_{i-1}(t)$,$f_i(t)$,进行互相关

$$r(\tau) = \int_{-\infty}^{\infty} f_{i-1}(t) f_{i-1}(t+\tau) \mathrm{d}\tau \tag{10.21}$$

互相关峰值的时延 τ 即为后一个距离像相对于前一个距离像的时延,根据这个时延移动后一个距离像,使得后一个距离像与前一个距离像对齐。假定距离对齐后的第 i 个脉冲得到的距离像复包络为 $e_i(t)$。

(2) 相位补偿。包络对准只是将各距离单元的信号移到了所属的距离分辨单元,但是由于信号已经解调,所以距离移动不会改变由于径向运动造成的高频相位改变,即使信号没有解调,包络对齐的时延精度也无法满足径向运动带来的相位误差补偿精度。为了补偿高频相位,应计算相邻两个距离像复包络之间的平均相位差的复指数。

$$\mathrm{e}^{\mathrm{j}\phi} = \frac{\int_{-\infty}^{\infty} e_{i-1}^*(t) e_i(t) \mathrm{d}t}{\left| \int_{-\infty}^{\infty} e_{i-1}^*(t) e_i(t) \mathrm{d}t \right|} \tag{10.22}$$

将后一个脉冲的距离像复包络乘上该复指数的共轭,使前后两幅距离像的复包络平均相位相同。

10.2.3　干涉合成孔径成像原理及应用

垂轨(cross track)干涉合成孔径雷达和干涉合成孔径声呐(InSAS 或 IFSAS),可以得到目标的三维像。

以 InSAR 为例,垂轨干涉测量原理简述如下。InSAR 在 SAR 基础上增加一副或多副垂直于航迹的接收基阵,通过比相测高的方法得到场景的高度信息,从而得到三维图像。

如图 10.21 所示。两接收天线 A_1、A_2 之间的连线称为基线,该基线与天线或阵运动的轨迹垂直,也就是说,图上两个阵元的运动方向是垂直纸面的。基线的参数有基线的长度 B 和倾角(与水平夹角 α)。

对于测绘场景某点,两阵元接收到的信号的相位差(以阵元 1 为参考)为

$$\phi = \frac{2\pi}{\lambda}[\rho_2 - \rho_1] \qquad (10.23)$$

由图 10.21 和余弦定理有

$$\rho_2^2 = \rho_1^2 + B^2 - 2\rho B \cos(90 - \theta + \alpha) \quad (10.24)$$

基于平面波(远场)假设,式(10.23)可简写成

$$\varphi = \frac{2\pi}{\lambda}B\sin(\theta - \alpha) \qquad (10.25)$$

由几何关系可得

$$\cos\theta = \frac{H-h}{\rho_1} \qquad (10.26)$$

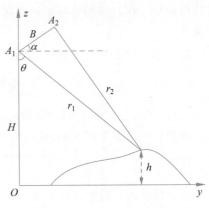

图 10.21　干涉测深原理图

利用式(10.25)、式(10.26)即可得到场景的高度:

$$h = H - \rho_1\cos\theta \qquad (10.27)$$

不难看出,干涉合成孔径成像实际上是利用相位来测量距离差,而该距离差反映了高程信息,属于相位测距的应用。我们知道,比相测高基线越长,精度越高。为了提高测高精度,干涉基线长度通常远远超过半波长,这样就出现了相位模糊问题或相位卷绕(phase wrapping)问题。鉴相器输出的相位不是式(10.25)的值,而是在 $[-\pi,\pi]$ 区间的主值。为了得到实际相位,必须通过解卷的方法消除相位模糊,得到真正的相位差。消除相位模糊的过程称为相位展开(phase unwrapping)。

以上讨论的干涉合成孔径方式称为单过次,即一个航次就可以得到干涉图,代价是必须有多个接收天线或阵,这增加了设备的复杂性。如果利用单个天线或阵,多次平行飞行得到垂轨基线,进行干涉测量,则称为多过次。多过次的平行度难以保证(尤其是机载),如果两次飞行前后时间过长,相干性会降低,影响干涉测量的性能。

从分辨的角度看,干涉成像的三维像是伪三维的,因为它在高度维没有分辨率能力,但它的测量精度非常高,这再次说明了分辨率与测量精度不是同一个概念。干涉测量的前提是测绘场景为面散射。当同一距离上有两个散射点(称为距离重叠现象)或出现体散射时,高度测量就会出现错误。但是瑕不掩瑜,干涉合成孔径技术确实取得了巨大的成功,美国 SRTM(Shuttle Radar Tomography Mission)计划就证明了这一点。近年来,干涉合成孔径声呐也在陆续装备外国海军,用于水雷探测等。

图 10.22 是我国自行研制的干涉合成孔径声呐的二维声图和三维声图,其分辨率为 2.5cm×5cm。图 10.23 是干涉合成孔径信号处理流程图。

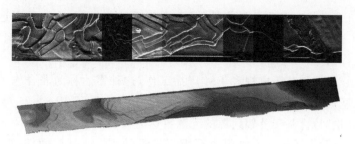

图 10.22　干涉合成孔径声呐的二维声图和三维声图

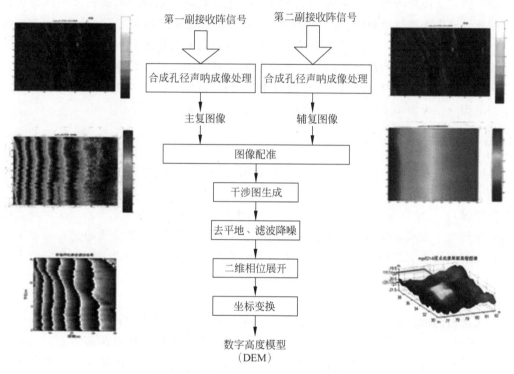

图 10.23　干涉合成孔径信号处理流程图

10.3　无源多基地雷达

无源雷达在电子对抗中广泛用于对辐射源的侦察和定位。其载体平台可以是陆基、空基和天基,包括单基地和多基地两种模式。地面一般为多基地模式。

近年来,为了抗辐射导弹和探测隐身飞机,无源多基地雷达也用于目标探测。"维拉-E"雷达由于在 1999 年 3 月末南联盟击落美军 117A"夜鹰"隐形战机的战斗中发挥了重要作用而名噪一时。"维拉-E"可同时探测和跟踪 200～300 个空中和地(海)面目标,对空探测最远距离为 450km。乌克兰的"铠甲"雷达性能更优,可探测 800km 远的空中目标,是目前世界上同类雷达系统中捕捉目标距离最远的系统。此外,无源雷达的成本低于常规雷达。

无源辐射源包括飞机上的电子设备辐射和外部辐射(如电视、广播和基站)。从原理上讲,利用飞机自身的辐射源是最有效的,不仅无需外辐射源、作用距离远,而且可以判别目标的属性,但需要强大的电子侦察数据库支持。"维拉-E"和"铠甲"都是利用飞机辐射信号进行工作的。

"寂静哨兵"雷达则基于电视和 FM 广播工作,这种雷达称为非合作式双基地雷达,也称为无源双基地雷达(PBR)。其工作频段为 50～80MHz,采用 8×25 英寸的相控阵天线,数据率为 8 次/秒。基于外辐射源的无源雷达的核心技术是无源相干定位技术,其基本思想是以己方、敌方或中立方民用或军用辐射源(如雷达、电台)发射的直达波信号或近距离固定杂波作为参考。然而,在工程中仍遇到了诸多问题,例如,如何从很强的直达波和背景噪声中检出微弱信号、如何测量"非合作模拟电视广播信号"对目标回波的"到达角"(AOA)和"到达时间差"(TDOA)数据,以及如何解决跟踪目标时由于模拟电视图像信号的周期性变化使探测距离有很高的模糊度等问题。多普勒频差不仅可以改善在直达波和杂波的干扰背景下对目标的检测能力,而且可以解模糊,并提高定位精度。

下面介绍无源多基地雷达的主要定位方法。

10.3.1 基于时差定位

陆基或海基"多站无源定位系统"一般采用长基线时差定位(TDOA)。其特点是定位精度高,但要完成两坐标定位跟踪的任务,至少需配置 3 个侦收站(两副一主)。根据几何原理,若二维定位时平面上一个动点到两个定点的距离差为定值,那么这个动点的集合将形成一条双曲线,有两对这样的定点,便形成两条双曲线,双曲线的交点确定了这个动点的平面坐标。动点到两个定点的距离差可用时差来表示,因此,距离差定位也称时差定位。如果目标为空间目标,则至少需要 4 个侦收站(三副一主)。国外典型的时差定位系统为捷克的"维拉-E"系统。

无源雷达时差定位有两个实现途径:一是架设专门的通信链路,将副站信号传送到主站,各自与主站信号进行互相关以测量时差,适用于目标自身辐射源的情形。二是利用直达波和目标回波互相关测量相对时延,可省去宽带通信链路,此时辐射源到两个侦收站的距离应预先测量,适用于外辐射源的情形。但这种方法受到杂波的干扰,往往很难提取出直达波。

为了提高互相关测时的精确性,照射信号带宽一定要大。电视和数字电视信号就是很好的照射源。

10.3.2 到达方向交叉定位

每个站利用超短基线或短基线干涉仪对目标进行角度测量,两个站角度交叉即为目标的位置。超短基线和短基线分别利用相位测角和时延测角,分别适合窄带辐射源和宽带辐射源。超短基线的长度不能超过半波长,否则会出现测向模糊。

由于波束随距离增大变宽,因此到达方向交叉定位精度随目标距离增大而迅速降低。当基于时差定位的系统只有两个接收站时,可以采用到达方向交叉定位方法消除距离模糊。

10.3.3　差分多普勒定位

测向定位较难实现精确定位,测时差定位的优点是定位精度高,但存在定位模糊的缺点。多普勒频差无源定位方法具有不模糊、精度高等优点。首先讨论双基地多普勒频率。

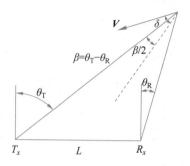

如图 10.24 所示,考虑两坐标情形,且假定收发天线静止。目标相对接收与发射天线视线方向与正北的夹角分别为 θ_T、θ_R。收发天线的连线 L 称为基线,目标与收发天线的夹角 $\beta = \theta_T - \theta_R$ 称为双基地角,其平分线为图中的虚线。目标的速度矢量 V 与双基地角平分线的夹角为 δ。容易证明多普勒频率为

$$f_B = \frac{2V}{\lambda}\cos\delta\cos(\beta/2) \qquad (10.28)$$

当 $\beta = 0°$ 时,式(10.28)变成单基地多普勒频移。δ 是速度矢量和雷达-目标视线的夹角,并且视线和双基地角平分线共线。当 $\beta = 180°$ 时,即前向散射情况,对任意的 δ,$f_B = 0$。

图 10.24　双基平面内双基 多普勒几何关系

思考题与习题

10.1　简述合成孔径成像原理。

10.2　设卫星距离地面 700km,雷达的频率为 3GHz,要获得 10m 的方位分辨率,采用合成孔径成像方法时天线尺寸为多大?采用常规波束形成时天线尺寸为多大?

10.3　SRTM 为一种干涉合成孔径雷达,其基线长为 60m,工作频率为 10GHz,基线倾角为 30°,其运行轨道高度为 200km,在距离该雷达 280km 的某一区域其相位差为 32 弧度,求该区域的高度?

10.4　无源多基地雷达的主要定位方法有哪几种?

第 11 章

电子对抗基本原理

11.1 电子对抗的定义及分类

11.1.1 电子对抗的定义

随着电磁战技术、装备和战术的发展,电磁战的内涵不断扩展,定义几经修改。海湾战争后,美军根据电磁战的实际经验,认为使用多年的电磁战概念已不契合现代战争的实际。1993 年 3 月,在美国参谋长联席会议第 6 号政策备忘录中,将电磁战重新定义为:"所有运用电磁能或定向能以控制电磁频谱或攻击敌方的军事行动。"主要内容有电子攻击(Electronic Attack,EA)、电子防护(Electronic Protection,EP)和电磁战支援(Electronic Support,ES)。

电子攻击是指以削弱、抵消或摧毁敌方战斗力为目的,而使用电磁能和定向能攻击敌方人员、设施或装备的行动。电子攻击的主要手段包括电子干扰、电子欺骗、反辐射武器、定向能武器、电磁欺骗和目标隐身。

电子防护是指在己方对敌方实施电磁战或敌方运用电磁战削减、抵消或摧毁己方战斗能力时,为保护己方人员、设施和装备不受任何影响而采取的各种行动。它包括电子抗干扰、电磁加固、频率协调、信号加密、反隐身等各种防护措施。

电磁战支援是指在作战指挥官分派或在其直接控制下,为搜索、截获、识别、定位有意和无意的电磁辐射源,以达到辨认威胁的目的而采取的行动。电磁战支援包括信号情报、战斗告警和战斗测向 3 部分。其功能是为电磁战作战、威胁规避、目标导向和其他战术行动的适时决策提供所需的情报信息,也是实施电磁战的前提。

图 11.1 是新定义的电子对抗包含的内容。3 部分交叠表明某些电磁战行动不止属于某一个范畴。

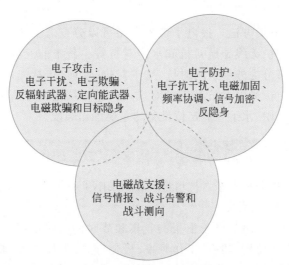

图 11.1 电子对抗包含的 3 个部分

2011 版军语对电子对抗的定义是:电子对抗亦称电磁战。使用电磁能、定向能和声能等技术手段,控制电磁频谱,削弱、破坏敌方电子信息设备、系统、网络及相关武器系统或人员的作战效能,同时保护己方电子信息设备、系统、网络及相关武器系统或人员作战效能正常发挥的作战行动,包括电子对抗侦察、电子进攻、电子防御,分为雷达对抗、通信对抗、光电对抗、无线电导航对抗、水声对抗,以及反辐射攻击等,是信息作战的主要形式。

电子对抗侦察是指使用电子技术手段,对电磁(或水声)信号进行搜索、截获、测量、分析、识别,以获取敌方电子信息系统、电子设备的技术参数、功能、类型、位置、用途以及相关武器和平台类别等情报信息的侦察。它包括电子对抗情报侦察和电子对抗支援侦察。

电子进攻是指使用电磁能、定向能、声能等技术手段,扰乱、削减、破坏、摧毁敌方电子信息系统、电子设备及相关武器或人员作战效能的各种战术技术措施和行动。它包括电子干扰、反辐射摧毁、定向能攻击、计算机病毒干扰等。

电子防御是指使用电子或其他技术手段,在敌方或己方实施电子对抗侦察及电子进攻时,保护己方电子信息系统、电子设备及相关武器系统或人员的作战效能的各种战术技术措施和行动。

显然,美军电磁战的定义中所表述的内涵与我军的电子对抗相近,其中 3 个组成部分(电磁战支援、电子攻击、电子防护)分别与我军电子对抗中的电子对抗侦察、电子进攻、电子防御相对应。但是,美军对电磁战的定义仅局限于作战使用过程,实际上电磁战不仅在战争时期进行,在战争后及和平时期也广泛使用。因此我军在电子对抗定义中在引入了"电子对抗侦察"专用术语的同时,把它分为预先侦察(电子对抗情报侦察)和直接侦察(电子对抗支援侦察)。

11.1.2 电子对抗的分类

电子对抗有多种分类方法。按电子设备类型可以分成通信对抗、雷达对抗、光电对抗、制导对抗、引信对抗、无线导航对抗和水声对抗等。其中前三者是大家熟知的"三大电子对抗"。按空间可分为外层空间对抗、空中对抗、地面(包括海面)对抗和水下对抗。从频域可分为射频对抗、光电对抗和声学对抗。声学对抗主要应用于水下信息对抗,从次声波到超声波,是声呐、水下导航定位设备的主要工作频段。

11.2 电子对抗侦察

电子对抗侦察可以分成电子对抗情报侦察(ELINT)、电子对抗支援侦察(ESM)和雷达寻的和告警(RHAW)三大类。

电子对抗侦察包括平时的电子情报的收集和战时的实时侦察。平时电子情报收集主要包括收集辐射源的位置、功率、工作频率、极化方式、工作波形、波形参数(如雷达的脉冲重复频率、脉宽等)以及一些精细的频谱结构,并形成数据库。各国都有电子侦察机和侦察船,用于侦察他国电子设备的参数。侦察船还需要收集他国舰船辐射噪声数据。战时可直接利用这些数据库,或结合实时侦测的结果实施电子攻击。战时电子侦察除了平时侦察参数外,还需要脉冲到达时间、信号幅度等参数,以供欺骗干扰时使用。

告警系统是当目标受到雷达、导弹或鱼雷威胁时,告警设备会警示作战人员采取行动,例如,飞机装有告警雷达,舰艇装有鱼雷告警声呐。这些告警设备可能是与其他雷达或声呐共用硬件平台,也可能是单独的设备。图 11.2 是美国海军使用的 AN/ALR-45F 雷达告警器。

图 11.2　美国海军 AN/ALR-45F 雷达告警器

定位和测频是电子侦察的主要内容。定位包括测向和定位两方面。测向对于电子对抗来说是最为重要的,因为有了辐射源的方向即可实施有效的干扰。测向的基本方法参见第 4 章的介绍。电子对抗的测向相对雷达、声呐会容易一些,因为辐射源到达侦察机的信号为单程衰减,信噪比一般较高。电子对抗中的测向一般采用多基线干涉仪方式以提高测角精度。对辐射源进行定位(即地球坐标系下位置)也是必需的,例如,假目标欺骗干扰就需要雷达的位置信息。定位方法包括到达方向和时差定位法等,与无源雷达和水声定位相似。

本节主要介绍侦察系统的技术指标、信号测频和信号处理。

11.2.1　侦察系统的主要技术指标

1. 灵敏度

灵敏度是指在满足侦察接收机对接收信号能量正常检测的条件下,在侦察接收机输入端的最小输入信号功率,也称最小功率门限。一般分为最小可辨信号灵敏度、切向信号灵敏度、工作灵敏度、检测灵敏度 4 种。最小可辨信号和切向信号灵敏度常用来比较各种接收机检测信号的能力,工作灵敏度和检测灵敏度是实际工作中要采用的灵敏度。侦察系统灵敏度的具体表示方法常用的有以下 3 种:

(1) 侦察系统接收机输入端的最小信号功率 S_p,单位为 W 或 mW(或 dB 或 dBm)。这种方法所表示的灵敏度未考虑侦察天线的影响,而侦察天线一般为多个,因此,这种方法不能很好地反映系统的性能。

(2) 侦察天线口面处的单位面积上最小电磁辐射场强或能流密度 S_w,单位为 W/m^2 或 mW/m^2(或 dB/m^2 或 dBm/m^2)。它反映了包括天线在内的整个侦察接收系统的性能,对具有多个侦察天线的系统,这种表示方法较为科学。对只有一个天线的系统,这两种表示方法的关系为 $S_p = S_w A$,A 为天线有效孔径面积。

(3) 0dB 理想天线时的最小输入功率 S_i,单位为功率单位,记为 dBi 或 dBmi,它与 S_w 的关系为 $S_w = S_i \lambda / 4\pi$,其中 λ 为信号波长。

2. 动态范围

动态范围是指侦察系统能够正常检测信号的强度范围,有饱和动态范围和瞬时动态范围之分。饱和动态范围描述接收机正常工作所允许的输入功率变化范围,一般用正常检测条件下输入信号的最大功率与最小功率之比表示。由于侦察机要能接收和处理同时到达信号,然而强信号产生的寄生信号会掩盖弱信号或使参数测量精度降低,因此采用瞬时动态范围这一指标限制寄生信号电平,瞬时动态范围亦称为无寄生动态范围。

3. 测频范围、瞬时带宽、测频精度和频率分辨力

测频范围,又称侦察频段,是指测频接收机最大可测量的信号频率范围。测频范围根据侦察系统所担负的具体任务而定,通常为几个或十几个倍频程。在测频范围较宽,一部测频接收机不能覆盖时,通常可分为几个频段,由几部测频接收机覆盖。

瞬时带宽是指测频接收机在任一瞬间可以测量的信号频率范围。

测频精度是指测频接收机输出信号的频率测量值与信号频率的真值之间的误差,一般用统计值描述。

频率分辨力是指测频接收机所能分开的两个同时到达信号的最小频率差。

4. 测向范围、瞬时测向范围和测向精度

测向范围是指测向接收机能够检测的辐射源的最大角度范围。

瞬时测向范围是指在任意给定时刻测向接收机能够测量辐射源的角度范围。

测向精度是指测向接收机测得的辐射源方向与辐射源的真实方向之间的误差。一般采用均方根误差表示,记为 σ_θ。目前测向设备的精度约为 5°,高精度测向设备的精度约为 1°。

5. 信号参数测量范围和精度

侦察系统为了分辨和识别辐射源,需要对信号的多种参数进行测量,最常见的测量参数有脉冲重复频率(或重复周期)、脉冲宽度、脉冲幅度等。对每种参数的测量都有相应的测量范围和测量精度,参数测量精度通常用均方根误差表示。

6. 截获概率和截获时间

截获概率是指当辐射源和侦察系统都处于工作状态时,在一定的给定时间内,侦察系统能够截获信号的概率,用 P 表示。截获时间则是指达到给定概率所需的时间。

侦察系统对辐射源信号的侦收要经过接收机接收、检测和测量信号(称为前端截获),再由信号处理机进行分选、识别、参数测量,才能输出对每个辐射源识别的结果(称为系统截获)。因此,截获概率有前端截获概率和系统截获概率之分,前端截获是系统截获的前提和保证。前端截获概率主要决定于接收机的体制、信号环境和辐射源特性。在给定信号环境下,对指定辐射源的系统截获概率和截获时间不仅取决于信号处理电路和处理软件,且与前端接收机对信号检测和测量的质量及截获概率有关。因此,不同用途的侦察接收机所采用的技术体制不同,而为了保证截获概率和截获时间,常常将两种以上不同体制的测频技术结合使用。

7. 信号环境适应能力

信号分选、识别是信号处理机的主要功能,信号处理的能力通常用以下 3 个指标来描述。

(1) 信号环境密度,是指侦察系统能够正常接收并处理信号时所处空间位置的随机信号流的每秒平均脉冲数,其值通常为每秒 10 万至 100 万个脉冲。

(2) 能够分选的辐射源数量,一般为几部到几百部雷达。

（3）能够分选、识别的辐射源的类型。以雷达辐射源为例，其类型很多，按照工作类型可分为警戒、引导、炮瞄、火控、制导等；按照信号类型可分为连续波、脉冲调制（单频、频率分集、线性调频、频率捷变、频率编码、相位编码）等。通常，侦察系统可分选和识别的辐射源类型由其用途决定。

11.2.2　测频接收机

测频接收机的作用是对来自侦收天线阵的信号进行载频测量。

载频是辐射源最重要的参数之一。目前，雷达的工作频率分布范围较广，从米波到毫米波段，分布有各种不同功能和用途的雷达，有源干扰机的工作频率范围与之相当。但是相对于载频而言，单部雷达的工作频率的变化范围很窄，即是窄带工作的。因此，辐射源载频是侦察系统进行信号分选、威胁识别的重要参数之一，对辐射源信号载频的测量是各类侦察系统必备的功能。

测频接收机的种类较多，目前使用较多的有搜索式超外差测频接收机、信道化接收机、比相法瞬时测频接收机、压缩接收机、声光接收机、数字接收机等。每种接收机各有不同的优缺点。在实际使用中，往往将两种以上配合使用，以取长补短。下面介绍两种最常用的测频接收机。

1. 信道化接收机

信道化接收机是一种具有截获概率大、测频精度高、动态范围大、灵敏度高等优点的侦察接收机，在复杂、密集的辐射源信号环境中，首先利用频率分辨，将其他维度不能分辨的信号分开来处理，具有处理多个同时到达信号的能力。所以，在现代电磁战支援侦察系统中得到了广泛应用。它相当于多个窄带接收机同时工作，因此不需要进行频率扫描。下面介绍一种纯信道化接收机。

如图 11.3 所示，纯信道化接收机是先利用波段分路器或带通滤波器组把总的侦察频段分为 n 个分波段，再利用 m_1 个第一变频器将各个波段分路器的输出信号变成 m_1 路中频频率和频带完全相同的信号，经中频放大器输出两路信号。一路经过检波和视频放大器，送到门限检测器进行门限判别，再由逻辑判决电路确定出信号的频谱质心（即中心频率），最后由编码器编出信号频率的波段码字；同时，另一路信号送往各自的分波段分路器，再分成 m_2 等份，每个分波段的信号再经过第二变频器和第二中频放大器分两路输出。这两路输出信号一路经过检波和视频放大器，送往门限检测器、逻辑判决电路和编码器，编出信号频率的分波段码字；另一路继续重复以上过程，直到频率分辨力满足要求为止。

如果进行了 n 次分路，每次分频路数为 m_i 接收机的频率分辨力为

$$\Delta f = \frac{f_{max} - f_{min}}{\prod\limits_{i=1}^{n} m_i} \tag{11.1}$$

式中，f_{max} 和 f_{min} 分别为侦察机测量频率的最大值和最小值。

由纯信道化接收机原理框图可以看出，这种接收机具有宽开式晶体视频接收机和超

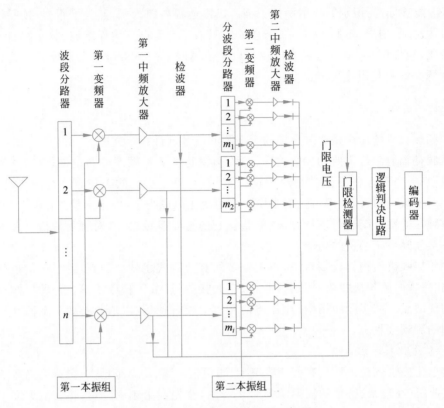

图 11.3　纯信道化接收机原理框图

外差接收机的优点,频率截获概率为100％,且灵敏度高。但也存在结构复杂,功耗、体积和重量大,造价高的缺点。信道化接收机有一些简化的实现方案,如频率折叠式信道化接收机和时分制信道化接收机。

2. 比相法瞬时测频接收机

瞬时测频接收机(IFM)是利用延迟线或其他技术手段,采用延时相关将频率信息转变为相位信息,通过鉴相器实现对信号频率瞬时测量的侦察接收设备。

IFM具有宽的瞬时带宽、高截获概率、高测频精度和窄脉冲适应能力,且体积小、重量轻、成本低。IFM是一类成熟的电磁战接收机,主要用于告警系统。IFM的最大缺点是难以对多个源进行测量。

延时相关测频的方法在 PD 雷达和 ADCP 中提过,如图 11.4 所示。

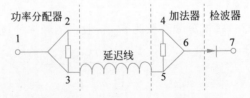

图 11.4　延时相关测频原理框图

假设输入的信号为复信号:

$$u_1(t) = \sqrt{2}\,\widetilde{A} = \sqrt{2}\,A\,\mathrm{e}^{\mathrm{j}\omega t} \tag{11.2}$$

那么 2、3 两点的信号均为

$$u_2(t) = u_3(t) = \widetilde{A} = A\,\mathrm{e}^{\mathrm{j}\omega t} \tag{11.3}$$

4 点相对于 2 点的相移为零,于是 $u_4(t) = u_2(t)$,5 点相对于 3 点电压有一个时间延迟,其电压为

$$u_5(t) = A\,\mathrm{e}^{\mathrm{j}(\omega t - \phi)} \tag{11.4}$$

其中,$\phi = \omega\tau = \omega\Delta L / C_g$。$\Delta L$ 和 C_g 分别为延时线长度和电磁波在延时线中的波速。6 点的信号及模值为

$$u_6(t) = u_4(t) + u_5(t) = A\,\mathrm{e}^{\mathrm{j}\omega t}(1 + \mathrm{e}^{-\mathrm{j}\phi})$$

$$|u_6(t)| = A\sqrt{1 + \cos(\omega\tau)} \tag{11.5}$$

经过平方律检波器,输出包络平方为

$$|u_7(t)|^2 = A^2 K[1 + \cos(\omega\tau)] \tag{11.6}$$

式中,K 为检波效率。这样包络平方含有频率的信息。由于鉴相器的范围最大为 $(-\pi, \pi)$,为了扩大频率测量范围,就必须缩短延时线长度,但延迟线长度缩短,又会降低频率测量的精度。

3. 两种接收机的比较

比相法瞬时测频接收机没有分辨率,只能用于单一频率信号的频率精确测量,它被广泛用于告警和干扰机频率引导等电磁战支援侦察系统或电子情报侦察系统。其主要缺点是当存在多个同时到达的信号和多个频率信号时,测频误差增大,甚至造成测频错误,或丢失信号。因而,在高密度信号环境下,其应用受到一定的限制。信道化接收机是一种高截获概率的接收机。由于它具有频率分辨率,能够直接从频域选择信号,避免了时域重叠信号的干扰,抗干扰能力强;测频精度和频率分辨力不受外来信号干扰的影响,只取决于信道频率分路器的单元宽度(本振采用了高稳定度的频率合成器,它对测频精度的影响可以忽略),故可以做得很高;由于它是在超外差接收机基础上建立起来的,故其灵敏度高,动态范围大。但它存在体积大、功耗高和成本高等缺点。

11.2.3　信号处理和参数估计

雷达对抗侦察机包括前端与终端两部分,其中前端由天线和接收机两部分组成。侦察机的终端由信号处理机和显示、记录、控制器等输入/输出设备组成,完成对前端送来的雷达信号与参数的处理和显示,给出敌方雷达的技术参数和进一步分析提取战术情报。

1. 对雷达信号进行侦察的典型过程

雷达侦察系统是一种利用无源接收和信号处理技术,对雷达辐射源信号环境进行检测和识别、对雷达信号参数进行测量和分析,并从中得到有用信息的设备。

对雷达信号进行侦察的典型过程如下。

(1)雷达侦察天线接收所在空间的射频信号,并将信号馈送至射频信号实时检测和

参数测量电路。由于大部分雷达信号都是脉冲信号,所以典型射频信号的检测和测量电路的输出是对每个射频脉冲用数字形式描述的信号参数,通常称为脉冲描述字(Pulse Description Word,PDW),它主要包括载频(RF)、到达角(DOA)、脉冲宽度(PW)、脉冲幅度(PA)和到达时间(TOA)五大参数。

(2)将雷达侦察系统前端的输出送给侦察系统的信号处理设备,由信号处理设备根据不同的雷达和雷达信号特征,对输入的实时 PDW 信号流进行辐射源分选、参数估计、辐射源识别、威胁程度判别和作战态势判别等。信号处理设备的输出结果一般是约定格式的数据文件,同时提供给雷达侦察系统中的显示、存储、记录设备和有关的其他设备。从雷达侦察系统的信号处理设备到显示、存储、记录设备等,通常称为雷达侦察系统的后端。

随着高速数字电路和数字信号处理(DSP)技术的发展,目前已经能够将宽带信号直接进行 A/D 变换、保存和处理(数字接收机),使传统的测向、测频技术等与数字信号处理技术紧密结合,不仅改善了当前系统的性能,并且具有良好的发展前景。

雷达侦察系统中信号处理设备的主要任务是:对前端输出的实时脉冲信号描述字流 $\{PDW_i\}_{i=0}^{\infty}$ 进行信号分选、参数估计和辐射源识别,并将对各辐射源检测、测量和识别的结果提供给侦察系统中的显示、存储、记录以及其他有关设备。

雷达侦察系统前端输出的 $\{PDW_i\}_{i=0}^{\infty}$ 流的具体内容和数据格式,取决于侦察系统前端的组成和性能。在典型的雷达侦察系统中,

$$\{PDW_i = (\theta_{AOA}, f_R, t_{TOA}, \tau_{PW}, A_P, F, PRI, Pol, i)\}_{i=0}^{\infty} \tag{11.7}$$

其中,θ_{AOA}、f_R、t_{TOA}、τ_{PW}、A_P、F、PRI、Pol、i 分别为辐射源的到达角、载频、到达时间、脉冲宽度、幅度、脉内调制特性、脉冲重复间隔、极化和按时间顺序检测到的序号。

2. 脉冲去交错

脉冲去交错是对多个脉冲(或信号)进行预分选处理的过程,它将雷达电磁战支援系统(ES)接收机截获的多个脉冲分离成与特定辐射源相关联的各个信号流。为完成这个分选过程,必须将截获的每个脉冲与其他所有截获到的脉冲进行比较,以确定它们是否来自同一部雷达。脉冲去交错方法可按维数分为二维分选、三维分选和多维分选。

二维分选通常以信号中心频率和信号到达角作为分选参数,因为这两个参数是分选辐射源的最可靠参数。

对于常规脉冲雷达,通常测量的是脉冲载波频率。对于脉冲压缩信号,测量的信息是起始和终止频率及脉冲宽度(PW),这样可以计算压缩系数。对于相位编码信号,需要测量载频和压缩系数。对于频率捷变信号,需要测量信号的平均频率或中心频率及其捷变带宽。

频率可以由瞬时测频接收机(IFM)超外差接收机、信道化接收机和压缩接收机来测量。IFM 不能处理同时多信号,所以待测频的信号在加到 IFM 之前必须利用角度等信息与其他信号分离。

在雷达信号去交错时,信号到达角(AOA)是一个重要的相对稳定的参数,因为辐射源不会迅速改变其位置。即便是机载雷达也不能在与 PRF 相关的几毫秒时间内大幅度

改变其位置。

三维分选通常以信号中心频率（RF）、信号到达角（AOA）和脉冲宽度（PW）或 PRF 四者中的三者作为分选参数，比二维分选更为有效。

对于频率捷变辐射源，AOA 和载频不足以对辐射源去交错。对于低分辨力系统，由于单元划分粗略，也许会有几个明显不同的辐射源落入重叠的分辨单元，必须增加一个去交错参数来消除上述模糊。增加一些基本参数，如 PW，或前一步去交错时导出的参数如 PRF（或 PRI），可以达到这个目的。

3. 信号处理的基本流程

雷达侦察系统信号处理的基本流程如图 11.5 所示，包括对信号的预处理和主处理。

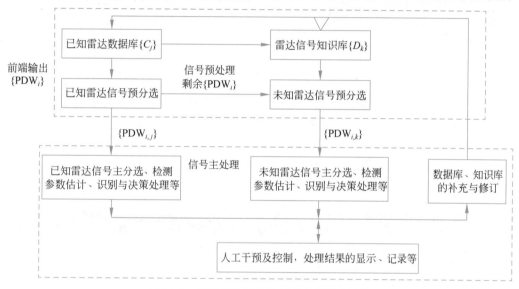

图 11.5　雷达侦察系统信号处理的基本流程

（1）信号预处理。信号预处理的主要任务是根据已知雷达辐射源的主要特征和未知雷达辐射源的先验知识，完成对实时输入 $\{PDW_i\}_{i=0}^{\infty}$ 的预分选（脉冲去交错）。预处理的过程是：首先将实时输入的 $\{PDW_i\}_{i=0}^{\infty}$ 与已知的 m 个雷达信号特征（已知雷达的数据库）$\{C_j\}_{j=1}^{m}$ 进行快速匹配，从中分离出符合 $\{C_j\}_{j=1}^{m}$ 特征的已知雷达信号子流 $\{PDW_{i,j}\}_{j=1}^{m}$，分别放置于 m 个已知雷达的数据缓存区，由主处理单元按照对已知雷达信号的处理方法作进一步的分选、识别和参数估计；然后再根据已知的一般雷达信号特征的先验知识 $\{D_k\}_{k=1}^{n}$，对剩余部分 $\overline{\{PDW_{i,j}\}_{j=1}^{m}}$ 再进行预分选，并由 $\{D_k\}_{k=1}^{n}$ 的预分选产生 n 个未知雷达信号的子流 $\{PDW_{i,k}\}_{k=1}^{n}$，另外放置于 n 个未知雷达的数据缓存区，由主处理单元按照对未知雷达信号的处理方法进行辐射源检测、识别和参数估值。预处理的速度应与 $\{PDW_i\}_{i=0}^{\infty}$ 的流密度相匹配，以求尽量不发生数据丢失。

（2）信号主处理。信号主处理的任务是对输入的两类预分选子流 $\{PDW_{i,j}\}_{j=1}^{m}$ 和 $\{PDW_{i,k}\}_{k=1}^{n}$，作进一步的分选、识别和参数估计。其中对已知雷达辐射源子流

$\{\mathrm{PDW}_{i,j}\}_{j=1}^{m}$ 的处理是根据已知雷达信号序列 $\{\mathrm{PDW}_{i,j}\}_{j=1}^{m}$ 的相关性,对其进行数据的相关分选,并对相关分选后的结果进行已知辐射源的检测(判定该已知辐射源是否存在),再对检测出的雷达信号进行各种参数的统计估值。一般情况下,在对 $\{\mathrm{PDW}_{i,j}\}_{j=1}^{m}$ 进行主处理的过程中,被主处理分选滤除的数据,将由 $\{D_k\}_{k=1}^{n}$ 对未知辐射源进行预分选,并补到对应的 $\{\mathrm{PDW}_{i,k}\}_{k=1}^{n}$ 中。对未知雷达辐射源子流 $\{\mathrm{PDW}_{i,k}\}_{k=1}^{n}$ 的处理主要是根据对一般雷达信号特征的先验知识,检验其中的实际数据与这些先验知识的符合程度,作出各种雷达信号模型的假设检验和判决,计算检验、判决结果的可信度,并对达到一定的可信度的检出雷达信号进行各种参数的统计估值。无论是已知还是未知的雷达信号,只要检验的结果达到一定的可信度,都可以将其实际检测、估计的信号特征修改、补充到 $\{C_j\}_{j=1}^{m}$、$\{D_k\}_{k=1}^{n}$ 中,使 $\{C_j\}_{j=1}^{m}$、$\{D_k\}_{k=1}^{n}$ 能自动地适应实际面临的信号环境。其中识别出原来未知的雷达信号,并将其特征补充到已知雷达信号 $\{C_j\}_{j=1}^{m}$ 中尤为重要,不仅提高了整个信号处理的速度和质量,而且可以获得更大的信息量和宝贵的作战情报。

由于信号处理的时间紧、任务重、要求高,所以现代侦察信号处理机往往采用多处理机系统,采用高速信号处理软件和开发工具编程,并可通过多种人机界面交互各种运行数据和程序信息,接受人工控制和处理过程的人工干预。信号主处理的输出是对当前雷达信号环境中各已知和未知雷达辐射源的检测、识别结果、可信度与各项参数估计的数据文件。

11.3 电子对抗中的电子进攻技术

11.3.1 电子进攻的概念和分类

1. 电子进攻

电子进攻是电磁战中的进攻部分。过去对电子设备的电子进攻通常是指对敌方电子设备施放电子干扰,以破坏敌方各种电子设备的正常工作,导致敌方指挥系统和武器系统失灵而丧失战斗力。对敌方实施电子干扰会使敌方的通信中断,雷达迷盲,但不可能从实体上将其破坏和摧毁。因此,电子干扰是一种"软杀伤"手段。所谓"软",是和火炮、导弹等硬杀伤武器相比较而言的。现代电磁战中的电子进攻范围进一步扩大,它除了包括上述电子干扰外,还包括电磁战摧毁和隐身技术等。其中电子战摧毁是应用反辐射武器截获、跟踪、攻击敌方的电磁辐射源,或用强力打击法如定向能武器等,攻击敌方的电子传感系统,是进攻性电磁战的"硬杀伤"手段。电磁战摧毁的作战功能不仅表现在直接攻击毁伤敌方的军事电子系统,而且能对使用这些电子系统的操作人员造成巨大的心理压力,从而大大削弱其战斗力。而隐身技术在一定意义上说也是一种电子干扰方式,其作用是通过减小自身的目标特征,破坏敌方的电子侦察系统对目标的探测和识别能力。因此,现代电磁战中的电子进攻技术实际上是利用非常规武器系统去阻止、破坏和摧毁敌方电子武器系统正常工作的技术总称。它既包括使用不具有摧毁性的"软杀伤"手段,也包括使用具有摧毁性的"硬杀伤"手段。为了达到最佳的电子进攻效果,将

"软杀伤"和"硬杀伤"手段结合使用是电磁战发展的必然趋势。

2. 电子干扰的分类

广义地说,干扰是指一切破坏和扰乱敌方电子设备正常工作的战术和技术措施的统称。干扰的分类方法很多,一种综合性的分类方法如图 11.6 所示。在电磁战中,我们所指的干扰指有意干扰。

还可以按照干扰的来源、产生途径及干扰的作用机理对干扰信号进行分类。

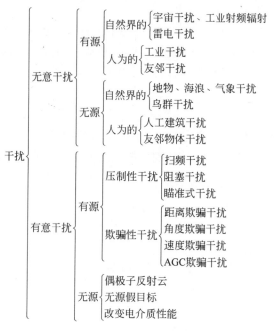

图 11.6 电子干扰的分类

1) 按照干扰能量的来源

按照干扰能量的来源可将干扰信号分为两类:有源干扰和无源干扰。

(1) 有源干扰:是由辐射电磁波的能源产生的干扰。

(2) 无源干扰:是利用非目标的物体对电磁波的散射、反射、折射或吸收等现象产生的干扰。

2) 按照干扰信号的产生途径

按照干扰信号的产生途径可将干扰信号分两类:有意干扰和无意干扰。

(1) 有意干扰:是指人为有意识制造的干扰。

(2) 无意干扰:是指由自然或其他因素无意识形成的干扰。

通常,将人为有意识实施的有源干扰称为积极干扰,将人为有意识实施的无源干扰称为消极干扰。

3) 按照干扰信号的作用机理分类

按照干扰信号的作用机理可将干扰分为两类:压制性干扰和欺骗性干扰。

(1) 压制性干扰:使敌方电子系统的接收机过载、饱和或难以检测出有用信号的干扰称为压制性干扰。最常用的方式是发射大功率噪声信号,或在空中大面积投放箔条形成干扰走廊,或施放烟幕、气溶胶形成干扰屏障。水声对抗中使用的气幕弹属于这一类。

(2) 欺骗性干扰:使敌方电子装置或操作人员所接收的信号真假难辨,以致产生错误判断和错误决策的干扰。欺骗方式隐蔽、巧妙且多种多样。

4) 按照电子设备、目标与干扰源之间的相互位置关系分类

按照电子设备、目标与干扰源之间的相互位置关系,可将干扰信号分为自卫干扰、远距离支援干扰、随队干扰和近距离干扰4种。

(1) 自卫干扰(SSJ):自卫干扰是最常见的干扰方式。在这种干扰方式中,电子干扰设备安装在欲保护的平台上(如飞机、军舰、地面基地)。它的干扰信号从敌方电子设备的天线主瓣进入接收机。根据情况可以使用噪声干扰和欺骗干扰。SSJ是现代作战飞机、舰艇、地面重要目标等必需的干扰手段。

(2) 远距离支援干扰(SOJ):远距离干扰方式中,电子干扰设备通常安装在一个远离防区的平台上(远离敌方武器的威力范围)。SOJ的目的通常是扰乱敌方防空战线的搜索雷达,以使己方的攻击部队能安全地突防进入敌方领地,如图11.7所示。

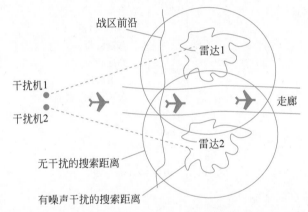

图 11.7　利用远距离瞄准式噪声干扰在防空网内建立走廊

在SOJ中应用的经典干扰技术是噪声干扰。近年来,考虑到雷达技术的进步,业界已认识到噪声干扰技术不适合对付 MOP(脉内调制)或脉冲多普勒雷达技术。为此,目前认为产生欺骗波形对付搜索雷达比噪声技术要有效,尤其是对付采用了CFAR(恒虚警率)技术的接收机。它能产生多个假目标,不会抬高CFAR门限,可以使搜索雷达跟踪支路饱和。

对搜索雷达的远距离干扰必须进入雷达的接收机。在大多数情况下,干扰信号是通过雷达副瓣进入的,所以需要较高的ERP(有效辐射功率)。但是要对付应用了低副瓣天线和"捷变"雷达参数(频率、PRI或MOP)的现代雷达,与高ERP相比,远距离干扰可能更需要高灵敏度以跟踪雷达参数。

(3) 随队干扰(ESJ):在随队干扰方式中,干扰机位于目标附近,通过辐射强干扰信号掩护目标。它的干扰信号是从敌方电子设备天线的主瓣(ESJ与目标不能分辨时)或副瓣(ESJ与目标可分辨时)进入接收机的,一般采用遮盖性干扰。掩护运动目标的ESJ

具有同目标一样的机动能力。空袭作战中的 ESJ 往往略微领先于其他飞机,在一定的作战距离上还同时实施无源干扰。出于自身安全的考虑,进入危险区域时的 ESJ 常由无人驾驶飞行器担任。

(4) 近距离干扰(SFJ):干扰机到敌方电子设备的距离领先于目标,通过辐射干扰信号掩护后续目标。由于距离领先,干扰机可获得宝贵的预先引导时间,使干扰信号频率对准雷达频率,主要用作遮盖性干扰。距离越近,进入敌方接收机的干扰也越强。由于自身安全难以保障,SFJ 任务主要由投掷式干扰机和无人驾驶飞行器完成。

11.3.2 干扰方程

干扰方程是设计干扰机的基础,干扰方程可以计算出电子设备受扰区的形状和大小。下面以雷达为例,推导干扰方程。干扰方程涉及干扰机、雷达和目标三者,干扰方程将三者的能量关系联系起来。

通常雷达检测和跟踪目标时,雷达天线的主瓣指向目标,而干扰机为了压制雷达也将干扰机天线主瓣指向雷达。但干扰机有可能与目标不在一起,所以干扰信号有可能从雷达天线的副瓣进入雷达。三者的关系如图 11.8 所示。

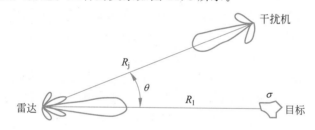

图 11.8 干扰机、雷达和目标三者的关系

由雷达方程可知,目标进入雷达的信号功率为

$$(P_s)_{\text{in}} = \frac{P_t G_r \sigma A}{(4\pi R_t^2)^2 L_R} = \frac{P_t G_r^2 \sigma \lambda^2}{(4\pi)^3 R_t^4 L_R} \tag{11.8}$$

其中,P_t 为雷达的发射功率,G_r 为雷达天线增益,σ 为雷达截面积,A 为天线面积。L_R 为雷达系统损耗。

对于干扰机来说,它进入雷达的干扰信号是单程的,雷达接收到干扰信号的功率为

$$(P_j)_{\text{in}} = \frac{P_j G_j}{4\pi R_j^2 L_j} A' \gamma_j \frac{\Delta f_{\text{rec}}}{\Delta f_j} = \frac{P_j G_j G_r' \lambda^2}{(4\pi)^2 R_j^2 L_j} \gamma_j \frac{\Delta f_{\text{rec}}}{\Delta f_j} \tag{11.9}$$

其中,P_j 为干扰机的发射功率;G_j 是干扰机天线的最大增益;Δf_j 是干扰的有效频谱宽度;Δf_{rec} 为接收机等效噪声带宽,一般 $\Delta f_j \geqslant \Delta f_{\text{rec}}$,在欺骗式干扰的情况下 $\Delta f_j = \Delta f_{\text{rec}}$;$\gamma_j$ 是进入干扰机天线与受扰雷达天线之间极化差异的系数;A' 是雷达天线相对干扰机的有效面积,与之对应的雷达天线增益为 G_r';L_j 为干扰机系统损耗。

雷达接收机输入端的干扰功率 $(P_j)_{\text{in}}$ 与有用信号 $(P_s)_{\text{in}}$ 功率之比为

$$K = \frac{(P_j)_{\text{in}}}{(P_s)_{\text{in}}} = \frac{P_j G_j}{P_t G_r} \cdot \frac{4\pi \gamma_j}{\sigma} \cdot \frac{G_r'}{G_r} \cdot \frac{R_t^4}{R_j^2} \cdot \frac{L_R}{L_j} \cdot \frac{\Delta f_{\text{rec}}}{\Delta f_j} \tag{11.10}$$

定义压制系数 K_j，它相当于一个门限，高于它，就可以使得雷达发现概率 P_d 低于 0.1。

$$K_j = K \mid_{P_d = 0.1} \tag{11.11}$$

为了实施有效干扰，必须满足：

$$K = \frac{P_j G_j}{P_t G_r} \cdot \frac{4\pi \gamma_j}{\sigma} \cdot \frac{G_r'}{G_r} \cdot \frac{R_t^4}{R_j^2} \cdot \frac{L_R}{L_j} \cdot \frac{\Delta f_{rec}}{\Delta f_j} \geqslant K_j \tag{11.12}$$

或

$$P_j G_j \geqslant \frac{K_j}{\gamma_j} \cdot \frac{P_t G_r \sigma}{4\pi \frac{G_r'}{G_r}} \cdot \frac{R_j^2}{R_t^4} \cdot \frac{L_j}{L_R} \cdot \frac{\Delta f_j}{\Delta f_{rec}} \tag{11.13}$$

通常将式(11.12)或式(11.13)称为干扰方程。

下面讨论对干扰方程影响较大的 3 个因素。

(1) 从副瓣进入干扰的效果将降低。对于干扰方应尽量从主瓣进入。但从主瓣进入意味着采用自卫干扰，这时雷达可以将干扰机作为跟踪源，会给自身带来被定位的危险。对于反对抗来说，尽量采用低副瓣天线。这样可以抑制干扰 $30 \sim 40 \text{dB}$。

(2) 单程回波和双程的差异巨大。由于干扰是单程的，因此球面扩展损失是距离的平方，而对于目标回波来说，是双程的。这意味着在干扰功率不大的情形下，即可取得良好的干扰效果。为了进一步提高干扰效果，可以采用近程干扰。

(3) 极化的影响。干扰机极化必须与雷达极化一致，否则 γ_j 将小于 1。

由干扰方程，求出干扰机最小有效干扰距离 R_{jmin}。对于雷达来说，R_{jmin} 就是压制性干扰情形下，雷达能够发现目标的最大距离 R_{rmax}，或雷达信号压倒干扰信号时的距离，称此距离 R_{rmax} 为雷达的"烧穿距离"或"自卫距离"。烧穿距离对于雷达抗干扰是非常重要的，它可以评估雷达在电子对抗条件下的作用距离。通常将 $K_j = 1$ 称为烧穿距离。

由式(11.13)，对于自卫干扰有

$$R_{ssj} \geqslant \sqrt{\frac{P_t G_r \sigma K_j L_j \Delta f_j}{4\pi P_j G_j \gamma_j L_R \Delta f_{rec}}} \tag{11.14}$$

由式(11.13)，对于远距离支援干扰有

$$R_{soj} = \sqrt[4]{\frac{P_t G_r^2 \sigma R_j^2 K_j L_j \Delta f_j}{4\pi P_j G_j \gamma_j G_r' L_R \Delta f_{rec}}} \tag{11.15}$$

11.3.3 有源干扰

有源干扰是由专门的无线电发射机主动发射或转发电磁能量，扰乱或欺骗敌方电子设备，使其不能正常工作，甚至无法工作或上当受骗。按照干扰信号的作用机理可将有源干扰分为压制性干扰和欺骗式干扰。

1. 压制性干扰

压制性干扰是用噪声或类似噪声的干扰信号遮盖或淹没有用信号。噪声干扰发射一种似噪声信号，使敌方接收机的信噪比大大下降，难以检测出有用信号或产生误差；若干扰功率足够大，接收机会出现饱和，有用信号完全被淹没，从而实现电磁压制作用。

压制性干扰包括两个重要方面：一方面是功率必须足够强；另一方面是干扰信号的时频分布一定要覆盖电子设备工作信号的时频分布。

压制性干扰按照干扰信号中心频率 f_j 和干扰带宽 Δf_j，相对于被干扰电子设备的中心频率 f_s 和带宽 Δf_s 可以分成瞄准式干扰、阻塞式干扰和扫频式干扰。

1）瞄准式干扰

当干扰频率与电子设备工作频率接近，且干扰带宽略大于电子设备带宽时称为瞄准式干扰。

$$f_j \approx f_s, \quad \Delta f_j \approx (2 \sim 5)\Delta f_{rec} \tag{11.16}$$

瞄准式干扰的优点是在干扰效果相同时，所需的功率小；在干扰功率相同时，干扰效果好。瞄准式干扰是有源干扰的首选方式，但它要求电磁战支援部分提供被干扰电子设备的精确频率、带宽参数。缺点是对于捷变频雷达或跳频电台干扰困难。

2）阻塞式干扰

干扰带宽远大于电子设备带宽，且能覆盖电子设备工作带宽时称为阻塞式干扰。

$$\Delta f_j \geqslant 5\Delta f_{rec}, \quad \forall f_s \in [f_j - \Delta f_j/2, f_j + \Delta f_j/2] \tag{11.17}$$

阻塞式干扰的优点是可以有效干扰捷变频雷达或跳频电台和多部工作频率不同的电子设备。缺点是干扰的谱密度小，干扰效果受限。

3）扫频式干扰

扫频式干扰的干扰带宽略大于电子设备带宽，干扰频率以周期 T 改变，使得在瞬间干扰频率与电子设备工作频率相等。

$$f_s = f_j(t), \quad t \in [0, T], \quad \Delta f_j \approx (2 \sim 5)\Delta f_{rec} \tag{11.18}$$

扫频干扰综合了瞄准式干扰和阻塞式干扰的优点，可以干扰捷变频雷达或跳频电台和多部工作频率不同的电子设备。但是扫频速度受到被扰电子设备相应时间限制（约等于接收机带宽的倒数），不能太快。

2. 欺骗性干扰

1）对抗雷达的欺骗性干扰

欺骗性干扰又称模拟干扰。它是利用干扰设备发射或转发与目标反射信号或敌辐射信号相同（但相位不同或时间延迟）或相似的假信号，使对方测定的目标并非真目标，达到以假乱真的目的。

常见的对付雷达的欺骗性干扰有角度欺骗、距离欺骗、速度欺骗和 AGC 欺骗。

角度欺骗是人为地发射一种模拟敌方雷达角度信息的特征，但与真正的角度信息不同的干扰信号，用于破坏敌方雷达角跟踪电路的正常工作。历史上，雷达可以采用圆锥扫描角跟踪方法，该方法天线与单脉冲雷达相似，但接收通道只有一个，有一种倒相干扰就是专门用来对付圆锥扫描机制的雷达。因为圆锥扫描雷达基本退出了历史舞台，故本书不做介绍。

距离欺骗干扰用于干扰雷达的测距电路，以使敌方雷达得出错误的信息。当干扰机接收到雷达信号时，便回答出一个在时间上比雷达信号提前或落后的强干扰信号，致使雷达距离自动跟踪系统的距离波门跟踪干扰信号时造成测距误差，甚至丢失目标。

速度欺骗干扰用来干扰利用多普勒原理进行工作的雷达设备。通过改变雷达回波的多普勒频率造成雷达的测速误差。

AGC 欺骗干扰的欺骗参数为能量,即假目标信号的能量不同于真目标回波,其他参数则近似等于真目标回波。

总之,干扰机必须模拟出与真目标相似的距离、速度和回波强度信息。

2)导弹诱饵和鱼雷诱饵

对于导弹和鱼雷攻击可以采用诱饵的方式予以干扰,从而保护作战平台免遭攻击。一般采用欺骗性干扰。

导弹诱饵一般采用拖曳式,随被保护目标一起运动,两者具有相同的运动特性。因而,一般雷达和跟踪系统无法通过运动特性来区分目标和诱饵,且其使用方式灵活,造价低廉,因此具有很好的应用前景,被认为是对付跟踪雷达和导弹的效费比最高的方案之一,目前应用较广泛。拖曳式诱饵通过电缆与被保护目标相连接,由被保护目标提供电源,并且控制诱饵的工作,在完成任务后,割断电缆即可。由于拖曳式诱饵受控于被保护目标,因此诱饵上的干扰机和目标上的干扰机可以协同工作,完成复杂的干扰任务,是对付单脉冲雷达的一种好方法。拖曳式诱饵的电缆长度主要取决于目标所面临的威胁武器的杀伤半径以及诱饵对目标的运动性能的影响,通常电缆长度为 90~150m。

鱼雷诱饵有两种形式:拖曳式和自航式。一般当舰艇鱼雷告警声呐发出发现鱼雷信号时,水面舰会放出拖曳的鱼雷诱饵;潜艇会发射出自航式鱼雷诱饵,自航式诱饵往往还带有舰艇噪声模拟功能。然后舰艇按水声对抗指挥控制系统的要求,进行规避。其工作过程属于质心转移方式。图 11.9 为 AN/SLQ-25 型水声对抗系统,是美军普遍使用的一种鱼雷诱饵,代号 Nixie(水精),它包括 25A 和 25B 两大系统。

25A 是一种拖曳式电声装置,它可以为水面舰艇对付鱼雷提供有效的对抗手段。它配有专门的 C3I 系统,带有两个诱饵,由两台绞车收放,舰舱内有电子机柜和控制台,通常靠近指挥舱或声呐舱。两个拖曳体可以模拟舰艇的声音,从而将敌方鱼雷诱离我舰。两个诱饵先后投放,当敌舰进行鱼雷齐射时,可以避免一个诱饵被击中后,我舰没有防御手段。整个系统只需一名操作手,其工作包括完成发射、回收和装填(更换拖曳体)。

图 11.9　美军水面舰用水声对抗系统 AN/SLQ-25

25B 是一种拖曳阵声呐,它主要采用信号处理技术,减少了人对探测的干预,达到快速报警。它还可以进行快速态势评估和辅助战术决策,以此提高舰艇的生存能力。它可以告诉操作手以何种方式投放水声对抗装置,并告诉我舰如何机动规避。

11.3.4　无源干扰

无源干扰主要是使侦察接收系统降低对目标的可探测性或增强杂波。无源干扰与有源干扰相比较,最大特点是所反射的回波信号频率和雷达发射频率一致,使接收机在进行信号处理时,无法用频率选择的方法消除干扰。此外,无源干扰还具有如下特点:能够干扰各种体制的雷达、干扰的空域大、干扰的频带宽,无源干扰器材制造简单、使用方便、干扰可靠等。

无源干扰是依靠本身不产生电磁辐射,但能吸收、反射或散射电磁波的干扰器材(如金属箔条、涂敷金属的玻璃纤维或尼龙纤维、角反射器、涂料、烟雾、伪装物等)降低雷达对目标的可探测性或增强杂波,使敌方探测器效能降低或受骗。干扰效果轻者使正常的规则信号变形失真、荧光屏图像模糊不清、影响观测;重者使接收机饱和或过载,显示屏一片白茫茫。

根据实施方法和用途的不同,无源干扰技术主要包括角反射器、箔条干扰、假目标和诱饵等。

1. 角反射器

角反射器由 3 个互相垂直相交的金属平板构成。按照其平板的形状可分为三角板角反射器、圆板角反射器和正方板角反射器,如图 11.10(a)~(c)所示。角反射器可以在较大的角度范围内,将入射波经过 3 次反射,按原入射方向反射回去,如图 11.10(d)所示。当入射波平行于一个面时,由另两个面完成反射,因而具有很大的有效反射面积。

  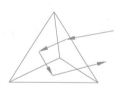

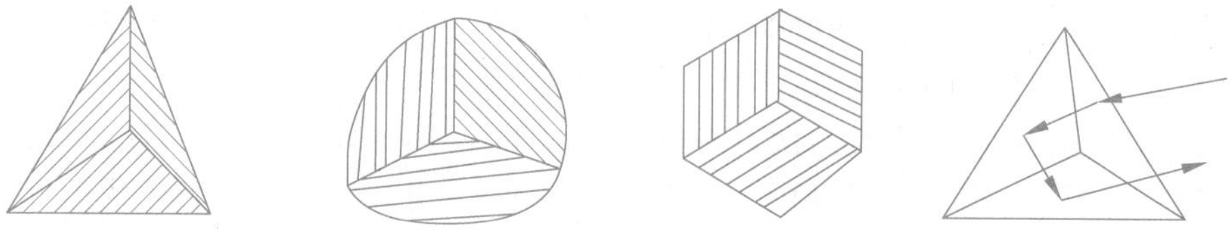

(a) 三角板角反射器　　　(b) 圆板角反射器　　　(c) 正方板角反射器　　　(d) 工作原理

图 11.10　角反射器及工作原理

对于角反射器有两个重要的技术指标:有效反射面积和方向性。角反射器的最大反射方向为角反射器的中心轴,它与 3 个垂直轴的夹角相等,为 54.75°。在中心轴方向的雷达截面积为最大,因此,只要求出角反射器对于中心轴的等效平面面积,即可求出雷达截面积。角反射器方向性采用半功率水平角来描述。

另一种反射器称为龙伯透镜,如图 11.11 所示,它是一个介质球,半径为 b,其中半个球覆盖金属。介质球的折射率随半径 r 改变:

$$n = \sqrt{2 - \left(\frac{r}{b}\right)^2} \qquad (11.19)$$

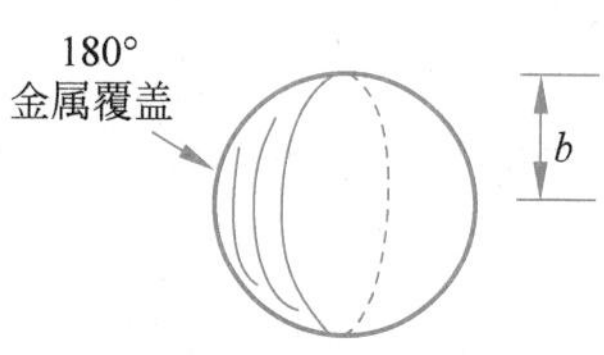

180°
金属覆盖

b

图 11.11　龙伯透镜

这样可以使得任何平面入射的波都能以原方向平行反射回去。

假定以上 4 种反射器的尺度为 b,工作波长为 λ。其雷达截面积和水平半功率角如表 11.1 所示。

表 11.1 4 种反射器的雷达截面积和方向性

角反射体类型	三 角 形	圆 形	正 方 形	龙伯透镜
雷达截面积	$4\pi\dfrac{b^4}{3\lambda^2}$	$15.6\dfrac{b^4}{\lambda^2}$	$12\pi\dfrac{b^4}{\lambda^2}$	$2\pi\dfrac{b^4}{\lambda^2}$
水平半功率角/°	46	38	25	150

角反射体一般用于电磁伪装或诱饵。

2. 金属箔条

金属箔条是使用最早和最广泛的一种无源干扰技术,箔条通常由金属箔切成的条、镀金属的介质构成或直接由金属丝制成。镀铝玻璃丝直径为 $18\sim20\mu m$,上镀一层厚 $2\sim3\mu m$、纯度为 99% 的铝,最后得到的偶极子直径为 $25\sim28\mu m$。镀铝玻璃丝最后还要进行表面圆满处理,使它在被切割成一定长度的箔条时变得更加圆滑,这样能防止镀铝玻璃丝表面的氧化,保证箔条投放时的快速扩散和不粘连。尽管以后的研究又发现了其他适于作箔条的材料,如炭丝、镍/锌镀层和可裂变的材料,镀铝玻璃丝仍然是目前应用最广泛和性价比最高的箔条材料。唯一改进的是将镀铝玻璃丝的直径减小到 $20\sim30\mu m$,使得在给定的箔条干扰弹中能容纳更多的箔条。

箔条使用最多的是半波长的振子,这种振子对电磁波谐振、散射波最强,最节省材料。箔条干扰的实质是在交变电磁场的作用下,箔条上感应交变电流。根据电磁辐射理论,这个交变电流要辐射电磁波,即产生二次辐射,从而对雷达起到无源干扰作用。箔条在空间大量随机分布,所产生的散射对雷达造成干扰,其特性类似噪声,遮盖目标回波。为了能够干扰不同极化和波长的雷达,箔条也采用长达几十米甚至上百米的干扰丝或干扰带。箔条干扰各个反射体之间的距离通常比波长大几十倍到上百倍,因而它并不改变大气的电磁性能。箔条干扰可以同时干扰多部雷达,而且频带宽,具有多种极化形式。

箔条的使用方式有两种:一种是在一定空域中大量投掷,形成宽数千米、长数十千米的干扰走廊,以掩护战斗机群的通过,这种干扰称为冲淡式干扰。雷达分辨单元中箔条产生的回波功率远大于目标的回波功率,使得雷达不能发现和跟踪目标。它类似于有源对抗中的压制干扰。另一种是飞机或舰船自卫时投放箔条,这种箔条快速散开,形成比目标大得多的回波,而目标本身作机动运动,这样雷达不再跟踪目标而跟踪箔条,多用于舰船对抗雷达制导的导弹。这种干扰属于质心转移干扰,开始箔条云与目标处在同一距离和方位分辨单元,但由于箔条云的强度远大于舰船,因此舰船机动后,导弹就会逐渐只跟踪箔条云。它类似于有源干扰中的欺骗性干扰。

但是采用动目标检测技术可以鉴别出箔条和目标。

3. 水声对抗中的气幕弹

气幕弹是利用其对声波的反射而形成对敌方水声观察设备的干扰,以达到掩护自己的目的。气幕弹是由弹簧、铝外壳、药柱等组成的。铝外壳的作用是保护药柱,而弹簧是利用自己的弹力把气幕弹散射开来,化学药柱与海水作用后所形成的大量气泡可用来反射和吸收对方所发的声波,以构成"割断"对方声呐观察的"屏障"。气幕弹的主要性能如下:

(1) 气幕弹产生的气泡有很好的反射能力,反射系数可大于 0.9,其反射的波形与舰

艇尾流和潜艇十分相似;

（2）气泡有很好的隔声效果,潜艇可以利用气幕弹来掩护自己;

（3）产生气泡的过程和气泡爆破噪声并不显著;

（4）气幕弹产生的气泡反射能力可按要求的时间持续。

气幕弹最大的缺点是气幕的生成速度很慢,对于抵御鱼雷攻击意义不大。

11.3.5 隐身技术

隐身技术包括电磁隐身、红外隐身、声隐身等。

电磁隐身技术分成有源和无源两种,目前实用的是无源隐身技术。无源隐身技术又可以分成外形隐身和材料隐身。

红外隐身主要有局部冷却和形成水幕等方法。

1. 外形隐身

外形隐身的目的是通过修改目标的表面和边缘,使其强散射方向偏离单站雷达来波方向。但它不可能在全部立体角范围内对所有观察角度做到这一点,因为雷达波总会在一些观察角上垂直入射到目标表面,这时镜面散射的 RCS 就很大。外形隐身的目的就是将这些高 RCS 区域移至威胁相对较小的空域。通常威胁最大的区域是目标的前向锥角范围,因此需要将大的 RCS 贡献移出该区域,使其指向边射区域。例如,可以通过使机翼向后弯曲成更尖锐的角度来实现。前向区域包括垂直面和水平面,如果目标几乎不会从上方被观察到,那么像发动机进气道这样的强散射源,就可以移到目标上方。这样,当从下方观察时,进气口就被目标的前部遮挡住了。

2. 材料隐身

隐身材料是雷达隐身的关键技术,隐身材料主要有雷达吸波材料(RAM)和雷达透波材料。雷达吸波材料是对雷达波吸收能力很强的新型材料。其工作原理可分为 3 类:

（1）雷达波作用于材料时,材料产生电导损耗、高频介质损耗和磁滞损耗等,使电磁能转换为热能而散发;

（2）减少雷达波能量分散到目标表面的各部分,减少雷达接收天线方向上散射的电磁能;

（3）使雷达波在材料表面的反射波进入材料后在材料底层的反射波叠加发生干涉,相互抵消。

吸波材料主要采用碳、铁氧体、石墨和新型塑料化合物等,按所用材料类型可分为橡胶型、塑料型、陶瓷型、铁氧体型和复合型等。雷达透波材料是能透过雷达波的一类材料,如碳纤玻璃钢就是一种良好的透波材料。

3. 声隐身

潜艇噪声已由 20 世纪 50 年代的 160～170dB 降到目前的 110～120dB,基本与三级海况的海洋背景噪声差不多。美国最先制造出了安静型潜艇——“洛杉矶”级及“俄亥俄”级潜艇。其辐射噪声的声源级比以往潜艇下降了 17dB,致使对方被动式声呐的探测距离仅为原先的 1/8～1/9。

声隐身主要的技术途径是：采用隔振方式减小声辐射、采用阻尼型的材料屏蔽舰船噪声和对螺旋桨进行改进。隔振通常采用浮筏技术，该技术将潜艇的主机放在浮筏上，潜艇完全采用电机驱动，这样可以大大降低内燃机所形成的机械振动。声屏蔽材料将船壳的振动吸收掉，不让它们耦合到水中。苏联在 A 级核潜艇上敷设了 150mm 厚的声屏蔽材料，美国潜艇这些年也将一种吸音泡沫包裹在艇体上，这层泡沫橡胶可以降低艇体振动的辐射。

其他如外形设计、主轴的高精度加工、螺旋桨优化设计等，也是抑制噪声的有效方法。早在 20 世纪 50 年代初期，一些国家就着手设计合理的艇体，以及降低机械噪声和振动噪声，对螺旋桨的设计也采取了降低噪声的措施。大家还记得东芝向苏联出口高精度数控机床的风波吧！为什么美国那么重视一台非武器装备的数控机床呢？因为有了它，苏联就可以加工出高精度的潜艇传动主轴和螺旋桨了。

隐身潜艇不仅可以降低自身的辐射噪声，而且可以吸收主动声呐的发射信号，回声非常弱，让主动声呐无法发现它。其采用的技术是敷贴消声瓦，不过消声瓦主要针对鱼雷的主动自导声呐，吸收的声信号频率较高。俄罗斯"台风"级潜艇就敷设了很厚的橡胶陶瓷消声瓦。

近年来还出现了多功能隐身覆盖层，它是一种复合材料，可以同时起到屏蔽和吸声效果，因此可以削薄消声瓦的厚度。

目前的消声瓦有效频段在 3kHz 以上，对付鱼雷没有问题，但无法对付低频主动声呐。目前低频主动声呐频率均低于 1kHz。

11.3.6　电磁战中的摧毁技术

电磁战摧毁技术是指利用反辐射武器和定向能武器对敌电磁辐射源进行物理破坏和摧毁，使其永久性失去作用，是一种"硬杀伤"手段。

1. 反辐射武器

反辐射武器利用雷达的电磁辐射对雷达进行寻的、跟踪直至摧毁。除了摧毁雷达阵地外，它还能杀伤雷达操作人员，迫使敌方重新装备或长时间维修，使雷达在作战中不能有效地发挥作用，从而使防空武器和其他有关武器失效。目前的反辐射武器包括反辐射导弹、反辐射无人机和反辐射炸弹。

1) 反辐射导弹

反辐射导弹（ARM）是利用对方武器设备的电磁辐射来发现、跟踪、摧毁辐射源的导弹。目前使用最普遍的是用于反雷达的反辐射导弹，因此反辐射导弹也常常称为反雷达导弹。

反辐射导弹由微波被动导引头、导弹体（含飞行控制设备、发动机、电源等）、引信战斗部、投放设备等构成。其中导引头一般采用宽带微波无源探测定位系统，主要用于接收辐射源（如雷达）的发射信号，测量其入射方位。导引头除具有精度高、频带宽、动态范围大等特点外，还具有灵活的加载能力。飞行时间短的导弹主要加载方式是由机载攻击引导设备所获取的辐射源数据对导引头进行加载，或在导弹发射前通过加载器在地面直接对导引头加载。飞行时间长的导弹,可有多个加载。

反辐射导引头还具有抗辐射源关机的记忆导引功能,即在辐射源开机时首先用算法改善测角精度,然后在辐射源关机时测算出应跟踪的轨迹坐标,采用惯导控制,沿预测轨道跟踪的方法继续跟踪辐射源。若辐射源开机,则反辐射导引头改用角跟踪引导导弹飞行。

反辐射导弹系统的工作可分为 3 个过程,即导引设备选择目标、导引头捕获目标和导弹发射攻击。导弹导引头装订辐射源参数[如雷达的脉宽(PW)、脉冲重复间隔(PRI)、频率和可能的实时门(如估计雷达脉冲到达的时间门]后,导引头的测向设备和测频设备开始工作,对入射辐射源信号进行侦收截获,并对侦测的信号参数进行分选和识别。当获得的信号特征参数与加载的待攻击辐射源特征参数相符合时,确定攻击目标已被捕获,接着发射导弹。导弹发射后,导引头按一定的引导程序控制反辐射导弹飞行姿态,完成将导弹导向辐射源的过程。在这个过程中,导引头不仅要完成辐射源信号的方位测量,还要对每一瞬时测得的信号参数进行处理,以保证对辐射源信号的精确跟踪,并向导弹飞行控制系统送入飞行姿态调整参数。同时对导弹当前的相对位置参数进行记录,以便在辐射源关机后还能继续引导导弹攻击。

也有学者将 ARM 攻击辐射源的过程分为 5 个阶段:发射前侦察、锁定跟踪阶段、点火发射阶段、ARM 高速飞行攻击阶段和末端攻击阶段。

2) 反辐射无人机

反辐射无人机是反辐射武器的第二种形式,是近年来无人机在电磁战应用方面的一个典范,也是各国无人机技术发展的重点之一。反辐射无人机是无人驾驶飞机上配装被动雷达导引头和战斗部而构成。它通常在战场上空巡航,当目标雷达开机时,机载导引头便立即捕获目标,随即实施攻击。它与反辐射导弹相比,具有造价低、巡航时间长、使用灵活等优点。

反辐射无人机按飞行滞空时间长短可分为 3 类:短航时(通常在 2h 左右)反辐射无人机、中航时(通常在 4~8h)反辐射无人机和长航时(通常在 8h 以上)反辐射无人机。目前正在研制和服役较多的是中航时反辐射无人机。

3) 反辐射炸弹

反辐射炸弹是通过在炸弹身上安装可控制的弹翼和被动雷达导引头构成的。它的运动方向可通过被动雷达导引头输出的角度信息控制其弹翼偏转,进而引导炸弹飞抵目标,实施对敌方辐射源的摧毁。

反辐射炸弹按其有无动力可分为两种:一种是无动力反辐射炸弹;另一种是有动力反辐射炸弹。在使用无动力反辐射炸弹时,炸弹载机需要飞至敌方雷达阵地附近,这样载机要承担较大的风险,此时要求攻击方必须具有绝对的制空权优势,否则不宜采用这种攻击方式。有动力反辐射炸弹的功能类似于反辐射导弹,所不同的是射程不一样。反辐射炸弹的动力航程一般来讲要短一些,同时其制导控制方式也比较简单,攻击命中精度相对较低。但其最大的特点是它的战斗部较大,这样就可以弥补其精度的不足。由于它具有较低廉的制造成本,因此在未来战争中仍有一定的应用价值。比较典型的反辐射炸弹是 MK-82 反辐射炸弹,其爆炸半径高达 300m。

反辐射武器被视为雷达克星,在雷达面临的四大威胁(反辐射导弹、隐身飞机、电子对抗、低空突防)中位居首位。反辐射武器是未来战争不可缺少的武器。

2. 定向能武器

定向能武器(DEW)是一种利用高热、电离、辐射等综合效应对目标实施杀伤的武器。高能激光武器、高功率微波武器(射频武器)、粒子束武器是三大定向能武器。与其他武器相比,定向能武器对电子设备有着更加独特的杀伤优势:它具有强大的"聚能"功能,可将能量聚集成强束流,并利用电磁能代替爆炸能,击中目标后,可在瞬间将目标内部的电子器件摧毁。此外,由于定向能武器射速极快(接近光速),敌方的电子设备根本无法实施反干扰。目前,定向能武器仍处在开发和研制中,但其巨大的军事潜力和发展前景,已经引起越来越多国家的重视。

1) 高能激光武器

高能激光武器是一种利用定向发射的激光束直接毁伤目标或使之失效的定向能武器,可工作在可见光波段、红外波段、紫外波段,用于衰减、干扰、毁坏光电或红外传感系统(抗传感器武器)。根据作战对象的不同,高能激光武器分为战术、战役和战略激光武器。

2) 高功率微波武器

高功率微波武器又称射频武器,是利用定向发射的高功率微波束毁坏敌方电子设备和杀伤敌方人员的一种定向能武器。这种武器的辐射频率一般为 $1\sim30\mathrm{GHz}$,功率在 1000MW 以上。其特征是将高功率微波源产生的微波经高增益定向天线发射出去,形成高功率、能量集中且具有方向性的微波射束,使之成为一种杀伤破坏性武器。它通过毁坏敌方的电子元器件、干扰敌方的电子设备来瓦解敌方武器系统的作战能力,破坏敌方的通信、指挥与控制系统,并能造成人员伤亡。其主要作战对象为雷达、预警机、通信电子设备、军用计算机、战术导弹和隐身飞机等。

高功率微波武器与激光等定向能武器一样,都是以光速或接近光速传输的,但它与激光武器又有着明显的差异。激光武器对目标的杀伤破坏,一般具有硬破坏性质,它是靠将激光束聚焦得很细并进行精确瞄准直接打在目标上才能破坏摧毁目标。高功率微波武器则不同,它以干扰或烧毁敌方武器系统的电子元器件、电子控制及计算机系统等方式使它们不能正常工作。造成这种破坏效应所需的能量比激光武器要小好几个数量级。另外,由于微波射束的波斑远比激光射束的光斑大,因而打击的范围大,从而对跟踪、瞄准的精度要求比较低,既有利于对近距离快速目标实施攻击,也有助于降低费用,便于实现。

3) 粒子束武器

粒子束武器是将粒子加速到接近光速,并用磁场聚焦成密集的束流,射向远距离目标,在极短时间内把极大的能量传给目标,以此对目标造成软破坏或摧毁目标。

激光武器受天气和环境的影响较大,而粒子束穿透能力强,具有全天候的特点,受天气的影响比激光武器要小。

3. 鱼雷的硬杀伤武器

对抗鱼雷也可采用硬杀伤。硬杀伤主要方法有：深水炸弹、反鱼雷鱼雷。深水炸弹在鱼雷航路上形成弹幕，以摧毁鱼雷。反鱼雷鱼雷利用鱼雷发射的声信号作为导引，接近并攻击鱼雷。

11.4 有源干扰的基本原理

11.4.1 压制性干扰原理

在功率一定时，不同波型的干扰所产生的干扰效果不同。最佳干扰波型应为随机性最强的干扰波型。根据信息论知识可知，对于无限变量，高斯分布随机性最大。因此压制性干扰一般采用高斯白噪声作为噪声源。有源器件的热噪声经放大后，就近似高斯白噪声。

实际中常用的干扰信号分成射频噪声干扰（正态型）和调制噪声干扰（非正态型）两大类，调制噪声干扰又可分为噪声调频干扰、噪声调幅干扰、噪声调相干扰和组合调制干扰等。

通常采用式（11.11）定义的压制系数 K 来评价压制干扰的效果，它是干扰信号调制样式、干扰信号质量、接收机响应特性、信号处理方式等的综合性函数。

1. 干扰信号的产生

1）射频噪声

如图 11.12 所示，射频噪声将热噪声放大后经过带通滤波器成型后，再通过发射机发射出去。其幅度服从高斯分布，功率谱取决于滤波器频率响应，呈现出宽带特性。

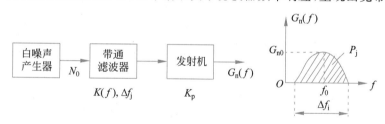

图 11.12 射频噪声的产生及功率谱

2）调制噪声干扰

用噪声作为调制源，进行调幅、调频、调相或复合调制后，再经过发射机发射出去。

2. 压制性干扰对雷达接收机的作用原理

典型雷达接收系统如图 11.13（a）所示，由高放、混频器、中放、检波器和视频放大器组成。它可以抽象成如图 11.13（b）所示的模型。其中线性系统 I 代表检波前的线性系统，为带通型，线性系统 II 是检波后的视频放大器，为低通型，检波器是非线性器件。在分析随机信号时，为了方便估计噪声功率，线性系统一般用等效噪声带宽来描述。但要注意带通型和低通型的等效噪声带宽的差异。

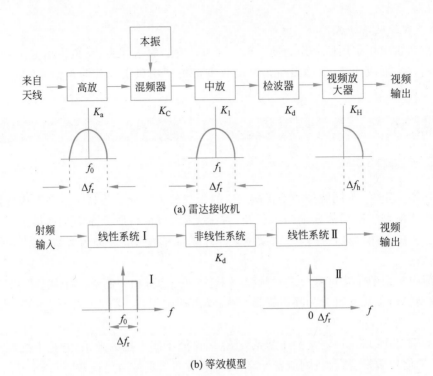

(a) 雷达接收机

(b) 等效模型

图 11.13　雷达接收机框图及等效模型

1) 射频噪声对雷达的影响

由于干扰强度远大于雷达的热噪声,故忽略热噪声影响。为了分析方便,假设输入干扰信号 $J(t)$ 的功率谱 $G_j(f)$ 与线性系统 I 的频率响应 $H_1(f)$ 都具有矩形特性。分别表述如下:

$$G_j(f) = \begin{cases} \dfrac{\sigma_j^2}{\Delta f_j}, & |f - f_j| \leqslant \dfrac{\Delta f_j}{2} \\ 0, & \text{其他} \end{cases} \tag{11.20}$$

$$|H_1(f)| = \begin{cases} 1, & |f - f_1| \leqslant \dfrac{\Delta f_r}{2} \\ 0, & \text{其他} \end{cases} \tag{11.21}$$

式中,f_j 和 f_1 分别为干扰和中放的中心频率;Δf_j 和 Δf_r 分别为干扰带宽和雷达接收机带宽,且射频噪声带宽远大于接收机带宽。σ_j^2 为干扰机的平均功率。根据线性系统理论,中放输出的干扰信号仍为窄带高斯噪声,其功率谱为

$$G_1(f) = \begin{cases} \dfrac{\sigma_j^2}{\Delta f_j}, & |f - f_1| \leqslant \dfrac{\Delta f_r}{2} \\ 0, & \text{其他} \end{cases} \tag{11.22}$$

中放输出的干扰信号的相关函数为

$$B_1(\tau) = \sigma_i^2 \frac{\sin(\pi \Delta f_r \tau)}{\pi \Delta f_r \tau} \cos(2\pi f_1 \tau) \tag{11.23}$$

其相关系数为

$$r_1(\tau) = \frac{\sin(\pi \Delta f_r \tau)}{\pi \Delta f_r \tau} \cos(2\pi f_1 \tau) = r_0(\tau) \cos(2\pi f_1 \tau) \tag{11.24}$$

假定采用线性检波,其检波特性为

$$U_v = \begin{cases} K_d U_i, & U_i \geqslant 0 \\ 0, & \text{其他} \end{cases} \tag{11.25}$$

根据非线性系统输入输出相关函数的关系,检波后的相关函数为

$$B_v(\tau) = \frac{\pi K_d^2}{2} \sigma_i^2 \left[1 + \frac{\pi}{2} r_1(\tau) + \frac{1}{2} r_1^2(\tau) + \frac{1}{24} r_1^4(\tau) + \cdots \right]$$

$$\approx \frac{\pi K_d^2}{2} \sigma_i^2 \left[1 + \frac{r_0^2(\tau)}{4} + \frac{\pi}{2} r_0(\tau) \cos(\omega_1 \tau) + \frac{1}{4} r_0^2(\tau) \cos(2\omega_1 \tau) \right] \tag{11.26}$$

式中,第一项为直流分量,第二项为展宽的基频分量,后两项为高频谐波分量,由于检波器负载的低通作用,后两项将被滤除,不会影响信号检测。

$$B_v(\tau) \approx \frac{\pi K_d^2}{2} \sigma_i^2 \left[1 + \frac{r_0^2(\tau)}{4} \right] = \frac{\pi}{2} \sigma_v^2 \left[1 + \frac{r_0^2(\tau)}{4} \right] \tag{11.27}$$

线性检波器的输出的概率密度为

$$p_v(U_v \mid H_0) = \begin{cases} \dfrac{U_v}{\sigma_v^2} \exp\left(-\dfrac{U_v^2}{2\sigma_v^2}\right), & U_v \geqslant 0 \\ 0, & \text{其他} \end{cases} \tag{11.28}$$

根据随机信号分析的知识,可以给出信号加干扰情形下的线性检波器的输出概率密度为

$$p_v(U_v \mid H_1) = \begin{cases} \dfrac{U_v}{\sigma_v^2} \exp\left(-\dfrac{U_v^2 + U_s^2}{2\sigma_v^2}\right) J_0\left(\dfrac{U_v U_s}{\sigma_v^2}\right), & U_v \geqslant 0 \\ 0, & \text{其他} \end{cases} \tag{11.29}$$

其中,U_s 为信号幅度。其对应的似然比为

$$\Lambda(U_v) = \frac{p_v(U_v \mid H_1)}{p_v(U_v \mid H_0)} = \exp\left(-\frac{U_s^2}{2\sigma_v^2}\right) J_0\left(\frac{U_v U_s}{\sigma_v^2}\right) \tag{11.30}$$

定义信噪比:

$$r = \frac{S}{N} = \frac{U_s^2}{2\sigma_v^2} \tag{11.31}$$

虚警概率为

$$P_f = \int_{U_T}^{\infty} \frac{U}{\sigma_v^2} e^{-\frac{U^2}{2\sigma_v^2}} dU = e^{-\frac{U_T^2}{2\sigma_v^2}} \tag{11.32}$$

当虚警给定时,检测门限为

$$U_T = \sqrt{-2\ln P_f}\, \sigma_v \tag{11.33}$$

发现概率为

$$P_d = \int_{U_T}^{\infty} \frac{U_v}{\sigma_v^2} \exp\left(-\frac{U_v^2 + U_s^2}{2\sigma_v^2}\right) J_0\left(\frac{U_v U_s}{\sigma_v^2}\right) dU$$

$$= \exp(-r) \int_{\sqrt{-2\ln P_f} \sigma_v}^{\infty} x \exp\left(-\frac{x^2}{2}\right) J_0(x\sqrt{2r}) dx \qquad (11.34)$$

得到不同虚警概率条件下,发现概率与信噪比 q 的曲线(即 ROC),如图 11-14 所示。

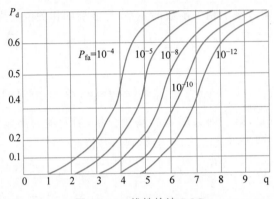

图 11.14 线性检波 ROC

但 K_a 与信号处理有关,如果采用积累可以提高 K_a,在多脉冲积累条件下 $q_0 = \frac{S}{N} I(n)$,其中 $\sqrt{n} \leqslant I(n) \leqslant n$,极值分别对应非相参积累和相参积累。在多脉冲积累条件下的压制系数为

$$K_a = \frac{P_j}{P_s}\bigg|_{P_d = 0.1} = \frac{I(n)}{q_0} \qquad (11.35)$$

假定 $P_f = 10^{-6}$,即可确定 $q_0 = 3.3$,采用非相干积累,可以得到

$$K_a = \frac{I(n)}{q_0} = \frac{\sqrt{16 \sim 25}}{3.3} \approx 1.21 \sim 1.52 \qquad (11.36)$$

影响压制系数的因素与进入雷达接收机中放的干扰信号波形、接收机对信号的处理方法、抗干扰措施以及检测信号的方法等有关。以上分析都是在高斯噪声条件下进行的,而高斯噪声为最佳干扰波形,当进入雷达接收机线性系统的实际噪声非高斯时,其遮盖性能将下降。

许多接收机的信号处理方法是应抗干扰的要求产生和发展起来的,而抗干扰的基本原理就是分析干扰信号与目标回波信号在时域、频域、极化、空间等各维信号特征方面的差别,滤除干扰,提取目标信号。雷达接收机抗干扰的信号处理方法很多,例如,采用相干积累信号处理技术,使检测信噪比改善 $I(n) = N$ 倍;采用脉冲压缩技术,使目标回波功率和信噪比等效提高 D 倍(压缩比)。则相应的压制系数应提高 $I(n) = N$ 倍和 D 倍。因此相参体制的雷达具有天然的抗干扰能力。

射频噪声干扰也称为纯噪声干扰,由于其效率低,仅应用于早期对低频雷达的干扰机中,目前已不再使用。一般所说的干扰主要是指噪声调制干扰,即噪声调幅干扰、噪声调频干扰或噪声调相干扰。目前噪声调频干扰应用最为普遍。

2）噪声调频干扰对雷达的影响

（1）噪声调频干扰的功率谱。

噪声调频干扰可表述为

$$J(t) = U_j \cos \left[\omega_j t + 2\pi K_{FM} \int_0^t u(t') dt' + \varphi \right] \tag{11.37}$$

其中,调制噪声 $u(t)$ 为零均值方差为 σ^2 的白平稳高斯过程,φ 为服从 $[0, 2\pi)$ 均匀分布的随机变量,U_j 为噪声调频信号的幅度,ω_j 为噪声调频信号的中心频率,K_{FM} 为调频斜率。

$$E[J(t)] = U_j E\left\{ \cos\left[\omega_j t + 2\pi K_{FM} \int_0^t u(t') dt' \right] \right\} E(\cos\varphi)$$

$$- U_j E\left\{ \sin\left[\omega_j t + 2\pi K_{FM} \int_0^t u(t') dt' \right] \right\} E(\sin\varphi) = 0 \tag{11.38}$$

其自相关函数为

$$R_J(t, t+\tau) = E[J(t) J(t+\tau)]$$

$$= U_j^2 E\left\{ \cos\left[\omega_j t + 2\pi K_{FM} \int_0^t u(t') dt' + \varphi \right] \right.$$

$$\left. \cos\left[\omega_j(t+\tau) + 2\pi K_{FM} \int_0^{t+\tau} u(t') dt' + \varphi \right] \right\}$$

$$= \frac{U_j^2}{2} E\left\{ \cos\left[\omega_j(2t+\tau) + 2\pi K_{FM} \int_0^t u(t') dt' + 2\pi K_{FM} \int_0^{t+\tau} u(t') dt' + 2\varphi \right] + \right.$$

$$\left. \cos\left[\omega_j \tau + 2\pi K_{FM} \int_0^t u(t') dt' - 2\pi K_{FM} \int_0^{t+\tau} u(t') dt' \right] \right\} \tag{11.39}$$

上式第一项对 φ 求期望为零。令

$$e(t) = \int_0^t u(t') dt' \tag{11.40}$$

当 $u(t)$ 为高斯过程时,$e(t)$ 也是高斯过程,且 $e(t) - e(t+\tau)$ 也为高斯过程,且方差为 $\sigma^2(\tau) = D[e(t) - e(t+\tau)] = 2\sigma^2[1 - \rho(\tau)]$,因此,$R_J(\tau)$ 可以表示为

$$R_J(t, t+\tau) = \frac{U_j^2}{2} E\{ \cos[\omega_j \tau + 2\pi K_{FM}[e(t) - e(t+\tau)]] \}$$

$$= \frac{U_j^2}{2} \int_{-\infty}^{\infty} \cos\{ \omega_j \tau + 2\pi K_{FM} u \} \frac{1}{2\sqrt{\pi}\sigma\sqrt{1-\rho(\tau)}} \exp\left[-\frac{u^2}{4\sigma^2[1-\rho(\tau)]} \right] du$$

$$= \frac{U_j^2}{2} \cos(\omega_j \tau) \int_{-\infty}^{\infty} \cos(2\pi K_{FM} u) \frac{1}{2\sqrt{\pi}\sigma\sqrt{1-\rho(\tau)}} \exp\left[-\frac{u^2}{4\sigma^2[1-\rho(\tau)]} \right] du$$

$$= \frac{U_j^2}{2} \exp\{ -4\pi^2 K_{FM}^2 \sigma^2[1-\rho(\tau)] \} \cos(\omega_j \tau) \tag{11.41}$$

调制噪声为限带白噪声,其功率由式（11.22）给出。

根据随机信号通过线性系统的知识,$e(t)$ 的功率谱为

$$G_e(f) = \frac{1}{\omega^2} G_J(f) \tag{11.42}$$

$$\sigma^2(\tau) = 4\pi^2 \cdot 2K_{FM}^2 \int_0^{\Delta F_n} \frac{\sigma_n^2 [1 - \cos(2\pi f\tau)]}{\Delta F_n (2\pi f\tau)^2} df$$

$$= 2m_{fe}^2 \Delta\Omega_n \int_0^{\Delta\Omega_n} \frac{[1 - \cos(\Omega\tau)]}{\Omega^2} d\Omega \tag{11.43}$$

式中，$\Delta\Omega_n$ 为调制噪声的谱宽，$m_{fe} = K_{FM}\sigma_n/\Delta F_n = f_{dc}/\Delta F_n$ 为有效调频指数。其中，f_{dc} 为有效调频带宽。

（2）噪声调频干扰对雷达接收机的作用。

图 11.15 给出了噪声调频干扰的功率谱，图 11.16 给出了噪声调频干扰通过雷达接收机中频放大器（简称中放）的输出波形。由于受中放频率特性的影响，等幅调频波各频率分量的振幅响应不同，形成了调幅调频波。但是，对于图 11.15 所示的情况，由于频率的摆动范围 $2f_{de}$ 小于中放的带宽 Δf_r，因此其幅度起伏是不大的。随着噪声调频干扰带宽的增大，当瞬时频率在中放带宽内外随机变化时，输出的是随机脉冲序列。这些随机脉冲序列的幅度、宽度和间隔的分布规律与瞬时频率的变化规律有关。当等幅调频信号

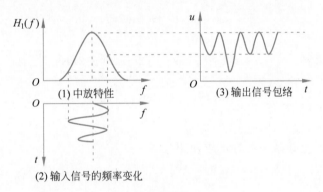

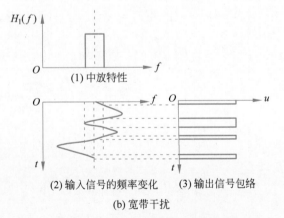

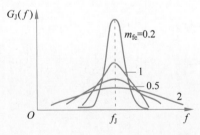

图 11.15　噪声调频干扰的功率谱　　　　图 11.16　噪声调频波的中放输出

作用于中放时,如果信号频率的变化速率很低,中放的输出近似为等幅脉冲,其宽度对应于瞬时频率在中放通带内的逗留时间,随接收机带宽增大而增大,而随频率变化速度的增大而减小。如果信号频率的变化速度很快,则中放输出的幅度是中放带宽的递增函数,是信号频率变化速度的递减函数,其宽度不再对应于瞬时频率在中放带宽内的逗留时间。

(3) 噪声调频干扰压制系数。噪声调频干扰压制系数求解非常困难,通过数值分析可知 $K_a = 2$。因此采用噪声调频干扰压制的效果优于噪声射频信号。

3) 脉冲干扰

脉冲干扰通常是指在雷达接收机中出现的时域离散的非目标回波脉冲。干扰脉冲可以由有源干扰源产生,也可以由无源干扰物产生,下面主要讨论有源干扰设备形成的脉冲干扰。脉冲干扰可以分为规则脉冲干扰和随机脉冲干扰。

规则脉冲干扰是指脉冲参数(幅度、宽度和重复频率)恒定的干扰信号,例如,由雷达站周围其他脉冲辐射源或其他雷达产生的干扰脉冲。如果规则脉冲的出现时间与雷达定时信号具有相对稳定的时间关系,则称为同步脉冲干扰;反之称为异步脉冲干扰。同步脉冲干扰在雷达距离显示器(如 A 型显示器)上呈现稳定的干扰脉冲回波。若其脉宽与雷达发射脉宽相当,则干扰脉冲回波很像真实目标回波脉冲,主要起欺骗作用。若其脉宽能够覆盖目标回波出现的时间,则具有很强的遮盖干扰效果(也称为覆盖脉冲干扰),并且在进行覆盖脉冲干扰时,往往会同时进行噪声调频或调幅干扰。异步干扰脉冲在雷达距离显示器上的位置不确定,具有一定的遮盖干扰效果,特别是当干扰脉冲的工作比较高时,干扰脉冲与回波脉冲的重合概率很大,使雷达难以在密集的干扰脉冲背景中检测目标。但当干扰脉冲的工作比较低时,由于其覆盖真实目标的概率很低,遮盖的效果较差。而且,由于异步干扰脉冲与雷达不同步,容易被雷达抗异步脉冲干扰电路所对消。

随机脉冲干扰是指干扰脉冲的幅度、宽度和间隔等某些参数或全部参数随机变化。如前所述,当脉冲的平均间隔小于雷达接收机暂态响应时间时,中频放大器的输出为这些随机脉冲响应的相互重叠,其概率分布接近高斯分布,其遮盖干扰效果与噪声调频干扰相似。随机脉冲干扰可以采用限幅噪声对射频信号调幅的方法实现,也可以采用伪随机序列对射频信号调幅的方法实现。采用限幅噪声调幅时,随机脉冲的平均宽度和间隔与视频噪声的功率谱和限幅电平有关。

随机脉冲干扰与连续噪声调制干扰都具有一定的遮盖干扰特点,但两者的统计性质是不同的。采用两者的组合干扰将引起遮盖干扰的非平稳性,造成雷达抗干扰困难。常用的组合方法是:

(1) 在连续噪声调制干扰(主要是噪声调频干扰)的同时,随机或周期性地附加随机脉冲干扰的时间段(主要是随机脉冲调幅)。

(2) 随机或周期性地交替使用连续噪声调制干扰(主要是噪声调频干扰)和随机脉冲干扰(如高频函数调频或伪随机序列调幅)。

实践证明,将随机脉冲干扰和连续噪声调制干扰组合使用时的干扰效果比单独使用时更好。

11.4.2　欺骗性干扰原理

1. 欺骗性干扰的作用和分类

1) 欺骗性干扰的作用

如前所述,欺骗性干扰的目的是用类似于真目标回波的假目标信号作用于雷达,以假乱真,以达到如下目的:

(1) 诱骗或破坏跟踪制导雷达对真目标的跟踪;

(2) 以一个或大量假目标使雷达无法辨别真假,或使其终端系统饱和。

前一种目的主要用于载机的自卫,采用的干扰形式主要为拖引干扰;后一种目的既可用于支援,也可以用于自卫,还可以用于欺骗各种类型的雷达。不论目的如何,欺骗性干扰有效的基本条件是其必须具有两重性,即相似性和欺骗性。相似性是从假目标信号模拟真目标回波的角度来说,必须具有与真目标回波相同的统计特性;欺骗性则是指假目标信号与真目标回波的某些参数是有差异的,以便掩盖真目标回波,达到欺骗的目的。因为有差异,雷达就有可能鉴别出真目标回波,这就要求在干扰参数设计时,根据雷达的鉴别能力,合理设计欺骗参数使欺骗有效。

2) 欺骗性干扰的分类

除了根据欺骗的参数分类外,根据假目标信号与真目标回波参数差别的大小,欺骗性干扰可又分为以下 3 种:

(1) 质心干扰。即假目标信号的参数与真目标回波的差别小于雷达的空间分辨力时,雷达不能将两者区分开,而是作为一个目标回波进行检测和跟踪。在多数情况下,雷达对此的最终检测和跟踪结果是两者的能量加权质心(重心),因此,称为质心干扰。

(2) 假目标干扰。即假目标信号的参数与真目标回波的差别大于雷达的空间分辨力,雷达能够将它们区分开,但是雷达往往将假目标信号作为真目标回波进行检测和跟踪,从而造成虚警,也可能因此丢掉真目标回波而造成漏报。大量的虚警还可能造成雷达信号处理电路的过载,如新近出现的密集型干扰。

(3) 拖引干扰。即周期性地从质心干扰到假目标干扰连续变化的欺骗干扰。典型的拖引干扰有停拖、拖引、关闭 3 种状态,周而复始。

停拖即假目标信号与真目标回波参数近似相同,假目标信号能量较强,雷达很容易捕获,并在捕获后按照假目标信号的强度调整其 AGG 电路的增益,以便对其进行连续测量和跟踪。停拖时间的长度应当由雷达检测和捕获目标回波以及调制 AGC 电路增益所需要的时间决定。拖引即将假目标信号的欺骗参数(距离、速度或角度)逐渐改变,以将假目标信号与真目标回波逐渐分离(拖引),参数的改变速率要在雷达跟踪目标运动的速度响应范围内,直到假目标的拖引参数达到预定的值。在此拖引的过程中,由于雷达的 AGC 电路已调整为适合接收假目标信号,因此,其跟踪系统很容易被假目标信号拖引而丢掉真目标回波。拖引时间的长度由参数的最大拖引量和拖引速率决定。关闭即在拖引参数达到预定值时关闭发射,使假目标突然消失,造成雷达跟踪信号的突然中断。此时雷达跟踪系统通常需要滞留和等待段时间,AGC 电路也需要重新调制增益。如果信号消失达到一定时间,雷达确认目标丢失后,才重新进行目标搜索、检测和捕获。关闭时间的长度由雷达跟踪中断后的滞留和调整时间决定。

不论使用哪种欺骗干扰,要使雷达难辨其真假,关键在于假目标信号与真目标回波的相似程度。雷达波型的日益复杂和反干扰能力的不断完善,对欺骗性干扰技术提出了严峻的挑战,目前,只有基于数字射频存储技术的转发式欺骗干扰机,才具备良好的欺骗性能。

2. 欺骗干扰机的典型结构

典型的欺骗干扰机结构如图 11.17 所示。利用侦察系统截获雷达信号后,由数字射频存储器将其存储下来,再在延时信号控制下读出,并进行频率调制、幅度调制后形成假目标信号。由于它是通过对雷达信号进行调制产生的,与目标回波具有较高的相似性,因此雷达接收机难以区分。当用于载机自卫时,实施拖引干扰,拖引过程如上所述,分停拖、拖引和关闭 3 个时间段进行。在停拖时间段,不进行参数调制,只对信号进行放大即转发出去,因此,假目标信号参数与载机形成的回波相近但较强,可以诱使雷达对其假目标进行跟踪;在拖引时间段,控制转发干扰信号的延时以使假目标的距离逐渐改变、进行频率调制以改变假目标速度或进行幅度调制以改变假目标方位,使假目标信号与载机回波逐渐分离,从而将雷达的跟踪系统从载机回波上拖引开,使雷达跟踪不到载机或偏离载机,达到自卫的目的。当用于电子欺骗时,可通过控制调制参数使假目标信号形成连续航迹,通常可同时形成多批假目标。在图 11.17 中,延时信号控制的是假目标的距离,调频信号控制的是假目标的速度,而调幅信号则用于控制假目标信号的幅度以形成角度信息。形成假目标的欺骗性干扰是相对容易实现的,对跟踪状态的雷达实施欺骗则困难得多。但是目标一旦被雷达制导的导弹或声制导鱼雷跟踪上后,就必须实施欺骗性干扰,使质心偏移或转移。

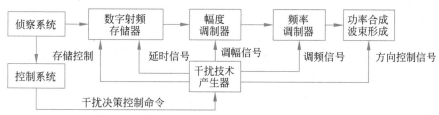

图 11.17 欺骗干扰机框图及等效模型

3. 跟踪雷达的欺骗干扰原理

在跟踪和制导雷达的跟踪系统中,含有自动增益控制电路,它对不同强度的信号具有不同的增益,信号越强,增益越低。其目的是增大系统的动态范围,防止电路饱和与过载。拖引干扰正是利用这一点实现对雷达的拖引欺骗干扰。拖引欺骗的参数有距离门拖引、速度门拖引、角度欺骗和多维相干欺骗。

1) 距离门拖引

距离门拖引用于破坏雷达的距离波门跟踪系统。通过图 11.18 中的延时信号控制干扰信号的延时 Δt 实现,其具体方法是:

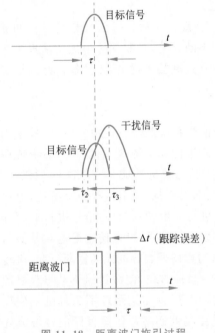

图 11.18　距离波门拖引过程

（1）干扰脉冲捕获雷达距离波门。干扰机在截获雷达信号后,以最小延时(通常为 100ns 左右)转发较强的干扰信号,称为距拖脉冲信号。雷达在接收到距拖脉冲信号后,其自动增益控制电路按距拖脉冲的强度调整增益,并将其作为目标信号进行跟踪。

（2）距离波门拖引。距离门拖引脉冲的距离由发射信号相对于接收到的雷达信号的延时 Δt 控制,延时 Δt 渐渐增大,即距离门拖引脉冲信号的距离渐渐增大,把雷达距离波门向后拖,离开目标回波。目标回波较弱因而被抑制。延时的变化规律可根据需要设置,但必须符合

$$\frac{\Delta t_n - \Delta t_{n-1}}{T_r} \leqslant v_{\max} \tag{11.44}$$

式中,T_r 为信号的重复周期,$v_{\max}$ 为目标最大径向速度。

（3）关闭。在把距离波门拖到偏离目标回波若干波门宽度(取决于雷达可跟踪的最大速度或加速度)后,停止发射距拖脉冲或对准雷达频率发射噪声干扰,破坏掉雷达的跟踪状态,即完成一次拖引过程。

雷达距离跟踪波门在接收不到信号后,转入搜索状态,重新跟踪目标回波后,距离门拖引过程重演一次。这样使雷达距离波门反复地进行搜索—跟踪—搜索,如此往复使雷达不能稳定地跟踪目标。

2) 速度门拖引

速度门拖引与距离门拖引的原理类似,它主要对雷达的速度波门进行拖引。通过图 11.18 中的调频信号,控制干扰信号中的多普勒频移 f_d 来实现。

我们知道,由于多普勒效应,当目标与雷达之间存在相对运动时,目标回波的频率 f_d 相对于发射信号频率 f_0 会产生多普勒频移。

具有速度跟踪/检测功能的雷达,如脉冲多普勒雷达和连续波雷达,通过对回波进行多普勒滤波处理,滤除强的地物杂波,区分出不同径向速度的目标。在此基础上,速度跟踪波门对特定径向速度的目标进行速度跟踪。通常,雷达是在进行速度跟踪的基础上再进行距离跟踪。在实现了速度跟踪和距离跟踪之后,再进行角度跟踪,以控制武器系统对目标实施攻击。因此,在对这类雷达进行干扰时,首先是干扰它的速度跟踪波门,进行速度波门拖引。拖引的方法与距离波门拖引类似,不同之处在于:速度波门拖引中拖引的参数是干扰信号的中心频率,使它逐渐变高或逐渐变低。

速度拖引过程如下：

（1）干扰捕获雷达速度波门。干扰机截获雷达信号后，放大并直接转发（假定采用自卫干扰）。此时发射信号的多普勒频移与目标回波基本相同，由于干扰信号较强，雷达速度跟踪系统中的自动增益控制电路的增益将随干扰强度变化，即降低，结果目标回波被抑制，即干扰捕获速度波门。

（2）拖引速度波门。逐渐增大或减小速度拖引干扰信号的频率，模拟的多普勒频移越来越大，对应的目标径向速度也越来越大，雷达的速度跟踪波门跟着速度拖引干扰信号产生的多普勒频率移动，即速度门拖引。注意，频率改变的速度必须小于雷达速度跟踪能力。

（3）关闭。当拖速干扰信号的频率逐渐变化到一定数值（对应于模拟的速度）后，停在这个频率上，或加上多普勒噪声，使雷达的速度波门在远离目标速度的位置上，对干扰信号的假速度进行稳定跟踪，或在一定范围内抖动。适当时间之后，突然停止发射速度拖引干扰信号，使雷达接收不到信号，破坏掉其速度跟踪状态。至此，完成一次速度拖引过程。

速度跟踪波门在丢失信号后，会重新进入搜索捕获过程。当雷达速度跟踪波门重新捕获到目标后，新的一轮速度拖引过程又开始了，从而使得雷达速度波门无法对目标速度建立稳定的跟踪。

速度跟踪波门被破坏后，雷达的距离跟踪和角度跟踪状态也就被破坏。雷达无法进入稳定的角跟踪状态，也就无法去控制武器系统发射或进行必要的制导。

3）角度欺骗干扰

角度欺骗干扰会破坏雷达的角度跟踪和测量系统的工作。角度欺骗的效果往往很好，因为对于武器系统来说，角度比距离更重要。

早期的跟踪雷达采用圆锥扫描是最容易被欺骗干扰的一种角跟踪雷达，目前已基本被淘汰。现在的角度欺骗主要有对付边跟边扫（TWS）雷达的回波同步挖空干扰和干扰单脉冲雷达的相参干扰。

（1）同步挖空干扰。如图11.19（a）所示，其原理是：根据侦察系统侦收、解调出的雷达信号的包络和扇扫的周期，干扰机转发与目标回波相同、幅度较强的干扰信号，但是，在雷达信号包络的峰值处停止发射干扰，在时间域停发一段干扰脉冲，就像把连续发射的干扰脉冲挖去一段，故称挖空干扰。由于干扰与雷达脉冲组同步，因此称为同步挖空干扰。由于进入角度跟踪波门的信号为目标回波信号与干扰信号的叠加，且干扰信号强，因此，左、右波门的积分输出主要由干扰决定。控制干扰信号的挖空位置，即控制左、右波门的积分差值。最终结果是使雷达天线跟踪到没有目标的方向，使武器系统命中不了目标，从而达到很好的干扰效果。

（2）相参干扰。如图11.19（b）所示，相参干扰利用了单脉冲测角的一个致命弱点：只能对单个波前测向，也就是说，只能测量单个目标的角度。它需要有两幅收发天线，且收发间隔越大越好。将其中一路反相，这样转发出去的信号波前与目标不可能一致，从而造成角度测量误差。

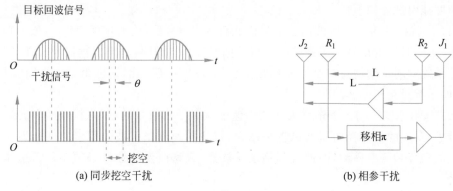

图 11.19　角度欺骗干扰

4）对 AGC 控制系统的干扰

除了配合对雷达距离、角度、速度检测、跟踪系统的干扰之外,对 AGC 控制系统的干扰样式还有通断调制干扰和工作比递减转发干扰。

(1) 通断调制干扰。通断调制干扰即以已知的 AGC 响应时间 T 周期性地通、断干扰发射机,使雷达接收机的 AGC 控制系统在强、弱信号之间不断发生控制转换,造成雷达接收机工作状态和输出信号的不稳定、检测跟踪中断或性能下降。根据 AGC 电路的工作原理,在干扰机发射期间进入雷达接收机输入端的干扰功率 P_{rj} 与目标回波功率 P_n (也是干扰机关闭期间的剩余功率)之比(干信比)应大于输出动态范围:

$$1 + \frac{P_{rj}}{P_n} \geqslant \frac{P_{omax}}{P_{omin}} \tag{11.45}$$

才能使通、断干扰后的雷达接收机暂态输出超出原定的输出动态范围,且干信比越大,超出的范围越大、时间越长、效果越好。通断工作比 τ/T 对 AGC 电路的性能也有一定的影响,一般选为 0.3~0.5。

(2) 工作比递减转发干扰。工作比递减转发干扰即是在通断调制周期 T 内,逐渐改变干扰发射工作时间 τ 的宽度,改变的方式通常有均匀变化和减速变化两种。

5）电子假目标干扰

雷达接收机每接收到一个目标回波信号,输出一个视频脉冲,在 PPT 型雷达显示器的相应位置便出现一个光点,并得到目标的一组空间坐标参数,目标的多组空间参数便构成一条航迹。

所谓电子假目标干扰,是干扰机按一定的航迹产生的多个假回波信号,它们与真实目标回波信号混在一起,使雷达真假难辨。这是干扰常规体制雷达的一种方法,也是干扰特殊体制雷达的有效方法。为了提高抗干扰能力,现代雷达采用复杂波型设计和相关处理技术,如线性调频或相位编码脉冲压缩技术,可使脉压输出的信噪比提高上千倍。这种技术使雷达抗噪声干扰的能力大大提高,但是,当采用电子假目标干扰时,假目标信号的信号形式和结构与真回波信号的形式和结构相同或相似,即具有相参性。相参的程度取决于干扰信号的储频方式。这样,假目标干扰信号进入雷达接收机会获得与目标回波信号相同或相近的处理增益,使雷达的信号处理器无法抑制假目标干扰。

此外,若假目标数量足够多,会使雷达信号处理器饱和而不能正常工作;即使假目标数目不足以使雷达信号处理机饱和,也会使 CFAR 门限抬高,从而降低对真实目标的检测能力。这种干扰方式称为密集型欺骗干扰,通常被列入压制性干扰。

因此,假目标干扰是对付现代雷达的有效干扰手段,广泛地用于支援和自卫作战。电子假目标还可用于战术欺骗,即适当设计假目标的数目,控制发射时间,以制造出在某一方向有许多作战平台(飞机、军舰)对敌进行攻击的假象,诱使敌人把迎击兵力调动到错误的区域,而在我方真正的攻击方向和区域实施噪声干扰或更多的假目标干扰,掩护我方作战平台突然对敌攻击,从而获得很好的作战效果。

电子假目标干扰往往必须有雷达阵地的位置信息和干扰机自身的位置信息(通常借助 GPS),才能模拟出多个雷达数据一致的假目标。当多个雷达情报一致时,很容易作出错误的态势分析。

11.5 电子对抗中的电子防护技术

电子防护是电子对抗的重要组成部分。其主要任务是保证己方的雷达、通信电台、导航等电子系统在对方实施电子进攻的情况下,仍能正常工作,保证作战平台免受导弹和鱼雷攻击。电子防护技术总是随着电子进攻技术的发展而发展,不存在能够防护所有电子进攻系统的电子防护技术,一种电子防护措施只能对某一类电子进攻有效,而对另外类型的电子进攻无效。在现代战争中,电子系统将面临着严重的电子干扰、隐身飞机、巡航导弹和反辐射导弹等的威胁,为确保雷达等电子系统效能的发挥及自身的安全,为确保平台自身的安全,必须采取电子防护措施和手段。现在,电子防护主要包括反侦察、抗干扰和抗摧毁等多种技术和措施。

电子防护技术根本在于雷达和声呐的体制,例如,脉冲压缩技术就具有天然的抗侦察和抗干扰能力,基于脉冲间的相干积累也可以很好地抑制干扰,采用捷变频技术可以有效对付噪声调频干扰,采用动目标检测技术可以有效地识别目标和箔条云等。这些新型电子探测系统的原理在前面已经给予了充分讨论。

11.5.1 反电子侦察

电子侦察是电子对抗的基础与前奏,旨在运用灵敏度很高的无线电接收设备侦听敌方的无线电信号,查明其技术参数(主要是工作频率和发射功率)和信号特征(主要是信号调制方式),运用无线电测向设备测定其方位,为对其实现电子攻击提供依据。反电子侦察是为防止敌方截获、利用己方电子设备发射的电磁信号而采取的措施。目的是使敌方截获不到己方的电磁辐射信号,或无法从截获的信号中获得有关情报,使敌方难以实施有效的干扰和摧毁。反电子侦察是电子防护中十分重要的组成部分。

反电子侦察的关键是严格控制己方电子设备的电磁发射活动,即将电子设备的电磁辐射减少到完成任务必不可少的最低限度。控制的范围包括电子设备的发射频率、工作方式、发射时间、次数、方向、功率和位置等。主要措施有:

(1) 电子设备设置隐蔽频率和战时保留方式,平时则采用常用频率工作。

（2）缩短发射时间，减少发射次数。如无线电通信网络一旦开通，就要使用缩语呼号，使用预先拟订的电文以及采用突发传输方式。条件允许时，尽量采用有线电通信、运动通信、可视信号通信等通信手段。

（3）使用定向天线，或充分利用地形的屏蔽作用，以减少朝敌方向的电磁辐射强度。

（4）将发射功率降至恰好能完成任务的最低电平。

（5）不定期地转移发射阵地并使发射活动无规律。发射控制可以是全面的，也可以是局部的。全面控制是为配合某种战斗行动，使所有电子设备都保持静默；部分控制则是由指挥员指定一部分电子设备进行必不可少的发射活动。

除发射控制外，反电子侦察措施还有：

（6）在假阵地上设置简易照射源，实施辐射欺骗或实施无线电佯动。

（7）采取良好的信号保密措施，使用电磁信号不易被敌方截获、识别的新体制电子设备，如扩频通信、跳频电台、捷变频雷达等。

（8）向敌方实施定向干扰，以保护己方重要的电磁辐射活动不被侦察。

（9）建立对敌对国家电子侦察活动的通报制度等。

由于电子侦察不论平时、战时都在不间断地进行，反电子侦察已成为一项经常性的电子防御措施。由于反电子侦察涉及装备使用各类电子设备的所有部队，必须严密组织、统一实施，并与其他反侦察手段结合使用。

11.5.2 防止干扰进入接收机的技术

雷达抗干扰在技术上可以分成两大类：一类是在进入接收机的输入端之前，把干扰信号降到最低限度，这类抗干扰所采取的措施包括空间选择、频率选择、增加有效辐射功率等；另一类是当干扰信号进入接收机后采取措施把它消掉，属于这类的措施包括时间选择，不使接收机饱和及过载，利用对波形的设计和对信号进行某种选择等。下面分别对这些雷达抗干扰的方法进行讨论。

1. 空间选择法

设法不让我方雷达被敌方侦察到，这是抗干扰的原则之一。空间选择法的基础，是利用干扰和信号在空间特性上的差别，采取必要的措施来减小甚至消除天线对干扰能量的接收。

1）采用高增益、低副瓣窄波束天线

由式(11.14)和式(11.15)可知，增大雷达天线增益可以提高雷达在干扰条件下的作用距离，即提高了雷达的抗干扰能力。

采用低副瓣窄波束天线不仅可以获得高的增益，而且可以减少雷达电磁能量在空间的散布范围，减小进入雷达的干扰功率。但雷达天线增益往往受制于作战用途，例如，炮瞄和制导雷达的波束都比较窄，警戒引导雷达的波束比较宽。

2）采用副瓣消隐技术

当干扰机不配置在目标上时，其干扰能量往往从副瓣进入。即使干扰机配置在目标上，当干扰功率较强时，干扰能量也能从副瓣进入，因此，消除副瓣可以提高抗干扰性能。

采用副瓣抵消技术和消隐技术,能较好地抑制干扰,如图 11.20 所示。此法是在正常雷达接收机(主接收机)之外,加一辅助接收机(副接收机)。副天线方向图无指向性,其增益等于或略大于主天线第一副瓣的增益。主副两路接收机的输出加到相减器,之后到显示器,这样,从主天线副瓣进入的干扰能量将与从副天线进入的干扰能量抵消。副接收机的增益可用自适应控制,以获得良好的对消特性。显然,此法同样会抵消一部分从主瓣进入的信号能量,从而造成信号的损失。

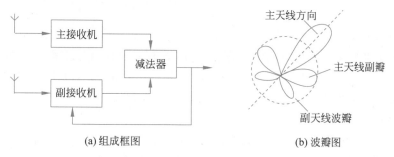

图 11.20　副瓣消隐技术原理图

2. 极化选择法

从电波与天线理论可知,在空间传播的电磁能量,只有在极化方式相同的条件下,接收天线才能很好地将其接收。若极化方式不同,将引起很大衰减。如圆极化与线极化之间衰减 3dB 以上;水平极化与垂直极化之间衰减 30dB 以上;左旋极化与右旋极化之间也衰减 30dB 以上。极化方式不同对信干比的影响体现在极化系数 γ_j 中。

1) 变极化技术

若在设计天线时,使极化形式与干扰失配,则可以大大削弱干扰的影响,这一点可由变极化技术来实现。变极化技术具有自适应能力,它能不断地自动检测出干扰波的极化形式,并自动控制天线采取与干扰波相对应的极化形式,始终保持信号与干扰的极化系数差别最大。以达到对干扰的最大衰减,从而提高雷达的抗干扰能力。

2) 极化干扰自消技术

雷达发射一线极化波(如垂直极化),而在接收时,则能接收两个正交的分量。若忽略目标交叉极化的影响,从目标反射回来的信号只有垂直极化分量。而干扰一般为椭圆极化波,可分解为垂直与水平两个极化分量。此两路信号在对消器对消,这样干扰被对消掉,而信号无损失通过。自动调节两支路的相位差和增益,可以达到较理想的对消效果。

3. 频率选择法

雷达占据较宽的频段,就迫使干扰机也展宽频段,从而降低了干扰功率的密度,也就是减轻了干扰的威胁。具体措施有跳频法、频率分集法和扩展新频段 3 种。

1) 跳频法

固定频率雷达容易被侦察和干扰。如果频率能在较宽的范围内随机地跳变,使雷达不断跳到不受干扰的频率上工作,它的抗干扰能力就能得到增强,频率跳变的速度越快、范围越大、随机性越强,抗干扰能力就越高。这种技术在雷达中称为频率捷变或捷变频技术。此外,捷变频雷达还能对电磁频谱进行分析,自适应地选择能量密度小的频段工作。因此它能使瞄准式杂波干扰机很难截获和跟踪雷达。目前干扰机的频率引导装置来不及追随跳频速度在微秒级的雷达,所以其干扰效果大为降低。频率捷变技术实际上是雷达与干扰机所进行的速度竞争,即使雷达和干扰的变频速度相等,雷达仍有一半时间可以正常工作,这样,在雷达与干扰的速度斗争中雷达必将获胜。

阻塞式干扰机虽然可以干扰雷达工作,但很难以足够的功率覆盖整个雷达的跳频带宽。在雷达发射机平均功率相同的条件下,宽带频率捷变雷达能有效改善海杂波背景下目标检测的性能。

2) 频率分集法

频率分集是用多部发射机同时工作在不同的频率上,使雷达占有较宽的频段,以削弱干扰强度。同时 N 路回波信号在接收机以一定的方式组合,可以使信噪比提高 N 倍,进一步增强了抗干扰能力。

3) 扩展新频段

不同的雷达要尽量占据宽的频段,即使是同一种雷达,也可以工作在同一频段的不同频率,从而提高整个雷达网的抗干扰能力。此外,还可以开辟新的频段。目前的地面警戒雷达大多工作在米波波段,炮瞄雷达和引导雷达大多数工作在 S 波段;机载雷达大都工作在 X 波段,所占据的波段较少且范围较窄,所以干扰也大多集中在这些波段上。开辟新频段,就是让雷达工作于更低或更高的频段上,散布范围尽量大,还可以使雷达突然在敌方干扰频段的空隙中工作,使敌方不易干扰。

4. 增大发射功率

由式(11.8)和式(11.9)可知,增大雷达发射功率可提高雷达在干扰条件下的作用距离,即提高了雷达的抗干扰能力。敌干扰机一般为机载,它要增大干扰功率受到体积、重量、电源等较大的限制。对地面或舰载雷达来说这些都不是主要问题,可以采用增大发射功率来增强抗干扰性,但对机载雷达来说,做到这一点较为困难。

以上讨论的技术是拒干扰于接收机之外的方法,下面讨论干扰进入接收机后的抗干扰措施。

11.5.3 接收机抗干扰技术

11.5.3.1 接收机抗饱和

对付阻塞式干扰和压制性干扰有效的技术途径是提高接收机的动态范围。扩大动态范围的方法有采用快 AGC 电路、限幅、对数放大和 CFAR。下面重点介绍两种技术。

1. 瞬时自动增益控制

雷达 AGC 电路一般时间常数很大。当干扰为占空比较小的窄脉冲时,大时间常数的 AGC 电路往往难以抑制这种干扰。

瞬时自动增益控制是指当回波信号的幅度变化时,电路能快速地自动调整接收机增益的一种技术。它与一般自动增益控制电路的原理相同,不同的只是这种电路的增益控制应能跟得上信号或干扰的变化,故其控制回路的时间常数较小,一般为发射脉冲宽度的 5~20 倍,以使其能跟上信号幅度的变化。电路能根据干扰信号的强弱自动调节中放级的偏压,以使信号始终处于特性曲线的直线部分。它可以有效地防止由于等幅波干扰、宽脉冲干扰和低频调幅干扰所引起的中放饱和,常用的办法是利用负回馈将输出电压检波后去控制中放级的偏压。当回波的时间常数小于雷达的发射脉冲宽度时,则成为快时间常数(即快速 AGC),也称微分电路,它可以降低强干扰中的直流和低频成分,避免接收机的视频放大器因强干扰而截止。

但瞬时自动增益控制电路中,接收机灵敏度恢复到正常值需要一段时间,这可能使紧跟在强干扰后边的小目标丢失。

2. 宽限窄电路抗宽带调频噪声干扰

宽限窄电路是"宽带放大—限幅—窄带放大"电路的简称,原是一种抗离散脉冲干扰的电路。因宽带噪声调频干扰经中放输出是一系列离散的尖头脉冲,所以后来有人将这种电路用来抗调频宽带噪声干扰。其原理框图如图 11.21 所示。

图 11.21　宽限窄电路原理框图

现结合如图 11.22 所示的波形来说明该电路抗干扰的基本原理。连续噪声调频干扰和信号一起输出到宽带放大器输入端,见图 11.22(a)。由于宽带放大的带宽小于干扰的带宽,其频率选择作用使连续调频噪声通过宽放后变成离散的尖头脉冲,而频谱较窄的信号却可无失真地通过,通过宽带放大器后的信号和噪声波形如图 11.22(b)所示。经限幅器后,强干扰被限幅,再输入窄带放大器进行滤波,见图 11.22(c)。由于窄带放大器的带宽选择得与信号匹配,所以干扰脉冲又经过一次衰减,而信号却能顺利通过,从而使信噪比得到提高。

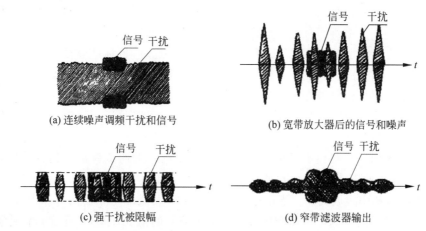

(a) 连续噪声调频干扰和信号　　　　(b) 宽带放大器后的信号和噪声

(c) 强干扰被限幅　　　　(d) 窄带滤波器输出

图 11.22　宽限窄电路工作原理

下面给出该电路各部分参数的选择原则。

(1) 宽带放大器带宽。

最佳带宽根据下式选择:

$$\Delta f_{\text{wopt}} = \sqrt{\frac{\Delta f_{\text{j}} \Delta f_{\text{N}}}{2}} \tag{11.46}$$

其中,Δf_{j} 和 Δf_{N} 分别为干扰带宽和调频噪声带宽。实际值可以略大于该值。

（2）限幅电平 V_{C}。

为取得最大的抗干扰效果,限幅器应对有用信号过限幅,即限幅电平应低于信号电平;为确保输出信号不被机内噪声所淹没,限幅电平又应大于下一级电路的输入噪声电平,即:

$$P_{\text{n}} \ll V_{\text{C}} < 0.7u_{\text{c}} \tag{11.47}$$

其中,P_{n} 和 u_{c} 分别为限幅器后级输入噪声的有效值和限幅器输入端有用信号的幅度。

（3）窄带放大器带宽。

窄带放大器带宽应与信号相匹配。

"宽—限—窄"电路抗干扰的效果与干扰的质量有密切关系,而干扰的质量又用调频指数来衡量,其定义是:

$$m_{\text{j}} = \frac{\Delta f_{\text{j}}}{\Delta f_{\text{N}}} \tag{11.48}$$

当 $m_{\text{j}} \leqslant 5$ 时,该电路抗干扰效果极差,甚至信噪比增益出现负值。当 $m_{\text{j}} \geqslant 100$ 时,其信噪比增益可以大于宽放输出端的干扰压制比,这意味着不管干扰多强,只要适当选择电路参数,都可以从极强的干扰中把信号提取出来。当 $m_{\text{j}} = 10$ 时,即使电路工作在最佳状态,其信噪比增益也不超过 8dB。

11.5.3.2　抗距离欺骗性干扰

距离欺骗性干扰是模拟出一个性质与目标相同,但距离上(即时间上)区别于目标的假信号。常用的欺骗信号是一个在距离上逐渐远离雷达站的活动目标,这就是人们常说的拖距干扰。为了反拖距干扰信号,可以采用下列 3 种方法。

（1）控制雷达接收机的偏压。因为在雷达刚受干扰时,目标信号很可能一下被干扰信号所压掉,为此可在接收机中引入一个受距离电压控制的负偏压,以保证信号不被干扰所压掉。由于目标信号处在干扰信号的前面,因此可将目标信号前沿取出并延迟(由雷达的发射脉冲宽度决定),以产生一个闭锁波门来关闭接收机。因为信号在闭锁波门的前面,所以有抢出,而干扰信号在闭锁波门里,故被闭锁掉。这样,可使雷达的距离跟踪波门不被拖走而始终跟住真目标。不过由于接收机引入的负偏压受到目标反射面和距离的影响,此负偏压值不易确定,所以实用中可靠性不高。

（2）采用饱和中频放大器。当雷达接收机中频放大器采用非线性饱和中放时,就可避免由于自动增益的控制作用而产生大信号压小信号的情况,于是可保证目标回波始终存在,再利用回波信号前沿经延迟后产生闭锁波门将干扰信号抑制掉,便可使距离跟踪波门不被拖走。这种方法较上一种方法有效。

（3）采用脉冲前沿跟踪法。脉冲前沿跟踪法是增加一路无自动增益的饱和中频放大器和视频处理电路的抗干扰方法。饱和中频放大器对目标信号和干扰信号给予同等放大,但由于两信号之间存在时间误差,所以可用视频处理电路取出目标信号前沿后再把干扰信号抑制掉。这种方法目前被普遍采用。

当敌方模拟的假目标是一个向雷达站逐渐接近的活动目标时,雷达只要周期性地交替变换发射脉冲的重复周期,就很容易把这种欺骗信号识别出来。尽管雷达发射脉冲的重复周期不断变化,但目标回波在显示器上的位置始终由目标的距离决定。但干扰信号的距离显示位置却不断地随重复周期的变化而变化,所以容易分辨出来。

11.5.3.3 脉冲宽度鉴别

采用脉冲宽度鉴别技术,很容易抑制脉冲干扰,这包括窄脉冲鉴别和宽脉冲鉴别技术。这类电路非常多。但是干扰机利用欺骗性干扰很容易模拟出与雷达相同的脉冲宽度回波,因此该技术对付欺骗性干扰没有多大优势。

思考题与习题

11.1　电磁战新定义与旧定义相比,其内涵和外延在哪些方面有扩展?

11.2　测频接收机有哪几种方式?其各自的原理是什么?各有什么优缺点?

11.3　简述欺骗性干扰的作用原理、与压制性干扰的区别,比较质心干扰、假目标干扰和拖引干扰的特点,说明为什么欺骗性干扰大多用于目标的自卫干扰。

11.4　简述电子抗干扰的两大类技术以及基于这两大类技术的主要措施。

11.5　频率选择抗干扰有哪些方法?

11.6　接收机抗饱和有哪些方法?

11.7　为什么宽限窄电路能抗噪声调频干扰?如何进一步提高它的抗干扰效果?如何确定"宽—限—窄"电路的主要参数?

第12章

水声通信基本原理

12.1 水声通信概论

12.1.1 水声通信与水下通信组网

水声通信是以声波作为物理场实现报文、图像和语音传输的技术。实现水声通信的装备通常称为通信声呐。

通信声呐是实现艇与舰和艇与艇之间通信的唯一手段,是岸基到潜艇通信的重要手段之一,同时还可用于 UUV(水下无人平台)的遥控以及潜水员与岸上的通信(如图 12.1 所示)。

水声信道是一种劣质信道,其通信距离和码速率难以提高。因此,水下信息传输如果仅仅依靠水声通信是不现实的,为了实现大数据量的水下信息传输,必须采用水下信息组网技术,结合现有的光纤和无线通信技术,提高水声通信的效能和隐蔽性。

水下信息组网是结合多种通信手段,实现水下信息的传输和交换。通常的组合有水声—光纤、水声—无线通信(超短波、短波和卫星通信)和水声—无线通信—光纤组合等。

图 12.1 水下作战平台

12.1.2 通信系统的分类

1. 按调制方式分类

通信按信号形式可以分成基带通信和通带通信两大类。

(1)基带通信。基带通信的信号集中在零频附近。典型的有早期的线路交换的电话系统、以太网铜缆协议等。

(2)通带通信。将基带信号进行调制,即将频谱从基带搬迁到载波频率上,使之变成带通信号,然后传送出去。无线通信和水声通信属于这一类。

水声通信与无线通信本质上并没有差别,其数字调制方式、模拟调制方式、信道编码方式大致相同,但是由于水声信道远比无线信道复杂,两者的信号处理有很大的差异,把无线通信信号处理照搬到水声通信是不切实际的。

2. 按信号特征分类

按信道中信号传输特征进行分类,通信系统可以分成模拟通信和数字通信。

(1)模拟通信。模拟通信的调制信号是模拟的,平常的调频和调幅广播就是模拟通信。在水声通信中,语音通信大多采用模拟通信体制。

(2)数字通信。数字通信的调制信号是离散的。本书仅介绍水声数字通信的基本概念。

3. 按解调方式分类

按接收解调方式分,通信系统可成非相干通信和相干通信。

(1) 非相干数字通信。不利用相位调制的通信方式称为非相干通信。非相干通信调制方式包括幅移键控(ASK)、频移键控(FSK)和多频频移键控(MFSK)。

(2) 相干数字通信。利用相位调制的通信方式称为相干通信。

相干水声通信调制方式有二相相移键控(BPSK)、四相相移键控(QPSK)、多相相移键控(MPSK)、正交频率复用(OFDM)和正交幅度调制(QAM)等,其中水声通信最常用的是 BPSK 和 QPSK,近年 OFDM 在水声通信中的应用报道渐多,但在运动情形下,性能如何有待考察。

非相干通信和相干通信体制完全不同,非相干通信不需要载频同步,而相干通信需要载频同步。尽管理论上两者性能仅差 3dB,但在多途信道条件下,性能相差很大。相干通信的解调一定要采用正交双通道解调。

尽管也可以按幅度、频率和相位调制对通信系统进行分类,但体现不出其本质的差异。

4. 按通信信息流向分类

按信息的流向特性分,通信又可以分成单工、半双工和全双工。

(1) 单工通信。单工通信是指信号只能单方向传输的通信方式。为了保证潜艇安全,一般采用舰对潜单工通信。

(2) 半双工通信。通信双方要么发信,要么收信,不能同时收发信,与步话机类似,水声通信大部分属于这一类。

(3) 全双工通信。可以同时收发信,类似手机。

出于经济性考虑,目前水声通信更多是半双工方式。全双工通信需要采用信道复用技术,水声通信更多采用频分复用,即双频工作,技术上并无特别之处。

5. 按通信内容分类

按通信内容可以分成报文通信、图像通信、视频通信和语音通信。语音通信冗余信息太多,占信道容量太大,作战时尽量采用报文通信。

6. 按信道复用方式分类

复用是指多个用户之间可以同时通信,就像我们在同一地点、同一时间可以用手机通话一样。按复用方式分,通信可以分成频分复用、码分复用、时分复用和空分复用。

7. 按分集方式分类

分集是提高通信性能的一种重要方式。分集的特点是多个信道发送相同的内容,接收端对多个信道内容进行综合判决。例如,多途通常会造成信道频率选择性衰落,采用多个独立频点工作,然后多个频点进行积累,可以提高通信性能。按分集方式分,通信可以分成频率分集、时间分集、码分集和空间分集。分集有发射分集(多发)、接收分集(多收)和发射/接收联合分集(多输入/多输出,MIMO)。

12.1.3 通带数字通信系统组成

通带数字通信系统的组成如图 12.2 所示,包括信源、发送设备、信道(含噪声源)、接収设备、信宿 5 个部分。

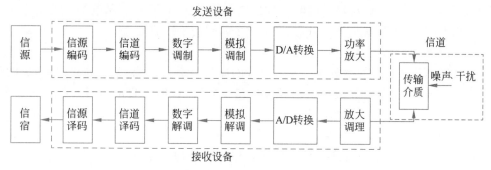

图 12.2　通带数字通信系统的组成

1. 信源

信源是产生消息的源头或装置，可以产生模拟信号，如音频或视频信号，称为模拟信源；也可以产生数字信号，如电传机，称为数字信源。

2. 发送设备

如图 12.2 所示。发送设备通常包含信源编码、信道编码、数字调制、模拟调制和功率放大等部分。

1）信源编码

信源编码是将模拟或数字信源产生的消息有效地变换成二进制数字序列，其目的是用尽能少的二进制数字表示信源的输出（消息），提高信息表达效率和通信的有效性，也称为压缩编码。

信源编码可分为有损压缩和无损压缩两大类。例如，图片原始的格式是 BMP 格式，数据量很大，如果存成 JPG 格式，数据量就可以大幅下降。再如，视频压缩充分利用帧间的相关性大幅度降低数据量。这类压缩利用信号或图像的相关性和人眼、耳的生理特点，进行适当的压缩。有损压缩会造成信息的损失和图像分辨率的下降，但人眼和耳朵无法觉察。另一类压缩是无损的，如计算机文档压缩软件和霍夫曼编码等。

2）信道编码

信道编码是为了提高通信的可靠性而采取的措施。其目的是在信息序列中加入一些可控的冗余比特信息，以便接收机用来检测或纠正信号在信道中传输时所受到的各种干扰和噪声的影响，增强抗干扰能力。信道编码又称为差错控制编码。由于无线信道的开放性，信号在传输过程会遭到各种噪声、干扰和信道衰落的影响，这些不利因素都会导致误码。为了检查和纠正这些误码，需要对信源编码后的码字增加一些冗余的码字。

3）调制及 D/A

调制包括数字调制和模拟调制。

数字调制是将信息符号映射成适合信道传输的波形，又称基带调制，完成数字符号到幅度、频率或相位转换和波形赋性。如调幅 ASK 和调频 FSK、调相 BPSK 和 QPSK 等。模拟调制则是利用成型波形去调制正弦信号，将发射信号搬移到对应的载波频率。D/A 转换器将数字调制后的信号转换成模拟信号。通常数字调制及 D/A 转换器可以采用 DDS 完成。对于水声通信来说,载频为 20kHz 以下的通信系统还可以用声卡芯片(CODEC)完成,CODEC 还可以同时完成接收系统的 A/D 转换。某些数字通信系统不需要使用 D/A 转换器或 DDS,而直接产生数字调制的模拟信号。

4)功率放大

将调制的信号进行功率放大。发射信号的能量对通信性能(距离和误码率)影响很大。在水声通信中,功率放大后的信号被送到换能器,换能器将电信号转换成声信号。通常 1W 的声功率以 10b/s 的速率通信距离可达 20km。

3. 信道

信道是用来将发射机发送的信号传输给接收机的物理介质,如光纤、无线信道和水声信道。对于水声通信来说,通信的介质就是海洋,包括海水、海底、海面以及海洋中的岛屿。不同的海区、不同季节甚至是不同的时间水声信道都会有所不同。噪声是信道的重要组成部分。

水声信道最大的不利因素是信道的二维扩展性、频散和时变性。

1)二维扩展信道

二维扩展性是声信号多径传播形成的。由于海底和海面的多次反射,通常直达的回波先到,然后是一次反射(海底或海面),再次是二次反射(海底—海面、海面—海底)、三次反射等。每个传播路径形成的信号,称为声线,假定这些声线可分辨(如爆炸声),接收端接收到的是一串到达时间有先有后的信号,如图 12.3 所示。实质上,当收发双方有相对径向运动时,不同声线的多普勒频率也可能是不同的,如图 12.4 所示,这种信道是二维扩展信道。根据有无相对径向运动可把信道分为完全不同的类型,其信号处理方式差异很大。

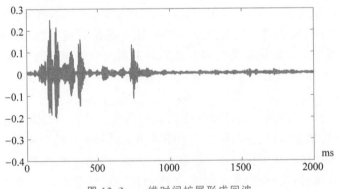

图 12.3 一维时间扩展形成回波

出现多径效应时,不同声线信号在时间和频率上不可分辨,那么就会相互叠加、抵消,形成起伏,进而造成多径衰落。多径衰落往往是频率选择性的,衰落随频率变化,呈现出快起伏。

无线信道也存在二维扩展特性,仅在高速径向运动时才表现得明显,如在高铁上使用手机等。但是水声通信多普勒效应更为明显,因此即使是常规通信,也必须考虑二维扩展特性,对于高速运动平台之间(如水面舰与潜艇之间的水声通信)更是如此。因此考

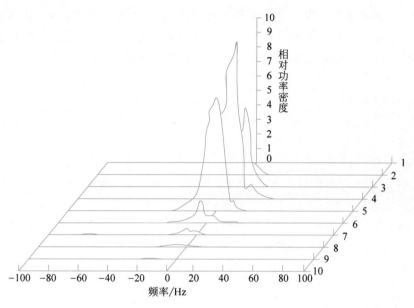

图 12.4　二维扩展散射函数

察水声通信装备的性能时必须考虑在运动时的通信是否可靠。实际上,由于海流和海浪的影响,即使在收发静止时,水声信道也可能是二维扩展的。

2) 频散信道

由于水声信道为多途信道,低频声传播路径比高频声长,因此接收到不同频率声波的时间有差异,看起来高频声传播速度快、低频声传播速度慢,从而出现频散现象(类似光学中的色散现象)。如图 12.5 所示,一个爆炸声经过远距离传播后,脉冲会展宽。最先到达的是低频声波,它们的频率靠近第一阶简正波的截止频率,这些声波具有接近海底介质的声速度,因而这些低频声波称为地波,它们的激发强度很小,幅度也很小。接着到达的是水波,水波的频率较高,具有与海水介质相近的声速度。达到最大强度的信号称为 Airy 波,它具有中等频率和最小速度。频散特性决定了水声通信信道带宽不可能太宽,否则会因为频散而出现波形畸变。

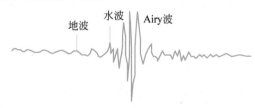

图 12.5　具有三阶简正波的频散波形

3) 时变信道

水声信道受到海浪、潮汐和大尺度内波等影响,表现出强烈的时变特性。一般来说,通信距离越近,时变性越强;通信距离越远,时变性变弱。但远距离通信时,由于水声信道的衰减,信噪比又成为主要矛盾,唯一有效的技术途径是降低工作频率。

正因为水声信道具有以上 3 个不利于通信的特点,著名学者 Proakis 称水声信道是最恶劣的无线信道。水声信道存在有一种非常好的信道,即深海信道,它的特性类似单模光纤。但使用这一信道的前提是收发信双方必须在声道轴上。

4. 接收设备

1)放大调理

在接收端接收到的信号通常是微弱的,必须进行放大才能进行后续的处理。同时需要采用带通滤波器滤除带外的噪声。

2)A/D 转换及解调

模拟信号经 A/D 转换后解调,对含载频的信号进行模拟解调(下变频)和数字解调。模拟解调将信号频谱搬到基带。相干调制必须采用正交双通道解调,才能同时得到幅度和相位信息。有些芯片可以采用带通采样技术,同时完成 A/D 转换和正交解调。

数字解调可以分为相干和非相干解调,对于相干数字通信系统,需要获取与发送信号同频同相的载波信号,相比非相干解调性能要好,但接收机实现复杂。

有些数字调制方式模拟解调和数字解调可以合并完成。

3)信道译码

利用发端编码器引入的冗余从受损的接收信息序列中尽可能正确地恢复原信息序列。

4)信源译码

把二进制序列变换成为信源输出的消息。

5. 信宿

信宿是指信息传送的目的地,或称为收信者。

12.1.4 信息及其度量

1. 离散消息的信息量

某离散消息 x_i 发生的概率为 $p(x_i)$,则它所携带的信息量为

$$I_i = -\log_2 p(x_i) \tag{12.1}$$

信息量的单位为比特(bit)。这意味着概率越小的事件,信息量越大。即所谓的"狗咬人不是新闻,人咬狗才是新闻"。

2. 离散信源的平均信息量

设信源输出 M 个统计独立的符号 $x_i, i=1,2,\cdots,M$,其对应的概率为 $p(x_i)$,则这 M 个符号所含信息量的统计平均值定义为信源的平均信息量:

$$H(X) = -\sum_{i=1}^{M} p(x_i)\log_2 p(x_i) \quad (\text{比特 / 符号}) \tag{12.2}$$

信源的平均信息量又被称为信源熵。熵是热力学的概念,它反映了系统的不确定性,熵越大,不确定性越大。信源随机性越大,信源熵越大。可以证明,最大信源熵发生在信源的每个符号等概独立出现时,此时信源的不确定性最大,最大信源熵为

$$H_{\max}(X) = \log_2 M \quad (\text{比特 / 符号}) \tag{12.3}$$

3. 信道容量

信息必须经过信道才能传输,单位时间内信道上所能传输的最大信息量称为信道容量。它可用信道的最大信息传输速率(比特率)来表示。

早在 1948 年和 1949 年,香农(Shannon)就对信源和信道进行了大量的分析并得出了著名的香农公式。该公式告诉我们:在信号平均功率受限的高斯白噪声信道中,通信系统的极限信息传输速率(或信道容量)为

$$C = B \cdot \log_2(1 + \text{SNR}) \tag{12.4}$$

其中,B 和 SNR 分别为信道带宽和信噪比。实际的通信系统能否达到这个传输速率呢?编码定理对此作了回答。香农第二编码定理指出:对于信道带宽为 B 的高斯白噪声信道,设信噪比为 SNR,则总是可以找到一种编码方式,能以速率 $C = B \cdot \log_2(1 + \text{SNR})$ 以及任意小的错误概率来传输二进制数字信号。反之,不存在任何一种编码方法能够以比这更高的传输速率且任意小的错误概率来传输二进制数字信号。

由此,可以得到两点结论:

(1) 信息速率低于信道容量时,一定有办法实现无误传输。

(2) 信息速率高于信道容量时,则无论怎样努力都不可能可靠地传输这些信息。

遗憾的是,目前高斯信道编码定理还只是一个存在性定理,迄今为止尚未找到实用的最佳编码方法,可以使信息以接近信道容量的传输速率无误码地传输。尽管如此,众多的研究者们仍在朝着这一目标不断努力。在理论上依然可以认为,通信系统能以接近于信道容量的速率传输信息,并使错误概率任意小。

香农公式有着重要的实际应用意义,它表明:信道容量 C、传输信息所用的信道带宽 B,与信噪比 SNR 之间存在着互换的关系。

(1) 在保持 C 不变的条件下,可以通过增加信号的传输带宽来降低对信噪比的要求。

如果当信道带宽为 3000Hz 时,要求传输速率为 10 000b/s,那么根据香农公式求得信噪比至少应为 9;如果传输速率不变,信道带宽增大到 10 000Hz 时,信噪比只要 1 即可。这种信噪比和带宽的互换性在通信工程中有很大的用处。例如,在宇宙飞船与地面的通信中,飞船上的发射机功率不可能做得很大,因此可用增大带宽的方法来换取所要求的信噪比的降低。相反,如果信道频带比较紧张,如在有线载波电话信道,则主要考虑频带利用率,可通过提高信号功率来增加信噪比。

(2) 在保持 B 不变的前提下,可以用提高信噪比的方法增加信道容量。

(3) 一个给定的信道容量 C,既可以通过增加信道带宽减少发射能量,也可通过减少信道带宽增加发射能量来保证。

从式(12.4)还可以看出,当信道信噪比趋于无穷大时(或噪声功率趋于零或信号能量趋于无穷大),都能使信道容量达到无穷大。但当信道带宽 $B \to \infty$ 时,信道容量不趋向于无穷大,而是趋近于一个有限的值。容易证明(见思考题与习题 12.4),其极限为

$$C = 1.44 \cdot \text{SNR} \tag{12.5}$$

由此可见,当信道带宽趋于无穷大时,信道容量的极限值由信噪比决定。

12.1.5　通信声呐战术和技术指标

设计或评价一个通信系统时,常用的通信系统的性能指标主要考虑以下方面:

(1) 有效性——信息的传输速度和传输信息所占用的信道带宽。

(2) 可靠性——接收信息的准确程度。

(3) 适应性——使用时对环境的要求。

(4) 标准性——使用的元部件及接口等的标准化程度。

(5) 经济性——成本的高低。

(6) 可维护性——使用维护是否方便等。

从信息传输的角度来看,通信系统最主要的性能指标是有效性和可靠性。因为,对通信的最基本要求就是高效、准确地传递信息。这两个指标体现了对通信系统最基本的要求,也是设计或使用一个通信系统时首先要考虑的问题。

有效性和可靠性这两个要求通常是矛盾的,即系统有效性的提高往往会导致可靠性的下降;反之亦然。因此只能根据需要和技术发展水平尽可能取得统一。例如,在一定的可靠性指标下,尽量提高消息的传输速度;或者在一定有效性条件下,使消息的传输质量尽可能高、带宽占用率尽可能低。

1. 通信声呐战术指标

通信声呐的战术指标主要包括声源级、通信距离、通信速率、误码率与误比特率、频带利用率。

1) 声源级

声源级高意味着功率大,通信距离远,但也存在容易暴露的问题。对于通信声呐必须约束其声源级,尤其是潜艇声呐。

2) 通信距离

通信距离是指在额定声源级、码速率和误码率条件下,收发双方的最大距离。由于径向运动对通信性能影响大,实际应给出静止通信的最大通信距离和给定相对径向速度条件下的最大通信距离,这样可以更全面地考察通信声呐的性能。

3) 通信速率

(1) 码元速率。

在数字通信系统中传输的是数字信号。数字信号实际上可以看成代表消息的一组脉冲序列,每个脉冲称为一个码元,码元也称为符号。若码元(符号)能取两个不同的值,则称为二进制码元,相应的数字信号称为二进制信号。同理,若码元(符号)能取 M 个不同的值,则称为 M 进制码元,相应的数字信号称为 M 进制信号。如图 12.6 所示为二进制和四进制数字信号的码元序列。

R_B 表示每秒传输的码元数目,单位为波特(Bd),又称 R_B 为符号速率。码元宽度(或码元周期)为 T 秒时,码元速率为

$$R_B = \frac{1}{T} \tag{12.6}$$

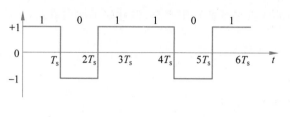

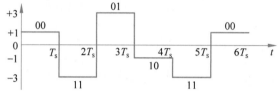

图 12.6　二进制和四进制数字信号的码元序列

（2）信息速率。

R_b 表示每秒传输的信息量，单位为每秒比特（b/s 或 bps），又称 R_b 为传信率。信息速率与码元速率之间的关系为

$$R_b = R_B \cdot H(X) \tag{12.7}$$

当信源各个符号等概独立时，$R_b = R_B \cdot \log_2 M$。

4）误码率（Pe）与误比特率（Pb）

$$P_e = \frac{错误码元数}{传输总码元数} \tag{12.8}$$

$$P_b = \frac{错误比特数}{传输总比特数} \tag{12.9}$$

误比特率也称为误信率。

5）频带利用率

在数字通信系统中，信号占用的信道带宽 B_c 可以小于信号带宽，而且信号带宽还与信号的进制数有关，用频带利用率（η_B 或 η_b）来描述有效性。

$$\eta_B = \frac{R_B}{B_c} \tag{12.10}$$

$$\eta_b = \frac{R_b}{B_c} (b/(s \cdot Hz) \ 或 \ bps/Hz) \tag{12.11}$$

显然，η_B 越大，η_b 越大，有效性越好；当信源各个符号等概独立时，$\eta_b = \eta_B \log_2 M$，因此采用多进制可以提高 η_b。

2. 通信声呐技术指标

通信声呐主要技术指标包括载频、码片宽度、带宽和调制方式。

12.2　数字调制

数字调制按体制可以分成非相干和相干调制两大类。这种分类是通信体制的分水岭，非相干和相干调制性能理论上差 3dB；其处理方式也不同。按进制又可以分成二进制和多进制,多进制的优点是带宽利用率高,但性能不如二进制。

12.2.1　非相干数字调制

12.2.1.1　ASK

1. ASK 信号的波形与产生

如图 12.7(a)所示,设码字信号为 $s(t)$,其对应的 ASK 信号定义为

$$s_{ASK}(t) = \begin{cases} \sin(2\pi f_{ct} + \theta), & s(t) = 1 \\ 0, & s(t) = 0 \end{cases} \tag{12.12}$$

其中,θ 为随机相位,通常认为它在 $[0, 2\pi)$ 上均匀分布。

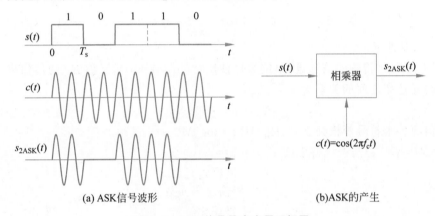

(a) ASK信号波形　　　　　　　(b)ASK的产生

图 12.7　ASK 信号及产生原理框图

如图 12.7(b)所示,ASK 产生很简单,数字调制和模拟调制可以合并成一步实现。现在通信信号产生均用 DDS 或声卡芯片 CODEC(含 D/A 转换器和 A/D 转换器)实现,具有很大的灵活性。

2. ASK 信号的功率谱

ASK 的功率谱如图 12.8 所示。

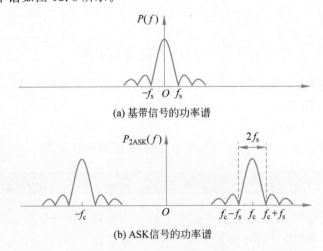

(a) 基带信号的功率谱

(b) ASK信号的功率谱

图 12.8　ASK 的功率谱

由图 12.8 可知,ASK 信号的功率谱是基带信号功率谱的搬移,其频谱的主瓣宽度(零点)是二进制基带信号频谱主瓣宽度的两倍,即

$$B_{ASK} = 2f_s \tag{12.13}$$

式中,f_s 是数字基带信号的带宽,在数值上等于数字基带信号的码元速率。

ASK 的频带利用率为 $\eta_{ASK} = \dfrac{R_b}{B_{ASK}} = \dfrac{R_b}{1/T_b} = 1$。

例 12.1 有码元速率为 2000Baud 的二进制数字基带信号,对频率为 10 000Hz 的载波进行调制,传输这个已调信号的信道的带宽至少为多少?

解: 因为数字基带信号的码元速率为 2000Baud,所以 $f_s = 2000$Hz,根据式(12.13),得此已调信号的带宽为 $B_{ASK} = 2f_s = 2 \times 2000 = 4000$Hz。

3. ASK 信号的接收

从频域看,解调就是将已调信号的频谱搬回来,还原为调制前的数字基带信号。而从时域看,解调的目的就是将已调信号振幅上携带的数字基带信号检测出来,恢复发送的数字信息。完成解调任务的部件称为解调器。ASK 信号的解调有两种方法,即相干解调和包络解调。

1) 相干解调

相干解调也称为同步解调,因为这种解调方式需要一个和发送载波同频同相的本地载波。为说明图 12.9 所示部件能从已调 ASK 信号中检测出原发送信息,我们在忽略噪声的情况下画出了方框图中各点的波形,如图 12.10 所示,为便于比较,图 12.10 中同时画出了原数字基带信号。

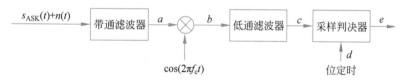

图 12.9 ASK 信号的相干解调器

带通滤波器让信号通过的同时尽可能地滤除带外噪声,在不考虑噪声时,图 12.9 中 a 点波形就是接收的 ASK 信号。位定时信号由位定时提取电路提供。采样判决器在位定时信号的控制下对图 12.9(c)点波形进行采样,将采样得到的样值与设定的门限进行比较(采样值和门限都标在图 12.10(c)波形图上),当采样值大于门限时,判决发送信号为 1,当采样值小于门限时,判决发送信号为 0,判决得到的信号如图 12.10(e)所示。由波形图看到,在没有噪声的情况下,这个解调器能正确无误地从接收到的 ASK 信号中恢复原发送信息。

2) 包络解调

包络解调是一种非相干解调,其原理如图 12.11 所示。

为说明图 12.11 能对 ASK 信号正确解调,图 12.12 画出了图 12.11 中各点的波形(不考虑噪声的影响)。对比图 12.12 原信息波形 $s(t)$ 及恢复的信息波形图(见图 12.12(d))发现,如图 12.11 所示的解调器在无噪声干扰下能正确解调出原信息。

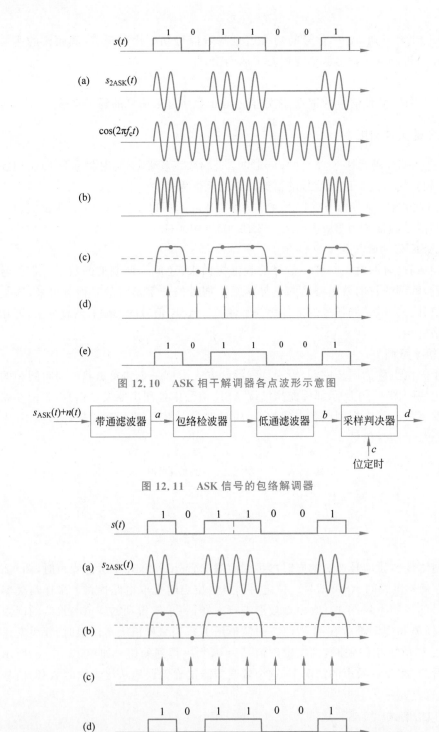

图 12.10　ASK 相干解调器各点波形示意图

图 12.11　ASK 信号的包络解调器

图 12.12　ASK 包络解调器各点波形示意图

可以证明,在噪声背景下相干解调的性能优于包络解调器,但这是以增加载波同步电路为代价的。

12.2.1.2 FSK

1. FSK 信号的波形与产生

如图 12.13(a)所示,二进制频率调制是用二进制数字信息控制正弦波的频率,使正弦波的频率随二进制数字信息的变化而变化。由于二进制数字信息只有两个不同的符号,所以调制后的已调信号有两个不同的频率 f_1 和 f_2,分别对应于数字码字 1 和 0。

图 12.13(b)给出了一种电路产生 FSK 信号的方法。

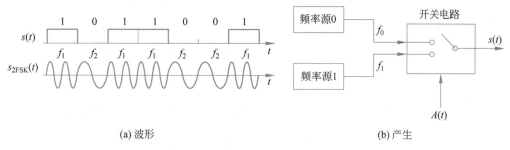

| (a) 波形 | (b) 产生 |

图 12.13　FSK 信号波形及产生

2. FSK 信号的频谱

由图 12.14 看出,FSK 信号的功率谱分布在 f_1 和 f_2 附近,若取功率谱第一个零点以内的成分计算带宽,显然 FSK 信号的带宽为

$$B_{FSK} = |f_1 - f_2| + 2f_s \tag{12.14}$$

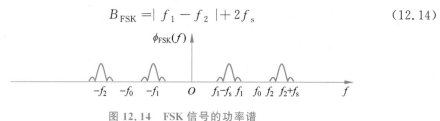

图 12.14　FSK 信号的功率谱

3. FSK 信号的接收

FSK 信号的解调也有相干解调和包络解调两种。由于 FSK 信号可看作两个 ASK 信号之和,所以 FSK 解调器由两个并联的 ASK 解调器组成。图 12.15 为相干和包络解调器方框图,其原理和 ASK 信号的解调相同。

12.2.1.3 MFSK

MFSK 是利用 $M = 2^k$ 个正弦载波频率去对应 k 个信息比特,图 12.16 给出的 4FSK 的波形图用 4 个频率表示 00、01、10、11。MFSK 调制和非相干解调的原理如图 12.17 所示。MFSK 采用多个频率表示数字符号,将高速数据流分散调制到多个子载波上并行传输,从而使各子载波的信号速率大为降低。其信号产生和接收与 FSK 类似。由于水声信道多途效应严重,因此 MFSK 在一些简单的水声通信和定位系统中广为使用。

12.2.2　相干数字调制

相干数字调制必须改变或利用相位信息进行调制,包括单纯的相位调制(BPSK、

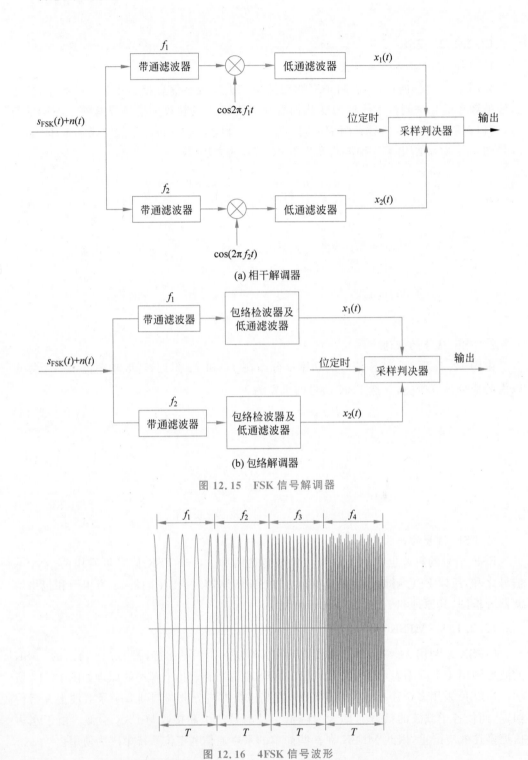

(a) 相干解调器

(b) 包络解调器

图 12.15　FSK 信号解调器

图 12.16　4FSK 信号波形

QPSK)、相位和幅度的同时调制(QAM)以及相位和频率的同时调制(OFDM)。下面介绍水声通信常用的相干数字调制。

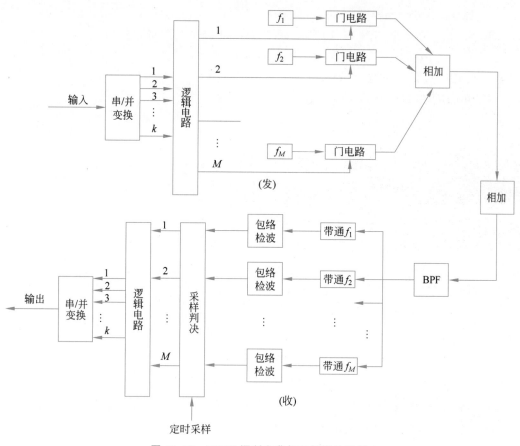

图 12.17　MFSK 调制和非相干解调的原理

12.2.2.1　BPSK

1. BPSK 信号的波形

BPSK 用数字信息直接控制载波的相位。例如，当数字信息为 1 时，使载波反相（即发生 180°变化）；当数字信息为 0 时，载波相位不变。图 12.18 为 BPSK 信号波形图（为作图方便，在一个码元周期内画两个周期的载波）。

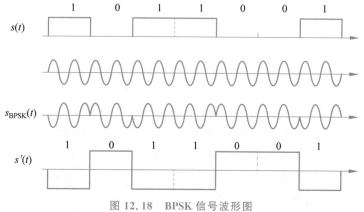

图 12.18　BPSK 信号波形图

2. BPSK 信号的功率谱

BPSK 信号功率谱如图 12.19 所示,可以看出,BPSK 信号的带宽为

$$B_{\text{BPSK}} = 2f_s \tag{12.15}$$

由此可见,BPSK 信号带宽与 ASK 相同。

BPSK 的频带利用率为

$$\eta_{\text{BPSK}} = \frac{R_b}{B_{\text{BPSK}}} = \frac{R_b}{1/T_b} = 1 \tag{12.16}$$

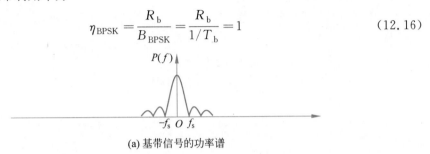

(a) 基带信号的功率谱

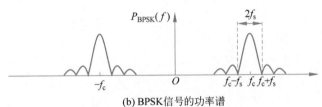

(b) BPSK信号的功率谱

图 12.19   BPSK 信号功率谱

3. BPSK 信号的接收

BPSK 信号的解调必须采用相干解调,其框图如图 12.20 所示。

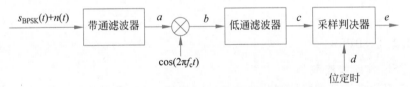

图 12.20   BPSK 信号相干解调器

BPSK 信号解调过程中的波形如图 12.21 所示。为对比方便,图中画出了原调制信息 $s(t)$。

在图 12.21 中,(b)是收到的 BPSK 波形;(c)是本地载波提取电路提取的载波信号,此载波信号与调制用的载波信号同频同相。(d)是接收的 BPSK 信号(b)与本地载波(c)相乘得到的波形示意图,此波形经低通滤波器滤波后得低通信号(e),采样判决器在位定时信号(f)的控制下对(e)波形采样,再与门限进行比较,作出相应的判决,得到恢复的信息(g)。需要强调的是,判决规则应与调制规则一致。当调制规则采用 1 变 0 不变时,判决规则相应为:当采样值大于门限 V_d 时判为 0,当采样值小于门限 V_d 时判为 1。当 1、0 等概时,判决门限 $V_d = 0$。反之,当调制规则采用 0 变 1 不变时,判决规则应为:当采样值大于门限 V_d 时判为 1,当采样值小于门限 V_d 时判为 0。

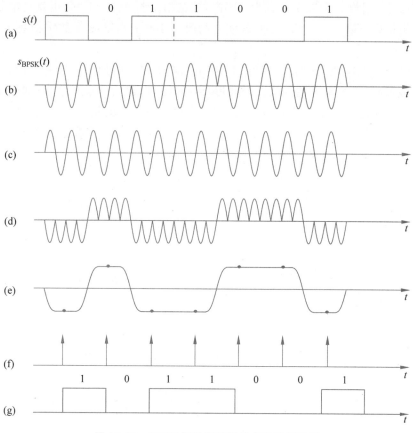

图 12.21　BPSK 相干解调器各点波形示意图

4. BPSK 解调器的反向工作问题

我们知道,BPSK 信号是以一个固定初相的未调载波作为参考的。因此,解调时必须有与此同频同相的同步载波。由于接收端恢复载波常常采用二分频电路,它存在相位模糊,即用二分频电路恢复的载波有时与发送载波同相,有时反相。当本地参考载波反相,变为 $\cos(\omega_c t + \pi)$ 时,相乘器的输出波形都与载波同频同相时的情况相反,判决器输出的数字信号全错,与发送数码完全相反,这种情况称为反向工作。判决出来的数字信息与原数字信息相反对于数字信号的传输来说当然是不被允许的。为了解决相位模糊引起的反向工作问题,通常要采用差分相位(相对相位)调制。

不过差分相位调制需要一位参考位,降低了通信的效率。BPSK 的反向工作问题是容易解决的,所以实际中 DPSK 应用并不广泛,仅对其做简单介绍。

12.2.2.2　DPSK

二进制相对相位调制(DPSK)就是用二进制数字信息去控制载波相邻两个码元的相位差,使载波相邻两个码元的相位差随二进制数字信息变化。载波相邻两码元的相位差定义为

$$\Delta\varphi_n = \varphi_n - \varphi_{n-1} \tag{12.17}$$

371

其波形特点是：当第 n 个数字信息为 1 码时,控制相位差 $\Delta\varphi_n=180°$,也就是第 n 个码元的载波初相相对于第 $n-1$ 个码元的载波初相改变 $180°$;当第 n 个数字信息为 0 码时,控制 $\Delta\varphi_n=0°$。

由于 DPSK 调制规则中的"变"与"不变"是相对于前一码元的载波初相而言的,所以画 DPSK 波形时,无须画出调制载波的波形,但必须画出起始的参考信号,如图 12.22 所示。参考信号的初相可任意设定,图 12.22(a)中设参考信号的初相为 $0°$,图 12.22(b)中设参考信号的初相为 $180°$。两个波形表面上看不同,但前后码元载波相位的"变"与"不变"这一规律完全一样,所以这两个波形携带有相同的数字信息。

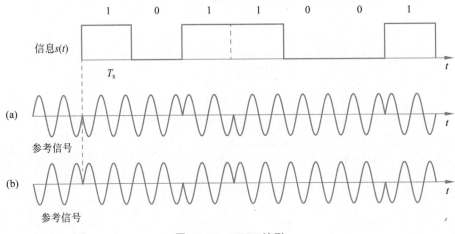

图 12.22 DPSK 波形

12.2.2.3 QPSK

1. QPSK 信号的波形与产生

正交相移键控(QPSK)就是用四进制数字信息去控制载波的相位,使载波相位随四进制数字信息变化。由于四进制数字信息有 00、01、10、11 四个不同的码元,所以已调载波也有 4 个不同的相位。为使平均误码率尽可能小,应等间隔选取 4 个相位,通常有两种选择方法：一种称为 $\pi/2$ 型,另一种称为 $\pi/4$ 型,如图 12.23 所示。

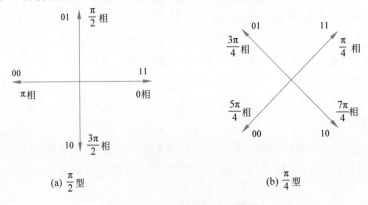

图 12.23 QPSK 相位配置图

4 个信息码元和 4 个相位之间的一一对应关系很多,通常采用格雷码的编码规则,即要求相邻两个相位所表示的数字信息中只有一位不同,如 00 和 01。这样做的目的是降低系统的平均误码率。

尽管 QPSK 信号产生也可以采用 DDS 或 CODEC,但是它包含一个串/并转换的过程,如图 12.24 所示。

QPSK 正交调制器如图 12.24 所示。串/并变换器将接收到的信息速率为 $R_b = 1/T_b$Baud 的二进制序列同时向上、下两支路输出,每个支路送一比特,所以上、下两支路的速率均为调制器输入信息速率的一半。电平变换器的作用是产生双极性全占空信号 $I(t)$ 和 $Q(t)$,当输入 1 时,输出正脉冲;当输入 0 时,输出负脉冲。$I(t)$ 和 $Q(t)$ 分别和同相载波 $\cos(\omega_c t)$ 和正交载波 $\sin(\omega_c t)$ 相乘,将结果相加即得到所需的 QPSK 信号。

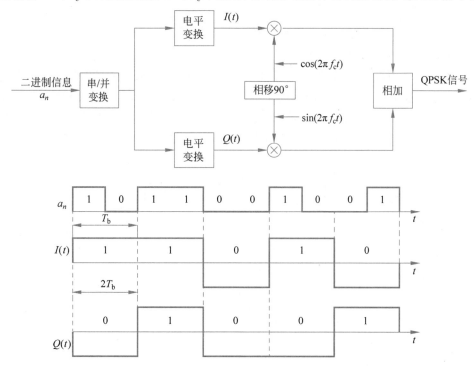

图 12.24 QPSK 正交调制器及上、下支路基带信号波形

2. QPSK 信号的频谱

上、下两个支路上的每个比特持续时间是输入信息比特的两倍,即 QPSK 调制时码元间隔为 $T_s = 2T_b$。在图 12.25 中,$f_s = 1/T_s$,在数值上它等于 QPSK 调制器输入端信息速率的一半。因此,当 QPSK 调制器输入信息速率为 R_b 时,QPSK 调制信号的主瓣带宽为

$$B_{\text{QPSK}} = 2f_s = R_b \tag{12.18}$$

由此可见,QPSK 调制信号的带宽在数值上等于输入的二进制信息速率,而 BPSK 调制信号的带宽是输入二进制信息速率的两倍(即 $2R_b$),所以,QPSK 的频带利用率比 BPSK 的频带利用率高一倍,为

$$\eta_{\text{QPSK}} = \frac{R_b}{B_{\text{QPSK}}} = 1 \tag{12.19}$$

BPSK 的频带利用率为

$$\eta_{\text{BPSK}} = \frac{R_b}{B_{\text{BPSK}}} = \frac{R_b}{2/T_b} = 0.5 \tag{12.20}$$

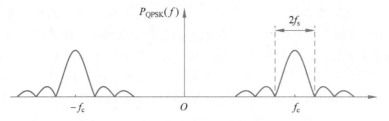

图 12.25　QPSK 信号的功率谱

3. QPSK 信号的接收

由图 12.25 可见,QPSK 信号可以看作两个载波正交 BPSK 信号的合成,因此对 QPSK 信号的解调可以采用与 BPSK 信号类似的解调方法,即由两个 BPSK 信号相干解调器构成,如图 12.26 所示。其中并/串变换器的作用与调制器中的串/并变换器相反,它是用来将上、下支路所得到的并行数据恢复成串行数据的。此法又称为极性比较法。

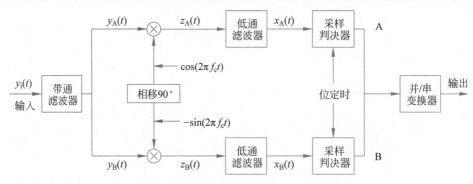

图 12.26　QPSK 信号的解调方框图

12.2.2.4　OFDM

OFDM 是多载波并行调制,可以看成 MFSK 的进一步发展,但本质是完全不同的,一个是相干调制,一个是非相干调制。它与 MFSK 的根本区别在于它的每个子带信号是混叠的,各路子载波的已调信号频谱有 1/2 重叠,从而提高了频率利用率和总传输速率。

1. OFDM 信号的调制原理

如图 12.27 所示,信息码元时宽为 T_B,共有 N 个码元,信息对应的带宽为 $1/T_B$,占有较宽的带宽,OFDM 将该带宽划成 N 个子带,称为子载波。

每个子信道采用一个子载波:

$$x_k(t) = B_k \cos(2\pi f_k t + \phi_k), \quad k = 1, 2, \cdots, N \tag{12.21}$$

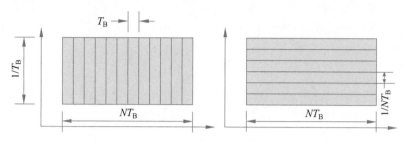

图 12.27　OFDM 与信息信号的时频示意图

式中,B_k 为第 k 路子载波振幅,决定于输入码元的值;f_k 为第 k 路子信道的子载频,ϕ_k 为第 k 路子信道的载波初始相位。则在此系统中的 N 路子信号之和可以表示为

$$s(t) = \sum_{k=1}^{N} B_k \cos(2\pi f_k t + \phi_k) \tag{12.22}$$

式(12.22)还可以改写成复数形式如下:

$$s(t) = \sum_{k=1}^{N} B_k \exp[\mathrm{j}(2\pi f_k t + \phi_k)] \tag{12.23}$$

式中,B_k 为第 k 路子信道中的复输入数据。

为了使这 N 路子信道信号在接收时能够完全分离,要求它们满足正交条件。在 NT_B 内,任意两个子载波都正交的条件是

$$\int_0^{NT_B} \cos(2\pi f_i t + \varphi_i)\cos(2\pi f_j t + \varphi_j) = 0, \quad i \neq j \tag{12.24}$$

令 $T_s = NT_B$,积分结果为

$$\frac{\sin[2\pi(f_k + f_t)T_s + \varphi_k + \varphi_i]}{2\pi(f_k + f_i)} + \frac{\sin[2\pi(f_k - f_i)T_s + \varphi_k - \varphi_i]}{2\pi(f_k - f_i)} - \frac{\sin(\varphi_k + \varphi_i)}{2\pi(f_k + f_i)} -$$

$$\frac{\sin(\varphi_k - \varphi_i)}{2\pi(f_k - f_i)} = 0 \tag{12.25}$$

上式等于零的条件是

$$(f_i + f_j)T_s = m, \quad (f_i - f_j)T_s = n \tag{12.26}$$

其中,m、n 为整数,上式又可以写成

$$f_i = (m+n)/2T_s, \quad f_j = (m-n)/2T_s \tag{12.27}$$

即子载频满足 $f_i = k/2T_s$,其中 k 为整数。因此最小的频率间隔为

$$\Delta f = 1/T_s \tag{12.28}$$

2. OFDM 信号的频谱

OFDM 每个载波的谱为 SINC 函数,OFDM 频谱如图 12.28 所示,可以看出,它每个子载波有 1/2 重叠,但在一个码元持续时间内它们是正交的。这样不但消除了子载波间的相互干扰(ICI),同时也提高了频谱利用率,这是 OFDM 的一大优点。

OFDM 适合频域选择性衰落信道,可按照各个子载波所处频段的信道特性采用不同的幅度增益,克服信道衰落的影响,这是 OFDM 的又一优点。

设 OFDM 系统中共有 N 路子载波,子信道码元间隔为 T_s,每路子载波均采用 M 进

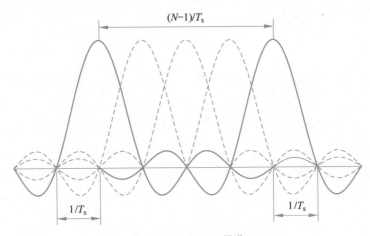

图 12.28 OFDM 频谱

制的调制,则它占用的频带宽度为

$$B_{OFDM} = \frac{N+1}{T_s} \qquad (12.29)$$

每路子信道的比特率为

$$R_1 = \frac{1}{T_s} \log_2 M \qquad (12.30)$$

OFDM 信号的比特率为

$$R_b = NR_1 = \frac{N}{T_s} \log_2 M \qquad (12.31)$$

OFDM 调制频带利用率为

$$\eta_{OFDM} = \frac{R_b}{B_{OFDM}} = \frac{N}{N+1} \log_2 M \xrightarrow{N \to \infty} \log_2 M \qquad (12.32)$$

若用单个载波的 M 进制码元传输,为得到相同的传输速率,则码元间隔应缩短为 T_s/M,而占用的带宽等于 $2M/T_s$,故频带利用率为

$$\eta_M = \frac{1}{2} \log_2 M \qquad (12.33)$$

因此,OFDM 体制与单载波体制相比,频带利用率大约提高一倍。

3. OFDM 信号的产生和接收

容易看出,式(12.22)等价于 IDFT,因此 OFDM 信号可以采用 IDFT 实现,同理,其接收可以采用 DFT 实现。产生和接收的框图如图 12.29 所示。

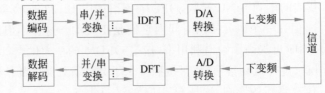

图 12.29 OFDM 产生与接收的框图

OFDM 调制最大的缺点是它不是恒包络调制,信号的峰值和均值功率之比(峰均比)高,限制了通信发射能量的提升。此外其解调要求已知载波同步和定时同步,对载波和定时误差比较敏感。

12.2.3 数字调制方式性能分析

12.2.3.1 二进制数字调制性能分析

由式(2.95)可以得到二进制数字调制基带信号误码率,如表 12.1 所示。

表 12.1 ASK、FSK 和 BPSK 基带信号误码率表

	ASK	FSK	BPSK
$\bar{\rho}$	$\bar{\rho}=0$	$\bar{\rho}=0$	-1
ε	$\varepsilon_1/2$	ε_1	ε_1
P_e	$Q\left(\sqrt{\dfrac{\varepsilon_1}{2N_0}}\right)$	$Q\left(\sqrt{\dfrac{\varepsilon_1}{N_0}}\right)$	$Q\left(\sqrt{\dfrac{2\varepsilon_1}{N_0}}\right)$

其中,$Q(\cdot)$ 为单调减函数,因此在常见的二进制调制中,性能由优到劣依次为 BPSK、FSK 和 ASK。同时还可以看出,当调制方式一定时,误码率仅与信噪比有关。

此外解调方式对误码率也有很大影响,相干解调优于非相干解调。表 12.2 给出了不同解调方式的调制传输的误码率。

表 12.2 常见二进数字调制传输及解调误码率表

调制方式	解调方式	误码率 P_e	近似 $P_e(r\gg1)$
ASK	相干	$\dfrac{1}{2}\mathrm{erfc}\left(\dfrac{\sqrt{r}}{2}\right)$	$\dfrac{1}{\sqrt{\pi r}}e^{-r/4}$
ASK	非相干		$\dfrac{1}{2}e^{-r/4}$
FSK	相干	$\dfrac{1}{2}\mathrm{erfc}\left(\dfrac{\sqrt{r}}{2}\right)$	$\dfrac{1}{\sqrt{2\pi r}}e^{-r/2}$
FSK	非相干	$\dfrac{1}{2}e^{-r/2}$	
PSK	相干	$\dfrac{1}{2}\mathrm{erfc}(\sqrt{r})$	$\dfrac{1}{2\sqrt{\pi r}}e^{-r}$
DPSK	差分相干	$\dfrac{1}{2}e^{-r}$	

注:1. r 为信噪比。2. 互补误差函数 $\mathrm{erfc}(x)=\dfrac{2}{\sqrt{\pi}}\displaystyle\int_x^\infty e^{-\eta^2}d\eta$。

12.2.3.2 多进数字调制性能分析

对于多进制调制我们仅给出结论如表 12.3 所示,不做证明。

表 12.3　常见多进数字调制传输及解调误码率表

	非相干	$P_e \approx \dfrac{M-1}{2}\mathrm{e}^{-\frac{r_M}{2}}$
MFSK	相干	$P_e \approx \dfrac{M-1}{2}\mathrm{erfc}\left(\sqrt{\dfrac{r_M}{2}}\right)$
MPSK	相干	$P_e \approx \dfrac{1}{2}\mathrm{erfc}\left(\sqrt{r_M}\sin\dfrac{\pi}{M}\right)$

由此可见,多进调制误码率高于二进调制,但它所占的带宽小,这一结论与信道容量公式是一致的。

12.3　扩频通信

12.3.1　扩频通信的基本原理

香农的信道容量公式[见式(12.4)]告诉我们,信噪比和带宽可以互换,也就是说,在信噪比给定时增加带宽可以提高信道容量。扩频通信概念最早于 1941 年由好莱坞女演员 Hedy Lamarr(见图 12.30(a))和钢琴家 George Antheil 提出的。基于对鱼雷控制的安全无线通信的思路,他们申请了美国专利(♯2.292.387)。由于扩频通信具有保密性好、抗截获、抗干扰性好、抗多径衰落好等诸多优点,20 世纪 50 年代开始用于军事通信。1996 年,IEEE Fellow Viterbi 将其用于码分多址制式的移动通信系统,形成了 IS95 国际标准,并创立了著名的高通(Qualcomm)公司,图 12.30(b)是其专利墙。CDMA 也是3G、4G 和 5G 移动通信的基础。

(a) 无线女神Hedy Lamarr　　　　　(b) Qualcomm专利墙(创始人Viterbi)

图 12.30　扩频通信提出者及 CDMA 发明人缔造的公司专利墙

1. 扩频分类

扩频主要有直接扩频、跳频和同时多频等。水声通信常用的有直接扩频和同时多频。其中同时多频是 Lamarr 最初提出的扩频方式,在水声中应用广泛,尤其是近年OFDM 在水声中应用增多。

2. 扩频的优点

扩频的主要优点是:信噪比增益高、抗截获、保密性好、抗窄带干扰性能好、测距能力好、抗多径衰落和多址接入的能力。如图 12.31 所示为扩频前后功率谱密度的变化。扩频前信息信号带宽窄,谱密度高,因此信号容易被截获、侦听。扩频后,信号时宽没有变化,但带宽增大,相当于雷达、声呐中的脉冲压缩信号,接收端做相关运算实质上是脉冲压缩,因此解扩后信噪比得以提高。扩频后信号功率谱在噪声电平以下,因此难以被侦听和截获,具有保密性好的优点。保密性好的前提是扩频码不能公开和被破译。此外,扩频前带宽窄很难对付瞄准式窄带干扰;扩频后,在接收过程中的解扩,相当于将窄带干扰扩频,噪声谱密度降低。同时,由于带宽增大,距离分辨率和测量精度改善,我们熟知的 GPS 采用的就是扩频通信体制。多径衰落通常呈现出频率选择性,带宽增大后,多个频率增强和衰落得到平均,因此扩频可以有效地对付多径衰落。码分多址接入的详细内容见 12.5.3 节。

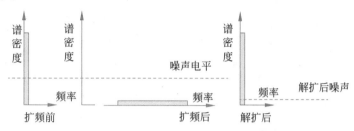

图 12.31　扩频前后及解扩信号和噪声谱的变化

12.3.2　直接扩频原理

直接序列扩频系统简称直扩系统。直接序列扩频系统是将要发送的窄带信号用伪随机序列扩展成一个宽频带信号。

在接收端用与发端的相同的伪随机序列对接收到的扩频信号进行解扩,恢复出原来的信息。噪声和干扰信号由于与伪随机序列不相关在接收端被扩展,噪声或干扰的谱密度大大降低,从而提高了系统的输出信噪(干)比,以达到抗干扰的目的。

1. 扩频码的特性

扩频和解扩的伪随机序列称为扩频码。扩频码应具有良好的自相关性和保密性。最好的自相关性就是白噪声,其自相关为$\delta(t)$函数。但白噪声是理想的物理模型,在现实中不存在。伪随机序列中 m 序列具有最好的自相关性能,其循环自相关函数接近$\delta(t)$函数。其他具有良好自相关特性的伪随机码也可以作为扩频码,如 Gold 序列和 Bent 序列等。扩频码还应具有保密性,它就像钥匙一样,如果被敌方掌握,就可以解扩。从保密的角度来看,采用 m 序列作为扩频码是不妥的,因为长度给定的 m 序列数量是非常少的,容易破解。

2. 直接序列扩频系统的组成

BPSK 信号直接扩频的原理框图如图 12.32(a)所示,此时信息码和扩频码电平为 1 或 −1。信息码的速率远低于扩频码,信息码的带宽远小于扩频码。根据傅里叶变换的乘积性质,时域的乘积等于频域的卷积,因此扩频信号的频谱近似等于扩频码的频谱,实现了频谱的扩展。

BPSK 信号解扩频的原理框图如图 12.32(b)所示,在接收端,假定扩频信号与扩频码完全同步,扩频信号与扩频码相乘,相当于去掉了扩频码,解扩的信号频谱与信息信号完全相同。

直接扩频和解扩更简便的方法是用二进制异或运算代替乘法运算。这是因为二进制(0,1)与模拟信号(1,−1)的对应关系是0↔1,1↔−1,如表12.4所示的二进制异或和模拟信号乘的真值表,不难看出两者等价关系。二进制信号扩频与解扩的原理框图如图12.33所示。

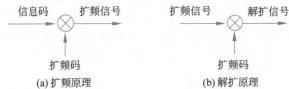

图 12.32　模拟信号(±1)扩频与解扩的原理框图

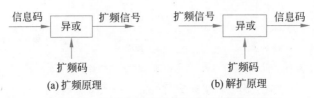

图 12.33　二进制信号扩频与解扩的原理框图

表 12.4　二进制异或与模拟信号乘的真值表

二进制异或			模　拟　乘		
	0	1		1	−1
0	0	1	1	1	−1
1	1	0	−1	−1	1

模拟扩频和解扩的波形图如图12.34所示。

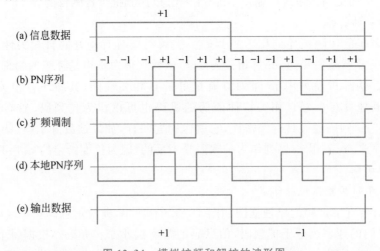

图 12.34　模拟扩频和解扩的波形图

3. 直接扩频的性能

衡量扩频系统性能最重要的指标就是扩频比,也称为扩频增益。

扩频码的一个码元称为码片(chip),码片的时间宽度记为 T_c,通常信息码一个码元时间宽度 T 远远大于码片的宽度,且为码片的整数倍,即 $T = N \cdot T_c$,其中,N 称为扩频

码的码片个数。扩频比定义为

$$G = \frac{B_{扩}}{B_{信}} = \frac{T}{T_c} = N \tag{12.34}$$

其中，$B_{扩}$ 和 $B_{信}$ 分别为扩频后信号带宽和信息码的带宽。式(12.34)后面等式成立是因为由于扩频码和信息码都是简单信号，因此带宽等于各自时间宽度的倒数。扩频比同时也是扩频增益，它给出了扩频后的信噪比增益。因为扩频前后的时间宽度相等，等于信息码码元的时宽，其扩频增益为 $10\lg B_{扩} \cdot T = 10\lg G$。通常将扩频比大于 100 的系统称为扩频通信，小于 100 的通常称为宽带通信。

12.3.3　扩频码

扩频码必须具有良好的自相关性，作为多址接入用的扩频码还必须具有良好的互相关性(互相关小)。它的自相关函数接近冲激函数。很多伪随机码具备这样的特性。简介如下。

1. m 序列

由第 7 章可知，m 序列是自相关副瓣恒等于 -1 的二相伪随机序列。m 序列产生很方便，它是线性反馈移位寄存器的最大长度序列。

定义 12.1　如果 $F(x)$ 是不可约的，则称为本原多项式。即 $F(x)$ 可以整除 $1 \oplus x^p$，$F(x)$ 除不尽 $1 \oplus x^q$，$q < p$

MATLAB 提供了一个 primpoly() 函数，可给出全部的本原多项式。

定理 12.1　设 $F(x) = \sum_{i=0}^{r} C_i x^i$，$C_0 = 1$，$C_r = 1$ 是 F_2 域上的特征多项式，$G(F)$ 代表由多项式所产生的所有非零序列的集合。于是 $G(F)$ 为 m 序列的充要条件是 $F(x)$ 为 F_2 上的本原多项式。

根据此定理可以得到其产生的原理图如图 12.35 所示，它由 r 个移位寄存器、抽头和模二加法器组成。抽头的系数由本原多项式给出。由于 m 序列是线性反馈移位寄存器的最大长度序列，但由于寄存器状态不能全为零，因此 m 序列长度为 $2^r - 1$。

但本原多项式的个数很少，表 12.5 给出了不同 r 时本原多项式的个数。

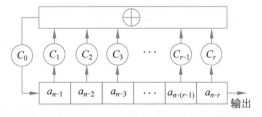

图 12.35　线性反馈移位寄存器生成 m 序列原理框图

表 12.5　移位寄存器个数与本原多项式个数

r	7	8	9	10
本原多项式的个数	18	16	48	60

由于 m 序列个数太少,因此用它作为扩频码保密性并不好。需要寻找更多的伪随机序列,增加其扩频码复杂度,提高扩频通信的保密性。其他具有良好自相关特性的伪随机序列按产生方式可以分成线性和非线性两大类。下面介绍 Gold 序列产生方法。

2. Gold 序列

首先介绍 m 序列优选对概念。

定义

$$t(n) = 1 + 2^{\lfloor (n+2)/2 \rfloor} \tag{12.35}$$

如果两个等长的 m 序列 a、b 互相关满足:

$$R_{ab}(i) = \begin{cases} t(n) - 2 \\ -1 \\ -t(n) \end{cases} \tag{12.36}$$

那么称 m 序列 a、b 为优选对。

n 阶本原特征多项式 $f_1(x)$ 能生成周期 $N = 2^n - 1$ 的 m 序列 $a = (a_0, a_1, \cdots, a_{N-1})$ 是 m 序列,它的循环相移序列 $Ta, T^2a, T^3a, \cdots, T^{N-1}a$ 也是 m 序列。这里 T^i 表示相移 i 次。另一个 n 阶本原多项式 $f_2(x)$ 能产生同样周期的 m 序列 $b = (b_0, b_1, \cdots, b_{N-1})$,那么

$$g_k = b + T^k a, \quad k = 0, 1, \cdots, N-1 \tag{12.37}$$

是特征多项式 $g(x) = f_1(x) f_2(x)$ 生成的、周期为 $N = 2^n - 1$ 的 N 个序列。如果把 a、b 序列本身包含在内,形成新的集合 $G(a, b)$,共有 $N + 2$ 序列,它们是

$$G(a, b) = (b + a, b + Ta, b + T^2a, \cdots, b + T^{N-1}a, a, b) \tag{12.38}$$

如果 a、b 是周期为 $N = 2^n - 1$ 的 m 序列优选对,那么 $G(a, b)$ 称为 Gold 序列。

Gold 序列由 m 序列优先对产生,其原理框图如图 12.36 所示。

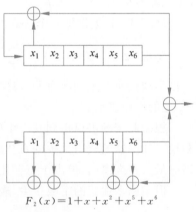

$$F_2(x) = 1 + x + x^2 + x^5 + x^6$$

图 12.36　Gold 序列的产生

需要说明的是,当 n 为奇数时,Gold 序列是最优的;而 $n(\bmod 4) = 0$,不存在 Gold 序列。得到的 Gold 序列中,平衡性不一致。如果 1 比 0 多 1 个则为平衡 m 序列。当 $n = 10$ 时,优先对有 180 个,其中平衡的有 120 个。

$$F_1(x) = 1 + x + x^6$$

12.4　同步

相参雷达和声呐发射和接收必须共用一个时钟,由于其接收机和发射机在一起,所以可以方便地做到这一点。通信发射机和接收机肯定是不在一起的,收发时钟如何保持一致呢?当接收机采用相干解调时,需要一个与发射机同频同相的载波信号。接收端获

取与发射端同频或同相载波的过程称为载波同步。同时数字通信解调时需要知道每个码元的起止时刻,以便接收机进行正确的采样判决。此时接收机需要产生一个与码元重复频率一致的定时脉冲,称为码元同步或位同步。因此同步是通信系统中的一个非常重要的步骤。接收机中涉及的同步,按功能分主要有载波同步、位同步和群同步(帧同步)。同步问题的本质是信号检测和时延、频率以及相位的估计问题。本节重点介绍这些同步系统的实现原理及性能指标。

12.4.1 载波同步

在采用相干解调的系统中(不论是数字的还是模拟的),接收端需要一个与所接收信号中的调制载波同频同相的本地载波信号,这个本地载波信号称为同步载波,同步载波的获取称为载波提取或载波同步。非相干通信系统可以不考虑载波同步问题,但如果采用相干解调,则有信噪比增益。

对于含载频分量的通信系统,例如我们熟知的 AM 广播,载波同步是没有问题的。但 12.2 节介绍的数字调制信号均不含载频分量。

载波同步的方法有直接法和插入导频法两种。直接法又称为自同步法,这种方法是首先对接收信号作适当的变换,然后再设法提取同步载波。插入导频法又称为外同步法,它是在发送有用信号的同时,在适当频率位置上插入一个(或多个)称为导频的正弦波,接收端从导频中提取同步载波。载波同步本质上是频率和相位的估计问题。

1. 直接法(自同步法)

有些调制方式信号虽然本身不含有载波分量,但对该接收信号作某些非线性变换后,通过窄带滤波器再进行分频,就可以提取到载波分量,这是直接法提取同步载波的基本原理。图 12.37 是 MPSK(如 BPSK、QPSK)载波提取的原理框图。

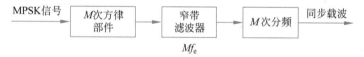

图 12.37　MPSK 载波提取的原理框图

以 BPSK 信号为例说明其原理。BPSK 采用平方法,设接收信号为

$$s(t) = m(t)\cos(\omega_0 t) \tag{12.39}$$

式中,$m(t)$ 为调制信号,取值 ±1。它无直流分量,这样在 $s(t)$ 中没有载频分量。将此接收信号平方后,得到

$$s^2(t) = m^2(t)\cos^2(\omega_0 t) = \frac{1}{2}\left[1 + \cos(2\omega_0 t)\right] \tag{12.40}$$

其中包含两倍载频 f_0 的分量,用窄带滤波器将此分量滤出,并经过二分频,就得出载频 f_0 的分量。其原理如图 12.38(a)所示。

用平方法提取载频时,由于二分频电路的初始状态是随机的,所以使分频输出信号的初始相位有两种可能状态:0 和 π。也就是说,提取出的载频是准确的,但是相位是模糊的。对于 BPSK 信号来说,可能造成错码,使 0 和 1 对调。解决的办法是采用 DPSK

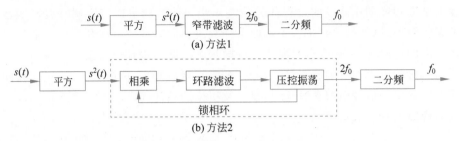

(a) 方法1

(b) 方法2

图 12.38 BPSK 直接法提取载频

调制代替 BPSK。

用平方法提取载频时,可以使用锁相环(PLL)代替窄带滤波器,而且可以证明对于单频信号,锁相环是最优的接收机,如图 12.38(b)所示。由于锁相环的输出信号具有更好的稳定性,并且不必须有连续的输入信号(如时分制信号),所以它的应用较为广泛。但水声通信的二维扩展信道性会导致锁相环工作不稳定。

2. 数据辅助法(外同步法)

如果信号中没有载波成分,则可以采用数据辅助法或外同步法。数据辅助法是插入与信息信号不相关(或正交)的频率或已知信号,插入的信号与信息信号严格同步(同频且同相),这种信号称为导频信号(pilot frequency,虽然译成试验信号更准确,但本书仍使用导频的译法)。由信号理论知识可知,导频信号特点是频率测量精度高,而这类信号只有连续波、长的 CW 脉冲和伪随机码信号。

由于导频是插入信息信号中一起发送的,为使接收端能很方便地获取同步载波而不影响信号,因此必须与信息信号在时间、频率或波形维度上可以分辨开来,不会影响信息信号的提取。下面介绍两种数据辅助法。

1) 频率正交插入

对插入的导频通常有如下要求:

(1) 导频要在信号频谱为零的位置插入,否则导频与信号频谱成分重叠在一起,接收端不易从接收信号中将导频提取出来,也会影响信息信号的提取。

(2) 导频的频率应当与载波频率有关,通常导频频率等于载波频率。这样,接收端用窄带滤波器将导频滤出,滤出的导频就是同步载波。

设受调制的载波为 $\sin(\omega_0 t)$,ω_0 为角频率,对应的频率为 f_0。基带调制信号为 $m(t)$,$m(t)$ 频谱中的最高频率为 f_m,插入导频为 $\cos(\omega_0 t)$,则调制器输出信号可以表示为

$$s_0(t) = m(t)\sin(\omega_0 t) + A \cdot \cos(\omega_0 t) \tag{12.41}$$

其中,A 为相对幅度。其频谱图如图 12.39 所示。

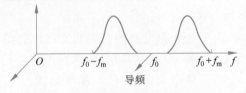

图 12.39 一种导频插入法的频谱

接收端用窄带滤波器滤出 $\cos(\omega_0 t)$，再移相 $\pi/2$ 即可得到 $\sin(\omega_0 t)$，不难看出，插入导频法不仅保证了载频同步，而且保证了相位同步。发送端和接收端原理框图如图 12.40 所示。

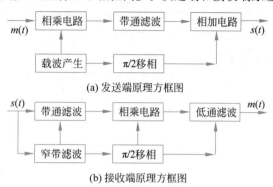

(a) 发送端原理方框图

(b) 接收端原理方框图

图 12.40 发送端和接收端原理框图

插入导频法的优点是接收端提取同步的电路简单。但是，发送导频信号要占用部分发射功率；接收端导频也是一种干扰，降低了接收端的信噪比。

2）正交波形插入

正交波形插入是指插入与信息码正交的已知码，而且这些码必须具有很好的频率分辨和估计性能。通常使用的码是 m 序列或巴克码，它与信息码通常是正交的，且由于它的模糊函数是图钉形，因此有很好的自相关性、频率分辨性能和估计性能。模糊函数为图钉形的波形正交插入同时具备载频、相位和时间同步（群同步）的优点，而且适合二维扩展信道，因为在这种情形下，通常导频插入及对应的接收方法（如锁相环）是无效的。

12.4.2 位同步

位同步即码元同步。在数字通信系统中，发端按照确定的时间顺序，逐个传输数码脉冲序列中的每个码元。对于基带传输系统，不需要载频同步，但位同步必不可少。为了使每个码元得到最佳的解调，以及在判决时刻准确地进行接收码元的判决，必须知道码元准确的起止时刻。因此，接收端必须提供一个确定采样判决时刻的定时脉冲序列，这个定时脉冲序列的重复频率必须与发送的码元速率相同，脉冲的位置对准接收码元的最佳采样时刻，这个定时脉冲序列称为位同步信号。在接收端产生位同步信号的过程称为位同步或码元同步。

位同步对于基带通信是必要的。但对于载波通信系统，由于建立了载波同步和帧同步，因此位同步通过频率合成完成，不需要单独进行位同步。

12.4.3 群同步

群同步又称帧同步，其任务就是确定每个码组的"开头"和"结尾"时刻，实现对码元序列的正确分组。群同步主要采用外同步法，通常是在信息码组间插入一些特殊码组作为每个信息码组的头尾标记，接收端根据这些特殊码组的位置实现对码元序列的正确分组。群同步本质是时延估计问题。

　　如图 12.41 所示,群同步就是在信息字之前插入一个或若干已知的特殊字,这个字通常称为帧同步字或帧头。这个字必须是在信息字中不会出现的;而且要有良好的自相关性,即其自相关类似冲激函数。通常采用巴克码、m 序列或其他伪随机码。其他伪随机码通常有标准,它们经过理论分析、仿真和试验表明具有优异的帧同步性能。有时在帧结束时,也插入已知的特殊字,表示帧结束,尤其在报文结束时会用到帧尾。

　　图钉形模糊函数的群同步码可以用作载频和相位同步。

帧头	信息	帧头	信息	帧尾

图 12.41　帧结构示意图

12.4.4　报头

　　通信建立时,所发的信息称为报头。报头必须重复发送双方确定的已知码,利用它接收方才能检测到通信的联络信号,并实现初始的频率、相位同步、帧同步和位同步。如图 12.42 所示,假设一个码字是 7 个字符。

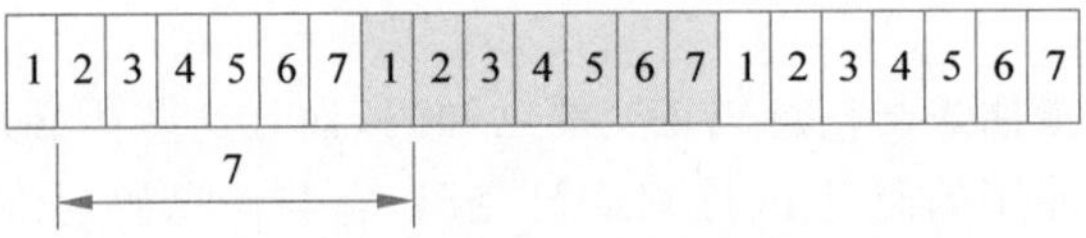

图 12.42　报头的示意图

　　报头接收是一个循环相关的过程,假定发送已知码字 $w = \begin{bmatrix} -1 & 1 & 1 & -1 & -1 & -1 & 1 \end{bmatrix}^{\mathrm{T}}$ 作为报头码字,由于没有找到帧头,截取的接收到的码字为 $r = \begin{bmatrix} 1 & 1 & -1 & -1 & -1 & 1 & -1 \end{bmatrix}^{\mathrm{T}}$,通过循环相关即可找到帧头。首先写出循环矩阵:

$$C = \begin{bmatrix} -1 & 1 & 1 & -1 & -1 & -1 & 1 \\ 1 & 1 & -1 & -1 & -1 & 1 & -1 \\ 1 & -1 & -1 & -1 & 1 & -1 & 1 \\ -1 & -1 & -1 & 1 & -1 & 1 & 1 \\ -1 & -1 & 1 & -1 & 1 & 1 & -1 \\ -1 & 1 & -1 & 1 & 1 & -1 & -1 \\ 1 & -1 & 1 & 1 & -1 & -1 & -1 \end{bmatrix} \tag{12.42}$$

计算循环相关结果:

$$C \cdot r = \begin{bmatrix} -1 & 1 & 1 & -1 & -1 & -1 & 1 \\ 1 & 1 & -1 & -1 & -1 & 1 & -1 \\ 1 & -1 & -1 & -1 & 1 & -1 & 1 \\ -1 & -1 & -1 & 1 & -1 & 1 & 1 \\ -1 & -1 & 1 & -1 & 1 & 1 & -1 \\ -1 & 1 & -1 & 1 & 1 & -1 & -1 \\ 1 & -1 & 1 & 1 & -1 & -1 & -1 \end{bmatrix} \begin{bmatrix} 1 \\ 1 \\ -1 \\ -1 \\ -1 \\ 1 \\ -1 \end{bmatrix} = \begin{bmatrix} -1 \\ 7 \\ -1 \\ -1 \\ -1 \\ -1 \\ -1 \end{bmatrix} \tag{12.43}$$

　　输出的峰值滞后了一个码字,表明帧头位置应前移一个码字。这样就确定了初始的帧头位置。不仅如此,采用合适的报头还可以完成所有的同步,包括载频和相位。

12.4.5　网同步

对于点对点通信,载波同步、位同步、群同步就足够了,但对于多址接入系统还必须考虑网同步。水声网同步一般利用 GPS 给出的 UTC 和 PPS 脉冲来实现。利用 PPS 信号锁定 UTC 时刻,UTC 数值给出具体时间。这种方式属于开环方式,但对水声通信来说,精度足够。

12.4.6　同步的技术指标

上述同步有些指标有共性,如同步效率、同步建立时间、同步保持时间和精度。群同步还需要增加漏同步概率、假同步概率两个指标。

效率是指为获取同步所消耗的发送功率的多少。直接法由于不需要专门发送导频,因此效率高。而插入导频法由于插入导频要消耗一部分发送功率,因此效率低。

同步建立时间是指从开机或失步到同步所需的时间,通常用 t_s 表示,此时间越短越好,这样同步建立得快。

同步保持时间是指同步建立后,同步信号突然消失,系统还能保持住同步的时间,通常用 t_c 表示。此时间越长越好,这样一旦建立同步以后可以保持较长的时间。

精度用待估计量的均方根误差衡量,如载波同步包括载波频率和相位估计精度,位同步和帧同步是时间估计精度。

群同步包含检测和估计两个问题,因此除了精度指标外,还有检测性能指标。群同步存在两类错误:漏同步和假同步。如果存在同步码,识别器没有检测到称为漏同步,则其发生的概率称为漏同步概率。如果没有同步码,而识别器检测到同步码成为假同步,则其发生的概率称为假同步概率。

12.5　多址接入与多路复用通信

多个用户共用信道进行通信称为多址接入。例如,多个用户同时用一家移动公司网络进行通话。常用的多址接入方式有时分多址接入(TDMA)、频分多址接入(FDMA)、码分多址接入(CDMA)、空分多址(SDMA)接入。前 3 种比较常用,其原理示意如图 12.43 所示。空分多址接入被列为 4G 标准。多路复用通信与多址接入相类似,但通常指同一通信节点有多个通道的数据需要通过共用信道传输到其他节点。两者的原理是相似的,多路通信实现起来更方便,尤其是时分多路通信。但两者的技术手段完全一致。历史上多路复用技术出现效果,典型的就是在线缆电话使用的载波技术,通过频分的方式实现一条电话线传送数十路电话信号。

多址接入本质是分辨问题,需要把信号分辨开来。可以看到,多址接入的信道分割的维度正是我们在第 7 章讨论的分辨维度。但有些码分本质是频分,如 Walsh 函数码分。

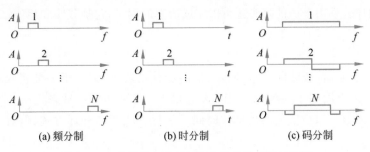

(a) 频分制　　　　(b) 时分制　　　　(c) 码分制

图 12.43　常用的 3 种多址接入和多路复用示意图

12.5.1　时分多址接入

时分多址来源于时分多路复用通信,例如,遥测系统有上百路参数需要传输,通常必须采用时分,时分的优点就是可接入的用户多。时分多址建立在信号离散采样基础上。

假定有 N 个用户有各自的模拟信号待传输,时分多址接入原理如图 12.44 所示。不同的用户占有不同的固定位置的时隙,首先传第一路,然后第二路,直至第 N 路信号传完,然后进入下一个周期。接收端知道此时传的是哪一路信号,将各路对应的信号收集起来,通过低通滤波器恢复出各路信号。在实际应用中,带宽大的信息必须多分配一些时隙,以满足采样定理。

时分最关键的问题是全网要建立严格的时间同步和时序。同步包括不同用户之间的同步和收发的同步。

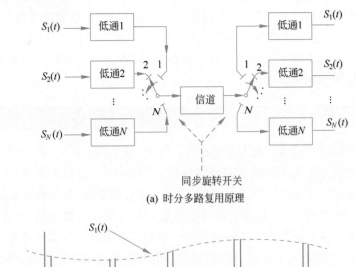

(a) 时分多路复用原理

(b) 信号 $S_1(t)$ 的采样

图 12.44　时分多址接入原理

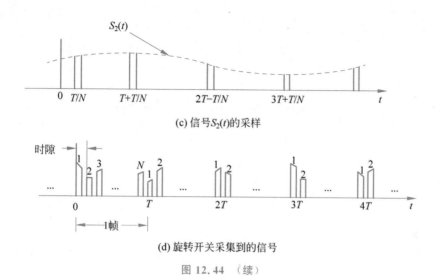

(c) 信号 $S_2(t)$ 的采样

(d) 旋转开关采集到的信号

图 12.44 （续）

12.5.2 频分多址接入

如图 12.45 所示,频分多址接入的基本原理是在发射端用一组频率不同的本振信号,要求频率间隔大于信号带宽,这样就可以将基带信号搬移到不同的中心频率(如图 12.46 所示)。这样在频域就可以分辨多个用户了。在接收端各用户根据分配给自己的本振频率,将信号解调。

频分的优点是简单,但是要求本振信号间隔必须足够大,所留的频率间隙也要足够大,因此浪费了信道资源。在遥测系统中,频分一般只能传输数十路信号。在移动通信系统中,频率是重复使用的,隔了若干蜂窝后,频点又可以重新使用。因此 GSM 实质上是频分加空分,这样才能满足大量用户的使用需求。

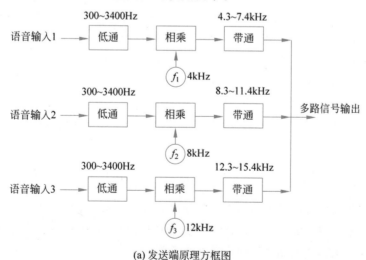

(a) 发送端原理方框图

图 12.45 频分多址接入原理示意图

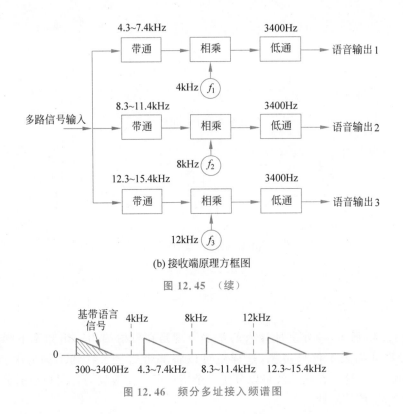

(b) 接收端原理方框图

图 12.45 (续)

图 12.46 频分多址接入频谱图

12.5.3 码分多址接入

码分多址利用不同码的正交性对信号进行分割,常用的有 Walsh 序列和伪随机序列。Walsh 序列是严格正交的,即地址码的互相关等于零。从理论上讲 Walsh 序列应该是最佳的,但不同的 Walsh 序列频谱不断升高,其本质类似频分,频谱离散性大,在给定带宽范围内,同时通信的路数有限。一度有学者断言码分是不可能走向实用的。北京航空航天大学张其善教授在国内率先制作出 Walsh 码分多路通信系统,当时也就十几路。Walsh 序列码分仍是移动通信码分的标准之一。

1995 年,Viterbi 提出基于直接扩频的码分多址接入方案。码分多址接入原理与扩频相同,不同的通信者必须用正交的地址码。基于直接扩频的码分多址接入的分辨能力与时间带宽积有关,该值等于扩频比。但水声信道有带宽的限制,扩频比难以提高。

12.5.4 空分多址接入

通常的移动通信天线是无指向性的。如果天线有指向性,则可以分离不同方向的通信信号。由于多址接入需要同时通信,因此必须同时动态地形成多个波束。空分的基础是阵列天线。波束形成的相关知识已经在第 5 章讲解。

目前,空分多址接入已发展到发射多天线、接收多天线,即 MIMO 系统。假定发射多天线之间相互独立、接收天线之间相互独立,可以证明,其信噪比增益是发射天线个数和接收天线个数的乘积。

12.5.5　随机接入方式

以上都是预先设计好的接入方式,用于大量数据有规律地传输。但在更多应用中,用户使用信道不是固定的,具有随机性。水声通信往往属于这类应用。例如,舰艇之间的通信声呐偶尔使用。这类应用可以采用随机接入方式。随机接入的特点是发起通信后,可能会出现冲突;必须通过设计分组重传协议解决冲突。

1. 异步 ALOHA 系统和协议

每个用户发送信息的时间固定,把发送的信息称为分组。每个用户在任意时刻开始发送一个分组,如果检测到冲突,则重传分组。ALOHA 要求所有用户都能检测到其他用户的通信。它最初在卫星转发器中应用。对排队论分析表明,ALOHA 是一种吞吐量很低的随机接入协议。

2. 带冲突检测的载波侦听(CSMA/CD)系统和协议

以太网使用的多址接入协议就是带冲突检测的载波侦听系统。该协议很简单:所有用户监听信道上的信号,当检测到信道有空闲时,想要发送分组的用户就会抢占该信道。但很有可能两个或多个用户都想发送分组,这时就会发生冲突。当同时发送分组的多个用户检测到冲突时,它就会发送一个阻塞信号,通知所有冲突用户中断传输。事先侦听(避免冲突)和碰撞检测与中断传输(解决冲突)都可以避免信道因冲突占用额外的时间。

12.5.6　水声信道的多址接入与组网

需要说明的是,以上多址接入技术可以复合使用。水声信道很窄,信道带宽和时间带宽积都难以提高,多址接入难度很大。

水声通信收发复用都很困难,一般为半双工的,采用频分方式可以实现收发信道的复用。

在一些导航定位系统中,时分是常用的一种方式。例如,要对多个用户定位,可以先呼唤第一个用户,此时往往采用码分,即不同用户采用不同的码呼叫,不过码不一定正交,有足够的冗余度,可避免误应答即可。第一个用户应答后,再呼唤下一个用户。当对数据率要求不高时,可以采用这种时分轮询的方法。

有很多论文讨论了随机接入在水声组网中的应用,但水声信道存在时延大的缺点,采用随机接入意味着效率非常低。

水声信道的多址接入必须借助海底固定的光纤才能实现多个用户的大数据传输。水声只能作为移动节点和中继节点使用。

12.6　衰落信道的数字通信

12.6.1　频率选择性衰落

当信号带宽远大于信道相关带宽时,称信道为频率选择性信道。

多径信道衰落具有下列特征：

（1）具有明显的频率选择性。干涉信号叠加的幅度随信号频率改变而改变，一定带宽的高频已调信号会由于其频带内部分频率分量的衰落而产生失真。因此多径衰落是频率选择性衰落。

（2）瑞利衰落。当没有明显的强的路径时，多个干涉信号的叠加可以认为服从复高斯分布，其包络服从瑞利分布。这种衰落称为瑞利衰落。

抗多径、抗衰落的技术有以下4种。

（1）信道自适应均衡和RAKE接收机技术。

（2）抗衰落性能良好的调制技术，如OFDM调制技术、扩频调制技术和频率域编码等。

（3）差错控制技术。在数据传输系统中加入某种类型的差错控制系统，使接收端具有检测和纠正部分信道错误的能力，从而提高系统的通信质量。信道的错误分成随机错误和突发性错误两种。突发性带有阵发性，衰落造成的错误属于后者。对于这样的错误，前面介绍的线性分组码和卷积码无能为力，必须采用交织技术。

（4）分集接收技术。在给定信号形式的条件下，接收端通过对接收信号的某些处理来提高系统的抗衰落和抗干扰能力。按广义信道的含义来说，分集接收可看作随参信道的组成部分或一种改造形式，改造后的随参信道衰落特性将得到改善。

下面逐一介绍这些技术。在这4类技术中，有些是治本的技术，其思路是消除衰落，如信道自适应均衡和RAKE接收机技术；有些则是治标的技术，其思路是降低衰落造成的不良影响，如交织和分集技术等。

12.6.2 RAKE接收机

如果多径的二维散射函数已知，那么就有可能将各路声线的信号相干叠加起来，变害为利。在实际中，二维散射函数是时变的，信道的时变性可以用相关时间表述。

为了测量信道必须发射已知的导频信号，对于二维扩展信道必须采用模糊函数为图钉形的信号，m序列是满足这种需要的最佳信号。导频信号有两种方式发送：一种是先发送导频信号，再发送信息信号，如图12.47（a）所示；另一种是同时发送导频和信息信号，如图12.47（b）所示。第一种方式如果信道的时变性大，接收效果会变差；好处是一次信道测量可以传送多个信息信号。它适合慢变信道，通常远距离通信水声信道较为稳定，时变性小。第二种方式两种信号叠加，不可能是恒定包络的，峰均比小，发射能量难以提升，而且要求导频信号和信息信号为同样时间和频率参数的正交波形，即两种波形可分辨，但理想正交是不可能的，应尽量挑选两种互相关小的信号；其优点是信道散射函数完全相同，适用于快变水声信道，如近程水声信道。

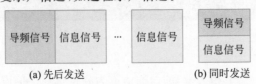

（a）先后发送　　　　　　　　　　（b）同时发送

图12.47　导频信号与信息信号时序关系

RAKE 接收机信号处理分两个阶段。第一个阶段是信道测量,将导频信号进行循环相关处理,由于其输出是模糊函数,而导频信号的模糊函数是图钉形的,因此可以得到信道的二维散射函数。

下面以一维 RAKE 接收机为说明其工作原理。假定测量的一维散射函数如图 12.48(a)所示,测量每根声线的时延和复幅度(即获得声线的幅度和相位)。信道对导频信号 $s(t)$ 的响应为

$$S_{\mathrm{R}}(t) = \sum_{i=1}^{L} \hat{A}_i s(t - \hat{\tau}_i) \tag{12.44}$$

其中,$\hat{A}_i$、$\hat{\tau}_i$ 已经通过信道测量得到,L 为声线数。

第二个阶段是 RAKE 接收机。在整个信号处理过程中必须跟踪主声线,主声线应选择最稳定的声线,通常选择直达声线。如果没有直达声线,则可以选择强度大且稳定的声线。确定最大延时后,只处理从主声线开始到最大时延的信号。RAKE 接收机的工作原理示意图和工作框图分别如图 12.48 和图 12.49 所示。将各声线进行延时处理,最早到达的延时最大,最后到达的延时小,同时给各声线的信号乘上散射函数的复幅度的共轭,然后按下式相干叠加:

$$S_{\mathrm{RAKE}}(t) = \sum_{i=1}^{L} A_i \hat{A}_i{}^* s(t) \approx s(t) \sum_{i=1}^{L} |A_i|^2 \tag{12.45}$$

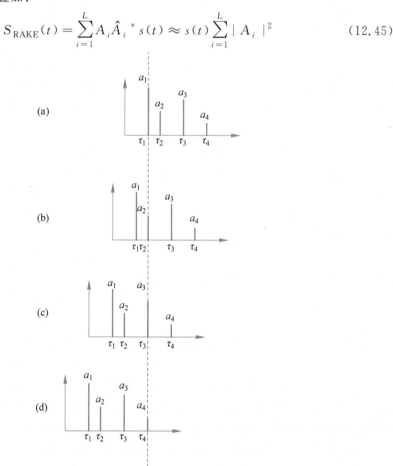

图 12.48 一维信道散射函数和 RAKE 接收机工作原理示意图

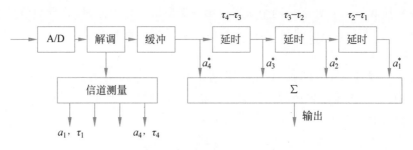

图 12.49　RAKE 接收机工作框图

其中,A_i 为第 i 根声线复幅度,近似有 $A_i \approx \hat{A}_i$。可以看出,通过共轭相乘处理,信号实现了同相叠加。

12.6.3　自适应均衡

自适应均衡原理与 RAKE 接收机大致相同,不同的是,它先发出相当于导频信号的训练信号,然后通过自适应的方法学习信道散射函数,再用训练好的系统对多径信号进行接收。由于涉及自适应信号处理的知识,故不再具体介绍。

12.6.4　交织技术

交织(shuffle)技术是抗突发性噪声的有效技术手段。其基本原理介绍如下。

在传输之前对编码信息进行交织,接收后解交织,这使得信道的突发错误在时间上得以扩散,从而使得译码器可以将它们当作随机错误处理。在实际情况中,随着时间的分离,信道记忆也会降低。交织技术的指导思想就是在时间上分离码元,介于其间的时间可以由其他码字的码元来填充。在时间上分离码元将一个有记忆信道成功地转变为无记忆信道,从而使得纠正随机错误的编码同样适用于噪声突发信道。

交织器在几个分组长度(对于分组码)或几个约束长度(对于卷积码)的范围内对码元进行交织。这个范围是由突发持续时间决定的。为了使码元流在译码之前进行解交织,接收机必须知道比特重分布图样的细节。图 12.50 是一个简单的交织例子。图 12.50(a)给出了 7 个未交织的码字:A~G,每个码字由 7 个码元组成。假设在每个 7 码元序列内原码具有单纠错能力,如果信道记忆区间为一个码字的持续时间,则这种时间长度为 7 码元的突发噪声可以破坏包含在一个或两个码字中的信息。然而,现在假设数据编码之后再对码元进行交织,如图 12.50(b)所示。也就是说,码字的每个码元与交织前的相邻码元被一个 7 码元时间跨距分离开来,然后使用这个交织流去调制信号波形并在信道中传输。占用 7 个码元时间的连续的信道突发噪声如图 12.50(b)所示,它对每个原始 7 码元码字造成了一个码元的影响。在接收端,这个交织流先被解交织以便恢复成图 12.50(a)所示的原始编码序列,然后对其译码。由于每个码字具有单个纠错能力,所以突发噪声对最终序列没有影响。

交织技术需要额外的存储空间,而且对帧同步性能要求高。

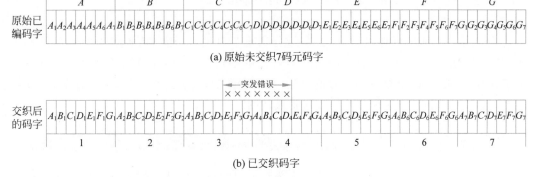

(a) 原始未交织7码元码字

(b) 已交织码字

图 12.50 交织的原理示意图

12.6.5 分集接收

分集接收技术的基本思想是,如果在发射或接收采用不同的信道传输相同的信息,接收端将这些信号适当合并构成总信号,则能大大减小衰落的影响。分集的含义是分散得到几个信号并集中(合并)这些信号的意思。只要被分集的几个信号之间是统计独立的,那么其同时处理深衰落的概率很小,通过适当的合并就能减小衰落的影响,提高系统性能。

从分集接收技术的基本思想可以看出,分集接收技术包括两方面的内容。一是信号的分散传输。对于空间、频率、时间、角度和位置等方面分离得足够远的随参信道,衰落可以认为是相互独立的,所以利用信号分散传输,在接收端获得的各路信号不可能同时发生深衰落。这样分集接收能克服快衰落,达到可靠传输的目的。二是信号合并。接收端把在不同情况下收到的多个相互独立衰落的各路信号按某种方法合并,然后再从中提取信息。只要各分支信号相互独立,就可以在衰落情况下起相互补偿作用,从而使接收性能得到改善。

1. 分集方式

分集的方式就是指信号分散传输的方式,常用的方式如下。

(1) 空间分集。发射端有多个换能器和/或接收端架多个水听器,每副天线间相隔满足信道独立条件。水声信道具有垂直方向相关性弱的特点,垂直相关一般为十几个波长,水平相关性在 100 个波长以上,通过设置水听器的位置,保证各接收水听器不相关或独立。

(2) 频率分集。多个载频传送同一消息,各路频率之差大于相关带宽,这样接收到的号基本不相关,不可能同时发生深衰落。

(3) 时间分集。用同一频率在不同时刻传输同一信息,在不同时刻不可能同时衰落同载频信号。时间分集也适用于时间选择性衰落信道。

(4) 时频分集。频率和时间分集,属于两种分集方式联合。时频调制也可看作时频分集的一种方式,称为时频编码分集。

(5) 角度分集。不同角度接收的信号,其声线路径也不相同,其幅度变化是相互独立的。通过改变发射角度和接收角度可以获得分集增益。

2. 合并方式

分集接收效果的好坏除与分集方式、分集重数有关外，还与接收端采用的合并方式有关。简单的方法是不考虑信号特性，取各路的平均值。为了得到更好的性能，应该像RAKE 接收机一样，测量各路信号的时延、相位和幅度，然后同相叠加，可以证明，当背景噪声统计特性相同时，这种合并的方式是最佳的。

12.7 信道编码

数字信号在信道的传输过程中，由于实际信道的传输特性不理想以及存在噪声及干扰，在接收端往往会产生误码。为了提高数字通信的可靠性，可合理设计系统的发送和接收滤波器，采用均衡技术，消除数字系统中码间干扰的影响，还可选择合适的调制解调技术，增加发射机功率，采用先进的天线技术等。若数字系统的误码仍不能满足要求，则可以采用信道编码技术，进一步降低误码率。因此信道编码又称为差错控制编码。

12.7.1 信道编码的基本概念

1. 信道编码的检错、纠错原理

信道编码的基本思想是在被传输信息中附加一些冗余码元，我们称这些冗余码元为监督码元。监督码元与信息码元有一定的关系（规律），接收端利用监督码元和信息码元的这种关系加以校验，以检测和纠正错误。这种纠、检错能力是用编码的冗余度换取的。

（1）检错。设发送端发送 A 和 B 两个消息，要表示 A、B 两种消息只需要一位编码，即用 1 表示 A，用 0 表示 B。这种编码无冗余度，效率最高，但同时它也无抗干扰能力。若在传输过程中发生误码，即 1 错成 0 或 0 错成 1，接收端无法判断收到的码元是否发生错误，因为 1 和 0 都是发送端可能发送的码元，所以这种编码方法无纠错、检错能力。若增加一位监督码元，增加的监督码元与信息码元相同，即用 11 表示消息 A，用 00 表示信息 B。如传输过程中发生 1 位错误，则 11、00 变成 10 或 01。此时接收端能发现这种错误，因为发送端不可能发送 01 或 10。但它不能纠错，因为 11 和 00 出现 1 位错误时都可变成 10 或 01。所以，当接收端收到 10 或 01 时，它无法确定发送端发送的是11 还是 00。

（2）纠错。如果对 A、B 两种消息编码时增加二位监督码元，监督码元仍和信息码元相同，即用 111 表示消息 A，用 000 表示消息 B。则若传输过程中出现 1 位错误，可以纠正。如发送端发送 111，传输中出现 1 位错误，使得接收端收到 110。此时显然能发现这个错误，因为发送端只可能发送 111 或 000。再根据 110 与 111 及 000 的相似程度，将 110 翻译为 111，这时 110 中的 1 位错误得到了纠正。如果 111 在传输过程中出现 2 位错误，接收端收到 100、010 或 001。因为它们既不代表消息 A，也不代表消息 B，所以接收端能发现出了错误，但无法纠正这 2 位错误。如果硬要纠错，会将100、010 或 001 翻译成 000，显然纠错没有成功。

从以上例子可看出，增加冗余度能提高信道编码的纠错、检错能力。纠错比检错需要更多的冗余。

2. 码的类型

信道编码有许多分类方法。

(1) 线性码和非线性码。根据信息码元和附加的监督码元之间的关系可以分为线性码和非线性码。若监督码元与信息码元之间的关系可用线性方程来表示，即监督码元是信息码元的线性组合，则称为线性码；若两者不存在线性关系，则称为非线性码，如恒重码。

(2) 分组码及卷积码。根据上述关系涉及的范围来分，可分为分组码及卷积码。分组码的各码元仅与本组的信息码元有关；卷积码中的码元不仅与本组信息码元有关，而且还与前面若干组的信息码元有关，因此卷积码又称为连环码。在线性分组码中，把具有循环移位特性的码称为循环码；否则称为非循环码。

(3) 系统码和非系统码。根据码字中信息码元在编码前后是否相同可分为系统码和非系统码。编码前后信息码元保持原样不变的称为系统码；反之称为非系统码。

(4) 检错码和纠错码。根据码的用途可分为检错码和纠错码。以检测（发现）错误为目的的码称为检错码。以纠正错误为目的的码称为纠错码。纠错码一定能检错，但检错码不一定能纠错。通常将纠错码、检错码统称为纠错码。

(5) 纠（检）随机错误和突发性错误。根据纠（检）错误的类型可分为纠（检）随机错误码、纠（检）突发错误码和既能纠（检）随机错误同时又能纠（检）突发错误码。分组码更适合纠（检）突发性错误，卷积码的突发性错误控制一般采用卷积码和交织技术相结合的方式。

3. 差错控制方式

常用的差错控制方式主要有 3 种：前向纠错（FEC）、检错重发（ARQ）和混合纠错（HEC），如图 12.51 所示。

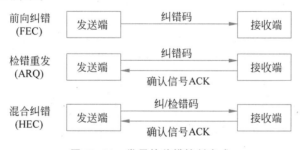

图 12.51　常用的差错控制方式

(1) 前向纠错。记作 FEC，又称自动纠错。在这种系统中，发送端发送纠错码，接收端译码器自动发现并纠正错误。FEC 的特点是不需要反向信道，实时性好，适合于要求实时传输信号的系统，但编码、译码电路相对较复杂。

(2) 检错重发。记作 ARQ，又称自动请求重发。在这种系统中，发送端发送检错码，通过正向信道送到接收端，接收端译码器检测收到的码字中有无错误。如果接收码字中无错误，则向发送端发送确认信号 ACK，告诉发送端此码字已正确接收；如果收到的码字中有错误,则接收端不向发送端发送确认信号 ACK,发送端等待一段时间后再次发送此码字,一直到正确接收为止。ARQ 的特点是需要反向信道,编、译码设备简单。ARQ 适合于不要求实时传输但要求误码率很低的数据传输系统。

（3）混合纠错。记作 HEC,是 FEC 与 ARQ 的混合。发送端发送纠错码、检错码(纠错的同时检错),通过正向信道送到接收端,接收端对错误能纠正的就自动纠正,纠正不了时就等待发送端重发。HEC 同时具有 FEC 的高传输效率、ARQ 的低误码率及编码、译码设备简单等优点。但 HEC 需要反向信道,实时性差,所以不适合于实时传输信号。

4. 码长、码重、码距和编码效率

（1）码长。原始数字信息是分组传输的,以二进制编码为例,每 k 个二进制位为一组,称为信息组,经信道编码后转换为每 n 个二进制位为一组的码字(也称为码组),码字中的二进制位称为码元。码字中监督码元数为 $n-k$。一个码字中码元的个数称为码字的长度,简称码长,通常用 n 表示。如码字 11011,码长 $n=5$。

（2）码重。码字中 1 码元的数目称为码字的重量,简称码重,通常用 W 表示。如码字 11011,码重 $W=4$。

（3）码距。两个等长码字之间对应码元不同的数目称为这两个码字的汉明距离,简称码距,通常用 d 表示。如码字 11011 和 00101 之间有 4 个对应码元不同,故码距 $d=4$。由于两个码字模 2 相加,对应码元不同的位必为 1,对应码元相同的位必为 0,所以两个码字模 2 相加得到的新码组的重量就是这两个码字之间的距离。如 11011⊕00101=11110,11110 的码重为 4,与上述所得到的码距相同。

（4）最小码距。码字集合中两两码字之间距离的最小值称为码的最小距离,通常用 d_0 表示,它决定了一个码的纠、检错能力,因此是极重要的参数。

（5）编码效率。信息码元数与码长之比定义为编码效率,通常用 η 表示,η 的表达式为

$$\eta = k/n \tag{12.46}$$

编码效率是衡量码性能的又一个重要参数。编码效率越高,传信率越高,但此时纠错、检错能力会降低,当 $\eta=1$ 时就没有纠错、检错能力了。

5. 最小码距 d_0 与码的纠错、检错能力之间的关系

最小码距 d_0 决定了码的纠错、检错能力。它们之间的关系如下:

（1）检测 e 个错误,则要求最小码距为

$$d_0 \geqslant e+1 \tag{12.47}$$

（2）纠正 t 个错误,则要求最小码距为

$$d_0 \geqslant 2t+1 \tag{12.48}$$

（3）纠正 t 个错误的同时检测 $e(e>t)$ 个错误,则要求最小码距为

$$d_0 \geqslant t+e+1 \tag{12.49}$$

下面举例说明给定码距时,如何根据式(12.47)、式(12.48)及式(12.49)来确定码的纠错、检错能力。仍以发送端发送 A、B 两种消息为例,信源编码用 1 表示消息 A,用 0 表示消息 B。信道编码器每收到一个 1,输出一个码字 1111;每收到一个 0,输出一个码

字００００。显然，每个码字中一个码元是信息，另３个码元是监督元，这个码共有两个码字，这两个码字间的距离就是码的最小距离，所以这个码的最小码距 $d_0=4$。当此码只用于检错目的时，那么根据式（12.47），$d_0 \geqslant 3+1$，所以此码最多可检测出３个错误。如１１１１中发生３位错误变成０００１、００１０、０１００或１０００，由于发送码字中没有这４个码字，所以接收端能发现错误。但它无法发现大于３个的错误，如发生４个错误时，发送１１１１时会收到００００，由于００００也是可能发送的码字，接收端收到００００时认为没有错误，发送的是消息 B。当此码只用于纠错时，根据式（12.48），$d_0 \geqslant 2 \times 1+1$，所以此码只能纠正１位错误。如发送端发送１１１１，传输中发生一位错误，错成１１１０、１１０１、１０１１或０１１１，由于这些码字与１１１１的距离小，接收端将它们还原为１１１１，这样，接收码字中的１位错误得到纠正。如果传输过程中发生２位错误，如１１１１错成１１００，接收端只知道有错，但无法知道是１１１１错成１１００还是００００错成１１００，所以无法纠正错误。

12.7.2 奇偶监督码

奇偶监督码是一种最简单也是最基本的检错码，又称为奇偶校验。其编码方法是把信息码元先分组，然后在每组的最后加１位监督码元，使该码字中１的数目为奇数或偶数，奇数时称为奇监督码，偶数时称为偶监督码。信息码元长度为３时的奇监督码和偶监督码如表 12.6 所示。

表 12.6 奇偶监督码

序　号	码长为 4 的奇监督码		序　号	码长为 4 的偶监督码	
	信息码元 $a_3 a_2 a_1$	监督码元 a_0		信息码元 $a_3 a_2 a_1$	监督码元 a_0
0	000	1	0	000	0
1	001	0	1	001	1
2	010	0	2	010	1
3	011	1	3	011	0
4	100	0	4	100	1
5	101	1	5	101	0
6	110	1	6	110	0
7	111	0	7	111	1

奇偶监督码的译码也很简单。译码器检查接收码字中１的个数是否符合编码时的规律。如奇监督码，接收码字中１的个数为奇数，若１的个数符合编码时的规律，则译码器认为接收码字没有错误；若１的个数为偶数，不符合编码时的规律，则译码器认为接收码字中有错误。

不难看出，这种奇偶监督码只能发现单个和奇数个错误，而不能检测出偶数个错误，因此它的检错能力不高。但是由于该码的编、译码方法简单，而且在很多实际系统中，码字中发生单个错误的可能性比发生多个错误的可能性大得多，所以奇偶监督码得到了广泛应用。

12.7.3　线性分组码

由码的分类可知,监督码元仅与本组信息码元有关的码称为分组码,监督码元与信息码元之间的关系可以用线性方程表示的码称为线性码。既是线性码又是分组码的码称为线性分组码。如果码字中的开头或结尾的 k 位是信息位,就称为系统码,否则称为非系统码。系统分组码的编码示意图如图 12.52 所示。

图 12.52　系统分组码的编码示意图

12.7.3.1　线性分组码的基本原理

在线性分组码中,一个码字中的监督码元只与本码字中的信息码元有关,而且这种关系可以用线性方程来表示。如 (7,3) 分组码,码字长度为 7,一个码字内信息码元数为 3,监督码元数为 4。码字用 $A = [a_6 a_5 a_4 a_3 a_2 a_1 a_0]$ 表示,前 3 位表示信息码元,后 4 位表示监督码元,监督码元与信息码元之间的关系可用如下方程组表示:

$$\begin{cases} a_3 = a_6 \quad\;\; + a_4 \\ a_2 = a_6 + a_5 + a_4 \\ a_1 = a_6 + a_5 \\ a_0 = \quad\;\; a_5 + a_4 \end{cases} \tag{12.50}$$

式中的"+"是模 2 加,以后不再另行说明。显然,当 3 位信息码元 $a_6 a_5 a_4$ 给定时,根据式 (12.50) 即可计算出 4 位监督码元 $a_3 a_2 a_1 a_0$,然后由这 7 位构成一个码字输出。所以编码器的工作就是根据收到的信息码元,按编码规则计算监督码元,然后将由信息码元和监督码元构成的码字输出。由编码规则式 (12.50) 得到的 (7,3) 线性分组码的全部码字列于表 12.7。读者可根据式 (12.50) 自行计算监督码元加以验证。

表 12.7　(7,3) 线性分组码的全部码字

序　号	码　字			
	信　息　码　元		监　督　码　元	
0	0　0　0		0　0　0　0	
1	0　0　1		1　1　0　1	
2	0　1　0		0　1　1　1	
3	0　1　1		1　0　1　0	
4	1　0　0		1　1　1　0	
5	1　0　1		0　0　1　1	
6	1　1　0		1　0　0　1	
7	1　1　1		0　1　0　0	

线性分组码的封闭性是指:码字集中任意两个码字对应位模 2 加后,得到的码字仍然是该码字集中的一个码字。如在表 12.7 中,码字 0011101 和码字 1110100 对应位模 2 加得 1101001,1101001 是表 12.7 中的 6 号码字。由于两个码字模 2 加

所得的码字的重量等于这两个码字的距离,故(n,k)线性分组码中两个码字之间的码距一定等于该分组码中某一非全 0 码字的重量。因此,线性分组码的最小码距必定等于码字集中非全 0 码字的最小重量。线性分组码中一定有全 0 码字,设全 0 码字为 $A0$,则线性分组码(n,k)的最小码距为

$$d0 \geqslant W_{\min}(A_i), \quad A_i \in (n,k), i \neq 0 \tag{12.51}$$

一个码字集的最小码距决定了这个码的纠错、检错能力,线性分组码的封闭性给码距的求解带来了便利。利用式(12.51)可方便地求出上述(7,3)分组码的码距,具体方法是:全 0 码字除外,求出余下 7 个码字的重量,因为 7 个码字的重量都等于 4,所以最小重量等于 4,最小码距 $d0 = 4$。此(7,3)分组码用于检错,最多能检 3 个错误,用于纠错,则最多能纠 1 个错误。

12.7.3.2 线性分组码的编码

下面仍以上述(7,3)线性分组码为例,通过矩阵理论来讨论线性分组码的编码过程,并得到两个重要的矩阵:生成矩阵 G 和监督矩阵 H。

1. 监督基阵

$$\begin{cases} a_6 & + a_4 & + a_3 & & & = 0 \\ a_6 & + a_5 & + a_4 & & + a_2 & = 0 \\ a_6 & + a_5 & & & + a_1 & = 0 \\ & a_5 & + a_4 & & + a_0 & = 0 \end{cases} \tag{12.52}$$

写成矩阵形式有

$$\begin{bmatrix} 1 & 0 & 1 & 1 & 0 & 0 & 0 \\ 1 & 1 & 1 & 0 & 1 & 0 & 0 \\ 1 & 1 & 0 & 0 & 0 & 1 & 0 \\ 0 & 1 & 1 & 0 & 0 & 0 & 1 \end{bmatrix} \begin{bmatrix} a_6 \\ a_5 \\ a_4 \\ a_3 \\ a_2 \\ a_1 \\ a_0 \end{bmatrix} = \begin{bmatrix} 0 \\ 0 \\ 0 \\ 0 \end{bmatrix} \tag{12.53}$$

简记为

$$\boldsymbol{H}\boldsymbol{A}^{\mathrm{T}} = \boldsymbol{0}^{\mathrm{T}} \tag{12.54}$$

其中,

$$\boldsymbol{H} = \begin{bmatrix} 1 & 0 & 1 & 1 & 0 & 0 & 0 \\ 1 & 1 & 1 & 0 & 1 & 0 & 0 \\ 1 & 1 & 0 & 0 & 0 & 1 & 0 \\ 0 & 1 & 1 & 0 & 0 & 0 & 1 \end{bmatrix} \tag{12.55}$$

称为此(7,3)分组码的监督矩阵。(n,k)线性分组码的监督矩阵 H 由 $r = n - k$ 行 n 列组成,且这 r 行是线性无关的。系统码的监督矩阵可写成如下形式

$$\boldsymbol{H} = \begin{bmatrix} \boldsymbol{P} & \boldsymbol{I}_r \end{bmatrix} \tag{12.56}$$

这样的监督矩阵称为典型监督矩阵。其中，I_r 为 $r\times r$ 的单位矩阵。P 是 $r\times k$ 矩阵。对于式(12.55)有

$$P=\begin{bmatrix}1&0&1\\1&1&1\\1&1&0\\0&1&1\end{bmatrix},\quad I_r=\begin{bmatrix}1&0&0&0\\0&1&0&0\\0&0&1&0\\0&0&0&1\end{bmatrix} \tag{12.57}$$

若信息码元已知，则可通过以下矩阵运算求监督元：

$$\begin{bmatrix}a_3\\a_2\\a_1\\a_0\end{bmatrix}=P\begin{bmatrix}a_6\\a_5\\a_4\end{bmatrix} \tag{12.58}$$

由信息码元和监督码元即可构成码字 $A=[a_6\ a_5\ a_4\ a_3\ a_2\ a_1\ a_0]$

2. 生成矩阵

还可以用生成矩阵来求码字。系统码 (n,k) 的生成矩阵为

$$G=\begin{bmatrix}I_k&P^T\end{bmatrix} \tag{12.59}$$

$$G=\begin{bmatrix}1&0&0&1&1&1&0\\0&1&0&0&1&1&1\\0&0&1&1&0&1&1\end{bmatrix} \tag{12.60}$$

当信息给定时，由生成矩阵求码字的方法是

$$A=MG \tag{12.61}$$

其中，M 为信息矩阵。例如，当 $M=[0\ 0\ 1]$ 时，

$$A=MG=[0\ 0\ 1]\begin{bmatrix}1&0&0&1&1&1&0\\0&1&0&0&1&1&1\\0&0&1&1&0&1&1\end{bmatrix}=[0\ 0\ 1\ 1\ 0\ 1\ 1] \tag{12.62}$$

12.7.3.3 线性分组码的软译码

软译码方法简单，性能也是最佳的，理论上软译码比硬译码有 3dB 的信噪比增益，在多径条件下，软译码信噪比增益更大；但代价是运算量大。软译码不进行判决，将相关处理后的码字作为接收矢量 $r=(r_1,r_2,\cdots,r_n)$，建立如表12.7所示的码字表，计算接收矢量与每个码字 $A_m=(a_{m1},a_{m2},\cdots,a_{mn}),m=1,2,\cdots,2^k$ 的内积：

$$CM_m=\langle A_m-0.5,r\rangle=\sum_{j=1}^n(a_{mj}-0.5)r_j \tag{12.63}$$

内积最大表明接收矢量与该码字相似度最大，内积最大的序号对应的信息码即为所得。

12.7.3.4 线性分组码的硬译码

硬译码是指先对每一位进行判决，得到0、1比特，然后再译码。这种方法有信噪比

损失,但运算量大为下降,而且只有二进制运算,很容易用可编程器件实现。

1. 伴随式

设发送端发送码字 $A=[a_{n-1} \quad a_{n-2} \quad \cdots \quad a_0]$,此码字在传输中可能由于干扰引入错误,故接收码字一般来说与 A 不一定相同。设接收码字 $B=[b_{n-1} \quad b_{n-2} \quad \cdots \quad b_0]$,则发送码字和接收码字之差 $E=B-A$ 定义为错误图样 $E=[e_{n-1} \quad e_{n-2} \quad \cdots \quad e_0]$。若 A 在传输过程中第 i 位发生错误,则 $e_i=1$;反之,则 $e_i=0$。例如,若发送码字 $A=[1001110]$,接收码字 $B=[1001100]$,则错误图样 $E=[0000010]$。错码矩阵通常称为错误图样。译码器的任务就是判别接收码字 B 中是否有错,如果有错,则设法确定错误位置并加以纠正,以恢复发送码字 A。

由式(12.54)可知,码字 A 与监督矩阵 H 满足如下约束关系:

$$AH^{\mathrm{T}}=0 \tag{12.64}$$

当 $B=A$ 时,有

$$BH^{\mathrm{T}}=0 \tag{12.65}$$

当 $B \neq A$ 时,说明传输过程中发生了错误,此时,

$$BH^{\mathrm{T}}=(A+E)H^{\mathrm{T}}=AH^{\mathrm{T}}+EH^{\mathrm{T}}=EH^{\mathrm{T}} \neq 0 \tag{12.66}$$

称矩阵

$$S=BH^{\mathrm{T}} \tag{12.67}$$

为伴随式。伴随式 S 是一个 1 行 r 列的矩阵,r 是线性分组码中监督码元的个数。由式(12.66)可知,式(12.67)等价于:

$$S=EH^{\mathrm{T}} \tag{12.68}$$

由上面的分析可知,当接收码字无错误时,$S=0$;当接收码字有错误时,$S \neq 0$。由式(12.67)和式(12.68)可知,S 与错误图样有对应关系,与发送码字无关。故 S 能确定传输中是否发生了错误及错误的位置。

2. 译码过程

下面以前面所列举的(7,3)码为例,具体说明线性分组码的译码过程。

(1) 预备工作:求错误图样 E 与伴随式 S 的对应关系。

由对(7,3)线性分组码编码的介绍可知,此码最小码距 $d_0=4$,能纠正码字中的任意一位错误,码长为 7 的码字中错 1 位的情况有 7 种,即码字中错 1 位的错误图样有 7 种,如码字第一位发生错误,错误图样为 $E=[1000000]$。

由式(12.68)求得伴随式为

$$S_6=EH^{\mathrm{T}}=[1000000]\begin{bmatrix} 1 & 1 & 1 & 0 \\ 0 & 1 & 1 & 1 \\ 1 & 0 & 1 & 1 \\ 1 & 0 & 0 & 0 \\ 0 & 1 & 0 & 0 \\ 0 & 0 & 1 & 0 \\ 0 & 0 & 0 & 1 \end{bmatrix}=[1110] \tag{12.69}$$

可以看出，伴随式 S_6 等于 $\boldsymbol{H}^{\mathrm{T}}$ 的第一行。

如码字在传输过程中第二位发生错误，错误图样为

$$\boldsymbol{E} = [0100000]$$

$$\boldsymbol{S}_5 = \boldsymbol{E}\boldsymbol{H}^{\mathrm{T}} = [0100000]\begin{bmatrix} 1 & 1 & 1 & 0 \\ 0 & 1 & 1 & 1 \\ 1 & 0 & 1 & 1 \\ 1 & 0 & 0 & 0 \\ 0 & 1 & 0 & 0 \\ 0 & 0 & 1 & 0 \\ 0 & 0 & 0 & 1 \end{bmatrix} = [0111] \tag{12.70}$$

即伴随式 S_5 等于 $\boldsymbol{H}^{\mathrm{T}}$ 的第二行。由此可求出错 1 位的 7 种错误图样所对应的伴随式，它们刚好对应 $\boldsymbol{H}^{\mathrm{T}}$ 中的 7 行。错误图样与伴随式之间的对应关系如表 12.8 所示。

表 12.8 错误图样与伴随式之间对应关系

编　　号	错 码 位 置	$\boldsymbol{E}$	$\boldsymbol{S}$
1	b_6	[1000000]	[1110]
2	b_5	[0100000]	[0111]
3	b_4	[0010000]	[1101]
4	b_3	[0001000]	[1000]
5	b_2	[0000100]	[0100]
6	b_1	[0000010]	[0010]
7	b_0	[0000001]	[0001]

（2）计算接收码字 $\boldsymbol{B}$ 的伴随式 $\boldsymbol{S}$。

由式（12.67）计算接收码字为 $\boldsymbol{B} = [1100111]$，其伴随为

$$\boldsymbol{S} = \boldsymbol{B}\boldsymbol{H}^{\mathrm{T}} = [1100111]\begin{bmatrix} 1 & 1 & 1 & 0 \\ 0 & 1 & 1 & 1 \\ 1 & 0 & 1 & 1 \\ 1 & 0 & 0 & 0 \\ 0 & 1 & 0 & 0 \\ 0 & 0 & 1 & 0 \\ 0 & 0 & 0 & 1 \end{bmatrix} = [1110] \tag{12.71}$$

（3）查表得错误图样 $\boldsymbol{E}$。

（4）用错误图样纠正接收码字中的错误。

根据接收码字 $\boldsymbol{B}$ 及错误图样 $\boldsymbol{E}$ 即可得到发送码字 $\boldsymbol{A}$，方法是：

$$\boldsymbol{A} = \boldsymbol{B} + \boldsymbol{E} = [1100111] + [100000] = [0100111] \tag{12.72}$$

如果此（7,3）分组码用于检错，则码距 $d_0 = 4$ 的（7,3）分组码最多能检 3 位错误。检错译码的方法是：计算接收码字的伴随式 $\boldsymbol{S}$，若 $\boldsymbol{S} = 0$，则译码器认为接收码字中没有错误；若 $\boldsymbol{S} \neq 0$，则译码器认为接收码字中有错误，译码器会以某种方式将此信息反馈给发送端，发送端将重发此码字。

最后还要指出,若接收码字中错误位数超过 1 时,S 也有可能正好与发生 1 位错误时的某个伴随式相同,这样,经纠错后反而"越纠越错"。如发送码字 $A=[0100111]$,传输过程中发生 3 位错误,设错误图样 $E=[0000111]$,此时接收码字 $B=[0100000]$。根据上述所介绍的纠错译码方法,计算出此接收码字的伴随式 $S=[0111]$,查表 12.8 得错误图样 $E=[0100000]$,译码器认为第二位发生了错误,将第二位纠正,得纠正后的码字为 $[0000000]$。由此可见,本来接收码字中有 3 位错误,但通过纠错译码后,错误不但没有减少反而增加了 1 位,这就是所谓的"越纠越错"。

在传输过程中,也会发生发送码字的某几位发生错误后成为另一发送码字的情况,这种情况接收端也无法检测,这种错误称为不可检测的错误。从统计观点来看,这种情况出现的概率很小。如发送码字 $A=[0100111]$,传输过程中发生 4 位错误变成 $B=[0111010]$,计算其伴随式发现 $S=0$,译码器认为没错。事实上,接收到的 B 是另一个发送码字。不管是这种情况还是上述的"越纠越错",发生原因都是因为码字中的错误个数超出了码的纠错能力。所以在设计信道编码方案时,应充分考虑信道发生错误的情况。

线性分组码基于成熟的近世代数结构,如群、环和域,而且已经提出了许多优良特性的码如汉明码、哈达玛码、高莱码和循环码,都是建立在严密的代数基础之上,其纠错性能是可以预测的。

12.7.4 卷积码

12.7.4.1 卷积码编码

卷积码与前面介绍的线性分组码不同。在线性分组码 (n,k) 中,每个码字的 n 个码元只与本码字中的 k 个信息码元有关,或者说,各码字中的监督码元只对本码字中的信息码元起监督作用。卷积码则不同,每个 (n,k) 码字(通常称其为子码,码字长度较短)内的 n 个码元不仅与该码字内的信息码元有关,而且与前面 m 个码字内的信息码元有关。或者说,各子码内的监督码元不仅对本子码起监督作用,而且对前面 m 个子码内的信息码元起监督作用。所以,卷积码常用 (n,k,m) 表示。通常称 m 为编码存储,它反映了输入信息码元在编码器中需要存储的时间长短;称 $N=m+1$ 为编码约束度,它是相互约束的码字个数;称 $n \times N$ 为编码约束长度,它是相互约束的码元个数。卷积码也有系统码和非系统码之分,如果子码是系统码,则称此卷积码为系统卷积码;反之,则称为非系统卷积码。

图 12.53 是 $(2,1,2)$ 卷积码的编码电路。此电路由二级移位寄存器、两个模 2 加法器及开关电路组成。编码前,各寄存器清零,信息码元按 $a_1,a_2,\cdots,a_{j-2},a_{j-1},a_j\cdots$ 的顺序输入编码器。每输入一个信息码元 a_j,开关 K 依次接到 a_{j1}、a_{j2} 各端点一次,输出一个子码 $a_{j1}a_{j2}$。子码中的两个码元与输入信息码元间的关系为

$$\begin{cases} a_{j1}=a_j \oplus a_{j-1} \oplus a_{j-2} \\ a_{j2}=a_j \oplus a_{j-2} \end{cases} \tag{12.73}$$

由此可见,第 j 个子码中的两个码元不仅与本子码信息码元 a_j 有关,而且与前面两个子码中的信息码元 a_{j1}、a_{j2} 有关。因此,卷积码的编码存储 $m=2$,约束度 $N=m+1=3$,

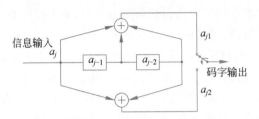

图 12.53　(2,1,2)卷积码的编码电路

约束长度 $n \times N = 6$。

例 12.2　在如图 12.53 所示的(2,1,2)卷积码编码电路中,当输入信息 10011 时,求输出码字序列。

解:在计算第 j 个子码时的移存寄存器的内容 $a_{j-1}a_{j-2}$ 称为现状态(简称为现态),编码工作时初始状态为 00(清零),第 j 个子码的信息进入移位寄存器后的状态称为次态。当输入信息及现态已知时,利用式(12.73)即可求出此输入信息所对应的码字。输入信息、输出码字、每个时刻的现态及次态均列于表 12.9 中。

表 12.9　(2,1,2)编码器的输出码字

输入	**1**	**0**	**0**	**1**	**1**
现态 $a_{j-1}a_{j-2}$	00	10	01	00	10
输出码字 $a_{j1}a_{j2}$	11	10	11	11	01
次态	10	01	00	10	11

12.7.4.2　卷积码的图形描述

卷积码编码器的工作过程常用 3 种等效的图形来描述,这 3 种图形分别是:状态图、码树图和格状图。下面以如图 12.53 所示的(2,1,2)卷积编码器为例,简要介绍这 3 种图形。

1. 状态图

如图 12.53 所示的编码电路是个典型的米勒型(Mealy)时序逻辑电路。它共有 4 个不同的状态: $a_{j-1}a_{j-2} = 00,01,10,11$,为方便起见,这 4 个状态分别用 a、b、c、d 来表示。在每个状态下都有 0、1 两种输入。根据式(12.73),可求出每种状态下每种输入时的输出码字及相应的状态,见表 12.10,其状态图如图 12.54 所示。

表 12.10　(2,1,2)编码器状态表

现　　态	输 入 信 息	输 出 码 字	次　　态
a	0	00	a
a	1	11	b
b	0	10	c
b	1	01	d
c	0	11	a
c	1	00	b
d	0	01	c
d	1	10	d

2. 码树图

图 12.53 所示(2,1,2)编码器的工作原理也可用如图 12.55 所示的图形来表示,此图称为(2,1,2)卷积码的码树图。它描述了编码器在工作过程中可能产生的各种序列。最边为起点,初始状态为 a。从每个状态出发有两条支路(因为每个码字中只有 1 位信息),上支路表示输入为 0,下支路表示输入为 1。每个支路上的 2 位二进制数是相应的输出码。由图 12.53 可知,当信息序列给定时,沿着码树图上的支路很容易确定相应的输出码序列。输入信息为 10011 时,从码树图可得输出码字序列为 11、10、11、11、01,与前面从状态图上得到的码字序列完全相同。

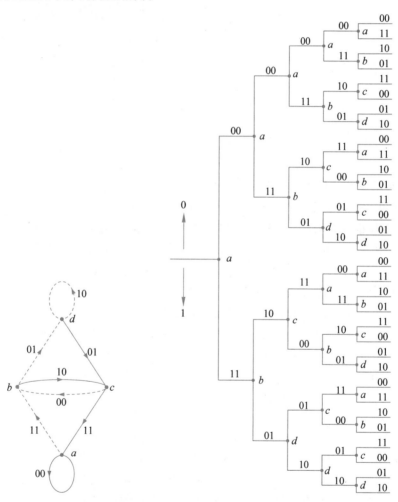

图 12.54 (2,1,2)卷积编码器的状态图　　图 12.55 (2,1,2)卷积码的码树图

3. 格状图

图 12.56 是如图 12.55 所示码树图的另一种形式,称为(2,1,2)卷积码的格状图。在码树图中,从第三级开始出现全部 4 个状态,第三级以后 4 个状态重复出现,使图形变得越来越大。在格状图中,把码树图中具有相同状态的节点合并在一起,使图形变得较

为紧凑；码树中的上支路（即输入信息为0）用实线表示，下支路（即输入信息为1）用虚线表示；支路上标注的二进制数据为输出码字；自上而下的4行节点分别表示 a、b、c、d 四种状态。从第三级节点开始，图形开始重复。当输入信息序列给定时，从 a 开始的路径跟着就确定了，相应的输出码字序列也就确定了。如输入信息序为10011时，对应格状图的路径为 $abcabd$，则相应的输出码字序列为11、10、11、11、01。

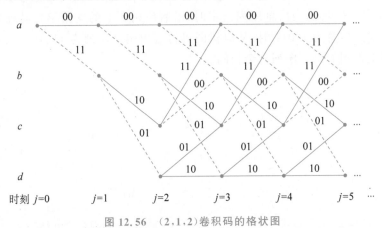

图 12.56 （2，1，2）卷积码的格状图

12.7.4.3 卷积码的维特比译码

卷积码的译码分代数译码和概率译码两类。代数译码由于没有充分利用卷积码的特点，目前很少应用。维特比译码和序列译码都属于概率译码。维特比译码方法适用于约束长度不太大的卷积码的译码，当约束长度较大时，采用序列译码能大大降低运算量，但其性能要比维特比译码差一些。维特比译码方法在通信领域有着广泛的应用，市场上已有实现维特比译码的超大规模集成电路。

维特比译码是一种最大似然译码。其基本思想是：将已经接收到的码字序列与所有可能的发送序列进行比较，选择其中码距最小的一个序列作为发送序列（即译码后的输出序列）。具体的译码方法是：

（1）在格状图上，计算从起始状态（$j=0$ 时刻）开始，到达 $j=m$ 时刻的每个状态的所有可能路径上的码字序列与接收到的头 m 个码字之间的码距，保存这些路径及码距。

（2）从 $j=m$ 到 $j=m+1$ 共有 $2k \times 2m$ 条路径（状态数为 $2m$ 个，每个状态往下走各有 $2k$ 个分支），计算每个分支上的码字与相应时间段内接收码字间的码距，分别与前面保留路径的码距相加，得到 $2k \times 2m$ 个路径的累计码距，对到达 $j=m+1$ 时刻各状态的路径进行比较，每个状态保留一条具有最小码距的路径及相应的码距值。

（3）按（2）的方法继续下去，直到比较完所有接收码字。

（4）全部接收码字比较完后，剩下 $2m$ 个路径（每个状态剩下一条路径），选择最小码距的路径，此路径上的发送码字序列即是译码后的输出序列。

例 12.3 以上述（2，1，2）编码器为例，设发送码字序列为0000000000，经信道传输后有错误，接收码字序列为0100010000。显然，接收码字序列中有两个错误。现对此接收序列进行维特比译码，求译码后的输出序列。

　　解：由于(2,1,2)编码器的编码存储 $m=2$，应用译码方法中的步骤(1)，应从(2,1,2)格状图的第 $j=m=2$ 时刻开始。由图 12.57 可见，$j=2$ 时刻有 4 个状态，从初状态出发，到达这 4 个状态的路径有 4 条，到达状态 b 路径的码字序列为 0000；到达状态 b 路径的码字序列为 0011；到达状态 c 路径的码字序列为 1110；到达状态 d 路径的码字序列为 1101。路径长度为 2，这段时间内接收码字有 2 个，这 2 个码字为 01、00。4 条路径上可能发送的 2 个码字序列分别与接收的 2 个码字比较，得到 4 条路径的码距分别为 1、3、2、2，保留这 4 条路径及相应的码距，被保留下来的路径称为幸存路径，见图 12.57。

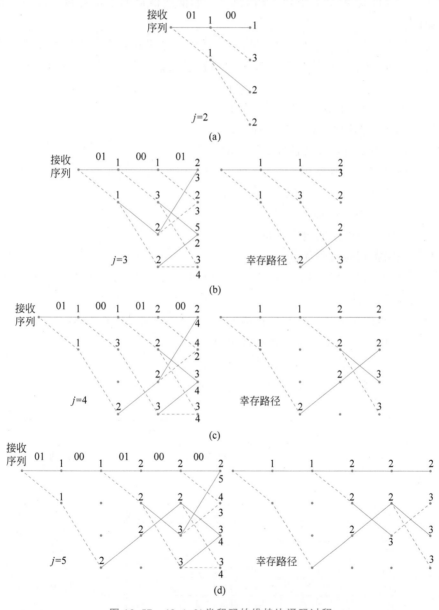

图 12.57　(2,1,2)卷积码的维持比译码过程

卷积码与线形分组码不同,它更适合用网格或图来描述,也可以采用软译码,在某些情况下可以取得接近信道容量的性能。

思考题与习题

12.1 某信源产生 a、b、c、d 四个符号,若各符号的出现是相互独立且出现概率分别为 $1/2$、$1/4$、$1/8$、$1/8$,试求该信源的平均信息量。

12.2 计算带宽为 3000Hz,信噪比为 10^3 的低通信道的信道容量。设噪声是加性高斯白噪声。

12.3 某终端有 128 个可能的输出符号,这些符号相互独立且等概率出现。终端的输出送给计算机,终端与计算机的连接采用话音级电话线,带宽为 3000Hz,输出信噪比为 10dB。

(1) 求终端与计算机之间的信道容量;

(2) 求终端允许输出的最大符号速率。

12.4 利用重要极限公式证明式(12.5)。

12.5 假定信息序列为 01101,请画出 ASK、FSK、BPSK 和 DPSK 的波形图。

12.6 比较 ASK、FSK 和 BPSK 的性能。

12.7 比较 BPSK 和 QPSK 的性能。

12.8 说明直扩中扩频码应具备特性。

12.9 说明扩频通信的优点。

12.10 用 MATLAB 的 primpoly() 函数得到 $GF(2^{10})$ 的最小本原多项式,编写 m 序列产生的程序,并编写循环相关程序计算 m 序列的自相关函数。

12.11 画出模拟信号扩频和解扩的框图,并简要说明其工作原理。

12.12 多址接入的本质是什么?常用的多址接入方式有哪些?

12.13 简要说明差错控制码的基本原理。

12.14 求如题表 12.1 所示的码的最小码距,并说明它的纠错能力和检错能力。

题表 12.1

序 号	码 字	
	信 息 码 元	监 督 码 元
0	0 0 0	0 0 0 0
1	0 0 1	1 1 0 1
2	0 1 0	0 1 1 1
3	0 1 1	1 0 1 0
4	1 0 0	1 1 1 0
5	1 0 1	0 0 1 1
6	1 1 0	1 0 0 1
7	1 1 1	0 1 0 0

12.15 已知(7,3)分组码的监督关系式为

$$\begin{cases} x_6 & + x_3 + x_2 + x_1 & = 0 \\ x_6 & + x_2 + x_1 + x_0 = 0 \\ x_6 + x_5 & + x_1 & = 0 \\ x_6 & + x_4 & + x_0 = 0 \end{cases}$$

求其监督矩阵 H、生成矩阵 G、全部系统码字、纠错能力及编码效率 η。

12.16 画出采用平方变换法提取载波的框图,并解释原理。

12.17 为什么通信需要用循环相关?

12.18 如何理解分辨在同步中的应用?

12.19 画出采用平方变换法提取载波的框图,并解释原理。

12.20 解释 RAKE 接收机原理。说明波形分辨在 RAKE 接收机的中的作用。

12.21 解释交织的原理,它适用于纠正何种信道错误?

参 考 文 献

[1] 唐劲松,汤子跃,许炎义,等.电子探测原理[M].北京:电子工业出版社,2013.
[2] 张直中.机载和星载合成孔径雷达导论[M].北京:电子工业出版社,2004.
[3] 王小谟,张光义.雷达与探测[M].北京:国防工业出版社,2008.
[4] 丁鹭飞,耿富录,陈建春.雷达原理[M].4版.北京:电子工业出版社,2009.
[5] 李启虎.数字式声纳设计原理[M].合肥:安徽科学技术出版社,2003.
[6] 关定华.声学神秘的声音世界[M].济南:山东教育出版社,2001.
[7] 李启虎.水声信号处理导论[M].北京:海洋出版社,2001.
[8] 吴大正.信号与线性系统分析[M].北京:高等教育出版社,2005.
[9] 孔莹莹,李海林,常建平.随机信号分析[M].北京:科学出版社,2006.
[10] 尤立克.水声原理[M].洪申,译.3版.哈尔滨:哈尔滨工程大学出版社,1990.
[11] 关定华.声学神秘的声音世界[M].济南:山东教育出版社,2001.
[12] Hodges R P.水声学:声纳分析、设计与性能[M].于金花,等译.北京:海洋出版社,2018.
[13] 田坦.声纳技术[M].哈尔滨:哈尔滨工程大学出版社,2004.
[14] 承德宝.雷达原理[M].北京:国防工业出版社,2008.
[15] Wehner D R,High Resolution Radar[M].MA:Artech House,1987.
[16] 梁毅.调频连续波 SAR 信号处理[D].西安:西安电子科技大学,2009.
[17] 侯自强.声纳信号处理——原理与设备[M].北京:海洋出版社,1988.
[18] Van Trees. H L.最优阵列处理技术[M].汤俊,等译.北京:清华大学出版社,2008.
[19] Skoinik. M I.雷达系统导论[M].左纯声,等译.3版.北京:电子工业出版社,2007.
[20] Skoinik M I.雷达手册[M].王军,等译.2版.北京:电子工业出版社,2004.
[21] Skoinik M I.雷达手册[M].南京电子技术研究所,译.3版.北京:电子工业出版社,2010.
[22] 王永良,彭永宁.空时自适应信号处理.北京:清华大学出版社,2000.
[23] 严利华,姬宪法,梅金国.机载雷达原理与系统[M].北京:航空工业出版社,2010.
[24] Stimson. G W.机载雷达导论[M].吴汉平,译.2版.北京:电子工业出版社,2005.
[25] Weiss L L. Wavelets and Wideband Correlation Processing[J]. IEEE Signal Processing Mag. Jan. 1994.
[26] Francois Le Chevalier. Principles of Radar and Sonar Signal Processing[M]. MA:Artech House, 2002.
[27] 林茂庸,柯有安.雷达信号理论[M].北京:国防工业出版社,1981.
[28] 丁鹭飞,张平.雷达系统[M].西安:西北电讯工程学院出版社,1984.
[29] 何友,关键,黄勇,等.雷达自动检测与恒虚警处理[M].北京:清华大学出版社,2023.
[30] 唐劲松.水声信号处理中的几个问题[D].武汉:海军工程大学,1998.
[31] McDonough R N,Whalen A D. Signal Detection in Noise[M]. New York:Academic Press,1971.
[32] 唐劲松.高分辨率雷达目标检测与识别[D].南京:南京航空航天大学,1996.
[33] Cumming I G,Wong F H.合成孔径雷达成像算法与实现[M].洪文,等译.北京:电子工业出版社,2019.
[34] Waite A D.实用声纳工程[M].王德石,等译.3版.北京:电子工业出版社,2002.
[35] 何友等,修建娟,刘瑜,等.雷达数据处理及应用[M].4版.北京:电子工业出版社,2022.
[36] 杨万海,多传感器数据融合及其应用[M].西安:西安电子科技大学出版社,2004.
[37] 费利纳,斯塔德.雷达数据处理(第一卷)[M].匡永胜,等译.北京:国防工业出版社,1985.

［38］ 费利纳，斯塔德.雷达数据处理(第二卷)［M］.孙龙翔，等译.北京：国防工业出版社，1992.

［39］ 米切尔.雷达系统模拟［M］.陈训达，译.北京：科学出版社，1982.

［40］ Grewal M S，Andrews A P，et al. Kalman Filtering Theory And Practice Using Matlab［M］. 2nd ed. New York：John Wiley & Sons，Inc. ，2001.

［41］ 任迎舟，张玉洪.机载相控阵雷达时空二维杂波的仿真［J］.现代雷达，1994.

［42］ Morchin C. Airborne Early Warning Radar［M］. MA：Artech House，1990.

［43］ Morchin W C. Radar Engineer's Source Book［M］. MA：Artech House，1992.

［44］ Sullivan R J.成像与先进雷达技术基础［M］.微波成像技术国家重点实验室，译.北京：电子工业出版社，2009.

［45］ 周文瑜，焦培南.超视距雷达技术［M］.北京：电子工业出版社，2008.

［46］ Richards M A.雷达信号处理基础［M］.邢孟道，等译.北京：电子工业出版社，2008.

［47］ 贾德.机载有源相控阵火控雷达的新进展及发展趋势［J］.现代雷达，2008.1.

［48］ 吴永亮.美俄弹道导弹预警系统中的地基战略预警雷达［J］.飞航导弹，2009.2.

［49］ 赵申东.主动声纳空时自适应处理方法研究［D］.武汉：海军工程大学，2008.

［50］ Peebles P Z. Radar Principles［M］. NJ：John Wiley & Sons，Inc. ，1998.

［51］ 田坦.水下定位与导航技术［M］.北京：国防工业出版社，2007.

［52］ 赵惠昌，张淑宁.电子对抗理论与方法［M］.北京：国防工业出版社，2010.

［53］ 赵国庆.雷达对抗原理［M］.西安：西安电子科技大学出版社，1999.

［54］ 黄培康.雷达目标特性［M］.北京：电子工业出版社，2005.

［55］ 童志鹏.电磁战和信息战技术与装备［M］.北京：原子能出版社，航空工业出版社，兵器工业出版社，2002.

［56］ 张剑云，蔡晓霞，程玉宝.电子对抗原理［M］.北京：科学出版社，2023.

［57］ 刘玉山.雷达对抗及反对抗［M］.北京：电子工业出版社，1995.

［58］ 张永顺，童宁宁，赵国庆.雷达电子战原理［M］.3版.北京：国防工业出版社，2006.

［59］ 黄葆华，牟华坤，杨晓静.通信原理［M］.4版.北京：电子工业出版社，2008.

［60］ 曹志刚，钱亚生.现代通信原理［M］.北京：清华大学出版社，1992.

［61］ Haykin S.通信系统［M］.宋铁成，等译，北京：电子工业出版社，2014.

［62］ Proakis J G，Salehi M. Digital Communications［M］.张力军，等译.5版.北京：电子工业出版社，2015.

［63］ 朱近康.扩展频谱通信及其应用［M］.合肥：中国科技大学出版社，1993.

［64］ 樊昌信.通信原理教程［M］.北京：电子工业出版社，2004.